普通高等教育“十三五”规

大学物理

（下册）

（第二版）

主编　石永锋　虞凤英
主审　张晓波

中国水利水电出版社
www.waterpub.com.cn

内 容 提 要

本书是根据教育部最新制定的《理工科非物理类专业大学物理课程教学基本要求》，以大众化教育形式下对人才培养的要求为出发点，针对当前学生的特点编写而成。

本书思路清晰、表述简洁，重视物理思想和物理图像的描述，内容通俗易懂。配有丰富的习题，便于知识点的及时巩固。力争做到近代物理与经典物理的有机结合、物理理论与工程技术实际的有机结合。为了提高物理学的亲和力，每章后附有相关物理学家的生平简介。全书采用国际单位制，所有名词均以全国自然科学名词审定委员会1988年公布的基础物理学名词为准。全书共十九章，分为上、下两册，本书为下册，共九章。包括振动和波动、波动光学、热学和近代物理等内容。

本书可作为高等学校理工科非物理类专业大学物理课程的教材或参考书使用，也可供其他专业和社会读者阅读。

图书在版编目（CIP）数据

大学物理. 下册 / 石永锋，虞凤英主编. -- 2版. -- 北京 : 中国水利水电出版社，2015.8(2024.2重印)
普通高等教育“十三五”规划教材
ISBN 978-7-5170-3508-4

Ⅰ. ①大… Ⅱ. ①石… ②虞… Ⅲ. ①物理学－高等学校－教材 Ⅳ. ①04

中国版本图书馆CIP数据核字(2015)第188223号

书　　名	普通高等教育“十三五”规划教材 **大学物理（下册）**（第二版）
作　　者	主编　石永锋　虞凤英　主审　张晓波
出版发行	中国水利水电出版社 （北京市海淀区玉渊潭南路1号D座　100038） 网址：www.waterpub.com.cn E-mail：sales@mwr.gov.cn 电话：（010）68545888（营销中心）
经　　售	北京科水图书销售有限公司 电话：（010）68545874、63202643 全国各地新华书店和相关出版物销售网点
排　　版	中国水利水电出版社微机排版中心
印　　刷	清淞永业（天津）印刷有限公司
规　　格	184mm×260mm　16开本　18.25印张　433千字
版　　次	2011年3月第1版　2011年3月第1次印刷 2015年8月第2版　2024年2月第8次印刷
印　　数	18001—20000册
定　　价	**53.00**元

第二版前言

DIERBANQIANYAN

物理学是在人类探索自然奥秘的过程中形成的，是研究物质基本结构、基本运动形式以及物质之间相互作用规律的科学。物理学是从研究物体的机械运动规律开始发展起来的，后来又研究了热现象、电磁现象、光现象和辐射现象等。到了19世纪末物理学已经形成完整的体系，被称为经典物理学。在20世纪初的30年中，物理学经历了一场革命，相对论和量子力学诞生了。从此以后形成的物理学体系称为近代物理学。

物理学是一切自然科学的基础，在探讨物质结构和运动基本规律的进程中，每一次重大的发现和突破都会导致新领域的诞生和新方向的出现，同时也会伴随新的分支学科、交叉学科和新的技术学科的问世。在已经过去的100年间，物理学已经形成若干个系统、清晰的分支学科，例如力学、热学、声学、光学和电磁学等，同时也形成了激光、无线电、微电子、原子能等一些独立学科。我们在大学本科时代学到的知识基本上都是100～400年前的发现。尽管如此，这些古老的基础物理知识与今天乃至未来的人类生活和科技发展仍然有着密切的联系，上至航天技术，下到石油勘探，大到宇宙秘密的探索，小到计算机芯片的研制，样样都离不开物理学的基础作用。甚至似乎与自然科学无关的经济、金融、股票、政治等领域，也有人采用物理学的方法和概念进行研究，并取得令人信服的成果。可见，物理学作为所有自然科学中发展最早、最成熟，理论与实验相辅相成的一门定量化的学科，其成就不仅发展了物理学自身，而且已经成为新技术、新学科、新思维的原动力。物理学始终处在自然科学发展的最前列，它推动着技术的进步和创新，极大地影响着经济和社会的进步。2005年被联合国命名为“国际物理年”，这也是有史以来联合国第一次以单一学科命名的国际年。

随着时代的发展，青年人的兴趣和志向越来越多元化。特别是随着我国高等教育大众化步伐的加快，人才培养模式也随之发生了重大变化。因此，在新形势下为了适应21世纪对高素质人才的需要，如何讲好大学物理这门课，是摆在高校物理教育工作者面前的首要任务。我们要以现代的观点审视传统的物理教学内容，充分利用各种现代化教育技术手段，将传统文本教学资源与现代的动画、图形、图片和视频等教学素材进行全面的整合，在教学中将它们有机地结合起来，使学生获得最佳的学习效果。

本书在编写中充分考虑到了学生的物理基础和学习的实际状况，以“基本要求”中的核心内容作为本书的基本框架，通篇贯彻着“少而精”“理论联系实际”的原则。在基本概念和基本理论的讲述中，力求简单明了、由浅入深、易读易懂、便于掌握。对于一般性的知识只作简单介绍，交代清楚基本的物理观念，给出重要的结论，再通过典型例子加深对这些结论的理解。对于必要的数学推导，在不失严密的情况下尽量从简，而将主要精力放在培养学生使用数学工具解决实际物理问题的能力。

本教材有意侧重例题、习题和问题的基础性、应用性和典型性的训练。部分题目与实际紧密联系，物理原理清楚，难度适中，有较强的实际应用意义和一定的趣味性。相信这些题目在引起学生操作兴趣的同时，可以加深理解本课程的基础知识和基本概念。本书的习题内容和数量选择尽量与教材内容相配合，也有少量有一定难度的习题，以满足对本课程有浓厚兴趣的学生的需要。

本书加强了与中学物理相关内容的衔接，同时也注意到中学物理课程改革对大学物理课程带来的可能影响。学生在浏览本书的目录后会发现，书中的力学、热学、光学和电磁学等内容在中学已经学过了。其中的牛顿定律等内容在中学曾经做过很多练习。但是在大学物理课中，我们将使用全新的数学工具（如微积分、矢量等）去研究这些领域。尽管这些内容学生并不陌生，但是他们仍然要以初学者的心态去认真钻研，必要时也得放弃一些中学时期形成的观念。此外，本书中还有很多的公式，但是它们并不具有同等的重要性，最基本的、核心的公式并不是很多。学生应该花费一定的精力理解它们所蕴含的深刻物理意义，弄清楚它们适用于什么物理过程，描述了什么物理现象和物理图像。这些公式也不抽象，它们与我们的生活总是密切相关。如果能灵活地利用这些公式去解决实际问题，那就说明本门课程你已学得相当不错。

本书的第一～四章、第十一～十五章和第十八章由浙江工业大学之江学院虞凤英编写，第五～九章、第十六章、第十七章和第十九章由浙江理工大学科技与艺术学院石永锋编写。

由于作者水平所限，书中难免存在不当和错误之处，恳请同行专家和读者提出宝贵意见，果能如愿，编者将不胜感激。

如果读者需要与本书相关的电子资料，请发邮件至614918348@qq.com与我们联系。

《大学物理》编写组

2015年5月

第一版前言

DIYIBANQIANYAN

物理学是在人类探索自然奥秘的过程中形成的，是研究物质基本结构、基本运动形式以及物质之间相互作用规律的科学。物理学是从研究物体的机械运动规律开始发展起来的，后来又研究了热现象、电磁现象、光现象和辐射现象等。到了19世纪末物理学已经形成完整的体系，被称为经典物理学。在20世纪初的30年中，物理学经历了一场革命，相对论和量子力学诞生了。从此以后形成的物理学体系称为近代物理学。

物理学是一切自然科学的基础，在探讨物质结构和运动基本规律的进程中，每一次重大的发现和突破都会导致新领域的诞生和新方向的出现，同时也会伴随新的分支学科、交叉学科和新的技术学科的问世。在已经过去的100年间，物理学已经形成若干个系统、清晰的分支学科，例如力学、热学、声学、光学和电磁学等，同时也形成了激光、无线电、微电子、原子能等一些独立学科。我们在大学本科时代学到的知识基本上都是100～400年前的发现。尽管如此，这些古老的基础物理知识与今天乃至未来的人类生活和科技发展仍然有着密切的联系，上至航天技术、下到石油勘探，大到宇宙秘密的探索、小到计算机芯片的研制，样样都离不开物理学的基础作用。甚至似乎与自然科学无关的经济、金融、股票、政治等领域，也有人采用物理学的方法和概念进行研究，并取得令人信服的成果。可见，物理学作为所有自然科学中发展最早、最成熟，理论与实验相辅相成的一门定量化的学科，其成就不仅发展了物理学自身，而且已经成为新技术、新学科、新思维的原动力。物理学始终处在自然科学发展的最前列，它推动着技术的进步和创新，极大地影响着经济和社会的进步。2005年被联合国命名为“国际物理年”，这也是有史以来联合国第一次以单一学科命名的国际年。

随着时代的发展，青年人的兴趣和志向越来越多元化。特别是我国随着高等教育大众化步伐的加快，人才培养模式也随之发生了重大变化。因此，在新形势下为了适应21世纪对高素质人才的需要，如何讲授好大学物理这门课，是摆在高校物理教育工作者面前的首要任务。我们要以现代的观点审视传统的物理教学内容，充分利用各种现代化教育技术手段，将传统文本教学资源与现代的动画、图形、图片和视频等教学素材进行全面的整合，在教学中将它们有机地结合起来，使学生获得最佳的学习效果。

本书在编写中充分考虑到了学生的物理基础和学习的实际状况，以“基本要求”中的核心内容作为本书的基本框架，通篇贯彻着“少而精”“理论联系实际”的原则。在基本概念和基本理论的讲述中，力求简单明了、由浅入深、易读易懂、便于掌握。对于一般性的知识只作简单介绍，交代清楚基本的物理观念、给出重要的结论，再通过典型例子加深对这些结论的理解。对于必要的数学推导，在不失严密的情况下尽量从简，而将主要精力放在培养学生使用数学工具解决实际物理问题的能力。

本教材有意侧重例题、习题和问题的基础性、应用性和典型性的训练。部分题目与实际紧密联系，物理原理清楚，难度适中，有较强的实际应用意义和一定的趣味性。相信这些题目在引起学生操作兴趣的同时，可以加深理解本课程的基础知识和基本概念。本书的习题内容和数量选择尽量与教材内容相配合，也有少量有一定难度的习题，以满足对本课程有浓厚兴趣的学生的需要。

本书加强了与中学物理相关内容的衔接，同时也注意到中学物理课程改革对大学物理课程带来的可能影响。学生在浏览本教材的目录后会发现，书中的力学、热学、光学和电磁学等内容在中学已经学过了。其中的牛顿定律等内容在中学曾经做过很多的练习。但是在大学物理课中，我们将使用全新的数学工具（如微积分、矢量等）去研究这些领域。尽管这些内容学生并不陌生，但是他们仍然要以初学者的心态去认真钻研，必要时也得放弃一些中学时期形成的观念。此外，本教材中还有很多公式，但是它们并不具有同等的重要性，最基本的、核心的公式并不很多。学生应该花费一定的精力理解它们所蕴含的深刻物理意义，弄清楚它们适用于什么物理过程，描述了什么物理现象和物理图像。这些公式也不抽象，它们与我们的生活总是密切相关。如果你再能灵活地利用这些公式去解决实际问题，那么你的大学物理课程就学得相当不错了。

本书由浙江理工大学石永锋和浙江工业大学叶必卿主编，浙江理工大学马春生老师绘制了本教材的部分插图，编写了各章后的科学家史话。浙江理工大学杜娟老师编写了本教材的全部习题。

由于作者水平所限，书中难免存在不当和错误之处，恳请同行专家和读者提出宝贵意见，编者将不胜感激。

编　者

2010 年 10 月

于杭州西子湖畔

目　录

MULU

第十一章　机　械　振　动

物体在一定位置附近来回往复的运动称为**机械振动**（mechanical vibration）。例如钟摆的来回摆动、活塞在气缸中的往复运动、拍皮球时皮球的上下运动等都是机械振动。其实振动现象很普遍，不仅仅限于机械振动。振荡电路中电流、电容器极板上的电量等的变化，电磁波中电场强度、磁场强度的变化，与机械振动相比，它们的物理本质完全不同，但是它们的变化规律和数学描述却非常相似。所以，只要**描述物体运动状态的某一个物理量在某一数值附近做周期性的变化**，都称为**振动**（vibration）。在所有振动中，最简单、最基本的振动是简谐振动，任何复杂的振动都可以认为是由几个简谐振动合成的。

本章主要介绍有关简谐振动和简谐振动合成的一些基本知识，在此基础上，简要介绍一下阻尼振动和受迫振动。

本章学习要点

(1) 熟练掌握描写简谐振动的各个物理量的物理意义、相互关系以及计算方法。熟练掌握简谐振动的基本特征，能根据给定的初始条件建立一维简谐振动方程，充分理解其物理意义。

(2) 熟练掌握简谐振动的旋转矢量分析法，并能用其分析、解决有关问题。

(3) 掌握简谐振动的能量特点。

(4) 掌握两个同方向、同频率简谐振动的合成规律和合振动出现振幅最大和最小的条件。了解两个互相垂直的同频率简谐振动的合成规律。

(5) 了解阻尼振动、受迫振动和共振的基本知识，知道发生共振的条件，会用它们解释相关的实际现象。

第一节　简　谐　振　动

一、简谐振动

1. 简谐振动的描述

物体在运动过程中，如果离开平衡位置的位移（或角位移等）按余弦函数（或正弦函数）的规律随时间变化，就称这种运动为**简谐振动**（simple harmonic oscillation）。将作**简谐振动的物体**叫做**谐振子**（harmonic oscillator）。弹簧振子的运动是简谐振动的典型例子。如图 11－1 所示，一根质量可以忽略的轻弹簧的一端固定，另一端拴一个物体，物体可以在光滑水平面上左右运动，这样的力学系统就是弹簧谐振子系统，简称弹簧振子。

下面以弹簧振子为例，研究简谐振动的运动规律。弹簧没有任何形变时，物体位于 O 点。物体在这个位置时，在水平方向不受力，是物体的平衡位置。在研究简谐振动时，通常取平衡位置为选定坐标系的坐标原点，在物体振动方向上建立坐标系。在图 11－1 中，物体在水平方向振动，因此建立了正方向向右的 x 坐标系。

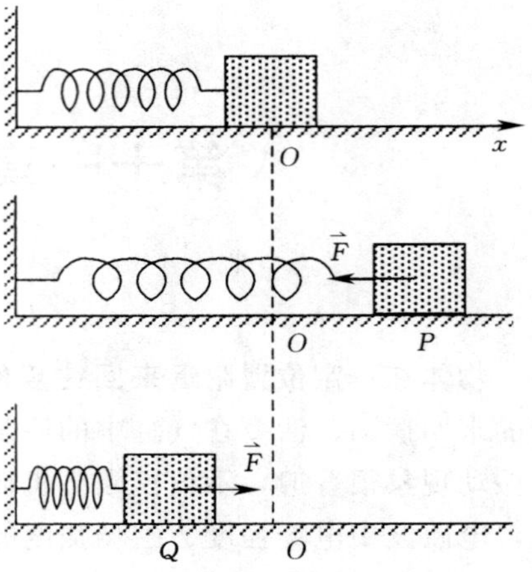

图 11－1

下面先来定性地分析一下物体的运动规律。将物体向右稍微拉离平衡位置到 P 点，然后释放，在弹性力作用下物体向平衡位置 O 运动的过程中，弹力不断减小，速度不断增大，在到达平衡位置之前，物体受到的弹力方向始终指向平衡位置 O。物体到达平衡位置时，尽管弹力减小到零，但由于惯性物体并没有停下来，而是继续向前运动，不过这时弹力是阻碍物体运动的，使物体的速度越来越小，在 Q 点减小为零，物体在离开平衡位置到达 Q 点之前，受到的弹力方向也是始终指向平衡位置 O 的。接着物体又在弹力作用下，沿着相反的方向重复上述运动过程。在返回至出发点时，物体完成了一次全振动，以后又开始下一次振动。这样，物体就在弹性力的作用下，在平衡位置附近往复运动。

物体作上述运动的根本原因，在于物体在运动过程中受到了弹簧弹力的作用。现在就从这个角度出发，定量地研究弹簧振子的运动规律。

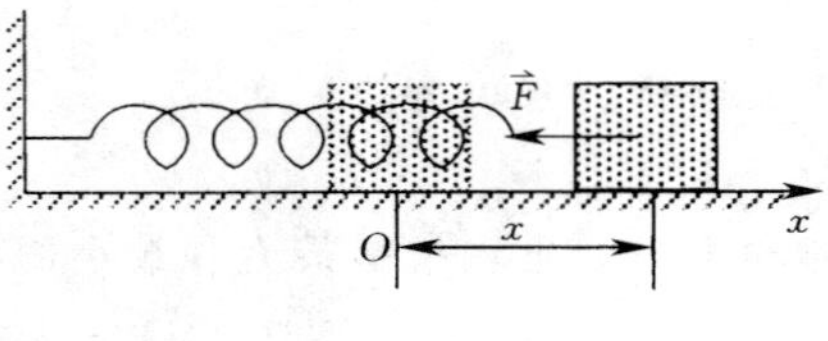

图 11－2

如图 11－2 所示，物体在任意时刻所处的位置相对于坐标原点 O 的位移为 x，物体在这个位置受到的胡克力 F 与位移 x 成正比，方向始终与位移 x 的方向相反，并且指向平衡位置，因此

$$F=-kx \tag{11-1}$$

公式中 k 为弹簧的劲度系数，在下一章将会谈到，弹簧的劲度系数 k 与弹簧的材料、长度和横截面积有关。公式中的负号表示物体受到的弹力方向与物体的位移方向相反。通常称式（11－1）为**简谐振动的动力学特征**。

物体的质量为 m，设其在弹力 F 的作用下产生的加速度为 a，由牛顿第二定律得

$$a=\frac{F}{m}=-\frac{k}{m}x \tag{11-2}$$

对于给定的弹簧振子，k 与 m 均为常量，令

$$\frac{k}{m}=\omega^2 \tag{11-3}$$

式（11－2）可以写成

$$a=-\omega^2 x \tag{11-4}$$

式（11－4）表明，**作简谐振动的物体的加速度大小与位移成正比，方向与位移方向相反**。可见，简谐振动是一种变速直线运动。通常称式（11－4）为**简谐振动的运动学**

特征。

在第一章中曾讲过，物体只在 x 轴上运动时，其加速度可以表达为 $a=\frac{\mathrm{d}^2x}{\mathrm{d}t^2}$，将其代入式（11－4），得

$$\frac{\mathrm{d}^2x}{\mathrm{d}t^2}+\omega^2x=0 \tag{11-5}$$

式（11－5）称为**简谐振动的微分方程**。它是二阶常系数齐次线性微分方程，其解为

$$x=A\cos(\omega t+\varphi) \tag{11-6}$$

式中：A、ω 为积分常数。

式（11－6）称为**简谐振动方程**。

由于 $\cos(\omega t+\varphi)=\sin\left(\omega t+\varphi+\frac{\pi}{2}\right)$，如果令 $\varphi'=\varphi+\frac{\pi}{2}$，则式（11－6）可以改写为

$$x=A\sin(\omega t+\varphi')$$

因此简谐振动方程也可以用正弦函数表达。为了说明问题方便，本书采用余弦函数表达简谐振动方程。

2. 简谐振动的速度和加速度

物体的简谐振动既然是一种变速直线运动，那么将简谐振动方程式（11－6）对时间 t 求一阶导数和二阶导数就可以得到振动物体的速度和加速度，即

$$v=\frac{\mathrm{d}x}{\mathrm{d}t}=-\omega A\sin(\omega t+\varphi)=-v_{\mathrm{m}}\sin(\omega t+\varphi) \tag{11-7}$$

$$a=\frac{\mathrm{d}^2x}{\mathrm{d}t^2}=-\omega^2A\cos(\omega t+\varphi)=-a_{\mathrm{m}}\cos(\omega t+\varphi) \tag{11-8}$$

$$v_{\mathrm{m}}=\omega A$$

$$a_{\mathrm{m}}=\omega^2A$$

式中：v_{m} 为速度的最大值；a_{m} 为加速度的最大值。

将式（11－7）和式（11－8）改写为

$$v=v_{\mathrm{m}}\cos\left(\omega t+\varphi+\frac{\pi}{2}\right)$$

$$a=a_{\mathrm{m}}\cos(\omega t+\varphi+\pi)$$

由式（11－6）和以上两式可以看出，作简谐振动的物体的位移、速度和加速度都是关于时间 t 的余弦函数。以时间 t 为横坐标，位移 x、速度 v 和加速度 a 为纵坐标，并且设 $\varphi=0$，即可作出如图 11－3 所示的 $x-t$、$v-t$ 和 $a-t$ 曲线。由曲线可以看出，物体作简谐运动时，其位移、速度和加速度都作周期性变化，不过变化步调不一致，当位移 x 达到正最大值 A 时，速度 $v=0$，加速度 a 为负的最大值 $-\omega^2A$；而位移 $x=0$ 时，速度的绝对值 $|v|$ 最大，等于 ωA，加速度 $a=0$。特别注意到，式（11－4）和式（11－8）其实是等价的，即作一维简谐振动的物体的加速

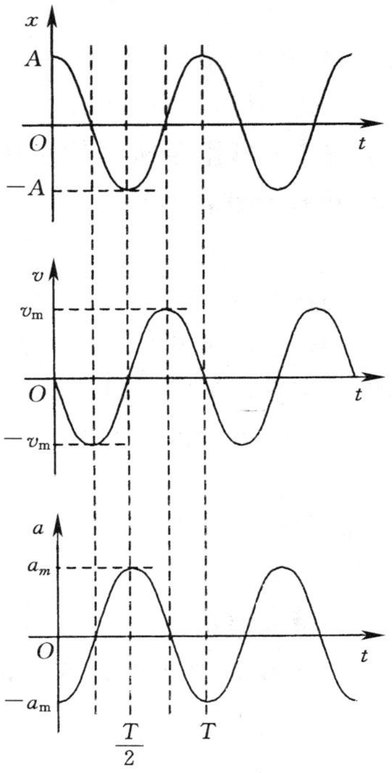

图 11－3

度与位移成正比，而方向相反，这一点在图 11－3 中明显地表达出来了。

二、简谐振动的特征量

1. 振幅

在简谐振动方程式（11－6）中，由于$-1\leqslant\cos(\omega t+\varphi)\leqslant 1$，因此$-A\leqslant x\leqslant A$，或$|x|\leqslant A$。可见，$A$ 表示**振动物体离开平衡位置的最大位移的绝对值**，称为简谐振动的**振幅**（amplitude）。其国际（SI）单位为 m。

振幅是描述谐振子振动强弱的物理量。

2. 周期、频率和角频率

谐振子作一次完全振动所需要的时间称为简谐振动的**周期**（period），用符号 T 表示。其 SI 单位为 s。余弦函数的周期为 2π，由于

$$\cos(\omega t+\varphi)=\cos(\omega t+\varphi+2\pi)=\cos\left[\omega\left(t+\frac{2\pi}{\omega}\right)+\varphi\right]$$

周期性函数的定义为 $f(x)=f(x+X)$，因此简谐振动的周期为

$$T=\frac{2\pi}{\omega} \tag{11-9}$$

谐振子在单位时间内作完全振动的次数称为简谐振动的**频率**（frequency），用符号 ν 表示。由于谐振子作一次完全振动用的时间为 T，因此在单位时间内谐振子作完全振动的次数为 $1/T$，即

$$\nu=\frac{1}{T}=\frac{\omega}{2\pi} \tag{11-10}$$

在 SI 单位中，频率的单位为 Hz（赫兹），$1\text{Hz}=1\text{s}^{-1}$。

由式（11－10）可以看出，ω 与频率 ν 成正比，因此 ω 也具有频率的意义。它表示**谐振子在 2πs 内作全振动的次数**，称为简谐振动的**角频率**（angular frequency）或**圆频率**（circular frequency）。显然

$$\omega=2\pi\nu \tag{11-11}$$

在 SI 单位中，角频率的单位为 rad/s（弧度每秒）或 s^{-1}。

周期、频率和角频率是描述谐振子振动快慢程度的物理量。周期越小、频率和角频率越大，谐振子振动得越快。

在已知弹簧的劲度系数 k 和谐振子质量 m 的情况下，由式（11－3）得谐振子振动的角频率为

$$\omega=\sqrt{\frac{k}{m}} \tag{11-12}$$

对应一定的振动系统，k 和 m 是确定的，对应的角频率也就唯一确定了，与外界因素无关，因此称为**固有角频率**（natural angular frequency）。与之对应的**固有周期**（natural period）和**固有频率**（natural frequency）分别为

$$T=2\pi\sqrt{\frac{m}{k}} \tag{11-13}$$

$$\nu=\frac{1}{2\pi}\sqrt{\frac{k}{m}} \tag{11-14}$$

考虑到角频率与周期和频率存在关系式（11－9）、式（11－11），简谐振动方程的还可以写成如下两种形式：

$$x=A\cos(2\pi\nu t+\varphi) \tag{11-15}$$

$$x=A\cos\left(2\pi\frac{t}{T}+\varphi\right) \tag{11-16}$$

3. 相位

在第一章中学习过，物体在某一位置或在某一时刻的运动状态是由位置矢量和运动速度确定的。由简谐振动方程式（11－6）和简谐振动速度表达式（11－7）可以看出，一旦（$\omega t+\varphi$）确定了，谐振子的位置 x 和运动速度 v 也就唯一确定下来，因此可以用（$\omega t+\varphi$）来描述谐振子的运动状态，（$\omega t+\varphi$）称为谐振动在 t 时刻的**相位**（phase）。在谐振子作一次全振动的过程中，在不同时刻运动状态不同，每一个运动状态都有相应的相位值与之对应。

$t=0$ 时的相位值为 φ，称为**初相位**（initial phase），简称**初相**。初相决定于谐振子开始时刻的运动状态。

三、振幅及初相的决定

谐振子在 $t=0$ 时的位移 x_0 和速度 v_0 称为谐振子作简谐振动的**初始条件**。由式（11－6）和式（11－7）可容易得到

$$x_0=A\cos\varphi$$
$$v_0=-A\omega\sin\varphi$$

对于一个确定的振动系统，其角频率 ω 是已知的，由以上两式容易得到简谐振动的振幅为

$$A=\sqrt{x_0^2+\frac{v_0^2}{\omega^2}} \tag{11-17}$$

初相 φ 要通过以下两个步骤求出。首先由 $\cos\varphi=\frac{x_0}{A}$求得 φ 的两个可能值，然后再由 $\sin\varphi=-\frac{v_0}{A\omega}$的符号决定 φ 的取舍。

通常初相 φ 的取值范围为 $0\leqslant\varphi<2\pi$ 或 $-\pi\leqslant\varphi<\pi$，在实际运算中，由三角函数的知识很容易判断出，采用 $-\pi\leqslant\varphi<\pi$ 的取值方法更为方便。

【例 11－1】 有一个质量为 0.25kg 的物体，在弹簧弹力作用下沿着 x 轴运动，平衡位置在 x 轴的坐标原点。已知弹簧的劲度系数为 25N/m：

（1）求振动角频率和周期。

（2）如果振幅等于 0.15m，开始时物体位于 0.075m 处，并且物体沿着 x 轴的反向运动，求初速度和初相。

（3）写出简谐振动方程。

解：（1）简谐振动的角频率为

$$\omega=\sqrt{\frac{k}{m}}=10\text{rad/s}$$

简谐振动的周期为

$$T=\frac{2\pi}{\omega}=0.63\text{s}$$

（2）由式 $A=\sqrt{x_0^2+\frac{v_0^2}{\omega^2}}$ 得

$$v_0=\pm\omega\sqrt{A^2-x_0^2}$$

由题意可知，$A=0.15\text{m}$，在 $t=0$ 时，$x_0=0.075\text{m}$，$v_0<0$，因此初速度为

$$v_0=-1.3\text{m/s}$$

由于

$$\cos\varphi=\frac{x_0}{A}=\frac{1}{2}$$

因此

$$\varphi=\pm\frac{1}{3}\pi$$

由于 $v_0<0$，$\sin\varphi=-\frac{v_0}{A\omega}>0$，因此初相为

$$\varphi=\frac{1}{3}\pi$$

（3）简谐振动方程为

$$x=0.15\cos\left(10t+\frac{1}{3}\pi\right)\text{m}$$

四、简谐振动的旋转矢量描述法

前面采用微积分的方法描述了简谐振动，现在将采用另外一种数学方法——旋转矢量描述法描述简谐振动。

如图 11－4 所示，首先建立 x 坐标轴，其坐标原点为 O。从 O 点出发作矢量 $\vec{A}$，使其长度等于简谐振动的振幅。使矢量 $\vec{A}$ 以匀角速度 ω 沿逆时针方向做圆周运动。矢量 $\vec{A}$ 刚刚开始转动（$t=0$）时与 x 轴的夹角为 φ，使这个角度等于简谐振动的初相。经过时间 t 矢量 $\vec{A}$ 转过的角度为 ωt。将这样的矢量 $\vec{A}$ 称为**旋转矢量**（rotating vector）。旋转矢量 $\vec{A}$ 绕 O 点旋转时，其末端点 M 的运动轨迹是以 O 点为圆心、以 A 为半径的圆周，称为**参考圆**。

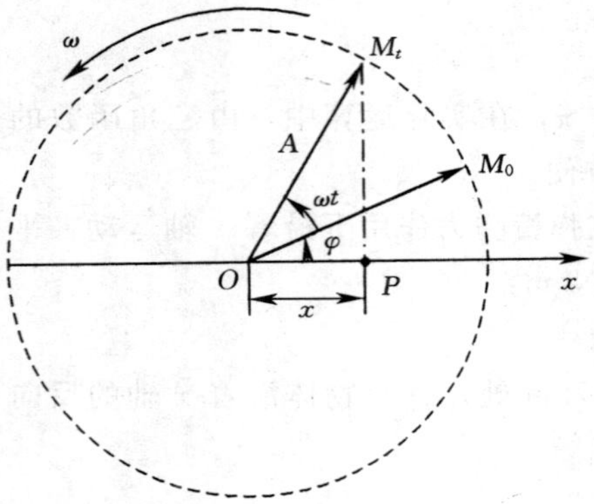

图 11－4

当旋转矢量 $\vec{A}$ 绕 O 点沿逆时针作匀速圆周运

动时，其末端点 M 在 x 轴上的投影点 P 在 O 点附近往复运动，在任意时刻 P 点相对于 O 点的位移为

$$x=A\cos(\omega t+\varphi)$$

上式恰好等于简谐振动方程。也就是说，P 点以 O 点为平衡位置，在 x 轴上作简谐振动。这种研究简谐振动的方法称为简谐振动的**旋转矢量描述法**。

综上所述，简谐振动的旋转矢量描述法将简谐振动的特征量直观地表示出来了。旋转矢量的长度等于简谐振动的振幅，旋转矢量的角速度等于简谐振动的角频率，旋转矢量与 x 轴的夹角等于简谐振动的相位，$t=0$ 时旋转矢量与 x 轴的夹角等于简谐振动的初相。

旋转矢量描述法既然是描述简谐振动的另外一种数学方法，当然可以用这种方法直接得出简谐振动的速度和加速度表达式，有兴趣的读者可以动手尝试一下。

利用旋转矢量可以绘制简谐振动曲线，如图 11－5 所示。理解好简谐振动曲线的绘制方法，对利用旋转矢量解决实际应用问题非常有帮助。在图 11－6 中，给出了谐振子在四个特殊初始位置的初相值，以及与之对应的旋转矢量图和简谐振动曲线。事实上，在求解简谐振动的初相时，利用旋转矢量求解比用公式法求解要直观、简单，在后面的例题中读者注意体会这一点。

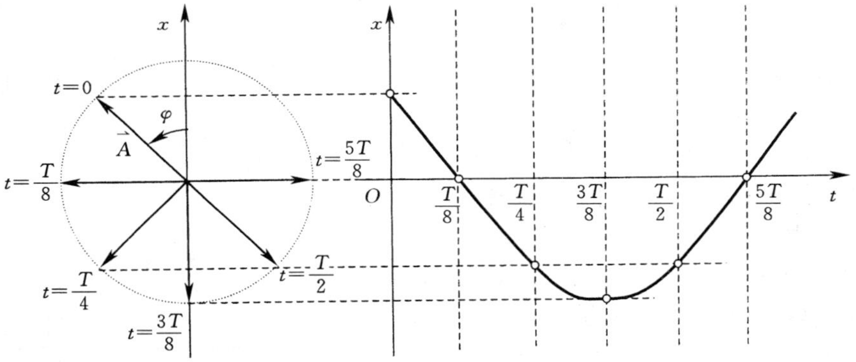

图 11－5

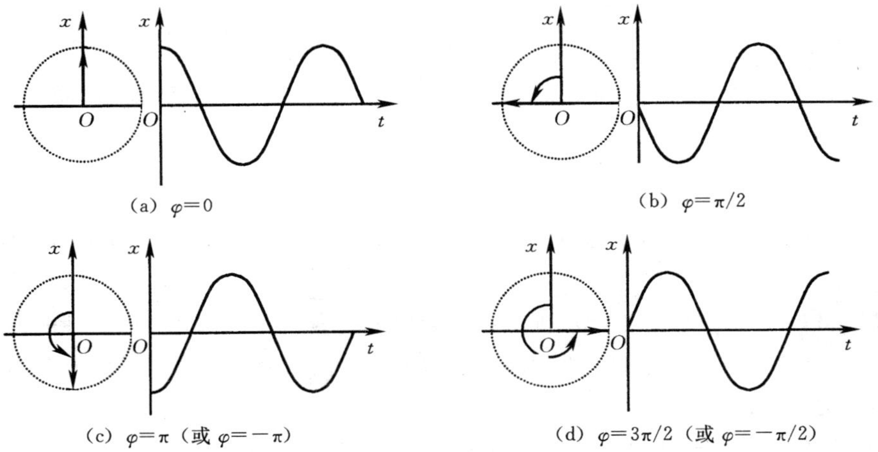

(a) $\varphi=0$　(b) $\varphi=\pi/2$

(c) $\varphi=\pi$（或 $\varphi=-\pi$）　(d) $\varphi=3\pi/2$（或 $\varphi=-\pi/2$）

图 11－6

【例 11-2】　一个质量为 0.01kg 的物体作简谐运动，其振幅为 0.04m，周期为 4s，开始时物体处在 $x=0.02\text{m}$ 处，并且正向 x 轴的负方向运动。试求：

（1）在 1.0s 时物体所处的位置和所受的力。

（2）物体由初始位置运动到 $x=-0.02\text{m}$ 处所需要的最短时间。

解：（1）先来求解简谐振动方程。由于已知了振幅 $A=0.04\text{m}$ 和周期 $T=4\text{s}$，因此只要解出初相就可以得到简谐振动方程。

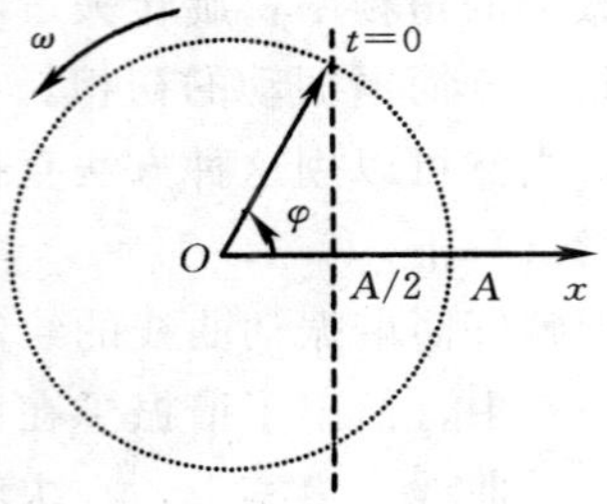

图 11-7

根据题意画出如图 11-7 所示的旋转矢量，因为

$$\cos\varphi=\frac{A/2}{A}=\frac{1}{2}$$

所以初相为

$$\varphi=\frac{\pi}{3}$$

由式（11-16）得该简谐振动的振动方程为

$$x=0.04\cos\left(2\pi\frac{t}{4}+\frac{\pi}{3}\right)=0.04\cos\left(\frac{\pi}{2}t+\frac{\pi}{3}\right)\text{m}$$

1.0s 时物体所处的位置为

$$x_1=-0.04\sin\frac{\pi}{3}=-0.035\text{m}$$

由式（11-4）得 1.0s 时该谐振子的加速度为 $a_1=-\omega^2x_1$，因此，此刻谐振子所受的力为

$$F_1=ma_1=-m\left(\frac{2\pi}{T}\right)^2x_1=8.55\times10^{-4}\text{N}$$

力 F_1 的方向沿 x 轴正方向指向平衡位置。

（2）设谐振子由起始位置运动到 $x=-0.02\text{m}$ 处所需的最短时间为 Δt。根据题意画出如图 11-8 所示的旋转矢量。由图容易得出谐振子第一次到达 $x=-0.02\text{m}=-A/2$ 处时，旋转矢量转过的角度为 $\pi/3$，因此

$$\omega\Delta t=\frac{\pi}{3}$$

所以谐振子由起始位置运动到 $x=-0.02\text{m}$ 处所需的最短时间为

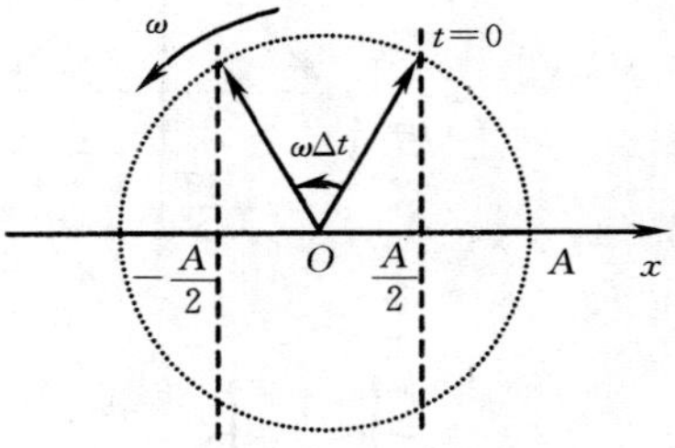

图 11-8

$$\Delta t=\frac{\pi/3}{\omega}=\frac{\pi}{3}\frac{T}{2\pi}=\frac{T}{6}=0.67\text{s}$$

你能求出该谐振子由起始位置第二次、第三次、……运动到 $x=-0.02\text{m}$ 处所需的时间吗？

【例 11-3】　如图 11-9（a）所示，卷扬机上吊着一个质量为 3×10^3kg 的重物，正以 3m/s 的匀速度上升，钢绳的上端因故突然被卡住。已知钢绳的劲度系数为 27×10^5N/m，忽略钢绳的质量，求重物此后的运动方程。

解：钢绳上端刚被卡住时重物受到平衡力，选择此处为 x 坐标的原点，向上为坐标的正方向，如图 11-9（b）所示。

重物在竖直方向作简谐振动。由式（11－12）得重物振动的角频率为

$$\omega=\sqrt{\frac{k}{m}}=30\mathrm{rad/s}$$

重物在平衡位置的速度最大，由于 $v_0=A\omega$，因此重物作简谐振动的振幅为

$$A=\frac{v_0}{\omega}=0.1\mathrm{m}$$

由于初始时刻重物处在平衡位置，并且正在向 x 坐标轴的正方向运动，因此重物作简谐振动的初相为

$$\varphi=-\frac{\pi}{2}$$

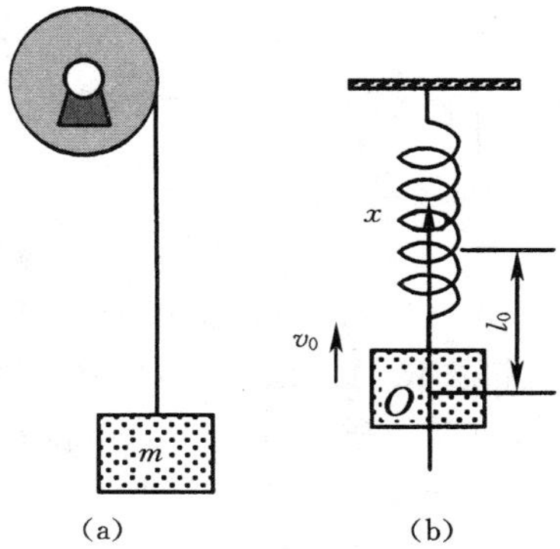

图 11－9

由式（11－6）得重物此后的运动方程为

$$x=0.1\cos\left(30t-\frac{\pi}{2}\right)\mathrm{m}$$

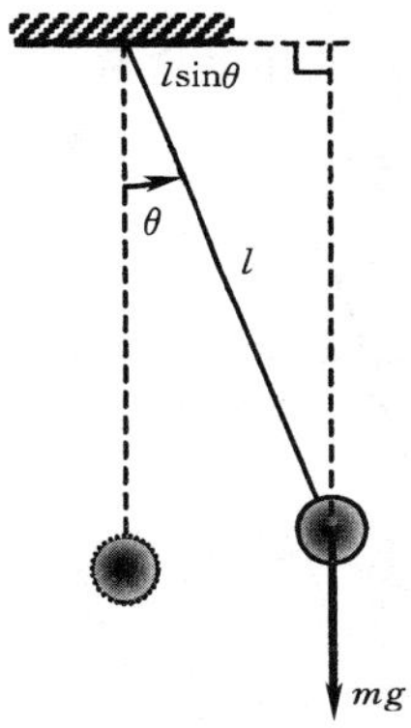

图 11－10

【例 11－4】 如图 11－10 所示，一根不可伸长的绳上端固定，下端悬挂一个小球。使小球稍稍偏离平衡位置后释放，小球就在铅直平面内在平衡位置附近来回摆动。这一系统称为**单摆**（simple pendulum）。证明单摆的运动为简谐振动，并求其振动的周期。

证明： 运用刚体定轴转动的转动定律 $M=J\alpha$ 证明本命题。

小球在任意位置所受的力矩为

$$M=-mgl\sin\theta$$

式中负号表示重力矩阻碍小球向正角位移方向摆动。由于小球作小角度摆动，因此 $\sin\theta\approx\theta$，上式可以改写为

$$M=-mgl\theta$$

小球对悬点的转动惯量为

$$J=ml^2$$

在刚体定轴转动定律中，$\alpha=\frac{\mathrm{d}^2\theta}{\mathrm{d}t^2}$，因此

$$-mgl\theta=ml^2\frac{\mathrm{d}^2\theta}{\mathrm{d}t^2}\quad 或 \quad \frac{\mathrm{d}^2\theta}{\mathrm{d}t^2}+\frac{g}{l}\theta=0$$

令

$$\omega^2=\frac{g}{l}$$

上式可以改写为

$$\frac{\mathrm{d}^2\theta}{\mathrm{d}t^2}+\omega^2\theta=0$$

可见，小球的小角度摆动满足简谐振动微分方程，因此单摆的运动是简谐振动。其振动的周期为

$$T=\frac{2\pi}{\omega}=2\pi\sqrt{\frac{l}{g}}$$

思考与讨论

1. 一根长为 l、质量为 m 的均匀细棒悬于通过其一端的光滑水平固定轴上，构成一个复摆。试问：该摆作微小摆动时的周期等于多少？

2. 两个质点各自作简谐振动，它们的振幅相同、周期相同。第一个质点的振动方程为 $x_1=A\cos(\omega t+\varphi)$。当第一个质点从相对于其平衡位置的正位移处回到平衡位置时，第二个质点正在最大正位移处。试求第二个质点的振动方程。

3. 一根轻弹簧上端固定，下端系一个质量为 m_1 的物体，稳定后在 m_1 下边又系一个质量为 m_2 的物体，于是弹簧又伸长了 Δx。如果将 m_2 移去，并令 m_1 振动，试问：振动周期为多少？

4. 一个质点作简谐振动，其运动速度与时间的关系曲线如图 11－11 所示。如果质点的振动规律用余弦函数描述，则其初相等于多少？

5. 已知某简谐振动的振动曲线如图 11－12 所示，试写出该简谐振动的振动方程。

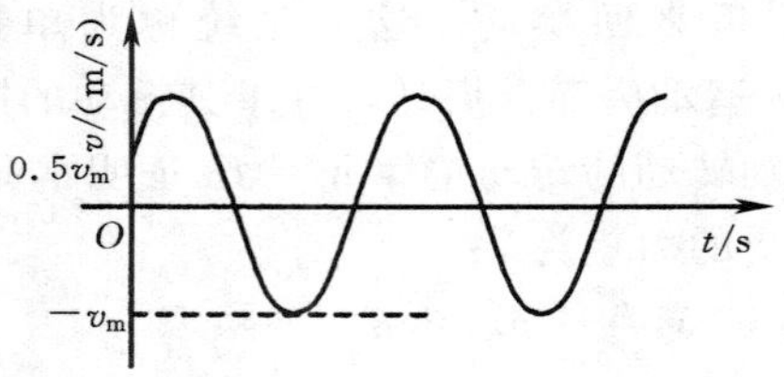

图 11－11

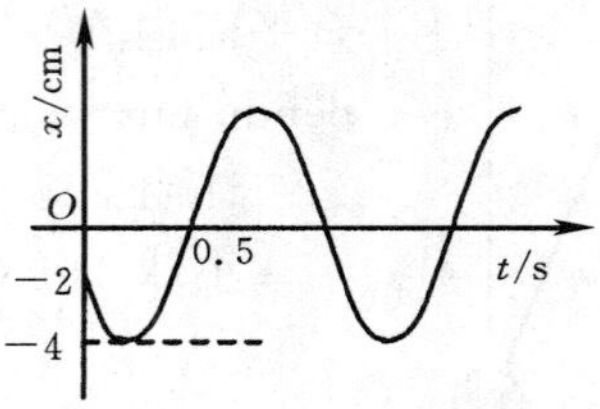

图 11－12

6. 一个质点沿 x 轴作简谐振动，振动方程为

$$x=2\times10^{-2}\cos\left(2\pi t+\frac{1}{6}\pi\right)$$

公式中的各个物理量均采用国际单位。试问：从 $t=0$ 时刻起，到质点位置在 $x=-1\text{cm}$ 处，且向 x 轴正方向运动的最短时间间隔为多少？

7. 一个质点作简谐振动的周期为 T。当它由平衡位置向 x 轴正方向运动时，试问：从 1/2 最大位移处到正向最大位移处所需要的最短时间为多少？

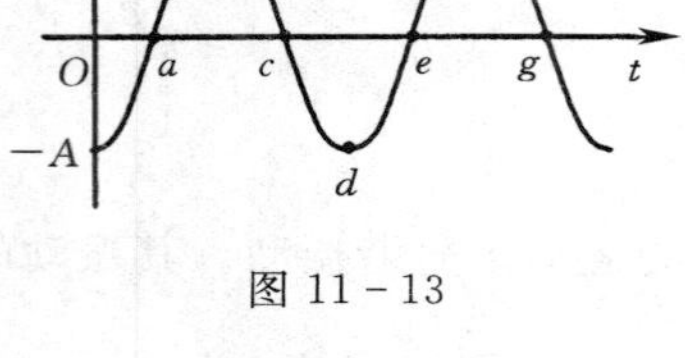

图 11－13

8. 一个水平弹簧简谐振子的振动曲线如图 11－13 所示。试问：在 a、b、c、d、e、f、g 各点中，哪些点处在位移为零、速度为 $-\omega A$、加速度为零和弹性力为零的状态？哪些点处在位移的绝对值为 A、速度为零、加速度为 $-\omega^2 A$ 和弹性力为 $-kA$ 的状态？

9. 一个简谐振动的旋转矢量图如图 11－14 所示，振幅矢量的长度为 3cm，试问：该简谐振动的初相为多少？

试写出该简谐振动的振动方程。

10. 图 11－15 中用旋转矢量法表示了一个简谐振动。旋转矢量的长度等于 0.04m，旋转角速度等于 3πrad/s。试写出该简谐振动的振动方程。

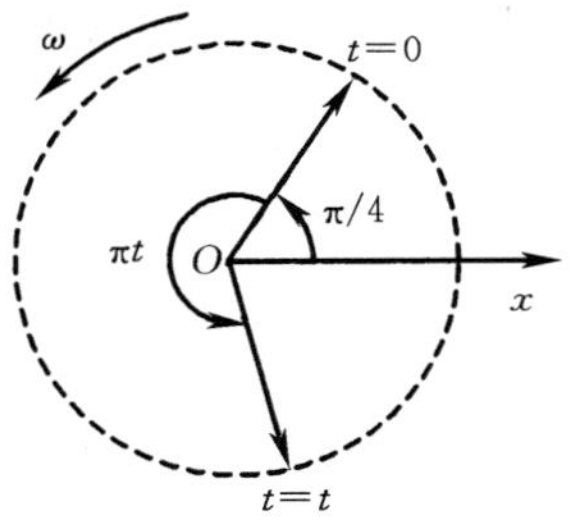

图 11－14

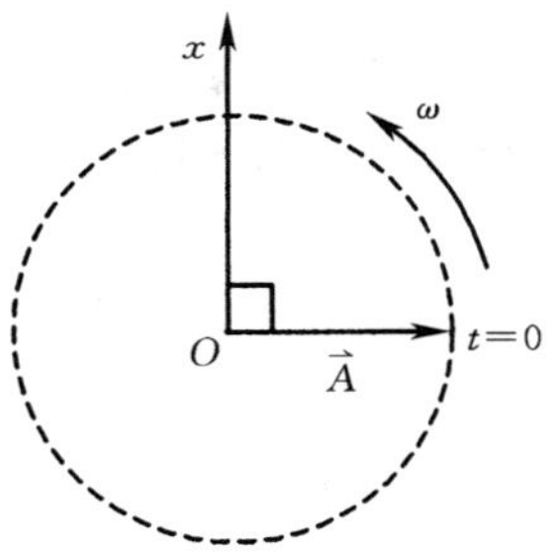

图 11－15

11. 一根金属细杆的上端固定，下端连接在一个水平圆盘的中心组成一个扭摆。将圆盘扭转微小角度使其作往复扭转运动时，金属杆将以一回复力矩 $M=-D\psi$ 作用于圆盘，其中 D 为扭转系数，ψ 为扭转角。已知圆盘对其中心轴的转动惯量为 J_0，试问：扭摆的转动周期为多少？

12. 在静止的升降机中，长度为 l 的单摆的振动周期为 T_0。试问：当升降机以 $0.5g$ 的加速度竖直下降时，单摆的振动周期为多少？

13. 一个摆长为 2.0m 的单摆，放在下降加速度为 1.8m/s^2 的电梯中，试问：该单摆作小幅度摆动的频率是多少？

第二节　简谐振动的能量

以弹簧振子为例来分析简谐振动的能量。谐振子在作简谐振动时具有速度，必然具有动能。将简谐振动的速度表达式（11－7）代入动能公式 $E_k=\dfrac{1}{2}mv^2$ 中得到

$$E_k=\frac{1}{2}m\omega^2A^2\sin^2(\omega t+\varphi) \tag{11-18}$$

谐振子在作简谐振动时发生了形变，必然存在弹性势能。将简谐振动的振动方程式（11－6）代入弹性势能公式 $E_p=\dfrac{1}{2}kx^2$ 中得

$$E_p=\frac{1}{2}kA^2\cos^2(\omega t+\varphi) \tag{11-19}$$

式（11－18）和式（11－19）说明简谐振动系统的动能和势能都随时间作周期变化。它们的周期等于 $T/2$，频率为 2ν，其中 T、ν 分别为简谐振动的周期和频率。

由于 $\omega^2=\dfrac{k}{m}$，因此

$$E_{km}=\frac{1}{2}m\omega^2A^2=\frac{1}{2}kA^2=E_{pm}$$

即简谐振动动能的幅值等于势能的幅值。

简谐振动的机械能为

$$E=E_k+E_p=\frac{1}{2}kA^2=\frac{1}{2}m\omega^2A^2 \tag{11-20}$$

可见，**简谐振动的动能和势能都随时间作周期性变化，动能和势能可以相互转换，在转换过程中振动系统的机械能守恒。**

谐振子在作简谐振动时由于与外界没有能量交换，是一个孤立系统，因此机械能守恒。

思考与讨论

1. 一个弹簧振子作简谐振动的总能量为 E，如果简谐振动振幅增加为原来的两倍，振子的质量增为原来的四倍，试问：它的总能量变为多少？

2. 当质点以频率 ν 作简谐振动时，试问：它的动能的变化频率为多少？

3. 弹簧振子在光滑水平面上作简谐振动时，试问：弹性力在半个周期内所做的功为多少？

4. 一个作简谐振动的弹簧振子，试问：当位移为振幅的一半时，其动能为总能量的多少倍？

5. 一个作简谐振动的物体的振动方程为

$$x=A\cos\left(\omega t+\frac{1}{3}\pi\right)$$

公式中的各个物理量均采用国际单位。试问：该物体在 $t=0$ 时刻的动能与 $t=0.25T$ 时刻的动能之比为多少？

6. 一个作简谐振动的系统的周期为 T，以余弦函数表达振动时，初相为零。试问：在 $0\leqslant t\leqslant 0.5T$ 范围内，系统在什么时刻动能和势能相等？

第三节 两个同方向、同频率简谐振动的合成

质点可以同时参与几个振动，例如当两个声波同时传播到空间某一点时，由于每一列声波都在该点引起一个振动，因此该点处的空气质元就同时参与了两个振动。振动的合成一般比较复杂，本书只在本节和下一节讨论两种比较简单的简谐运动合成。

设某质点同时参与两个简谐振动，它们的振动方向都沿着 x 轴，振动角频率都为 ω，但它们的振幅不同，初相也不同。在任一时刻 t 两个简谐振动的位移分别为

$$x_1=A_1\cos(\omega t+\varphi_1)$$

$$x_2=A_2\cos(\omega t+\varphi_2)$$

式中：A_1、A_2 为两个简谐振动的振幅；φ_1、φ_2 为它们的初相。

由于两个分振动在同一条直线上进行的，所以合位移 x 等于以上两个位移 x_1 和 x_2 的代数和，即

$$x=x_1+x_2$$

为了简便、直观地得出合振动的规律，采用旋转矢量法进行讨论，如图 11－16 所示。

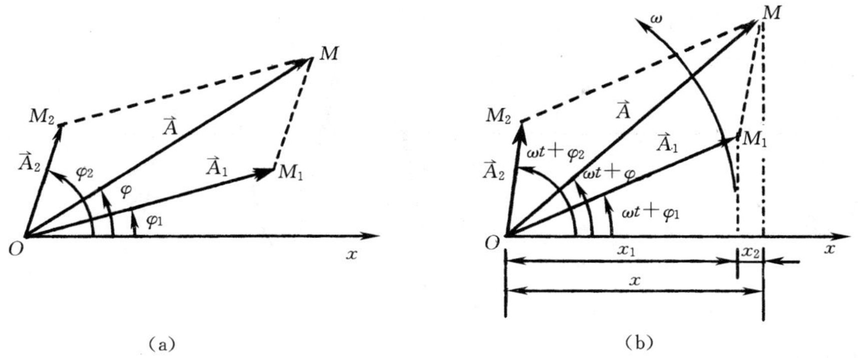

图 11－16

图中 x 轴为物体的振动方向，原点 O 为其振动的平衡位置。从 O 点作两个分振动的旋转矢量$\vec{A}_1$ 和$\vec{A}_2$。在 $t=0$ 时，它们与 x 轴的夹角分别为 φ_1 和 φ_2，如图 11－16（a）所示。当两个旋转矢量以相同的匀角速度 ω 绕 O 点作逆时针圆周运动时，矢量$\vec{A}_1$ 和$\vec{A}_2$ 在 x 轴上的投影分别为 x_1 和 x_2，如图 11－16（b）所示。由于矢量$\vec{A}_1$ 和$\vec{A}_2$ 以相同的角速度 ω 旋转，因此它们之间的夹角（$\varphi_2-\varphi_1$）保持恒定，$\vec{A}_1$ 和$\vec{A}_2$ 所构成的平行四边形的形状始终保持不变，并且以角速度 ω 整体地作逆时针匀速圆周运动，它们的合矢量$\vec{A}$的大小也不变，并且也以角速度 ω 绕 O 点作逆时针的匀速圆周运动。可见，合矢量$\vec{A}$所代表的合振动仍然是简谐振动，合振动的方向沿 x 轴，频率与分振动的频率相同。设合振动的振动方程为

$$x=A\cos(\omega t+\varphi)$$

式中：A 为合矢量$\vec{A}$的长度，即合振动的振幅；φ 为合矢量$\vec{A}$与 x 轴的夹角，即合振动的初相。

由图 11－16（a）的几何关系容易得到

$$A=\sqrt{A_1^2+A_2^2+2A_1A_2\cos(\varphi_2-\varphi_1)} \tag{11-21}$$

$$\varphi=\tan^{-1}\frac{A_1\sin\varphi_1+A_2\sin\varphi_2}{A_1\cos\varphi_1+A_2\cos\varphi_2} \tag{11-22}$$

从式（11－21）可以看出，合振动的振幅不仅与两个分振动的振幅 A_1 和 A_2 有关，而且与两个分振动的相位差（$\varphi_2-\varphi_1$）有关。下面讨论振动合成的两个重要特例：

（1）如果两个分振动的相位差 $\varphi_2-\varphi_1=2k\pi(k=0,\ \pm1,\ \pm2,\ \cdots)$，$\cos(\varphi_2-\varphi_1)=1$，这时合振动的振幅为

$$A=\sqrt{A_1^2+A_2^2+2A_1A_2}=A_1+A_2 \tag{11-23}$$

即当两个分振动的相位差等于 π 的偶数倍（这种情况也称为两个分振动**同相**）时，合振动的

振幅最大，等于两个分振动的振幅之和，或者说两个分振动相互加强，如图 11 - 17 所示。

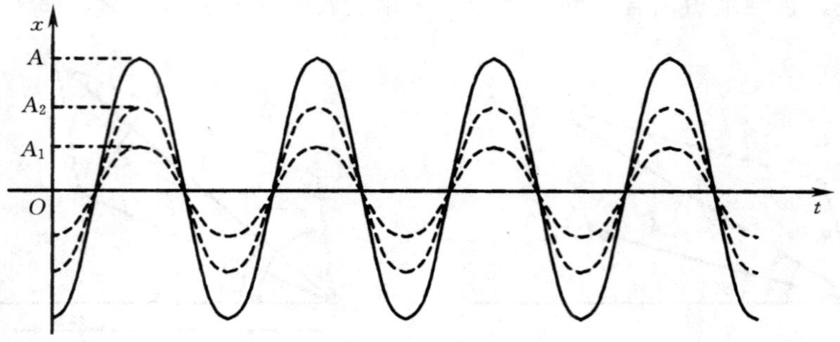

图 11 - 17

（2）如果两个分振动的相位差 $\varphi_2-\varphi_1=(2k+1)\pi(k=0,\pm1,\pm2,\cdots)$，$\cos(\varphi_2-\varphi_1)=-1$，这时合振动的振幅为

$$A=\sqrt{A_1^2+A_2^2-2A_1A_2}=|A_1-A_2| \tag{11-24}$$

即当两个分振动的相位差等于 π 的奇数倍（这种情况也称为两个分振动**反相**）时，合振动的振幅最小，等于两个分振动振幅之差的绝对值，或者说两个分振动相互减弱，如图 11 - 18 所示。

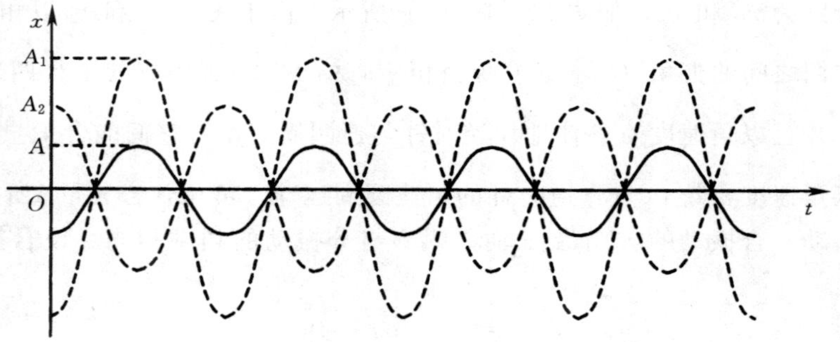

图 11 - 18

一般情况下，两个分振动的相位差（$\varphi_2-\varphi_1$）既不等于 π 的偶数倍，也不等于 π 的奇数倍，这时合振动的振幅介于最大和最小之间，即 $|A_1-A_2|<A<A_1+A_2$，如图 11 - 19 所示。

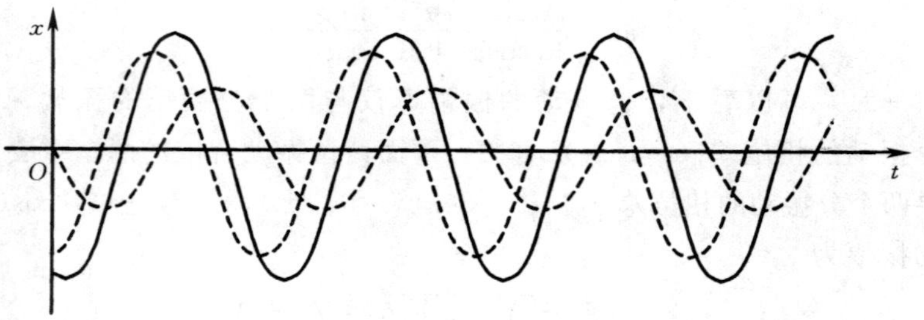

图 11 - 19

【例 11－5】　某质点参与两个同方向的简谐振动，它们的振动方程分别为

$$x_1=5\times10^{-2}\cos\left(10t+\frac{3}{4}\pi\right)$$

$$x_2=6\times10^{-2}\cos\left(10t+\frac{1}{4}\pi\right)$$

公式中的各个物理量均采用国际单位，试求合振动方程。

解：依题意，该质点参与两个同方向、同频率的简谐振动。它们的旋转矢量合成情况如图 11－20 所示。由于

$$\varphi_1-\varphi_2=\frac{3}{4}\pi-\frac{1}{4}\pi=\frac{1}{2}\pi$$

因此合振动的振幅为

$$A=\sqrt{A_1^2+A_2^2}=7.81\times10^{-2}\text{m}$$

因为

$$\theta=\arctan\frac{5}{6}=0.69(\text{rad})$$

所以合振动的初相为

$$\varphi=\varphi_2+\theta=1.48\text{rad}$$

则所求的合成振动方程为

$$x=7.81\times10^{-2}\cos(10t+1.48)\text{m}$$

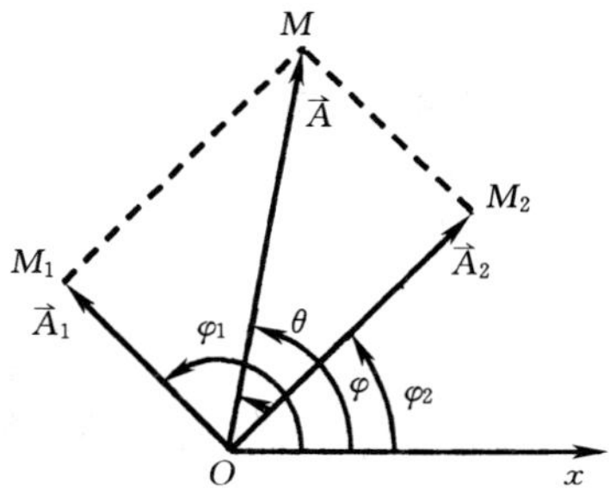

图 11－20

第四节　两个相互垂直的、同频率简谐振动的合成

如果一个质点同时参与两个不同方向的简谐振动，其合位移就是两个分振动的位移的矢量和。本节将以两个相互垂直的、同频率的简谐振动的合成为例，说明这种合成的方法。

设质点同时参与的两个同频率的简谐运动分别沿 x 轴和 y 轴方向，其振动方程分别为

$$x=A_1\cos(\omega t+\varphi_1)$$

$$y=A_2\cos(\omega t+\varphi_2)$$

这两个方程表明质点在 Oxy 平面上运动，其位置坐标（x，y）随时间 t 改变，因此这两个方程实际上就是质点运动轨道的参数方程。在轨道参数方程中消去参数 t，即得质点运动轨道的直角坐标方程。即

$$\frac{x^2}{A_1^2}+\frac{y^2}{A_2^2}-\frac{2xy}{A_1A_2}\cos(\varphi_2-\varphi_1)=\sin^2(\varphi_2-\varphi_1) \qquad (11-25)$$

这是二次曲线方程，其变化范围为：$-A_1\leqslant x\leqslant A_1$，$-A_2\leqslant y\leqslant A_2$。一般情况下，这个二次曲线是椭圆，其具体形状由两个分振动的振幅 A_1、A_2 和相位差（$\varphi_2-\varphi_1$）决定。下面讨论几种特殊情形。

（1）若 $\varphi_2-\varphi_1=0$，亦即两个分振动的相位相同。式（11－25）变为

$$y=\frac{A_2}{A_1}x$$

该式表明质点的轨道是一条通过坐标原点的直线，其斜率为 $k=\tan\theta=\frac{A_2}{A_1}$，如图 11－21（a）所示。在任意时刻 t，质点相对于平衡位置 O 的位移为

$$r=\sqrt{x^2+y^2}$$

在两个分振动的振动方程中，令 $\varphi_2=\varphi_1=\varphi$，并将两个振动方程代入上式，得

$$r=\sqrt{A_1^2+A_2^2}\cos(\omega t+\varphi)$$

可见合振动也是简谐振动，角频率等于两个分振动的角频率 ω，振幅为 $A=\sqrt{A_1^2+A_2^2}$。

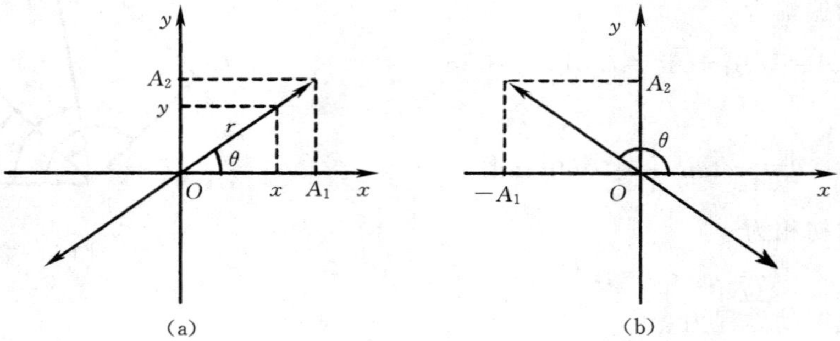

图 11－21

（2）若 $\varphi_2-\varphi_1=\pi$，亦即两个分振动的相位相反。式（11－25）变为

$$y=-\frac{A_2}{A_1}x$$

该式表明质点的轨道也是一条通过坐标原点的直线，只不过其斜率为 $k=\tan\theta=-\frac{A_2}{A_1}$，如图 11－21（b）所示。与上一情形一样，合振动仍然是简谐振动，角频率也等于两个分振动的角频率 ω，振幅为 $A=\sqrt{A_1^2+A_2^2}$。

（3）若 $\varphi_2-\varphi_1=\frac{\pi}{2}$，式（11－25）变为

$$\frac{x^2}{A_1^2}+\frac{y^2}{A_2^2}=1 \qquad (11-26)$$

该式表明质点的轨道是以坐标轴为主轴的正椭圆，如图 11－22（a）所示。现在来考察质点沿椭圆轨道的运动方向。为此将质点的两个分振动方程写为

$$x=A_1\cos(\omega t+\varphi_1)$$

$$y=A_2\cos\left(\omega t+\varphi_1+\frac{\pi}{2}\right)$$

设在某一时刻 $\omega t+\varphi_1=0$，这时 $x=A_1$、$y=0$，对应图中的 P_0 点；在稍后时刻，$\omega t+\varphi_1$ 稍大于 0，此时 $x>0$、$y<0$，对应图中的 P 点。显然质点以顺时针方向沿椭圆轨道运动。

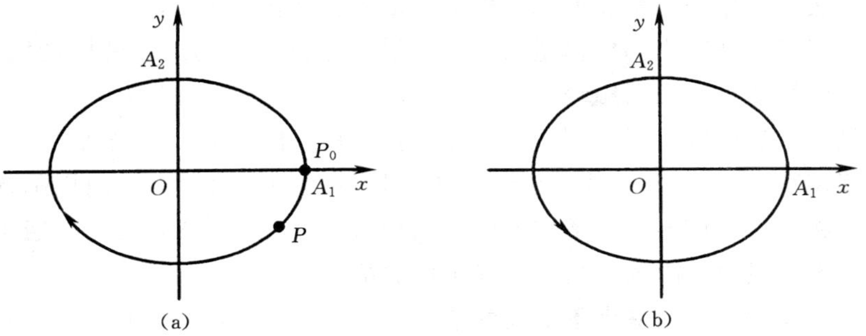

图 11－22

(4) 若 $\varphi_2-\varphi_1=\frac{3\pi}{2}$，此时质点的运动轨道仍然是由式（11－26）表示的椭圆，但质点以逆时针方向沿椭圆轨道运动，如图 11－22（b）所示。

在以上所述的两种椭圆运动情况下，如果两个分振动的振幅 $A_1=A_2$，则质点作匀速圆周运动。

一般情况下，两个分振动的相位差（$\varphi_2-\varphi_1$）并不等于上述几种特殊值，这时质点运动的轨道是一些方位不同的斜椭圆，在图 11－23 中，给出的两个分振动的振幅不相等，相位差等于某几个数值时合成运动的轨道和质点在椭圆上运动的方向。

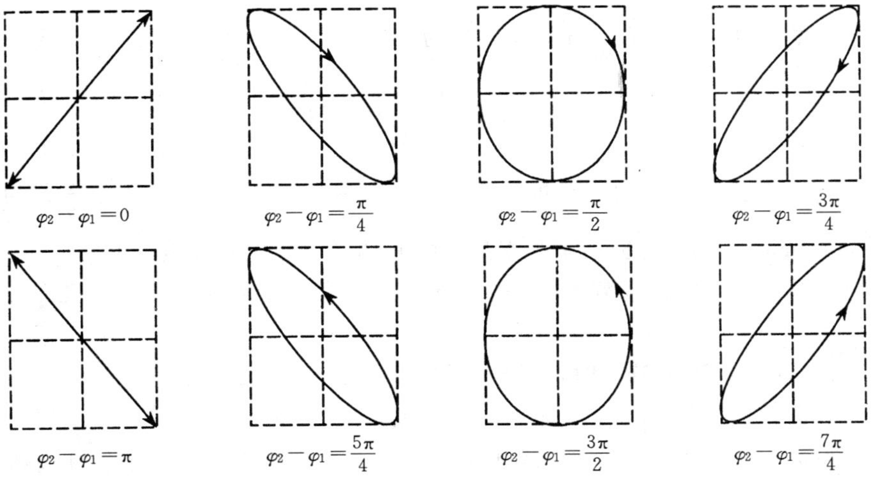

图 11－23

第五节　阻尼振动　受迫振动　共振

一、阻尼振动

前面讨论的简谐振动是振动系统在振动过程中不受阻力作用的情况，这只是一种理想的运动状态。实际上振动系统在振动过程中总是要受到各种阻力的，振动系统在克服阻力做功的过程中能量逐渐减少，振幅越来越小，最终会停止振动。这种**振动能量逐渐减少、振幅越来越小的振动**称为**阻尼振动**（damped vibration）或**减幅振动**。

振动能量减少的原因主要有两种，一是存在各种摩擦阻力（如振动系统与接触面、与空气之间的摩擦）。二是振动物体会引起周围介质的振动，使得能量向周围辐射。在讨论振动问题时，将这两种使振动能量减少的因素统称为**阻尼**（damping）或**阻尼力**。为了讨论问题方便，本节只讨论阻尼力与速率成正比的情况。

实验指出，在物体运动速度不太大的情况下，物体所受到的阻尼力与其运动的速率成正比，即

$$F_r=-bv$$

上式中比例系数 b 称为**阻力系数**（resistance coefficient），其中负号表示阻力与速度方向相反。水平弹簧振子受到的合力等于弹性力 F 和阻尼力 F_r 之和，根据牛顿第二定律得

$$-kx-bv=ma$$

其中 $v=\frac{\mathrm{d}x}{\mathrm{d}t}$、$a=\frac{\mathrm{d}^2x}{\mathrm{d}t^2}$，因此

$$m\frac{\mathrm{d}^2x}{\mathrm{d}t^2}+b\frac{\mathrm{d}x}{\mathrm{d}t}+kx=0$$

对于一个确定的振动系统而言，m、k、b 均为常量。令 $\frac{b}{m}=2\delta$、$\frac{k}{m}=\omega_0^2$，上式可以写成

$$\frac{\mathrm{d}^2x}{\mathrm{d}t^2}+2\delta\frac{\mathrm{d}x}{\mathrm{d}t}+\omega_0^2x=0 \tag{11-27}$$

上式中 $\omega_0=\sqrt{\frac{k}{m}}$是振动系统的固有角频率，由系统本身的性质决定。$\delta=\frac{b}{2m}$称为**阻尼系数**(damping coefficient)，它与振动系统本身的性质和周围介质的性质有关。

式（11-27）是二阶常系数齐次线性微分方程，其解与 δ 和 ω 有关。现在分两种情况进行讨论。

（1）当 $\delta<\omega_0$，即阻尼较小时，微分方程式（11-27）的解为

$$x=A\mathrm{e}^{-\delta t}\cos(\omega t+\varphi) \tag{11-28}$$

上式中，A 和 φ 为积分常数，由初始条件决定。ω 为阻尼振动的角频率，其表达式为

$$\omega=\sqrt{\omega_0^2-\delta^2} \tag{11-29}$$

显然，$\omega<\omega_0$。

式（11-28）所表示的阻尼振动的位移 x 与时间 t 的关系曲线如图 11-24 中的实线所示。可以看出，系统的振动已经不是等幅的简谐振动，而是振幅被限制在两条曲线 $x=\pm Ae^{-\delta t}$之间不断衰减的振动。δ 越小衰减越慢，δ 越大衰减越快。阻尼振动不但不是简谐振动，严格地讲，它也不是周期振动，因为每一次振动都不能完全重复上一次振动。但振动物体连续两次沿同一方向通过平衡位置或到达同一方向的最大位移处相隔的时间为一个常量 T，仍然将这个时间 T 称为**阻尼振动的周期**，由式（11-29）得

$$T=\frac{2\pi}{\omega}=\frac{2\pi}{\sqrt{\omega_0^2-\delta^2}} \tag{11-30}$$

这个周期值由振动系统本身的性质和阻尼的强弱共同决定。对于确定的振动系统而言，有阻尼时的振动周期 T 比无阻尼时的振动周期 T_0 要长。

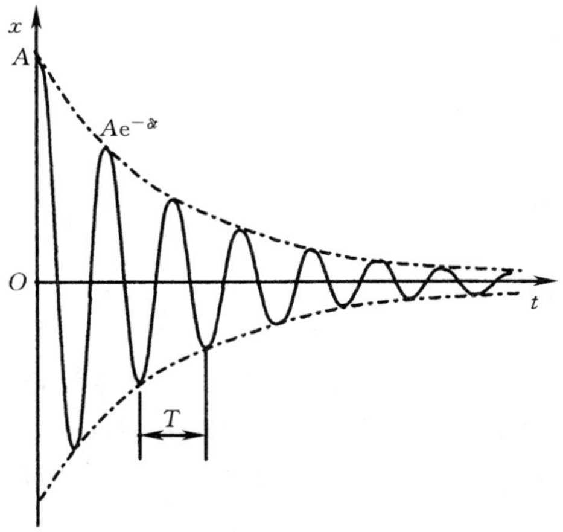

图 11－24

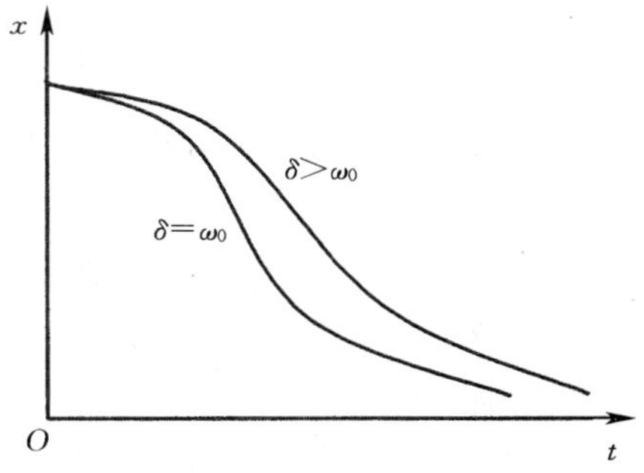

图 11－25

(2) 当 $\delta>\omega_0$ 时，式（11－28）不再是式（11－27）的解。此时振动系统甚至在未完成第一次振动以前，能量就消耗殆尽，继而通过非周期性运动的方式回到平衡位置。这种情况称为**过阻尼**（overdamping），见图 11－25 中的曲线。

当 $\delta=\omega_0$ 时，$\omega=0$。物体不能作往复运动，而是从最大位移处逐渐回到平衡位置并静止下来，这种情况称为**临界阻尼**（critical damping）。由图 11－25 可以看出，临界阻尼时物体到达平衡位置所需的时间比过阻尼时的短一些。

与以上两种情况相对应，$\delta<\omega_0$ 时物体的振动情况也称为**欠阻尼**（underdamping）。

在生产和技术上可以根据实际需要，采取不同的方法改变阻尼的大小，从而控制系统的振动情况。例如在灵敏电流计内部，表头中的指针是与通电线圈相连接的，当它在磁场中运动时，由于电磁感应现象而受到磁阻尼的作用，这样可以使指针尽快停止摆动，便于及时读取数据。如果磁阻尼过小或过大，会使指针摆动不停或到达平衡点的时间过长，可以通过调整电路电阻的办法，使电表在 $\delta=\omega_0$ 的临界阻尼状态下工作。

二、受迫振动

原来静止的振动系统受到一个外界扰动就会振动起来，如果在整个振动过程中，振动系统除了受到回复力（在弹簧振子中，回复力是弹性力，回复力总可以写成 $F=-kx$ 的形式）和阻尼力外，不再受其他促进系统振动的外力，这种振动称为**自由振动**（free vibration）。由于实际振动系统的自由振动总是阻尼振动，要想使系统持续振动下去，必然对系统施加一个周期性的外力。**振动系统在周期性外力作用下的振动**称为**受迫振动**（forced vibration），这个**周期性的外力**称为**驱动力**（driving force）。

设系统受到的驱动力是时间的余弦函数，其表达式为 $F_d\cos\omega_d t$，其中 F_d 是驱动力的最大值，也叫驱动力的力幅，ω_d 是驱动力的角频率。振动系统除了受到驱动力外，还受到回复力和阻尼力的作用。由牛顿第二定律得

$$-kx-bv+F_d\cos\omega_d t=ma$$

或

$$m\frac{d^2x}{dt^2}+b\frac{dx}{dt}+kx=F_d\cos\omega_d t$$

令 $\frac{b}{m}=2\delta$、$\frac{k}{m}=\omega_0^2$、$\frac{F_d}{m}=A_d$，上式可以写成

$$\frac{d^2x}{dt^2}+2\delta\frac{dx}{dt}+\omega_0^2x=A_d\cos\omega_d t \tag{11-31}$$

在 $\delta<\omega_0$ 的情况下，上述微分方程的解为

$$x=A_0e^{-\delta t}\cos(\omega t+\varphi_0)+A\cos(\omega_d t+\varphi) \tag{11-32}$$

其中 $\omega=\sqrt{\omega_0^2-\delta^2}$。上式表示受迫振动是由两个分振动合成的：一个分振动是振幅呈指数衰减的阻尼振动 $A_0e^{-\delta t}\cos(\omega t+\varphi_0)$，另一个分振动是振幅不变的余弦振动 $A\cos(\omega_d t+\varphi)$。

在受迫振动开始的一段时间内，系统的振动情形比较复杂。但经过一定时间的过渡以后，式（11-32）中的阻尼振动已经衰减到可以忽略不计的程度。接着系统便进入稳定振动状态。这种稳定的振动就是刚刚谈到的第二个分振动，即周期性的等幅余弦振动，其振动表达式为

$$x=A\cos(\omega_d t+\varphi) \tag{11-33}$$

将上式代入受迫振动微分方程式（11-31）中，解得稳定受迫振动的振幅为

$$A=\frac{A_d}{\sqrt{(\omega_0^2-\omega_d^2)^2+4\delta^2\omega_d^2}} \tag{11-34}$$

同时也可以解出稳定受迫振动与驱动力的相位差为

$$\varphi=\arctan\frac{-2\delta\omega_d}{\omega_0^2-\omega_d^2} \tag{11-35}$$

从能量的角度分析，在稳定受迫振动时，周期性外力在一个周期内对振动系统做功而提供了能量，这个能量恰好补偿了系统在一个周期内由于克服阻力所消耗的能量，从而使受迫振动的振幅保持稳定不变。

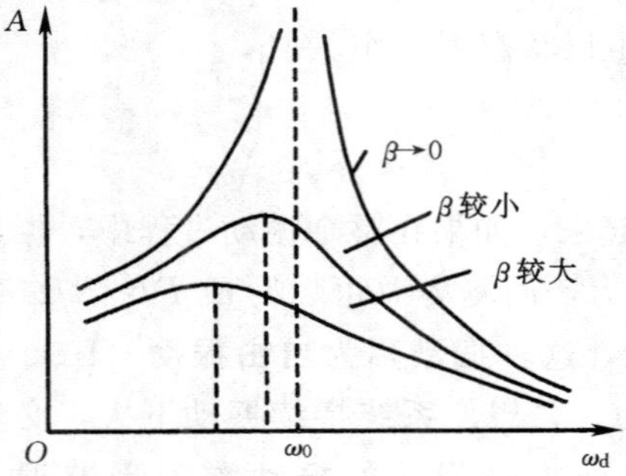

图 11-26

三、共振

从式（11-34）可以看出，稳定受迫振动的振幅 A 与驱动力的角频率 ω_d 有关。在阻尼系数 δ 不同的情形下，A 与 ω_d 的关系如图 11-26 所示。在图 11-26 中，ω_0 为振动系统的固有角频率。在式（11-34）中，将 A 对 ω_d 求导，并令 $\frac{dA}{d\omega_d}=0$，即可求得与 A 的最大值对应的角频率为

$$\omega_r=\sqrt{\omega_0^2-2\delta^2} \tag{11-36}$$

当驱动力的角频率等于 ω_r 时，受迫振动的振幅 A 有最大值。受迫振动的振幅达到最大值的现象称为**共振**（resonance）。使受迫振动的振幅达到最大值的角频率 ω_r 称为**共振角频率**（resonant angular frequency）。将式（11－36）代入式（11－34）中，即得**共振振幅**为

$$A_r=\frac{A_d}{2\delta\sqrt{\omega_0^2-\delta^2}} \tag{11-37}$$

由图（11－26）中的曲线可以看出：①当驱动力的角频率 $\omega_d \gg \omega_0$ 或 $\omega_d \ll \omega_0$ 时，受迫振动的振幅比较小；②当 $\omega_d \to \omega_r$ 时，受迫振动的振幅逐渐变大，当 $\omega_d=\omega_r$ 时，受迫振动的振幅达到最大值 A_r；③在驱动力角频率 ω_d 一定的情况下，阻尼系数 δ 较小时受迫振动的振幅较大，阻尼系数 δ 较大时受迫振动的振幅较小。

共振现象非常普遍，在声、光、无线电、原子内部及工程技术中经常会遇到。共振现象也有广泛的应用，例如钢琴、小提琴等乐器的琴箱就是一个共鸣盒，利用其内部发生的共振现象产生优美的音乐。利用核物理学中的核磁共振现象可以进行物质结构的研究以及医疗诊断。

共振现象也有不利的一面，例如共振时由于系统振幅过大而造成机器设备、建筑物的损坏等。著名的美国塔科马海峡大桥（Tacoma Narrows Bridge）断塌的部分原因就是阵阵大风引起桥的共振。1940 年 7 月 1 日，造型优美的塔科马钢铁大桥建成通车。大桥刚投入使用，在微风中就出现上下起伏的振动。11 月 7 日凌晨 7：00，顺峡谷刮来的 8 级大风激起了大桥本身的振荡。数千吨重的钢铁大桥像一条缎带一样以 8.5m 的振幅左右来回起伏飘荡。在整个过程中振荡不断加强，11：10 大桥开始断裂，桥上那承受着大桥重量的钢索在怪物般起伏的进攻下失去了束缚力，猝然而断。大桥的主体从天而降，整个拍落到万丈深渊。图 11－27（a）是该桥在断裂前某一时刻的振动状态，图 11－27（b）是桥断后的惨状。

(a)　　(b)

图 11－27

思考与讨论

1. 一根长度为 l、劲度系数为 k 的均匀轻弹簧被分割成长度为 l_1 和 l_2 的两部分，且 $l_1=3l_2$。试问：这两部分弹簧的劲度系数 k_1 和 k_2 分别为多大?

2. 图 11－28 中所画的是两个简谐振动的振动曲线。如果这两个简谐振动可以叠加，试问：合成的余弦振动的初相等于多少?

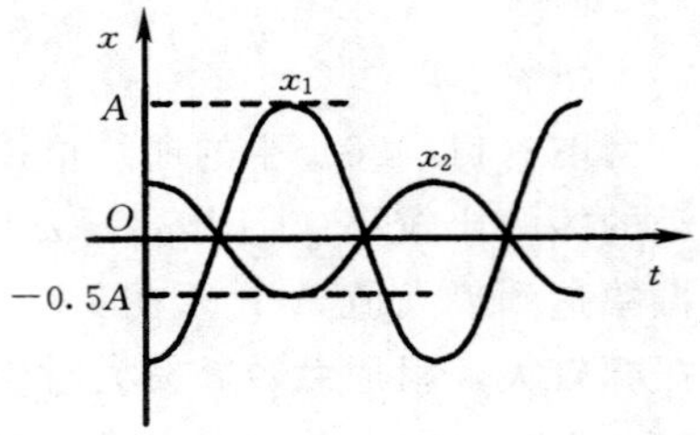

图 11－28

3. 一个质点同时参与三个简谐振动，它们的振动方程分别为

$$x_1=A\cos\left(\omega t+\frac{1}{3}\pi\right),x_2=A\cos\left(\omega t+\frac{5}{3}\pi\right),$$

$$x_3=A\cos(\omega t+\pi)$$

试写出合成振动的振动方程。

4. 一个质点同时参与两个同方向的简谐振动，它们的振动方程分别为

$$x_1=0.05\cos\left(\omega t+\frac{1}{4}\pi\right),\quad x_2=0.05\cos\left(\omega t+\frac{9}{12}\pi\right)$$

公式中的所有物理量均采用国际单位，试写出合成振动的振动方程。

5. 两个同方向同频率的简谐振动，其合振动的振幅为 20cm，与第一个简谐振动的相位差为 $\varphi-\varphi_1=\pi/6$。若第一个简谐振动的振幅为 $10\sqrt{3}$cm，试问：第二个简谐振动的振幅为多少? 第一、第二两个简谐振动的相位差 $\varphi_1-\varphi_2$ 为多少?

6. 图 11－29 中的椭圆是两个互相垂直的同频率简谐振动合成的图形，已知 x 方向的振动方程为

$$x=0.02\cos\left(\omega t+\frac{1}{2}\pi\right)$$

动点在椭圆上沿逆时针方向运动。公式中的所有物理量均采用国际单位，试问：y 方向的振动方程如何?

7. 一个质点同时参与两个互相垂直的同频率的简谐振动，其合成运动的轨道及旋转方向如图 11－30 所示，旋转周期为 2s。初始时刻质点位于图中 x 轴上的 P 点。试写出两

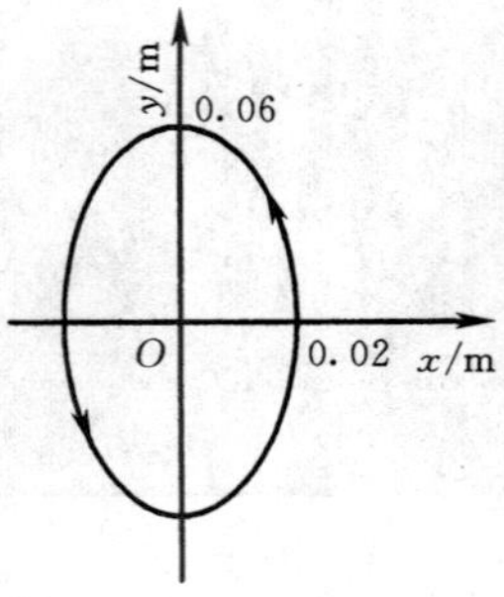

图 11－29

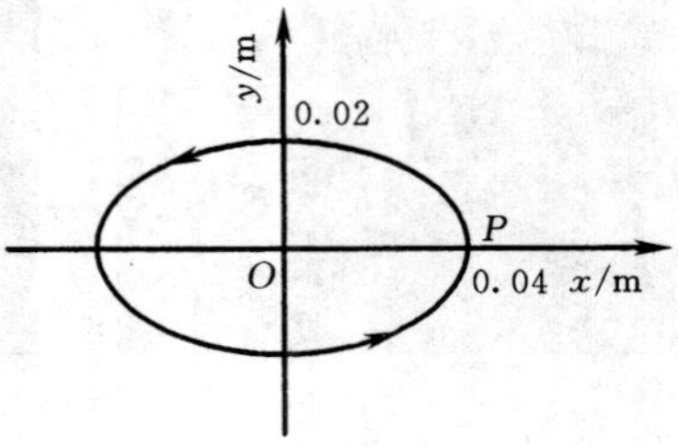

图 11－30

个分振动的振动方程。

习　题

1. 一个轻弹簧在 60N 的拉力作用下伸长了 0.3m。将一个物体悬挂在弹簧的下端并在它上面再放一个小物体，它们的总质量为 4kg。待它们静止后再向下拉 0.1m，然后释放。

(1) 在物体振动过程中，小物体是否会与振动物体分离？

(2) 如果使放在振动物体上的小物体与振动物体分离，振幅 A 应该满足何种条件？

2. 两个小球悬于同样长度 l 的线上。将第一个小球从平衡位置移开，使悬线和竖直线成微小角度 θ；而第二个小球沿竖直方向上举到悬点，如图 11－31所示。如果两个小球同时由静止释放，哪个小球先到达最低位置？时间差为多少？

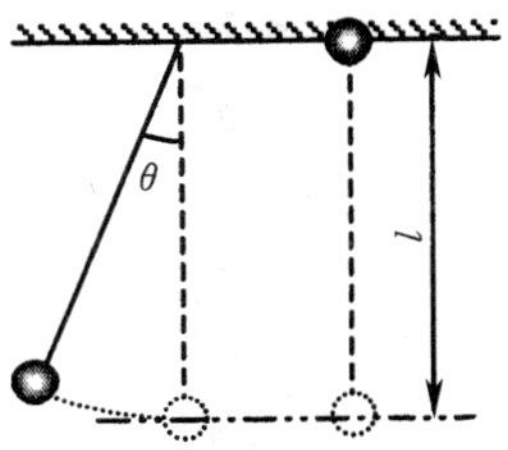

图 11－31

3. 一根轻弹簧在 60N 的拉力下伸长了 0.3m。把质量为 4kg 的物体悬挂在该弹簧的下端并使之静止，再把物体向下拉 0.1m 后由静止释放并开始计时。求：

(1) 物体的振动方程。

(2) 物体在平衡位置上方 0.05m 时弹簧对物体的拉力。

(3) 物体从第一次越过平衡位置时刻起到它运动到上方 0.05m 处所需要的最短时间。

4. 一块木板在水平面上作简谐振动，振幅为 0.12m，在距平衡位置 0.06m 处的速率为 0.24m/s。如果一个小物块（其质量远远小于木板的质量）置于振动木板上，由于静摩擦力的作用，小物块和木板一起运动。当木板运动到最大位移处时，物块恰好开始在木板上滑动，问物块与木板之间的静摩擦系数为多少？

5. 一个质量为 0.20kg 的质点作简谐振动，其振动方程为

$$x=0.6\cos\left(5t-\frac{1}{2}\pi\right)$$

公式中的所有物理量均采用国际单位，求：

(1) 质点的初速度。

(2) 质点在正向最大位移一半处所受的力。

6. 有一根轻弹簧，在其下端挂质量为 10g 的物体而平衡时，伸长量为 4.9cm。用这根弹簧与质量为 16g 的物体组成弹簧振子。取平衡位置为坐标原点，向上为 x 轴的正方向。将物体从平衡位置向下拉 2cm 后，给予向上的初速度 5cm/s 并开始计时，试求该物体的振动周期和振动方程。

7. 有一个摆长为 1m 的单摆，开始观察时摆球正好过－6cm 处，并以 20cm/s 的速度沿 x 轴正方向运动，如果该单摆的运动近似简谐振动，试求其振动频率、振幅和初相。

8. 一个质量为 0.25kg 的物体，在劲度系数为 25N/m 的弹簧作用下沿着 x 轴运动，其平衡位置在坐标原点。

(1) 求振动的周期和角频率。

(2) 如果振幅为 0.15m，初始时物体位于 x 轴 0.075m 处，且物体沿 x 轴反方向运

动，求物体的初速度和初相。

（3）写出振动方程。

9. 作简谐振动的某物体的速度最大值为 3×10^{-2} m/s，振幅为 2×10^{-2} m。如果开始时物体位于平衡位置且向 x 轴的负方向运动，求：

（1）振动周期。

（2）加速度最大值。

（3）振动方程。

10. 为了使单摆的振动周期在高度 H 处和地球表面上相等，其长度须减少多少？设地球表面处摆长为 l_0，地球半径为 R，且 $H\ll R$。

11. 一辆汽车沿半径为 R 的圆形水平轨道匀速行驶，速率为 v。在汽车中有一个摆长为 l 的单摆，摆锤质量为 m。此单摆在垂直于汽车速度的方向上作小幅度摆动，求该单摆的摆动频率。

12. 一个单摆的角振幅为 0.1π，周期为 0.5s，求：

（1）摆动角速度的最大值。

（2）当角位移等于角振幅的一半时的角速度大小。

13. 在伦敦与巴黎之间挖掘长为 320km 的地下直线隧道，铺设地下铁路。设列车只在地球引力作用下运行，试计算列车在两城市之间需要运行多长时间？列车的最大速度是多少？忽略一切摩擦，并将地球看作是半径为 6400km 的密度均匀的静止球体，已知处于地球内部任一点处质量为 m 的质点所受地球引力的大小与它距地球中心的距离成正比，可用 $\frac{4}{3}\pi G\rho mr$ 表示，式中 G 为引力恒量，ρ 为地球密度，r 为质点与地球中心的距离。

14. 如图 11－32 所示，一个弹簧振子在光滑水平面上作振幅为 0.05m 的简谐振动，已知物块的质量为 0.1kg，弹簧的劲度系数为 4N/m。质量为 0.05kg 的橡皮泥竖直落下并粘在物块上。在下列两种情况下，求新的简谐振动系统的振动周期、振幅和能量损失值：

（1）物块经过平衡位置时，橡皮泥与物块黏合。

（2）物块在最大位移处时，橡皮泥与物块黏合。

15. 质量为 m、半径为 R 的均匀圆盘用三根长为 l 的平行细线悬挂起来，细线与盘的三个连接点等距地分布在圆盘的外沿圆周上，如图 11－33 所示。求盘在水平面内作扭转振动的周期。

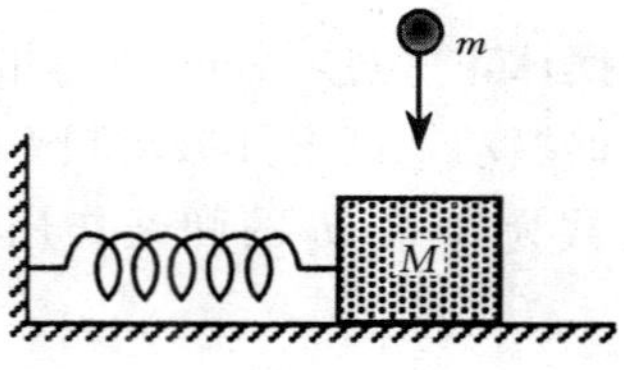

图 11－32

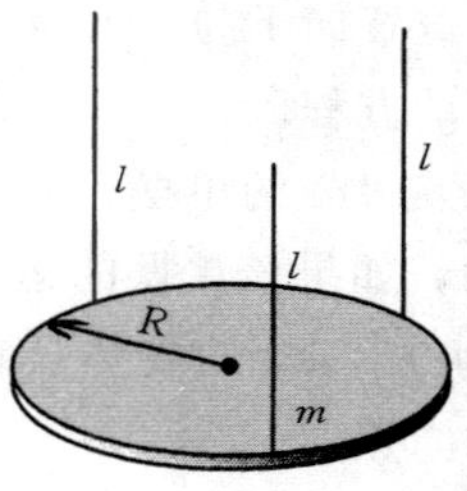

图 11－33

16. 一个半径为 r、质量为 m 的匀质球与一根长度为 l 质量可以忽略的刚性杆固结在一起，杆的延长线通过球心。此系统可绕通过杆的一端的水平光滑轴在竖直面内摆动，如图 11－34 所示。求该系统作小幅度摆动的周期。

17. 一个半径为 R 的定滑轮的转动惯量为 J，其上挂一条轻绳，绳的一端系一个质量为 m 的物体，另一端与固定的轻弹簧相连，如图 11－35 所示。设弹簧的劲度系数为 k，绳与滑轮间无滑动，且忽略轴的摩擦力和空气阻力。将物体 m 从平衡位置拉下微小距离后放手，证明物体作简谐振动，并求出其振动的角频率。

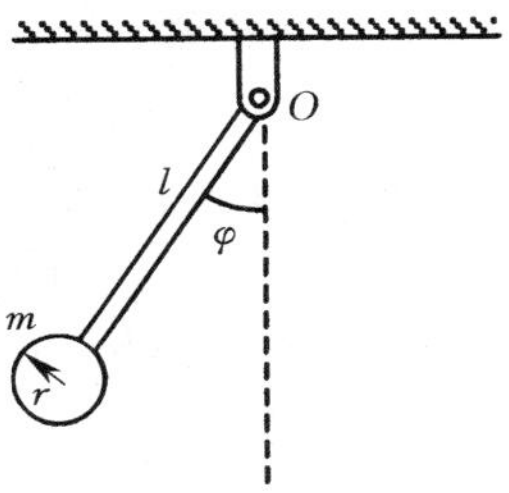

图 11－34

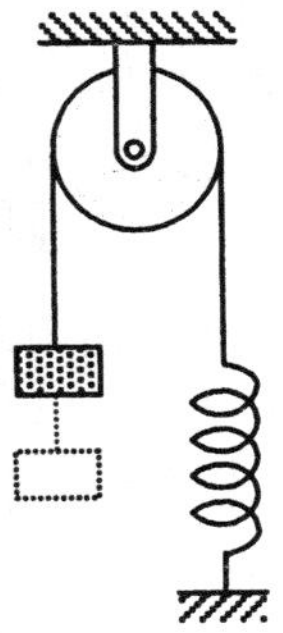

图 11－35

18. 在一块平板上放一个质量为 2.0kg 的物体，平板在竖直方向作简谐振动，其振动周期为 0.5s，振幅为 0.04m，求：

（1） 物体对平板的压力表达式。

（2） 当平板以多大的振幅振动时，物体可以离开平板？

19. 在一根竖直轻弹簧的下端悬挂一个小球，弹簧被拉长 1.2cm 而平衡。再经拉动后，该小球在竖直方向作振幅为 2cm 的振动，试证此振动为简谐振动。如果选小球在正最大位移处为计时起点，写出此振动的振动方程。

20. 在竖直悬挂的轻弹簧下端系一个质量为 0.1kg 的物体，当物体处于平衡位置时，再对物体加一个拉力使弹簧伸长，然后从静止状态将物体释放。已知物体在 32s 内完成 48 次振动，振幅为 5cm。

（1） 上述的外加拉力多大？

（2） 当物体在平衡位置以下 1cm 处时，该振动系统的动能和势能各是多少？

21. 在一个竖直轻弹簧的下端悬挂质量为 5g 的小球时，弹簧伸长 1cm 而平衡。推动小球使其在竖直方向作振幅为 4cm 的简谐振动，求小球的振动周期和振动能量。

22. 如图 11－36 所示，有一个水平弹簧振子，其弹簧的劲度系数为 24N/m、重物的质量为 6kg，重物静止在平衡位置上。以一个 10N 的水平恒力向左作用于物体上，使之由平衡位置向左运动 0.05m 时撤去该力。设重物运动到左方最远位置时开始计，求物体的振动方程。

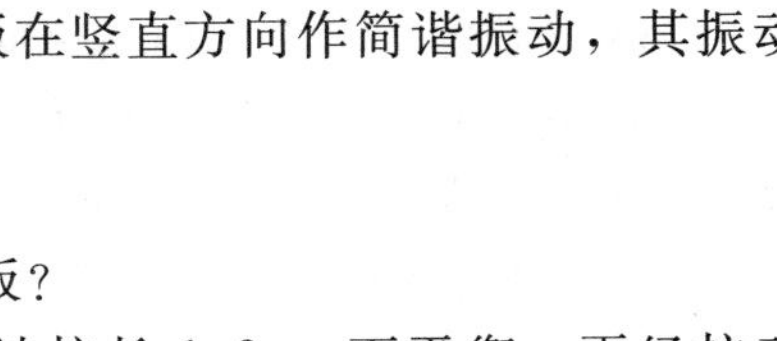

图 11－36

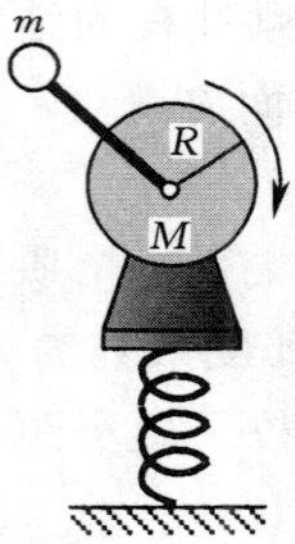

图 11－37

23. 一个质量为 M 的电机固定在劲度系数为 k 的轻弹簧上，设电机本身的质量对于转轴是对称分布的。电机轴上固定一根长为 L 的轻质刚性细杆，杆的端点固定一个质量为 $m(m \ll M)$ 的小球，如图 11－37 所示。当调节电机的转速达到某一值时，整个系统在竖直方向上发生共振。如果不考虑系统水平方向的运动，不计电机振动对小球受力的影响，也不计小球的重力，认为小球绕固定轴旋转。

（1）求共振时电机转动的角速度 ω。

（2）如果该系统受到 $f=-\gamma v$ 的阻力，其中 γ 是已知的阻力系数，求这种情况下共振时的振幅。

24. 一个单摆在空气中摆动，某时刻振幅为 3cm，经过 10s 后，振幅变为 1cm。由振幅为 3cm 时算起，经过 20s 后振幅是多大？

25. 质量为 0.1kg 的物体与劲度系数为 10N/m 的轻弹簧构成弹簧振子。物体在弹性力、外加强迫力 $F=H\cos\omega t$（其中 $\omega=10\text{rad/s}$）和阻力 $f=-\gamma v$ 的共同作用下作受迫振动。如果阻力系数 γ 增加为原来的 2 倍，其他条件不变，物体的振幅将变为原来的多少倍？

26. 质量为 5.0kg 的物体挂在弹簧上，让它在竖直方向作自由振动。在无阻尼情况下，其振动周期 0.2πs，放在阻力与物体的运动速率成正比的某种介质中，其振动周期变为 0.4πs。求当速度为 1.0cm/s 时物体在该阻尼介质中所受的阻力。

27. 一个单摆在空气中摆动，由于受空气阻力作用振幅逐渐减小。其振幅随时间按指数规律减小，某时刻振幅为 3cm，经过 20s 后，振幅变为 1cm。由振幅为 A_0 时算起，经多长时间后振幅减为 0.3cm？

科学家史话　惠更斯

克里斯蒂安·惠更斯（Christian Huygens，1629—1695），荷兰物理学家、天文学家、数学家。他是与牛顿同一时代的科学家，是历史上最著名的物理学家之一。他对力学和光学的研究都有杰出的贡献，在数学和天文学方面也有卓越的成就，是近代自然科学的一位重要开拓者。他建立了向心力定律，提出了动量守恒原理，并改进了计时器。

惠更斯于 1629 年 4 月 14 日诞生于海牙的一个富豪之家。他的父亲是一位杰出的诗人和外交家。惠更斯自幼聪慧，13 岁时曾自制一台车床，表现出很强的动手能力。16 岁进入莱顿大学学习法律和数学，后来转到布雷达学院深造。1650 年起，惠更斯开始研究光学，同时对天文观测产生了浓厚兴趣。1655 年获得法学博士学位后，惠更斯转入科学研究。他先后访问了伦敦和巴黎，1663 年他被聘为英国皇家学会第一位外国会员，1666 年刚成立的法国皇家科学院选他为院士。在此期间，惠更斯结识了许多当时著名的科学家，包括牛顿、莱布尼兹等。在巴黎生活的第 15 年，法国和荷兰之间爆发了战争，惠更斯不得不离开巴黎，回到故乡后过着孤独寂寞的晚年生活。惠更斯体弱多病，一心致力于科学事业，终生未婚。1695 年 6 月 8 日，惠更斯在海牙逝世。

惠更斯处于富裕宽松的家庭和社会条件中，他善于将科学实践与理论研究结合起来，透彻地解决某些重要问题，形成了理论与实验结合的工作方法与明确的物理思想。他留给人们的科学论文与著作有68种，全集有22卷，在碰撞、钟摆、离心力和光的波动说、光学仪器等多方面都有卓越的贡献。

对摆的研究是惠更斯所完成的最出色的物理学工作。多少世纪以来，时间测量始终是人类面临的难题。当时的计时装置诸如日规、沙漏等均不能在原理上保持精确。直到伽利略发现了摆的等时性，惠更斯将摆运用于计时器，人类才进入一个新的计时时代。当时，惠更斯的兴趣集中在对天体的观察上，在实验中，他深刻体会到了精确计时的重要性，因而便致力于精确计时器的研究。当年伽利略曾经证明了单摆运动与物体在光滑斜面上的下滑运动相似，运动的状态与位置有关。惠更斯进一步证实了单摆振动的等时性，并把它用于计时器上，制成了世界上第一架计时摆钟。这架摆钟由大小、形状不同的一些齿轮组成，利用重锤作单摆的摆锤。由于摆锤可以调节，计时就比较准确。在他随后出版的《摆钟论》一书中，详细介绍了制作有摆自鸣钟的工艺，还分析了钟摆的摆动过程及特性，首次引进了“摆动中心”的概念。惠更斯在他的《摆钟论》中还给出了他关于所谓的“离心力”的基本命题。他提出：一个作圆周运动的物体具有飞离中心的倾向，它向中心施加的离心力与速度的平方成正比，与运动半径成反比。这也是他对有关的伽利略摆动学说的扩充。在研制摆钟时，惠更斯还进一步研究了单摆运动，他制作了一个秒摆（周期为2s的单摆），导出了单摆的运动公式。在精确地取摆长为3.0565ft（1ft=0.3048m）时，他算出了重力加速度为$9.8m/s^2$。这一数值与现在我们使用的数值是完全一致的。后来，惠更斯和胡克还各自发现了螺旋式弹簧丝的振荡等时性，这为近代游丝怀表和手表的发明创造了条件。

惠更斯在巴黎工作期间曾致力于光学的研究。1678年，他在法国科学院的一次演讲中公开反对了牛顿的光的微粒说。他说，如果光是微粒性的，那么光在交叉时就会因发生碰撞而改变方向。可当时人们并没有发现这现象，而且利用微粒说解释折射现象，将得到与实际相矛盾的结果。因此，惠更斯在1690年出版的《光论》一书中正式提出了光的波动说，建立了著名的惠更斯原理。在此原理基础上，他推导出了光的反射和折射定律，圆满地解释了光速在光密介质中减小的原因，同时还解释了光进入冰洲石所产生的双折射现象，认为这是由于冰洲石分子微粒为椭圆形所致。

惠更斯原理是近代光学的一个重要基本理论。但它虽然可以预料光的衍射现象的存在，却不能对这些现象作出解释，也就是它可以确定光波的传播方向，而不能确定沿不同方向传播的振动的振幅。因此，惠更斯原理是人类对光学现象的一个近似的认识。直到后来，菲涅耳对惠更斯的光学理论作了发展和补充，创立了“惠更斯-菲涅耳原理”，才较好地解释了衍射现象，完成了光的波动说的全部理论。

第十二章 机　　械　　波

波动（wave motion）是自然界中常见的物质运动形式。人与人之间可以通过语言进行交流，是通过声波在空气中的传递实现的。人们可以看到周围的物体，是光波将这些信息带入人们的眼睛中。人们在手机中看到的信息，是手机先将空气中的电磁波接收下来然后显示出来的。波动分为两大类：一类是机械波，即机械振动在介质中的传播；另一类是电磁波，即变化的电场和变化的磁场在空间的传播。机械波与电磁波的本质虽然不同，但却具有一些共同的特征。机械波和电磁波都具有一定的传播速度，都伴随着能量的传播，都能产生反射、折射、干涉和衍射等现象。

本章主要介绍有关简谐波和简谐波合成的一些基本知识，在此基础上，简要介绍一下驻波和多普勒效应。

本章学习要点

（1）理解机械波产生的条件。熟练掌握根据已知质点的简谐振动方程建立平面简谐波的波函数的方法，掌握波函数的物理意义，理解波形曲线。了解波阵面和波射线的概念。

（2）掌握行波的能量传播特征及能流、能流密度等概念。

（3）理解惠更斯原理和波的叠加原理，了解利用惠更斯原理解释反射、折射、干涉和衍射等现象的方法。掌握波的相干条件。能用相位差或波程差的概念分析和确定相干波叠加后加强和减弱的条件。

（4）理解驻波及其形成的条件。了解驻波的特点及其与行波的区别。了解半波损失现象。

（5）了解多普勒效应，会利用公式解决简单的多普勒效应问题。

第一节　机械波的产生和传播

一、机械波产生的条件

介质中的各质点之间是以弹性力相互联系的。当一个质点运动时，它会对邻近质点施加弹性力，它们在弹性力的作用下也会运动起来。如果介质中的某个质点作机械振动，它邻近的质点也会在弹性力的作用下作机械振动，它们又会带动稍远的质点振动起来，于是机械振动就在介质中向外传播出去。下面来看两个例子。

如图 12 - 1 所示，绳的一端固定，手握住另一端并使其上下振动，这一端将拉动邻近的质点振动，它又引起稍远的质点振动，于是振动由绳的左端向右端传播出去，从而形成绳波。又如当音叉振动时，使音叉邻近的空气密度（或压强）发生变化，这部分空气使稍远的空气密度（或压强）发生变化，于是振动就在空气中由近及远传播开去，形成声波。

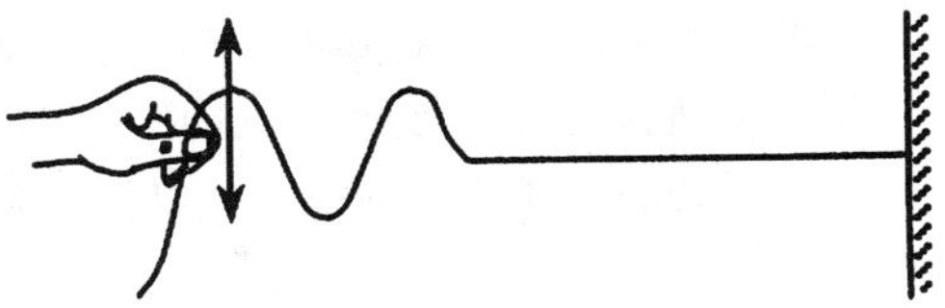

图 12－1

将**机械振动在弹性介质中的传播**称为**机械波**（mechanical wave）。由上述分析可以知道，产生机械波必须具备两个必要的条件：第一要有**作机械振动的物体**，称为**波源**（wave source），在以上两个例子中的绳左端和音叉都是波源；第二要有传播机械振动的弹性介质，传播绳波的弹性介质是绳子，传播声波的弹性介质是空气。

在平静的水面上有一个小木块，在水面的另一处投入一个小石块，当石块激起的水波传到小木块处时，小木块并不随水波向前传播，只是在平衡位置附近上下振动。因此，当波动在弹性介质中传播时，介质中各点仅在它的平衡位置附近振动，并不随波的传播而前进。

二、横波和纵波

按照质点振动方向与波的传播方向之间的关系，机械波可分为横波和纵波，它们是波动的两种最基本的形式。**横波**（transverse wave）是指**质点的振动方向与波的传播方向相垂直的波**。如图 12－2 所示，其特征是交替出现凸起的波峰和凹下的波谷。前面谈到的绳波就是横波。**纵波**（longitudinal wave）是指**质点的振动方向与波的传播方向平行的波**。如图 12－3 所示，其特征是介质出现交替的“稀疏”和“稠密”区域。前面谈到的声波就是纵波。

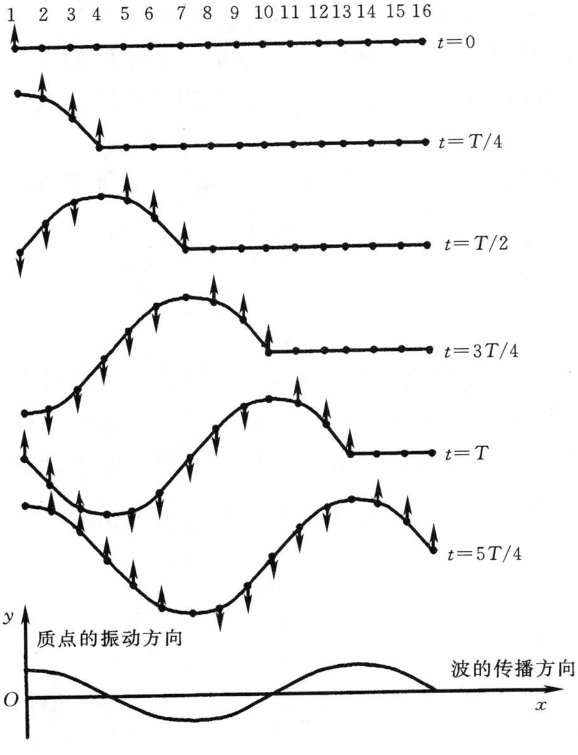

图 12－2

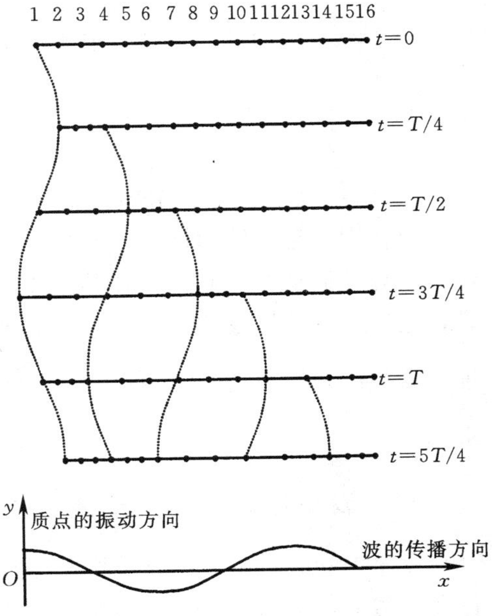

图 12－3

分析图 12－2 和图 12－3，可以得到如下三个结论：

(1) 波动是质点的逐个“拉动”形成的。

(2) 沿着波的传播方向考察，后面的质点总是重复前面质点的振动，不过振动要晚一些。

(3) 当波源（图中质点 1）振动一个周期时，在介质中恰好形成一个完整波。

三、波的传播速度、波长和周期

前面谈过，当波在介质中传播时，介质中各个点仅在自己的平衡位置附近振动，并不随波的传播而前进。这一点从图 12－2 和图 12－3 中很容易看出。再从另一个角度来考察一下波的传播。质点 1 在 $t=0$ 时相位为 $3\pi/2$，经过 $T/4$ 的时间波动传播到质点 4，这时质点 4 相位也为 $3\pi/2$，再经过 $T/4$（$t=T/2$）的时间波动传播到质点 7，其相位也等于 $3\pi/2$。可见，沿波的传播方向上的各个点都在重复质点 1 的振动，因此波的传播过程实际上是振动状态（或相位）的传播过程。在**单位时间内振动状态（或相位）传播的距离**称为**波的传播速度**，也称为**相速**（phase velocity），用符号 u 表示。

在波的传播方向上，在任意时刻**两个相邻的、相位差为 2π（即相位相同）的振动质点之间的距离**称为**波长**（wavelength），用 λ 表示。在图 12－2 和图 12－3 中，质点 1 和质点 13、质点 2 和质点 14、……之间的距离都等于波长，因此**波长就是一个完整波形的长度**。在图 12－2 的横波情况，波长等于相邻两个波峰或相邻两个波谷之间的距离，在图 12－3 的纵波情况，波长等于相邻两个稠密区中心或相邻两个稀疏区中心之间的距离。

波前进一个波长的距离所需要的时间称为波的**周期**，用符号 T 表示。**单位时间内通过波的传播方向上某点完整波的个数**称为波的**频率**，用符号 ν 表示。波的周期与频率互为倒数。

由于在一个周期内，波传播了一个波长的距离，因此波的传播速度与波长、周期（或频率）的关系为

$$u=\frac{\lambda}{T}=\lambda\nu \tag{12-1}$$

式（12－1）适用于各类波动。

要特别注意，波的传播速度与各质点的振动速度是两个完全不同的概念。波的传播速度是波源的振动在介质中的传播速度，或者说是振动状态或振动相位在介质中的传播速度，它取决于传播波的介质的性质。而介质中各质点的振动速度是介质中质点的运动速度。如果已知平面波的波函数 $y(x, t)$，波线上 x 处的质点在 t 时刻的振动速度由 $v=\frac{\partial y}{\partial x}$ 求得。

四、波动过程的几何描述

波源振动时，由弹性介质将振动向各个方向传播，形成波动。为了更直观、形象地描述波的传播，下面引入了同相面和波射线的概念。

当波动在介质中传播时，在某一时刻，总有一些点振动相位相同，由**振动相位相等的**

各点连成的曲面称为**同相面**（co-phasal surface）或**波面**（wave surface）。在某一时刻，波面有很多个，在画波面时，常常使相邻两个波面之间的距离等于一个波长。在某一时刻，由**波源最初的振动状态传到的各点所连成的曲面**称为**波阵面**或**波前**（wave front）。显然，**波前就是最前面的同相面**。在某一时刻，波面有多个，但波前只要一个。**沿波的传播方向画一些带有箭头的线**称为**波射线**或**波线**（wave ray）。

波前是平面的波称为**平面波**（plane wave），波前是球面的波称为**球面波**（spherical wave）。在各向同性的均匀介质中，波线与波面、波前垂直。在各向同性的均匀无限大介质中，无限远处传来的波为平面波，波线是一束平行的直线，如图 12-4 所示。点波源形成球面波，球心在点波源处，波线是从点波源发出的射线，如图 12-5 所示。

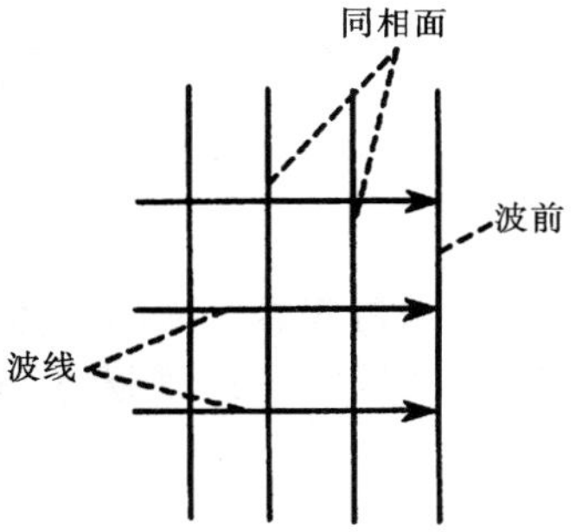

图 12-4

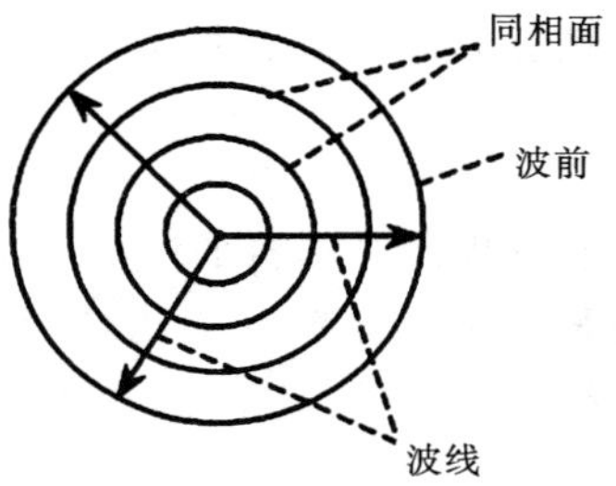

图 12-5

【例 12-1】　在室温下，频率为 1000Hz 的声波在空气中的速度为 340m/s，在水中的速度为 1450m/s，该声波在空气和水中的波长分别为多少？

解：由式（12-1）得波在介质中的波长为

$$\lambda=\frac{u}{\nu}$$

将频率 1000Hz 和两个声速值代入上式，即得该声波在空气和水中的波长分别为

$$\lambda_{空气}=0.34\text{m},\ \lambda_{水}=1.45\text{m}$$

可见，同一个波源在不同介质中形成的波长并不相同。

五、机械波的传播速度与介质的关系

（一）物质的弹性

为了说明机械波的传播速度与介质的关系，先从物质的弹性谈起。

物体在外力作用下会发生形变。如果**物体的形变不超过一定的限度，当外力撤除以后仍然会恢复原状**，这种形变称为**弹性形变**（elastic deformation）。当物体在外力作用下发生弹性形变时，物体内各部分之间会出现相互作用力以抵抗形变，使物体恢复原状。**物体内每单位截面上的恢复力**称为**应力**（stress）或**胁强**。当物体在外力作用下发生弹性形变时，必然会有某些几何量发生变化，这些**几何量的改变值与原值之比**称为**应变**（strain）或**胁变**。某个物体在发生某种形变时，应力和应变随着外力的增大而变大，但它们的比值却保持不变。**应力和应变的比值**称为**弹性模量**（modulus of elasticity）。

物体有三种基本形变，下面分别进行讨论。

1. 长变

长变是指棒状物体在外力作用下长度发生变化的形变。如图 12－6 所示，设截面积为 S 的棒状物体的原长为 l，当其两端受到等值反向的力 F 作用时，伸长了 Δl。这时**物体长度的增加值 Δl 与原来长度 l 之比称为张应变**（tearing strain），即

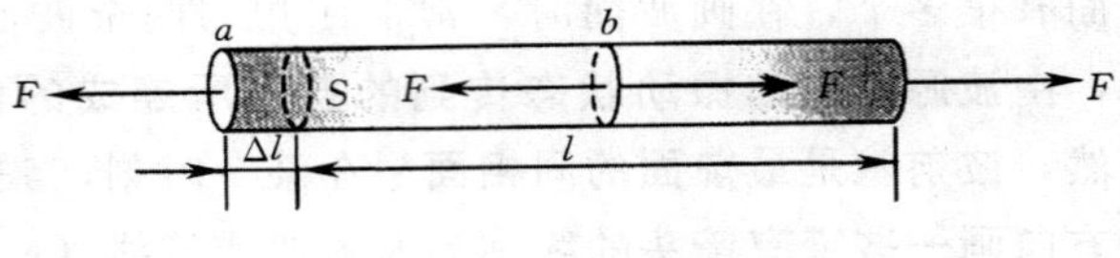

图 12－6

$$张应变=\frac{\Delta l}{l}$$

在棒中任意位置 b 处取一个截面，则 b 的左右两部分互施等值反向的拉力 F，棒内**每单位截面上的恢复力**称为**张应力**（tensile stress），即

$$张应力=\frac{F}{S}$$

张应力的方向与分界面的法线平行，这样的应力也称为**法向应力**（normal stress）。

张应力与张应变的比值称为构成棒状物体的那种材料的**杨氏模量**（Young's modulus），用符号 E 表示。即

$$E=\frac{F/S}{\Delta l/l} \tag{12-2}$$

2. 体变

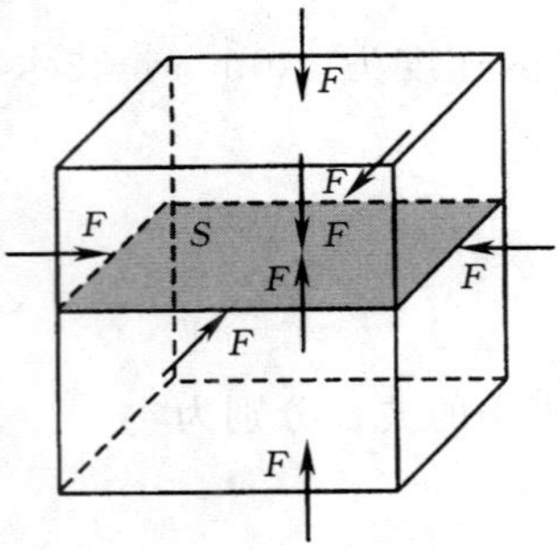

图 12－7

体变是指块状物体在外力作用下体积发生变化的形变。如图 12－7 所示，设块状物体原来的体积为 V，当其各面受到相等的压力 F 作用时，其体积增加了 ΔV。这时**物体体积的增加值 ΔV 与原来体积 V 之比称为体应变**（volume strain），即

$$体应变=\frac{\Delta V}{V}$$

设 S 为图中立方体的一个截面的面积，这个截面所分隔开的两部分互施等值反向的压力 F，物体内每单位截面上的压力称为**体应力**（body stress），即

$$体应力=\frac{F}{S}$$

体应力也是法向应力。

体应力与体应变的比值称为构成块状物体的那种材料的**体变模量**（bulk modulus），用 K 表示。即

$$K=\frac{F/S}{\Delta V/V} \tag{12-3}$$

3. 切变

切变是指只改变形状不改变体积的形变。如图 12－8 所示，长方体的上下底面受到等值反向的切向力 F 作用时变为斜方体，但其体积保持不变。矩形 $ABCD$ 变为平行四边形为 $A'B'CD$，每一条平行于 AC 的线段都转过了 θ 角。上底面相对于下底面的位移为 Δx，**上下底面的相对位移与它们之间的距离之比**称为**切应变**（shearing strain），即

$$切应变=\frac{\Delta x}{AC}=\tan\theta\approx\theta$$

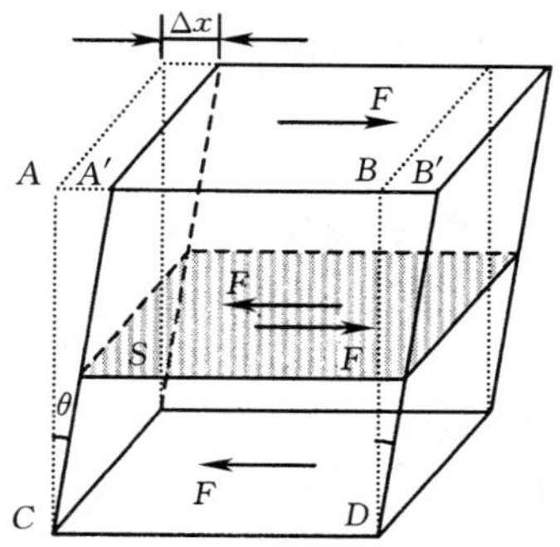

图 12－8

设 S 为图中长方体的一个截面的面积，这个截面的上下两部分互施等值反向的切向力 F，物体内**每单位截面上的切向力**称为**切应力**（shearing stress），即

$$切应力=\frac{F}{S}$$

切向应力（即切应力）的方向与分界面平行。

切应力与切应变的比值称为构成物体的那种材料的**切变模量**（shear modulus），用 G 表示。即

$$G=\frac{F/S}{\theta} \tag{12-4}$$

总之，**应力是物体发生形变时出现于物体内各部分之间企图抵抗应变使物体恢复原状的力。**

（二）机械波的传播速度与介质的关系

前面分析过，波之所以能在介质中传播，是因为介质发生形变时，介质内各质点间存在弹性力。但是由于横波和纵波在介质中引起的形变不同，因此对应的弹性力也不同。

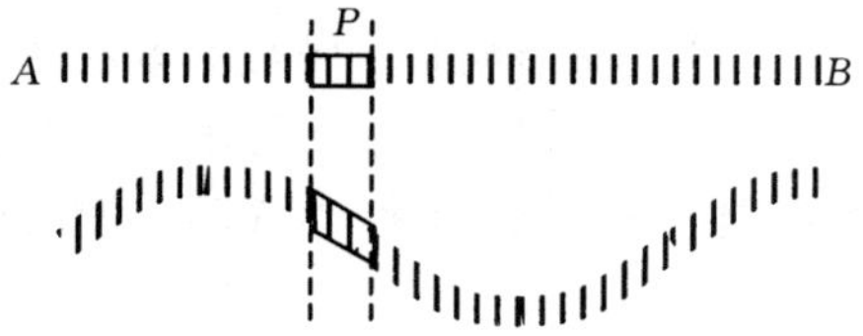

图 12－9

在绳 AB 中形成的横波如图 12－9 所示，在绳上取一个小体元 P，其原来的形状是长方形，当波动传到这里时，小体元 P 变成了平行四边形，即体元 P 发生了切变。因此当横波在介质中传播时，介质发生切变，对应的弹性力是切应力。

当纵波在介质中传播时，介质被压缩或被拉伸，这时发生的是体变或长变，对应的弹性力是压应力或张应力。

由于液体和气体不能产生切应力，只能产生体应力和张应力，而固体既能产生切应力也能产生体应力和张应力，因此液体和气体不能传播横波，只能传播纵波，而固体既能传播横波也能传播纵波。

机械波的传播速度与介质的弹性模量和密度有关，可以证明横波在固体内的传播速度为

$$u=\sqrt{\frac{G}{\rho}} \tag{12-5}$$

纵波在块状固体中的传播速度为

$$u=\sqrt{\frac{K}{\rho}} \tag{12-6}$$

纵波在棒状固体中的传播速度为

$$u=\sqrt{\frac{E}{\rho}} \tag{12-7}$$

在式（12-5）～式（12-7）中：G、K 和 E 分别为固体材料的切变模量、体变模量和杨氏模量；ρ 为固体材料的密度。

对大多数金属材料来说，E 和 K 近似相等，因此可以认为纵波在同种固体中的传播速度相同，不必区分是块状固体还是棒状固体。此外，对一般的固体材料来说，$E>G$，因此在固体中纵波的传播速度大于横波的传播速度。

由于波的传播速度与介质有关，波的周期（或频率）等于波源的振动周期（或频率），与介质无关，而 $\lambda=uT$，因此波长与介质有关。

第二节　平面简谐波的波函数

一、平面简谐波的波函数

机械波是机械振动在弹性介质内的传播，它是弹性介质内大量质点参与的一种集体运动形式。要定量描述一列沿着 r 方向传播的机械波，就应该知道在任意时刻 r 处质点的位移，即应该知道 $y(r, t)$，这种**描述波传播的函数 $y(r, t)$** 称为**波函数**（wave function）。

设在各向同性的均匀、无吸收的介质中，**波源作简谐振动，其他各质点也作简谐振动**，这种波称为**简谐波**（simple harmonic wave）。本节主要讨论平面简谐波，平面简谐波的波阵面是平面，介质中的各点均做同频率的简谐运动，并且振幅相同。由于任何复杂的波都可看成是由若干个频率不同的简谐波合成的，因此，平面简谐波是一种最基本的波动过程。如果设平面简谐波沿着 x 方向传播，由于在同一个同相面上的各点的振动情况相同，因此 x 轴上各点的振动就代表了整个波动情况。描述平面简谐波各个点振动情况的函数称为**平面简谐波的波函数**。

先讨论沿 x 轴正方向传播的平面简谐波。如图 12-10 所示，在原点 O 处有一质点做简谐振动，其振动方程为

$$y=A\cos(\omega t+\varphi)$$

式中：y 为原点处质点在 t 时刻相对于平衡位置的位移；A 为振幅；ω 为角频率；φ 为初相。

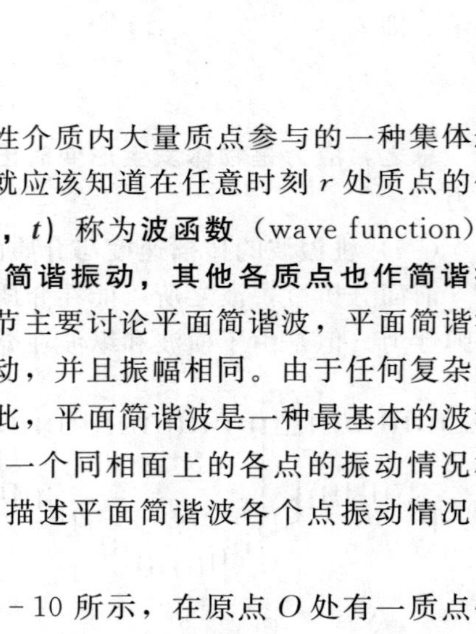

图 12-10

在 x 轴的正方向上任取一点 P，它距点 O 的距离为 x，当振动从 O 点传播到 P 点时，P 点将以相同的振幅和频率重复 O 点的振动。由于波从 O 点传播到 x 处的 P 点需要的时间为 $t_0=\frac{x}{u}$，因此 P 点在

t 时刻的相位等于 O 点在 $(t-t_0)=\left(t-\frac{x}{u}\right)$ 时刻的相位，则 P 点在 t 时刻的位移为

$$y=A\cos\left[\omega\left(t-\frac{x}{u}\right)+\varphi\right] \tag{12-8}$$

由于 $\omega=\frac{2\pi}{T}=2\pi\nu$，$uT=\lambda$，因此上式也可以写为

$$y=A\cos\left[2\pi\left(\frac{t}{T}-\frac{x}{\lambda}\right)+\varphi\right]\text{或 }y=A\cos2\pi\left[\left(\nu t-\frac{x}{\lambda}\right)+\varphi\right] \tag{12-9}$$

式（12－8）和式（12－9）给出了波线上任意一点在任意时刻的位移。该表达式概括了波线上各个点的振动情况，因此它就是沿 x 轴正方向传播的平面简谐波的波函数。

如果波沿着 x 轴负方向传播，则 P 点的振动比 O 点的振动要早开始一段时间 $\frac{x}{u}$，因此点 P 在任意时刻的位移为

$$y=A\cos\left[\omega\left(t+\frac{x}{u}\right)+\varphi\right] \tag{12-10}$$

同样也可以写成如下两种常用的形式

$$y=A\cos\left[2\pi\left(\frac{t}{T}+\frac{x}{\lambda}\right)+\varphi\right]\text{或 }y=A\cos\left[2\pi\left(\nu t+\frac{x}{\lambda}\right)+\varphi\right] \tag{12-11}$$

式（12－10）和式（12－11）就是沿 x 轴负方向传播的平面简谐波的波函数。

以上是假设已知坐标原点 O 处质点的简谐振动方程，来建立平面简谐波波函数的。实际上只要已知 x 坐标上任意一个质点的简谐振动方程，就可以建立平面简谐波的波函数。有兴趣的同学可以自己动手试一下。

二、波函数的物理意义

（1）平面简谐波的波函数是时间 t 和坐标 x 的二元函数。当其中的 x 一定时，y 只是时间 t 的函数，此时波函数表示距原点 O 为 x 处的质点在不同时刻的位移，即是该处质点的简谐振动方程。图 12－11 画出的是该处质点的 y－t 曲线。

（2）当时间 t 一定时，平面简谐波的波函数只是坐标 x 的函数，这个函数表示给定时刻 t 各质点的位移分布情况。以 x 为横坐标，y 为纵坐标，可得该时刻的 y－x 曲线，即波形曲线，如图 12－12 所示。

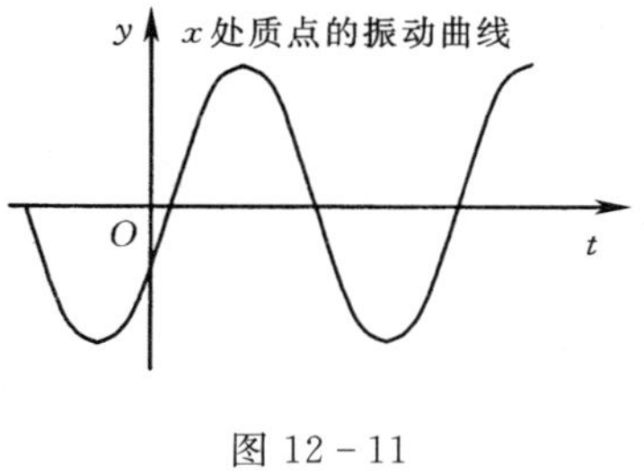

图 12－11

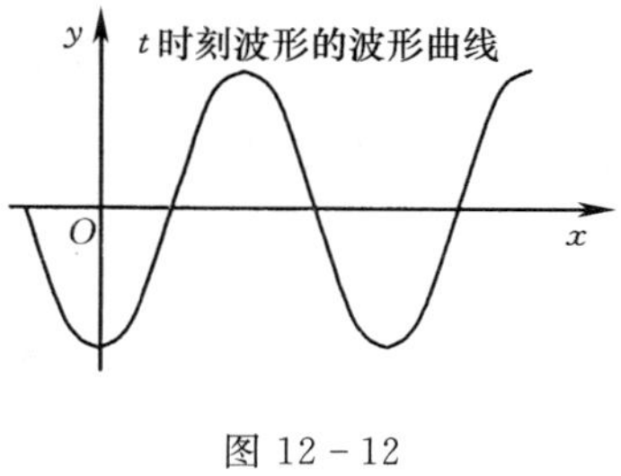

图 12－12

由式（12－8）可知，在同一个时刻 t，距坐标原点 O 分别为 x_1 和 x_2 的两个质点的相

位分别为

$$\left[\omega\left(t-\frac{x_1}{u}\right)+\varphi\right] \text{和} \left[\omega\left(t-\frac{x_2}{u}\right)+\varphi\right]$$

将以上两式相减，得这两个质点的相位差为

$$\Delta\varphi=\frac{\omega(x_2-x_1)}{u}=\frac{2\pi\Delta x}{\lambda} \tag{12-12}$$

其中 $\Delta x=x_2-x_1$ 称为**波程差**（wavepath - difference）。如果 $x_2>x_1$，则 $\Delta\varphi>0$，即 x_1 处质点的相位超前 x_2 处质点的相位；如果 $x_2<x_1$，则 $\Delta\varphi<0$，即 x_1 处质点的相位落后 x_2 处质点的相位。

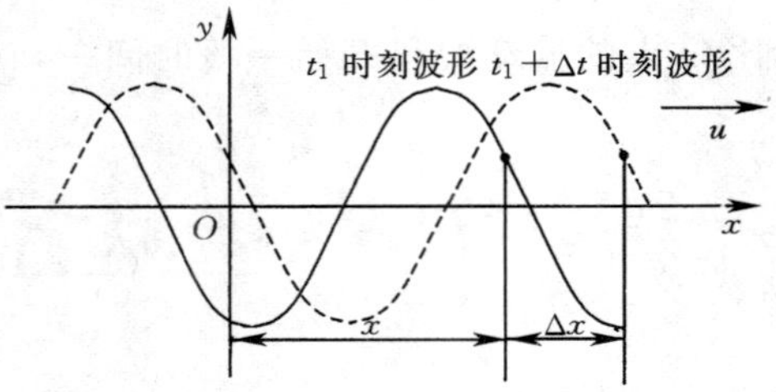

图 12 - 13

（3）当 x、t 都变化时，平面简谐波的波函数表示波线上任意一点在任意时刻的位移。在图 12 - 13 中画出了 t 时刻和 $t+\Delta t$ 时刻的波形曲线。波在 t 时刻 x 处的相位，经过 Δt 时间传到 $x+\Delta x$ 处，即这两处质点的相位相等，有

$$\left[\omega\left(t_1-\frac{x}{u}\right)+\varphi\right]=\left[\omega\left(t_1+\Delta t-\frac{x+\Delta x}{u}\right)+\varphi\right]$$

由上式解得 $\Delta x=u\Delta t$，可见波速 u 就是相位和波形向前传播的速度。换一句话说，波形以速度 u 向前传播，这种**在空间传播的波**称为**行波**（travelling wave）。

【例 12 - 2】 有一列沿 x 轴正方向传播的平面余弦波的波长为 12m，坐标原点处质点的振动方程为

$$y=6\times10^{-2}\cos\left(\frac{\pi}{3}t+\frac{\pi}{3}\right)$$

上式中的各个物理量均采用国际单位。试求：

（1）该平面简谐波的波函数。

（2）$x=3.0$m 处质点的振动方程。

（3）$t=1.0$s 时的波形方程及该时刻各波峰的位置坐标。

解：（1）由 $\omega=2\pi\nu$ 得波的频率为

$$\nu=\frac{\omega}{2\pi}=\frac{\pi/3}{2\pi}=\frac{1}{6}\text{Hz}$$

由于平面简谐波波函数的一般形式为

$$y=A\cos2\pi\left[\left(\nu t-\frac{x}{\lambda}\right)+\varphi\right]$$

因此本题的平面简谐波波函数为

$$y=6\times10^{-2}\cos\left[2\pi\left(\frac{t}{6}-\frac{x}{12}\right)+\frac{\pi}{3}\right]$$

（2）将 $x=3.0$m 代入上式，即得该点的振动方程为

$$y=6\times10^{-2}\cos\left(\frac{\pi}{3}t-\frac{\pi}{6}\right)$$

（3）将 $t=1.0$s 代入波函数中，即得此时的波形方程为

$$y=6\times10^{-2}\cos\left(\frac{2\pi}{3}-\frac{\pi}{6}x\right)$$

$t=1.0$s 时各波峰的位置坐标满足

$$\cos\left(\frac{2\pi}{3}-\frac{\pi}{6}x\right)=1$$

解之得

$$\frac{2\pi}{3}-\frac{\pi}{6}x=2k\pi,\ k=0,\ \pm1,\ \pm2,\ \cdots$$

因此，该时刻各波峰的位置坐标为

$$x=(4-12k)\text{m},\ k=0,\ \pm1,\ \pm2,\ \cdots$$

【例 12－3】　如图 12－14 所示，一列平面简谐波以 20m/s 的速度沿直线向右传播，已知波线上 B 点的简谐振动方程为

$$y_B=2.5\times10^{-2}\cos4\pi t$$

上式中的各个物理量均采用国际单位。

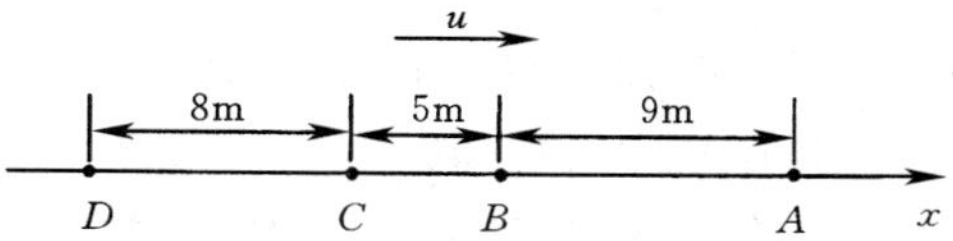

图 12－14

（1）以 B 点为坐标原点，写出波函数。

（2）以 C 点为坐标原点，写出波函数。

（3）写出传播方向上 A 点和 D 点的简谐振动方程。

（4）分别求出 CD、DA 两点间的相位差。

解：（1）由于平面简谐波波函数的一般形式为

$$y=A\cos\left[\omega\left(t-\frac{x}{u}\right)+\varphi\right]$$

因此以 B 点为坐标原点的波函数为

$$y=2.5\times10^{-2}\cos4\pi\left(t-\frac{x}{20}\right)=2.5\times10^{-2}\cos\left(4\pi t-\frac{\pi}{5}x\right)$$

（2）如果以 C 点为坐标原点，则在 x 处的质点比 B 点振动晚的时间为$\frac{x-5}{u}=\frac{x-5}{20}$，这种情况下的波函数为

$$y=2.5\times10^{-2}\cos4\pi\left(t-\frac{x-5}{20}\right)=2.5\times10^{-2}\cos\left(4\pi t-\frac{\pi}{5}x+\pi\right)$$

（3）如果以 B 点为坐标原点，A 点和 D 点的坐标分别为 $x_A=9$m、$x_D=-13$m，将这两个值代入 $y=2.5\times10^{-2}\cos\left(4\pi t-\frac{\pi}{5}x\right)$，即得 A 点和 D 点的简谐振动方程分别为

$$y_A=2.5\times10^{-2}\cos\left(4\pi t-\frac{9}{5}\pi\right)$$

$$y_D=2.5\times10^{-2}\cos\left(4\pi t+\frac{13}{5}\pi\right)$$

如果采用以 C 点为坐标原点建立的波函数求解本题，得到的结果与上述结果相同。读者不妨试一下，你知道这是为什么吗？

（4）C、D 两点之间和 D、A 两点之间的距离分别为

$$\Delta x_1 = x_D - x_C = -8\text{m},\ \Delta x_2 = x_A - x_D = 22\text{m}$$

由式 $\Delta\varphi = \frac{\omega\Delta x}{u}$ 即得 C、D 两点之间和 D、A 两点之间的相位差分别为

$$\Delta\varphi_1 = \frac{\omega\Delta x_1}{u} = \frac{4\pi\times(-8)}{20} = -1.6\pi$$

$$\Delta\varphi_2 = \frac{\omega\Delta x_2}{u} = \frac{4\pi\times 22}{20} = 4.4\pi$$

思考与讨论

1. 机械波的波函数为

$$y = 0.03\cos 6\pi\ (t + 0.01x)$$

上式中的各个物理量均采用国际单位。试问：该波的振幅、周期和波速分别为多少？该波沿着什么方向传播？

2. 已知一列平面简谐波的波函数为

$$y = A\cos[(at - bx) + \alpha](a、b \text{ 和 } \alpha \text{ 均为正常量})$$

试问：该波的频率、波长、周期和波速分别为多少？

3. 一列平面简谐波沿 x 正方向传播，波函数为

$$y = 0.10\cos\left[2\pi\left(\frac{t}{2} - \frac{x}{4}\right) - \frac{\pi}{2}\right]$$

上式中的各个物理量均采用国际单位。试画出该波在 0.5s 时刻的波形图。

4. 在简谐波传播的过程中，试问：沿传播方向相距为半个波长的两点的振动速度之比等于多少？（设这两点都不在最大位移处）

5. 一列声波在空气中的波长是 0.25m，传播速度是 340m/s，当它进入另一种介质时，波长变成了 0.35m，试问：它在该介质中的传播速度为多少？

6. 已知波源的振动周期为 4.0×10^{-2}s，波的传播速度为 300m/s，沿 x 轴正方向传播，试问：位于 10.0m 和 16.0m 的两质点的振动相位差为多少？

7. 已知 14℃ 时的空气中的声速为 340m/s。人可以听到的声音频率范围为 20～20000Hz。试问：可以引起听觉的声波在空气中波长的范围约为多少？

8. 一列平面简谐波沿 x 轴正方向传播，波速为 100m/s，$t=0$ 时刻的波形曲线如图 12-15所示。试问：该平面简谐波的波长、振幅和频率分别等于多少？

9. 一列横波沿着 x 轴负方向传播，如果 t 时刻的波形曲线如图 12-16 所示，试问：

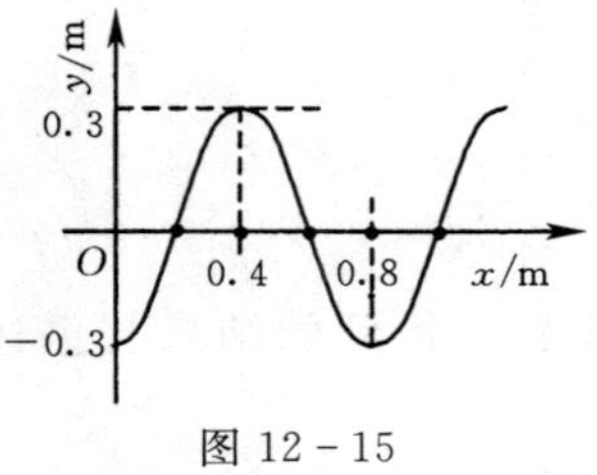

图 12-15

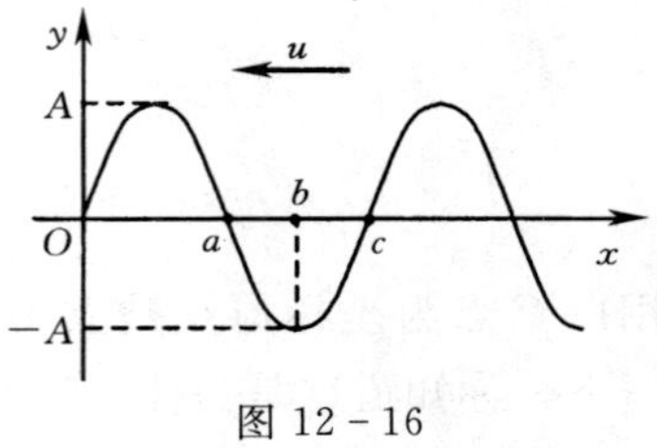

图 12-16

在 $t+T/4$ 时刻 x 轴上的 a、b、c 三点的振动位移分别是多少？

10. 一列沿着 x 轴负方向传播的平面简谐波在 2s 时的波形曲线如图 12－17 所示，试写出原点 O 的振动方程。

11. 如图 12－18 所示，有一平面简谐波沿着 x 轴负方向传播，坐标原点 O 的振动规律为

$$y=A\cos(\omega t+\theta_0)$$

试写出 P 点的振动方程。

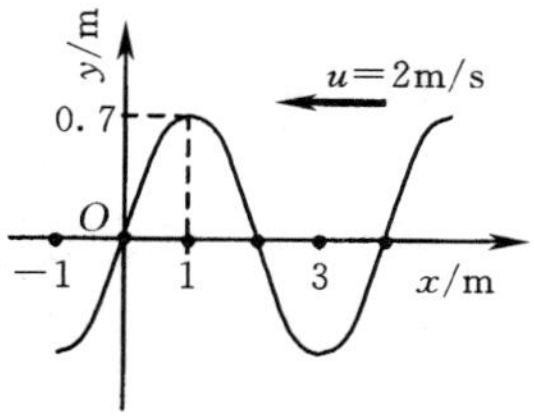

图 12－17

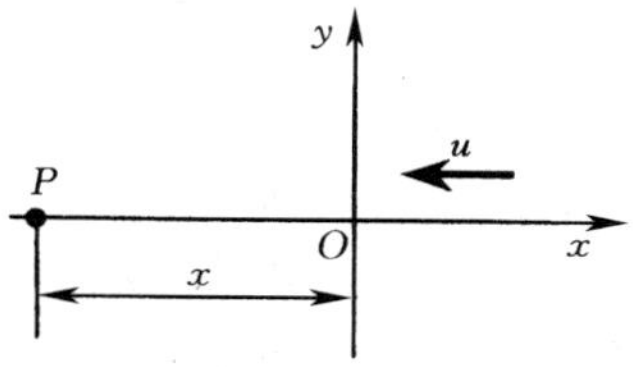

图 12－18

12. 一列平面简谐波沿着 x 轴正方向传播，3s 时刻的波形如图 12－19 所示，试画出 P 处质点的振动在该时刻的旋转矢量图。

13. 图 12－20 中画出了一列平面简谐波在 2s 时刻的波形图，试写出平衡位置在 P 处的质点的振动方程。

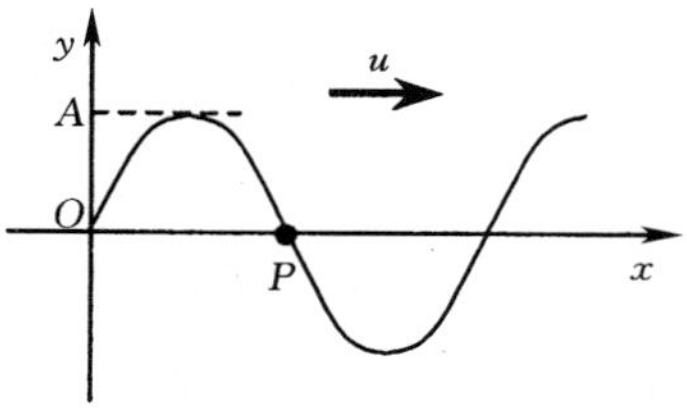

图 12－19

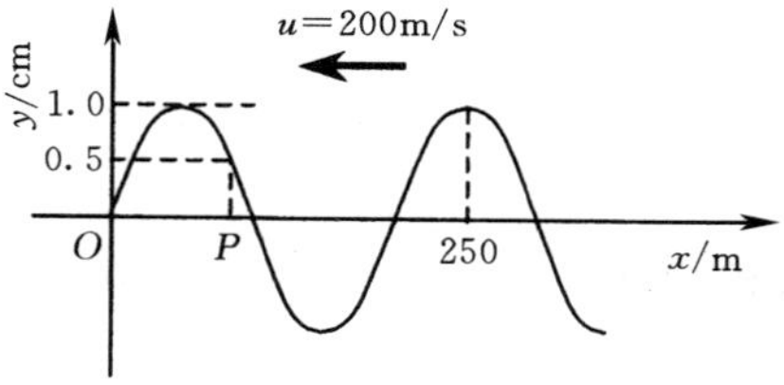

图 12－20

14. 一列简谐波在 $t=0$ 时刻的波形如图 12－21 所示，波速为 200m/s，试分别写出 P 处质点的振动速度和振动加速度表达式。

15. 如图 12－22 所示，一列波长为 λ 的平面简谐波沿着 x 轴正方向传播，已知 B 点处质点的振动方程为

$$y_B=A\cos(2\pi\nu t+\alpha)$$

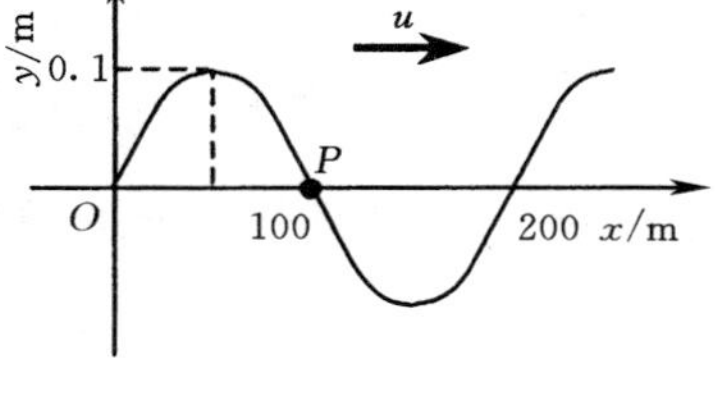

图 12－21

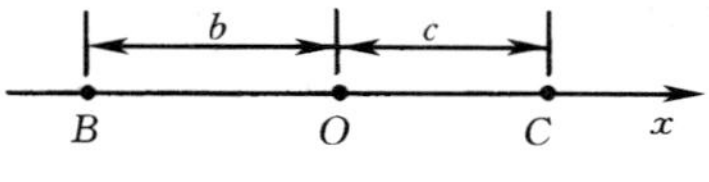

图 12－22

试写出 C 点处质点的振动方程；与 B 点处质点振动状态相同的那些点的位置坐标是多少？

16. 一个点波源作简谐振动，周期为 0.01s，此振动以 400m/s 的速度向四周传播，在距离波源 1m 远处的质点振动的振幅为 5×10^{-6}m，介质均匀且不吸收能量。以波源经过平衡位置向正方向运动时作为计时零点，试写出此波动沿某一波线的波动方程。

17. A、B 是简谐波波线上距离小于波长的两点。已知 B 点的振动相位比 A 点落后 0.4π，波长为 3.5m，试问：A、B 两点相距多远？

第三节　波的能量　波的强度

机械波在弹性介质中传播时，介质中的各个质元由于运动而具有动能，同时各个质元也会发生形变，所以还具有弹性势能。即波传播到哪里，哪里就具有能量。波的传播过程既是振动的传播过程，也是能量的传播过程。

一、波的能量

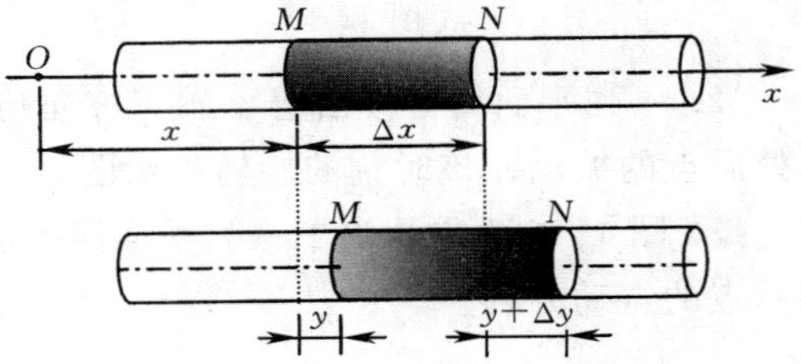

图 12 - 23

如图 12 - 23 所示，一列平面简谐纵波沿着棒长方向传播，设波传播的方向为 x 轴正方向，该简谐波的波函数为

$$y=A\cos\omega\left(t-\frac{x}{u}\right) \qquad (12-13)$$

在棒上取一个长度为 Δx、横截面积为 S 的体积元 MN，M、N 两端的坐标分别为 x 和 $x+\Delta x$。设棒的密度为 ρ，则体积元的质量 $\Delta m=\rho\Delta V=\rho S\Delta x$。在任意时刻 t，该体积元的振动速度为

$$v=\frac{\partial y}{\partial t}=-\omega A\sin\omega\left(t-\frac{x}{u}\right)$$

这个体积元的振动动能为

$$\Delta W_{\mathrm{k}}=\frac{1}{2}\Delta m v^2=\frac{1}{2}\rho\Delta V\omega^2A^2\sin^2\omega\left(t-\frac{x}{u}\right) \qquad (12-14)$$

在任意时刻 t，M、N 两端的位移分别为 y 和 $y+\Delta y$，则此刻体积元伸长了 Δy。体积元的弹性势能为

$$\Delta W_{\mathrm{P}}=\frac{1}{2}k(\Delta y)^2$$

其中 k 为棒的劲度系数。由式（12 - 2）得长度为 Δx 的棒伸长 Δy 时受到的弹性力为 $F=\dfrac{ES}{\Delta x}\Delta y$，将该式与胡克定律 $F=k\Delta y$ 比较，有 $k=\dfrac{ES}{\Delta x}$。这样体积元的弹性势能可以表达为

$$\Delta W_{\mathrm{P}}=\frac{1}{2}\frac{ES}{\Delta x}(\Delta y)^2=\frac{1}{2}ES\Delta x\left(\frac{\Delta y}{\Delta x}\right)^2$$

上式中 $S\Delta x=\Delta V$ 为体积元的体积。由式（12－7）得构成棒的材料的杨氏模量 $E=\rho u^2$。$\frac{\Delta y}{\Delta x}$为体积元的张应变，在体积元非常小的情况下，张应变为$\frac{\partial y}{\partial x}$，由式（12－13）得

$$\frac{\partial y}{\partial x}=\frac{\omega A}{u}\sin\omega\left(t-\frac{x}{u}\right)$$

因此，这个体积元的弹性势能为

$$W_P=\frac{1}{2}\rho u^2\Delta V\frac{\omega^2A^2}{u^2}\sin^2\omega\left(t-\frac{x}{u}\right)=\frac{1}{2}\rho\Delta V\omega^2A^2\sin^2\omega\left(t-\frac{x}{u}\right) \tag{12－15}$$

式（12－14）和式（12－15）是完全相同的，即在任一时刻体积元的动能和势能相等，相位相同。它们同时达到最大值，同时为零。如图 12－24 所示，在某一瞬时，质元 P 处于平衡位置，振动速度最大，动能最大，此时体积元的形变最大，势能也最大；而质元 Q 处于最大位移处，振动速度为零，动能为零，此时体积元基本上没有发生形变，势能也为零。

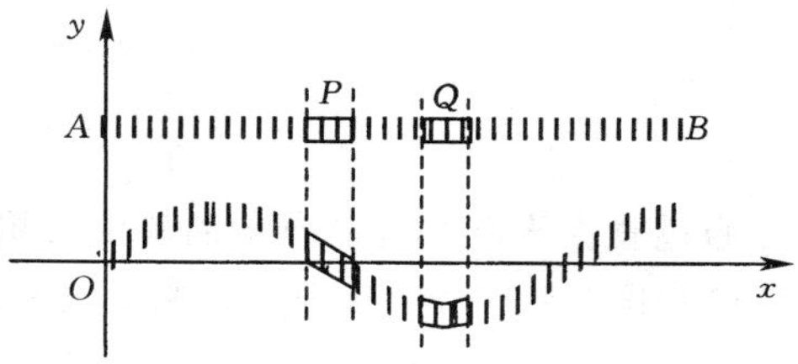

图 12－24

体积元的总机械能为

$$\Delta W=\Delta W_k+\Delta W_P=\rho\Delta V\omega^2A^2\sin^2\omega\left(t-\frac{x}{u}\right) \tag{12－16}$$

式（12－16）表明，**对于任意体积元，机械能是不守恒的，而是随时间 t 做周期性的变化。沿着波的传播方向，该体积元不断从后面的体积元获得能量，又不断地将能量传递给前面的体积元。正是通过各个体积元不断吸收和传递能量，才使能量随着波的传播而传播出去。**

为了定量描述能量在介质中的分布和随时间变化的情况，引入能量密度的概念。**能量密度**（energy density）是指**介质中单位体积内的能量**，用符号 w 表示。即

$$w=\frac{\Delta W}{\Delta V}=\rho\omega^2A^2\sin^2\omega\left(t-\frac{x}{u}\right)$$

介质中各点处波的能量密度是随时间 t 变化的，**能量密度在一个周期内的平均值称为平均能量密度**（mean energy density），用符号 $\overline{w}$ 表示。即

$$\overline{w}=\frac{1}{T}\int_0^T w\mathrm{d}t=\rho\omega^2A^2\frac{1}{T}\int_0^T\sin^2\omega\left(t-\frac{x}{u}\right)\mathrm{d}t$$

由于 $\frac{1}{T}\int_0^T\sin^2\omega\left(t-\frac{x}{u}\right)\mathrm{d}t=\frac{1}{2}$，因此波的平均能量密度为

$$\overline{w}=\frac{1}{2}\rho\omega^2A^2 \tag{12－17}$$

二、能流和能流密度

波的传播过程伴随着能量的传播，或者说伴随着能量的流动。为了描述波动能量的这一特性，引入了能流的概念。

单位时间内垂直通过某一面积的能量称为通过该面积的**能流**（energy flow），用 P 表示。

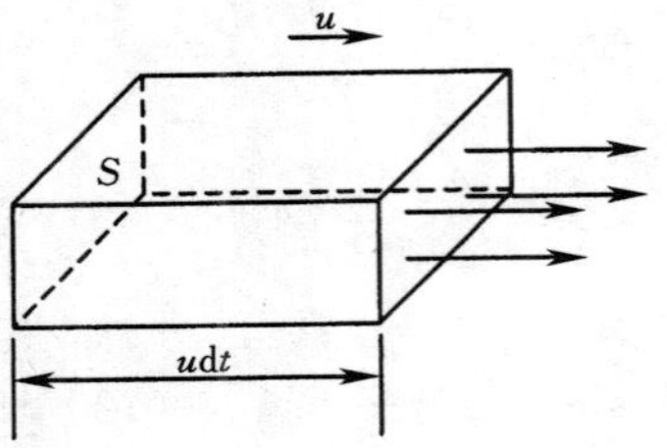

图 12-25

如图 12-25 所示，在介质内取垂直于波线方向的截面，设其面积为 S，则在 $\mathrm{d}t$ 时间内通过截面的能量等于体积 $uS\mathrm{d}t$ 中的能量，因此通过该截面的能流为

$$P=\frac{wuS\mathrm{d}t}{\mathrm{d}t}=wuS$$

能流的单位为 W，波的能流也称为**波的功率**。

能流在一个周期内的平均值称为**平均能流**（mean energy flow），用 $\overline{P}$ 表示。即

$$\overline{P}=\frac{1}{T}\int_0^T P\mathrm{d}t=uS\frac{1}{T}\int_0^T w\mathrm{d}t=\overline{w}uS$$

通过垂直于波的传播方向的单位面积的平均能流称为**能流密度**（energy flux density）或波的强度（wave intensity），用 I 表示。即

$$I=\frac{\overline{P}}{S}=\overline{w}u=\frac{1}{2}\rho\omega^2A^2u$$

波的强度是矢量，其方向与波速的方向相同，因此波的强度的矢量表达式为

$$\vec{I}=\overline{w}\,\vec{u}=\frac{1}{2}\rho\omega^2A^2\,\vec{u} \tag{12-18}$$

波的强度的单位为 $\mathrm{W/m^2}$。

【例 12-4】 试证明点波源在各向同性的均匀无吸收介质中形成的球面波的振幅与离开波源的距离成反比，并写出球面简谐波的波函数。

证明：由于点波源处在各向同性的均匀、无吸收的介质中，因此其发出的波将以相同的速度沿各个方向传播，即波的能量均匀地分布在波面上。

如图 12-26 所示，以波源 O 为圆心作半径分别为 r_1 和 r_2 的两个球形波面，它们的面积分别为 $S_1=4\pi r_1^2$ 和 $S_2=4\pi r_2^2$。设波面上波的振幅分别为 A_1 和 A_2，则通过两个波面的平均能流相等，即

$$\overline{w}_1uS_1=\overline{w}_2uS_2$$

由式（12-17）得

$$\frac{1}{2}\rho\omega^2A_1^2\,4\pi r_1^2=\frac{1}{2}\rho\omega^2A_2^2\,4\pi r_2^2$$

由此得

$$\frac{A_1}{A_2}=\frac{r_2}{r_1}$$

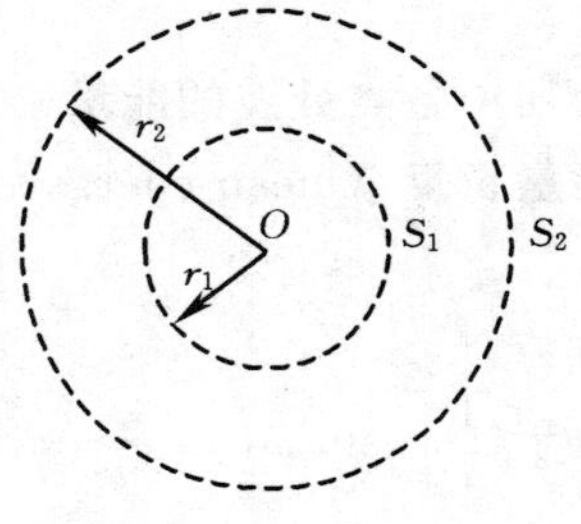

图 12-26

即球面波的振幅与离开波源的距离成反比。

因此，球面简谐波的波函数可以写成

$$y=\frac{A}{r}\cos\left[\omega\left(t-\frac{r}{u}\right)+\varphi\right]$$

式中：r 为考察点离开波源的距离；A 为 r 为一个单位（例如 1m）处的振幅；φ 为波源振

动的初相。

思考与讨论

1. 一列平面简谐波在弹性介质中传播，在介质中某质元从最大位移处回到平衡位置的过程中，试问：它的动能、势能和机械能如何变化？并说明其机械能变化的原因。

2. 在同一介质中两列相干平面简谐波的强度之比为 $I_1 : I_2 = 4 : 1$，试问：两列波的振幅之比是多少？

3. 当机械波在介质中传播时，试问：介质质元的最大形变量发生在何处？

4. 如图 12－27 所示为一列平面简谐机械波在 t 时刻的波形曲线。若此时 P 点处介质质元的振动动能在增大，试问：P 点处介质质元的弹性势能怎样变化？这列波向什么方向传播？Q 点处介质质元的振动动能怎样变化？沿着波的传播方向的各点波的能量密度是否随时间变化？

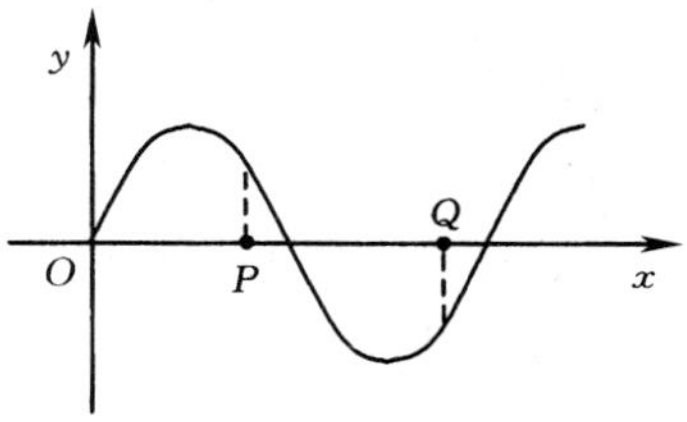

图 12－27

5. 一个波源位于 O 点，以 O 点为圆心作两个同心球面，它们的半径分别为 R_1 和 R_2，在两个球面上分别取相等的面积 ΔS_1 和 ΔS_2，试问：通过它们的平均能流之比等于多少？

6. 一列周期为 T 的平面简谐机械波在介质中传播时，如果某介质质元在 t 时刻的总机械能是 15J，试问：在 $(t+T)$ 时刻该介质质元的振动动能是多少？

7. 一列强度为 I 的平面简谐波通过面积为 S 的平面，波速 $\vec{u}$ 与该平面的法线 $\vec{e}_n$ 的夹角为 θ，试问：通过该平面的平均能流是多少？

8. 一列平面简谐波在截面积为 S 的圆管中传播，其波函数为

$$y = A\cos\left(\omega t - \frac{2\pi x}{\lambda}\right)$$

管中波的平均能量密度为 $\overline{w}$，试问：通过截面积 S 的平均能流是多少？

9. 某球面波在各向同性的均匀介质中传播，已知波源的功率为 100W，如果介质不吸收能量，试问：距波源 10m 处的波的平均能流密度为多少？

10. 为了维持某波源的振动不变，需要消耗 8W 的功率。假如此波源发出的是均匀球面波，且介质不吸收波的能量，试问：距波源 3m 远处波的平均能流密度等于多少？

第四节　惠更斯原理　波的衍射、反射和折射

一、惠更斯原理

波源的振动是波动的起源，波的传播是由于介质中各个质点之间的相互作用。在波的传播过程中，介质中一个质点的振动会引起它邻近质点的振动，因此介质中任何一个质点

都可以看作是新的波源。如图 12 - 28 所示，当水面上的波遇到一个小孔时，如果小孔的直径与入射波的波长相差不多时，就可以看到小孔的后面出现了圆形的波，与原来波的形状无关。这圆形的波就像是以小孔为波源产生的一样。荷兰物理学家惠更斯正是分析和总结了类似的现象，才提出了一条解决波的传播方向问题的基本原理。

惠更斯于1679年首先提出：**介质中波动传播到的各点都可以看作是发射子波的波源，在其后的任意时刻，这些子波的包络就是新的波阵面**，这就是**惠更斯原理**(Huygens' principle)。

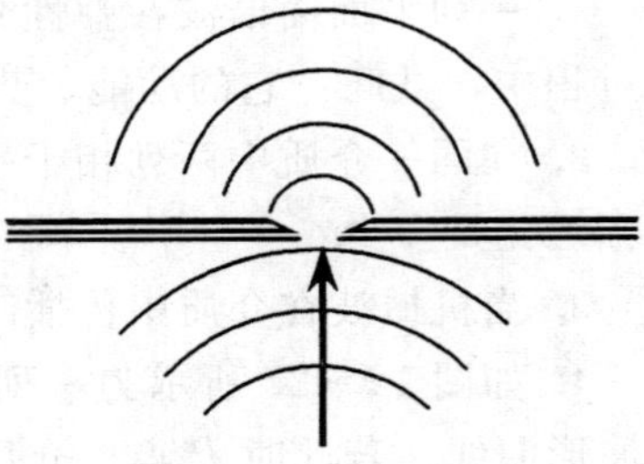

图 12 - 28

根据惠更斯原理，只要知道某一时刻的波阵面就可以用几何作图法确定下一时刻的波阵面，这种绘制波阵面的方法称为**惠更斯作图法**。用它解决波的传播方向问题非常有效。惠更斯原理对任何波动过程都适用，不论是机械波还是电磁波。惠更斯原理不仅适用于均匀的、各向同性的介质，而且对非均匀的、各向异性的介质也同样适用。

已知平面波和球面波在 t 时刻的波阵面，应用惠更斯作图法求 $t+\Delta t$ 时刻的波阵面。

如图 12 - 29 所示，设平面波以速度 u 在各向同性的均匀介质中传播，在 t 时刻的波阵面为 S_1，求 $t+\Delta t$ 时刻的波阵面。根据惠更斯原理，波阵面 S_1 上每一点都可以看作是发射子波的波源，这些子波也以速度 u 传播，经过 Δt 时间后，这些子波的半径为 $u\Delta t$。作各点发出的子波，这些子波前方的包络面是平行于 S_1 的平面 S_2，根据惠更斯原理，这个包络面 S_2 就是 Δt 时间后的波阵面。

如图 12 - 30 所示，设球面波以速度 u 在各向同性的均匀介质中传播，在 t 时刻的波阵面为 S_1，求 $t+\Delta t$ 时刻的波阵面。根据惠更斯原理，S_1 面上的各点都可以看成是子波波源。以 $r=u\Delta t$ 为半径画出许多球形子波，这些子波的包络 S_2 就是 $t+\Delta t$ 时刻的新波阵面。新波阵面 S_2 是以 O 为球心、以 $R_1+u\Delta t$ 为半径的球面。

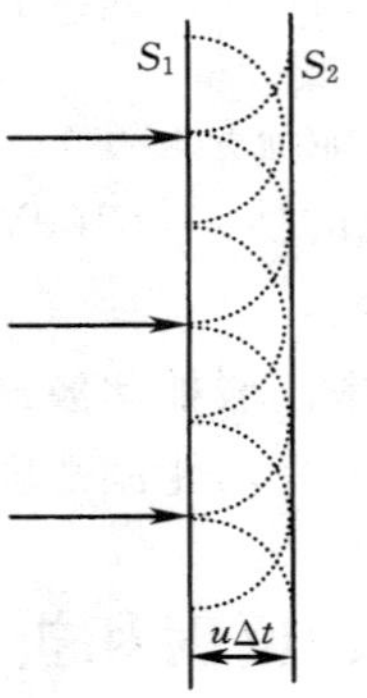

图 12 - 29

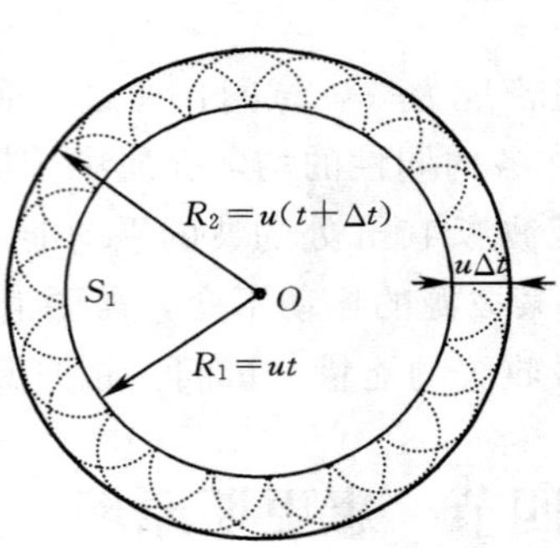

图 12 - 30

从上述两个例子可以看出，平面波和球面波在各向同性的均匀介质中传播时，波面的形状不变。但是如果在不均匀的或各向异性的介质中传播，波面的形状一般会发生改变。

应用惠更斯原理也可以解释波的衍射、反射和折射等现象。

二、波的衍射现象

波在传播过程中遇到障碍物（即波阵面受到限制）时，其传播方向会发生改变，能够绕过障碍物的边缘继续前进，可以到达沿直线传播所不能到达的区域，这种现象称为**波的衍射**（wave diffraction）。简单说，**波的衍射现象就是波偏离直线传播的现象。**衍射现象是波动的重要特征之一。

用惠更斯原理可以定性地解释衍射现象。如图12－31所示，平面波到达一个宽度与波长相近的缝时，缝上各点可以看作是发射子波的波源，做出子波的包络，即得到新的波阵面。此时的波阵面不再是平面，在靠近边缘处波阵面进入了阴影区域，表示波已经绕过障碍物的边缘传播了。

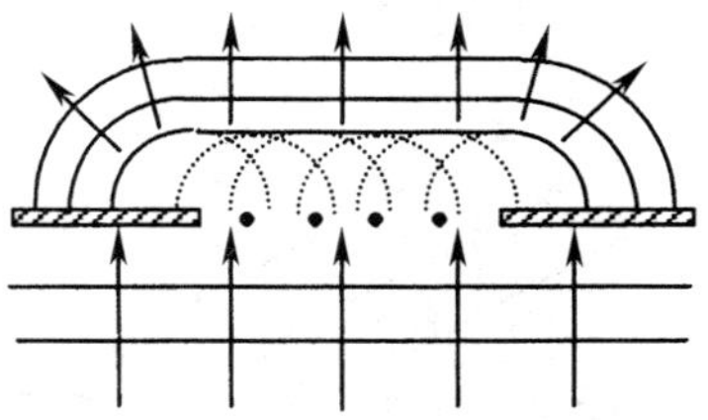

图 12－31

衍射现象是否显著是由障碍物（缝、遮板等）的线度与波长之比来决定的。如果障碍物的线度远大于波长，衍射现象不明显；如果障碍物的线度与波长差不多，衍射现象就比较明显；如果障碍物的线度小于波长，则衍射现象更加明显。

三、波的反射和折射

当波传播到两种介质的分界面时，一部分从界面上返回到原来介质中，这种现象称为**波的反射**（wave reflection）；**另一部分进入到另一种介质中，**这种现象称为**波的折射**（wave refraction）。下面采用惠更斯作图法推导波的反射定律和折射定律。

1. 反射定律

实验表明，在各向同性的均匀介质中，当平面波入射两种介质的分界面时，入射线、反射线及界面的法线都在入射面内，入射线和反射线分居在法线两侧，入射角等于反射角。这个规律称为波的**反射定律**（law of reflection）。

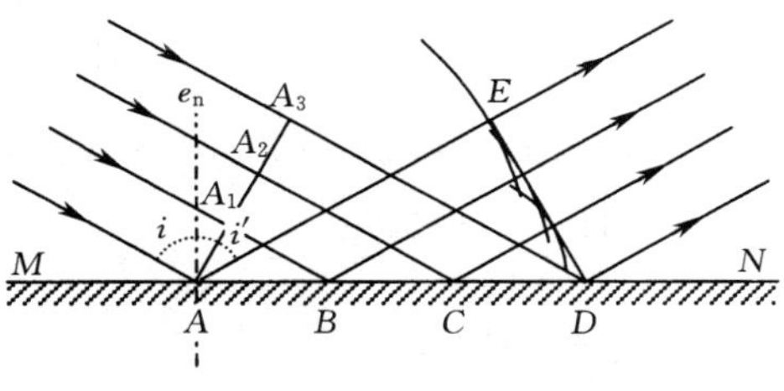

图 12－32

如图 12－32 所示，设一列平面波以波速 u 入射到两种介质的分界面 MN 上，e_n 为分界面的法线。在时刻 t 入射波的波阵面为 AA_3，与波阵面垂直的波线是入射线，入射线与法线之间的夹角 i 是入射角。这时 A 点与分界面相遇，此后波阵面 AA_3 上的 A_1、A_2、…各点先后到达界面上 B、C、…各点。直到时刻 $t+\Delta t$，点 A_3 到达点 D。

入射波到达分界面上的各点 A、B、C、…都可以作为发射子波的波源，取 $AA_1=A_1A_2=A_2A_3$，在时刻 $t+\Delta t$，从 A、B、C、…各点发射的子波与纸面的交线，分别是半径为 $3d$、$2d$ 和 d 的圆弧，其中 $d=u\Delta t/3$。这些圆弧的包络是通过 D 点并与这些圆弧相切的直线 DE，因此此刻反射波的波阵面是经过 DE 并与入射面垂直的平面。这时与波阵面垂直的波线是反射线，反射线与法线之间的夹角 i' 是反射角。

从图中可以看出，$\triangle AA_3D$ 与 $\triangle DEA$ 两个直角三角形是全等的，因此 $\angle A_3AD=\angle EDA$，所以 $i=i'$，即入射角等于反射角。此外，入射线、反射线和法线均在入射面内。这样就证明了反射定律。

2. 折射定律

实验表明，有两种各向同性的均匀介质，当平面波入射到它们的分界面时，入射线、折射线及界面的法线都在入射面内，入射角的正弦与折射角的正弦之比等于第二介质对第一介质的折射率。这个规律称为波的**折射定律**（law of refraction）。

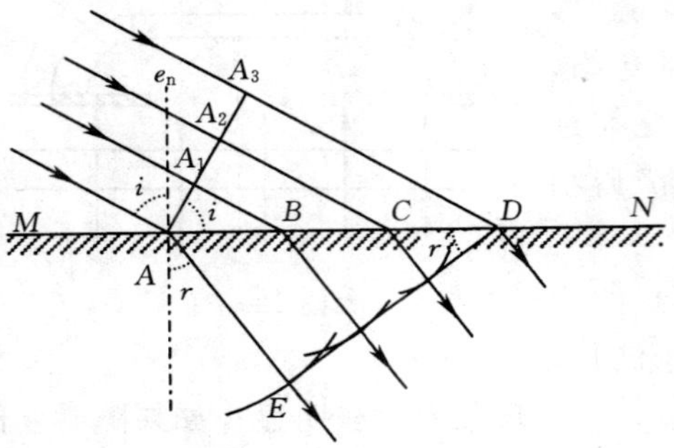

图 12-33

如图 12-33 所示，当平面波从一种各向同性的均匀介质进入另一种各向同性的均匀介质中时，由于波在两种介质中的传播速度不同，在分界面上要发生折射现象。用 u_1、u_2 分别表示波在第一、第二种介质中的波速。在时刻 t 入射波的波阵面为 AA_3，在时刻 $t+\Delta t$，点 A_3 到达点 D。

入射波到达分界面上的各点 A、B、C、… 都可以作为发射子波的波源，但子波在第二种介质中的波速为 u_2，因此在时刻 $t+\Delta t$，从 A、B、C、…各点发射的子波与纸面的交线，分别是半径为 $3e$、$2e$ 和 e 的圆弧，其中 $e=u_2\Delta t/3$。这些圆弧的包络是通过 D 点并与这些圆弧相切的直线 DE，因此此刻折射波的波阵面是经过 DE 并与入射面垂直的平面。这时与波阵面垂直的波线是折射线，折射线与法线之间的夹角 r 是折射角。

从图 12-33 中可以看出，入射角 $i=\angle A_3AD$，折射角 $r=\angle EDA$，因此

$$A_3D=u_1\Delta t=AD\sin i$$

$$AE=u_2\Delta t=AD\sin r$$

将上述两式相除，得

$$\frac{\sin i}{\sin r}=\frac{u_1}{u_2}=\frac{n_2}{n_1}=n_{21} \tag{12-19}$$

式（12-19）中，n_{21} 称为第二介质对于第一介质的**相对折射率**（relative index of refraction）。此外入射线、折射线和法线均在入射面内。这样就证明了折射定律。

第五节　波的叠加原理　波的干涉

一、波的叠加原理

在平静的水面上的邻近两处投入两个小石块，它们各自激起一列圆形波，人们发现两列波相互穿过而又分开以后仍然是以石块投入处为中心的两列圆形波，各自独立地向前传播。一般情况下，**从几个波源发出的波在同一介质中传播相遇时，各列波仍然保持自己的特性（指波的频率、波长及振动方向等），按照自己原来的传播方向继续前进，互不干扰，**

就像没有遇到过其他波一样，波动的这种性质称为波传播的**独立性**。在管弦乐队合奏或几个人同时讲话时，人们可以辨别出各种乐器或各个人的声音；天空中总是同时有许多无线电波在传播，而人们却可以接收到自己的手机信号，这些都是波传播的独立性的例子。

在相遇区域内任一点的振动，为各列波单独存在时在该点所引起的振动位移的矢量和。这一规律称为**波的叠加原理**（wave superposition principle）。遵守叠加原理的波称为线性波，否则称为非线性波。

二、波的干涉

两列波在空间相遇时，如果某些地方振动始终加强，而另一些地方振动始终减弱，这种现象称为**波的干涉**（wave interference）。如图 12－34 所示，S 是发出球面波的点波源，在 S 前方是开有两个小孔 S_1 和 S_2 的挡板，两个小孔到 S 的距离相等。S_1 和 S_2 相当于两个新的点波源，从它们发出球形波面，其波峰和波谷分别用实线和虚线表示。当两波在空间相遇时，波峰与波峰或波谷与波谷相遇处振动始终加强，而波峰与波谷重合相遇处振动始终减弱。这两列波发生了干涉。

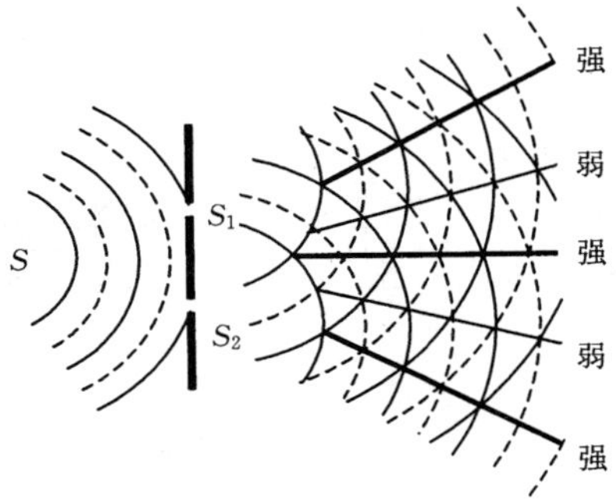

图 12－34

由于上例中的两列波的波源 S_1 和 S_2 是来自 S 的同一个波阵面上，因此它们的**频率相同、振动方向相同、相位相同或相位差恒定，**这样的两个波源称为**相干波源。相干波源形成的波称为相干波**（coherent wave）。波的干涉现象是波动的又一重要特征。

下面从波的叠加原理出发，应用第十一章讲过的同方向、同频率简谐振动合成的结论，来分析干涉现象的产生原因，并确定干涉加强和减弱的条件。

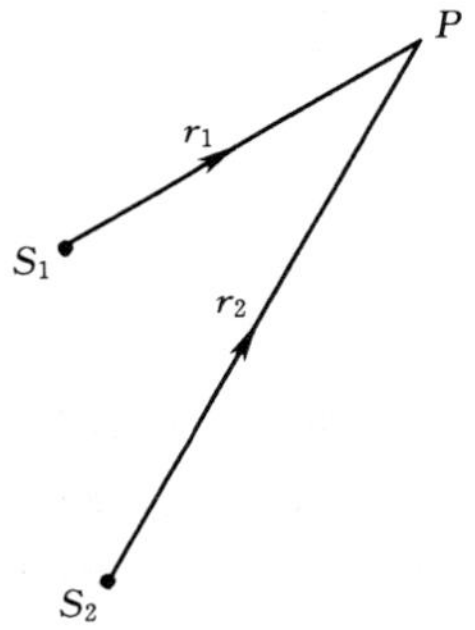

图 12－35

如图 12－35 所示，设有两个相干波源 S_1 和 S_2，它们的振动方程分别为

$$y_{01}=A_{01}\cos(\omega t+\varphi_1)$$
$$y_{02}=A_{02}\cos(\omega t+\varphi_2)$$

式中：ω 为两个波源振动的角频率；A_{01}、A_{02} 为两个波源振动的振幅；φ_1、φ_2 为两个波源的初相。

如果它们在同一种介质中传播，这两个波源在 P 点引起的振动分别为

$$y_1=A_1\cos\left(\omega t+\varphi_1-\frac{2\pi r_1}{\lambda}\right),y_2=A_2\cos\left(\omega t+\varphi_2-\frac{2\pi r_2}{\lambda}\right)$$

式中：r_1、r_2 为两个波源到 P 点的距离；λ 为它们的波长。

P 点的振动是两个同方向、同频率简谐振动的合成，其结果仍然为简谐运动。合振动方程为

$$y=A\cos(\omega t+\varphi)$$

式中：φ 为合振动的初相。由式（11-22）得

$$\tan\varphi=\frac{A_1\sin\left(\varphi_1-\frac{2\pi r_1}{\lambda}\right)+A_2\sin\left(\varphi_2-\frac{2\pi r_2}{\lambda}\right)}{A_1\cos\left(\varphi_1-\frac{2\pi r_1}{\lambda}\right)+A_2\cos\left(\varphi_2-\frac{2\pi r_2}{\lambda}\right)}$$

由式（11-21）得合振幅为

$$A=\sqrt{A_1^2+A_2^2+2A_1A_2\cos\Delta\varphi} \tag{12-20}$$

其中，$\Delta\varphi$ 为两个分振动在 P 点的相位差，其值为

$$\Delta\varphi=\varphi_2-\varphi_1-2\pi\frac{r_2-r_1}{\lambda}$$

其中，r_2-r_1 是从两个波源发出的波传到 P 点时所走过的路程差，称为 P 点的**波程差**（wavepath-difference），用符号 δ 表示，即 $\delta=r_2-r_1$。这样上式也可以写为

$$\Delta\varphi=\varphi_2-\varphi_1-2\pi\frac{\delta}{\lambda} \tag{12-21}$$

由式（12-20）可以看出，在

$$\Delta\varphi=\varphi_2-\varphi_1-2\pi\frac{\delta}{\lambda}=\pm 2k\pi,\ k=0,1,2,3,\cdots \tag{12-22}$$

的空间各点，合振动的振幅最大，等于 $A=A_1+A_2$。

而在

$$\Delta\varphi=\varphi_2-\varphi_1-2\pi\frac{\delta}{\lambda}=\pm(2k+1)\pi,\ k=0,1,2,3,\cdots \tag{12-23}$$

的空间各点，合振动的振幅最小，等于 $A=|A_1-A_2|$。

如果两个相干波源的初相相同，即 $\varphi_2=\varphi_1$，则当

$$\delta=\pm k\lambda=\pm 2k\frac{\lambda}{2},\ k=0,1,2,3,\cdots \tag{12-24}$$

时，合振动的振幅最大。

当

$$\delta=\pm(2k+1)\frac{\lambda}{2},\ k=0,1,2,3,\cdots \tag{12-25}$$

时，合振动的振幅最小。

总之，在两个相干波源的初相相同的情况下，它们发出的波在空间叠加时，在波程差等于半波长偶数倍的各点振幅最大，在波程差等于半波长奇数倍的各点振幅最小。在其他情况下，合振幅的数值在最大值和最小值之间，即 $|A_1-A_2|<A<A_1+A_2$。在一般情况下，两相干波在空间任一点相遇时，其干涉加强和减弱的条件除了与波程差有关之外，还与两波源的初相差有关。

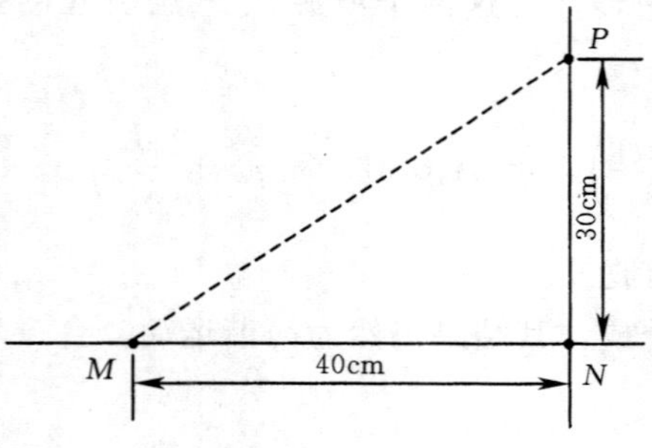

图 12-36

【例 12-5】 如图 12-36 所示，M、N 两点为同一介质中的两个相干波源，其振幅都是 4cm，

频率都是 50Hz。当 M 点为波峰时，N 点恰为波谷。已知波速为 5m/s，试讨论由 M、N 发出的两列波传到 P 点时的干涉情况。

解： 由于 $MN=40\text{cm}$、$NP=30\text{cm}$，因此

$$MP=\sqrt{MN^2+NP^2}=50\text{cm}$$

因为频率 $\nu=50\text{Hz}$，波速 $u=5\text{m/s}$，所以波长为

$$\lambda=\frac{u}{\nu}=0.1\text{m}$$

设 M 点波源的相位超前 N 点波源的相位，依题意有 $\varphi_M-\varphi_N=\pi$。由式（12－22）得

$$\Delta\varphi=\varphi_N-\varphi_M-2\pi\frac{NP-MP}{\lambda}=-\pi-2\pi\frac{0.3-0.5}{0.1}=3\pi$$

即 $\Delta\varphi$ 为 π 的奇数倍，合振动的振幅最小。如果介质不吸收波的能量，则合振幅 $A=|A_1-A_2|=0$。因此在 P 点处，由于干涉减弱，该点不发生振动。

思 考 与 讨 论

1. 如图 12－37 所示，S_1 和 S_2 是两个相干波源，它们的振动方向均垂直于纸面，发出波长为 λ 的简谐波，P 点是两列波相遇区域中的一点，已知 $r_1=2\lambda$，$r_2=2.2\lambda$，两列波在 P 点发生相消干涉。如果 S_1 的振动方程为

$$y_1=A\cos\left(2\pi t+\frac{\pi}{2}\right)$$

试写出 S_2 的振动方程。

2. 如图 12－38 所示，两个相干波源 S_1 和 S_2 发出波长均为 λ 的简谐波，它们相距 0.25λ，S_1 的相位比 S_2 的相位超前 0.5π，在 S_1、S_2 的连线上 S_1 外侧各点（例如 P 点），试问：由两列波引起的振动的相位差是多少？

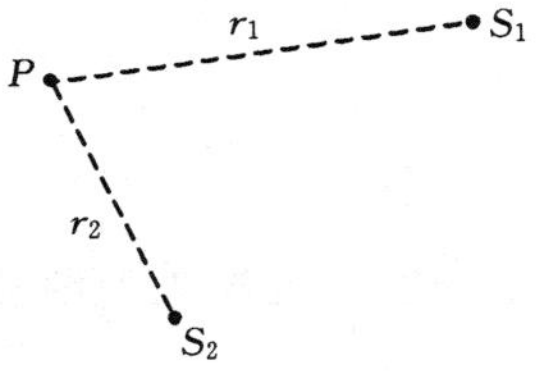

图 12－37

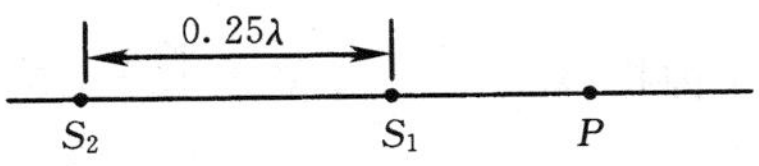

图 12－38

3. 如图 12－39 所示，两列波长为 λ 的相干波在 P 点相遇。波源 S_1 的初相是 φ_1，到 P 点的距离是 r_1；波源 S_2 的初相是 φ_2，到 P 点的距离是 r_2，试分别写出 P 点干涉极大的相位差条件和波程差条件。

4. 如图 12－40 所示，S_1 和 S_2 为同相位的两相干波源，相距为 L，P 点距 S_1 为 r。波源 S_1 在 P 点引起振动的振幅为 A_1，波源 S_2 在 P 点引起振动的振幅为 A_2，两波的波长都是 λ，试问：P 点的振幅 A 是多少？

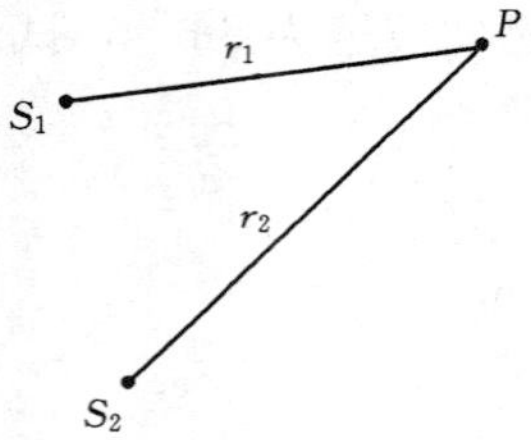

图 12-39

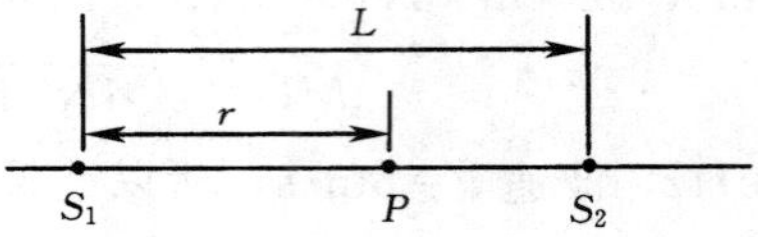

图 12-40

5. S_1 和 S_2 是波长均为 λ 的两个相干波波源，相距为 0.75λ，S_1 的相位比 S_2 超前 0.5π。两列波单独传播时，在 S_1 和 S_2 的连线上各点的强度相同，均为 I_0，且不随距离变化。试问：在 S_1、S_2 连线上 S_1 外侧和 S_2 外侧各点，合成波的强度分别等于多少？

6. 两个相干点波源 S_1 和 S_2 的振动方程分别为

$$y_1=A\cos\left(\omega t+\frac{1}{2}\pi\right)$$

$$y_2=A\cos\left(\omega t-\frac{1}{2}\pi\right)$$

波动从 S_1 传到 P 点经过的路程等于 2 个波长，从 S_2 传到 P 点的路程等于 3.5 个波长。设两波的波速相同，在传播过程中振幅不衰减，试问：P 点振动的合振幅为多少？

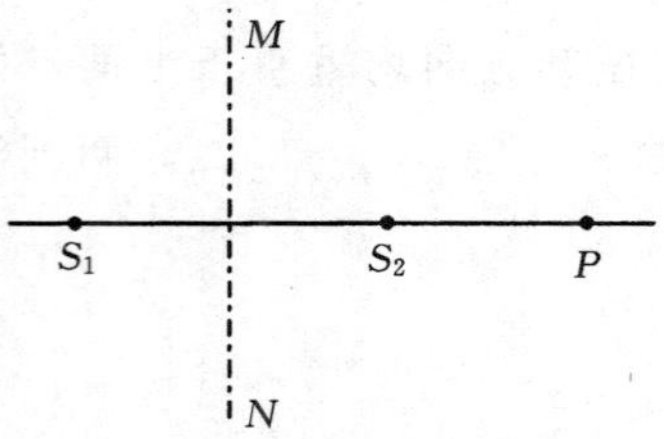

图 12-41

7. 如图 12-41 所示，相距为 1.5λ 的两个点波源 S_1、S_2 的振动频率相同，振动方向均垂直于纸面。已知 S_1 的初相为 0.5π。试问：要使射线 S_2P 上各点由两列波引起的振动均干涉相消，则 S_2 的初相应为多少？要使 S_1、S_2 连线的中垂线 MN 上各点由两列波引起的振动均干涉相消，则 S_2 的初位相又为多少？

第六节 驻 波

一、驻波的产生

驻波是一种特殊的干涉现象，下面用如图 12-42 所示的实验装置来说明驻波的产生。

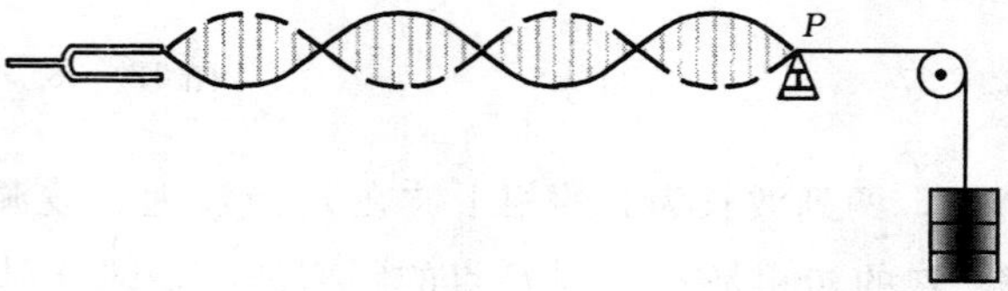

图 12-42

将弦线的左端系在音叉上，在定滑轮左侧附近放一个劈尖 P，使弦线跨过劈尖、定滑轮后，在其右端悬挂砝码，使弦线拉紧产生张力。当音叉振动时，在弦线上产生的入射横波向右传播，到达 P 点时发生反射，反射波向左传播。这时入射波和反射波在同一条弦线上沿相反方向传播，它们将互相叠加。左右移动劈尖，当劈尖处在合适的位置时，整段弦线看起来好像是被分成了长度相等的几段，每一分段各自作稳定振动，即在整段弦线上并没有波形的移动。每一分段弦线上各个点的振幅不同，分段两端始终静止不动，振幅为零，分段中央振动最强，振幅最大。这就是驻波。总之，当音叉振动带动弦线的左端振动，它引起的入射波向右传播到 P 点时，产生的反射波沿着弦线向左传播，入射波与反射波干涉的结果，就在弦线上形成了驻波。

可见，**驻波**（standing wave）是由**振幅相等、频率相同、传播速度相同的两列简谐波，在同一个直线上沿相反方向传播叠加形成的波。**

驻波的形成也可以用图 12－43 说明。图中线状虚线表示向右传播的波，点状虚线表示向左传播的波，粗实线表示合成波。取两列波的振动相位始终相同的点作为坐标原点 O，且当两列波在各点引起的振动反向时开始计时。图中画出了 $t=0$，$T/8$，$T/4$，$3T/8$，$T/2$，$5T/8$，$3T/4$ 时两列波的合成情况。由图 12－43 可以看出，合成波在 N_1，N_2，… 等点处总是不动的，而在它们之间的各个点振动的相位始终相同，其中中间点的振幅最大。相邻两分段上的各个点振动的相位则始终相反。

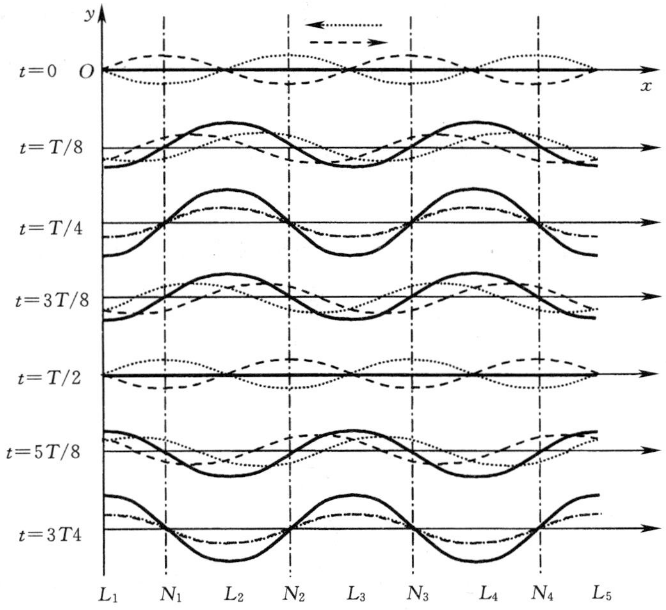

图 12－43

从上面的实验描述和合成中，可以得出驻波具有如下三个特征：

（1）介质中有一些点始终不动，这些点称为**波节**（Wave node），如图 12－43 中的 N_1、N_2、N_3、N_4 点。介质被波节等分成了几段。每两个波节之间的各个点作振幅不同但相位相同的简谐振动，其中间的点振幅最大，称为**波腹**（wave loop），如图 12－43 中的 L_1、L_2、L_3、L_4、L_5 点。从波腹到波节振幅逐渐减小，在波节处振幅降为零。

（2）一个波节两侧分段中的点振动的相位相反。

（3）驻波的波形不发生移动，波动的能量只是局限在各个段中，不能向外传播。

二、驻波方程

有两列简谐波的振幅相同、频率相同、初相都等于零，分别沿着 x 轴正方向和负方向传播，它们的波函数为

$$y_1 = A\cos 2\pi\left(\nu t - \frac{x}{\lambda}\right)$$

$$y_2 = A\cos 2\pi\left(\nu t + \frac{x}{\lambda}\right)$$

两列波在任意时刻，在任意点处叠加的合位移为

$$y = y_1 + y_2 = A\cos 2\pi\left(\nu t - \frac{x}{\lambda}\right) + A\cos 2\pi\left(\nu t + \frac{x}{\lambda}\right)$$

应用三角函数的和差公式，上式可以化为

$$y = \left(2A\cos 2\pi\frac{x}{\lambda}\right)\cos 2\pi\nu t \tag{12-26}$$

式（12-26）称为**驻波方程**。该方程由两个函数的乘积组成，$\cos 2\pi\nu t$ 是时间 t 的函数，表示 x 轴上的各个点都以两个分振动的频率 ν 作简谐振动。$2A\cos 2\pi\frac{x}{\lambda}$ 是坐标 x 的函数，它决定了 x 轴上的各个点振动的振幅。可见，各个点的振幅与其所处的位置坐标 x 有关。

现在对驻波方程作进一步的讨论。

1. 波节和波腹

由于介质中的各个点作振幅为 $\left|2A\cos 2\pi\frac{x}{\lambda}\right|$ 的简谐运动，因此凡是满足

$$\left|\cos 2\pi\frac{x}{\lambda}\right| = 1$$

的点振幅最大，等于 $2A$，这些点是波腹的位置。
由上式得

$$2\pi\frac{x}{\lambda} = \pm n\pi$$

因此，波腹的位置坐标为

$$x = \pm n\frac{\lambda}{2} = \pm 2n\frac{\lambda}{4},\ n = 0, 1, 2, \cdots \tag{12-27}$$

相邻波腹之间的距离为

$$\Delta x = (n+1)\frac{\lambda}{2} - n\frac{\lambda}{2} = \frac{\lambda}{2}$$

即相邻波腹之间的距离等于半个波长。

而满足

$$\cos 2\pi\frac{x}{\lambda} = 0$$

的点振幅等于零，这些点是波节的位置。
由上式得

$$2\pi\frac{x}{\lambda}=\pm(2n+1)\frac{\pi}{2}$$

因此，波节的位置坐标为

$$x=\pm(2n+1)\frac{\lambda}{4},\ n=0,1,2,\cdots \tag{12-28}$$

相邻波节之间的距离为

$$\Delta x=[2(n+1)+1]\frac{\lambda}{4}-(2n+1)\frac{\lambda}{4}=\frac{\lambda}{2}$$

即相邻波节之间的距离也等于半个波长。

介质中其余各点的振幅在零与最大值 $2A$ 之间。

2．各点的相位

由驻波方程可以看出，在某一时刻 t，$\cos 2\pi\nu t$ 的符号是确定的，这时介质中各个点的相位由 $\cos 2\pi\frac{x}{\lambda}$ 的符号是确定。在波节两侧分段中的点，$\cos 2\pi\frac{x}{\lambda}$ 的符号相反，即波节两侧的点振动相位相反。而在相邻的两个波节之间，$\cos 2\pi\frac{x}{\lambda}$ 的符号相同，即相邻两个波节之间的各个点振动相位相同。因此波节两侧的各个点同时沿相反的方向通过平衡位置，又同时沿相反方向达到各自位移的最大值；而相邻两个波节之间的各个点则同时沿相同方向通过平衡位置，又沿相同方向达到各自位移的最大值。由此可见，介质不仅作分段振动，而且各段作为一个整体同步地进行振动，在任意时刻，驻波具有一定的波形，但此波形并不发生移动，各个点以确定的振幅在各自的平衡位置附近振动。这些性质与行波截然不同，因此才称为驻波。

三、相位突变

在如图 12-42 所示的实验中，入射波在 P 点反射后，反射波与入射波在弦线上叠加形成了驻波。但 P 点却始终固定不动，是波节。而从振动合成的角度看，这意味着反射波与入射波的相位在 P 点处总是相反的，即反射波相对于入射波有 π 的相位突变，或者说它们之间的相位差 $\Delta\varphi=\pi$。由相位差 $\Delta\varphi$ 与波程差 δ 的关系式 $\Delta\varphi=\frac{2\pi\delta}{\lambda}$ 容易得出，与相位差 π 对应的波程差为 $\lambda/2$，因此将这种**反射波相对于入射波有 π 的相位突变的现象**称为**半波损失**（half-wave loss）。当入射波在自由端发生反射时，不发生半波损失，在反射点出现驻波的波腹。

一般情况下，机械波在两种介质的分界处反射时是否会发生半波损失现象，与波在两种介质中的传播速度和两种介质的密度决定。**介质的密度 ρ 与波在该介质中的传播速度 u 的乘积**称为**波阻**（wave resistance）。比较波在两种介质中的波阻，波阻较大的介质称为**波密介质**，波阻较小的介质称为**波疏介质**。定量研究表明，当波从波疏介质垂直入射到波密介质时，会发生半波损失现象，在入射点处形成波节；而当波从波密介质垂直入射到波疏介质时，不发生半波损失现象，在入射点处形成波腹。

四、弦线振动的简正模型

将一根拉紧的弦线两端固定，当拨动弦线时，入射波和反射波就会在弦线中合成形成驻波。不过不是所有波长的波都能形成驻波，由于弦线的两个端点固定不动，它们必然是波节，因此波长与弦线长度 l 之间必须满足以下条件

$$l=n\frac{\lambda_n}{2} \quad 或 \quad \lambda_n=\frac{2l}{n},\ n=1,2,3,\cdots \tag{12-29}$$

也是说，只有当弦线长度等于半波长的整数倍时，才能在两端固定的弦线上形成驻波。由于弦线的长度是确定的，因此当 n 取正整数时，由上式得到的波长值是不连续的，即在弦线上形成驻波的波长值是分立的、不连续的，这也是给波长 λ 加一个角标 n 的理由。由关系式 $u=\lambda\nu$ 容易得出弦线上的驻波频率为

$$\nu_n=n\frac{u}{2l},\ n=1,2,3,\cdots \tag{12-30}$$

其中

$$u=\sqrt{F/\mu}$$

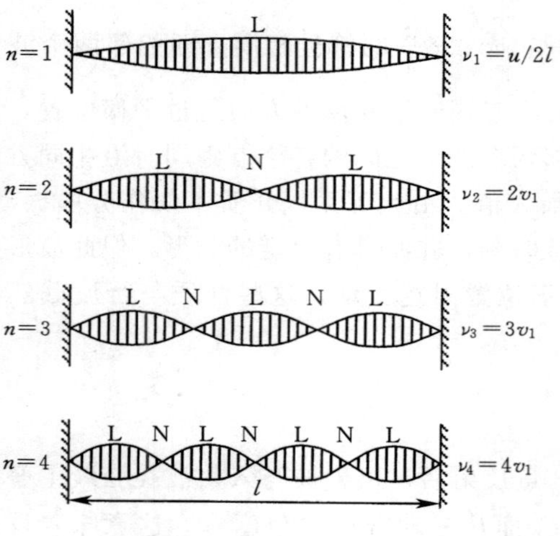

图 12-44

式中：u 为弦线中的波速；F 为弦中的张力；μ 为弦的质量线密度。

由式（12-30）可以看出，波的频率也是不连续的，这些不连续的频率称为弦振动的**本征频率**（eigenfrequency）。每一个本征频率对应于弦线上的一种可能的振动方式，称为弦振动的**简正模式**（normal mode）。最低的本征频率 ν_1 称为**基频**（base frequency），其他较高的频率 ν_2，ν_3，…称为二次、三次、……**谐频**（harmonic frequency）。显然，谐频为基频的整数倍。图 12-44 中给出了两端固定弦振动的四种简正模式。

简正模式的频率也称为**系统的固有频率**。一个驻波系统有许多个固有频率，这与弹簧振子只有一个固有频率是不同的。当外界策动源的频率与振动系统的某个固有频率相同时，就会激起高强度的驻波，这种现象也称为**共振**或**谐振**（resonance）。弦、管、锣和鼓等乐器实质上都是驻波系统，它们的振动按照各自相应的简正模式进行，并发生共振。

刚刚谈到的简正模式的结论以及机械驻波的许多其他性质对电磁波等也同样适用。

五、驻波的能量

现在来考察驻波的能量。当介质中的各个质点位移达到各自的最大值时，振动速度为零，动能为零。这时除了波节以外，其他各点都离开平衡位置，导致介质发生最大程度的形变，此时介质中的质点的全部能量都是势能。由于越靠近波节处介质的形变越大，势能越大；越靠近波腹处介质的形变越小，在波腹处势能为零，因此，这时驻波的势能集中在波节附近。

当介质中的各个质点同时回到平衡位置时，介质恢复原状，形变消失，势能为零。但这时除了波节以外，其他各点都达到最大速度，具有动能，介质中的质点的全部能量都是动能。波腹处速度最大，动能最大；波节处速度为零，动能为零。因此，这时驻波的动能集中在波腹附近。

由此可见，在介质中形成驻波时，动能和势能不断地相互转换，在转换过程中，能量不断地由波腹附近向波节附近转移，再由波节附近向波腹附近转移。也就是说，驻波不像行波那样向外传播能量，能量只是在波腹和波节之间进行转移。

【例 12-6】 在绳上传播的入射波表达式为

$$y_1=A\cos\left(\omega t+\frac{2\pi x}{\lambda}\right)$$

入射波在 $x=0$ 处反射，设反射波不衰减。分别求反射端是自由的和反射端是固定的两种情况下的驻波方程。

解： 入射波在 $x=0$ 处引起的振动方程为

$$y_{10}=A\cos\omega t$$

（1）如果反射端是自由端，则反射波在 $x=0$ 处的振动方程为

$$y_{20}=A\cos\omega t$$

反射波为

$$y_2=A\cos\left(\omega t-\frac{2\pi x}{\lambda}\right)$$

这时合成的驻波方程为

$$y=y_1+y_2=A\cos\left(\omega t+\frac{2\pi x}{\lambda}\right)+A\cos\left(\omega t-\frac{2\pi x}{\lambda}\right)=2A\cos\left(\frac{2\pi x}{\lambda}\right)\cos\omega t$$

（2）如果反射端是固定端，则反射波在 $x=0$ 处的振动方程为

$$y_{20}=-A\cos\omega t$$

反射波为

$$y_2=-\cos\left(\omega t-\frac{2\pi x}{\lambda}\right)$$

这时合成的驻波方程为

$$\begin{aligned}y&=y_1+y_2=A\cos\left(\omega t+\frac{2\pi x}{\lambda}\right)-A\cos\left(\omega t-\frac{2\pi x}{\lambda}\right)\\&=-2A\sin\left(\frac{2\pi x}{\lambda}\right)\sin\omega t=2A\sin\left(\frac{2\pi x}{\lambda}\right)\cos\left(\omega t+\frac{\pi}{2}\right)\end{aligned}$$

思考与讨论

1. 在弦线上有一列简谐波，其波动方程为

$$y_1=2.0\times10^{-2}\cos\left[2\pi\left(\frac{t}{0.02}-\frac{x}{20}\right)+\frac{\pi}{3}\right]$$

上式中的各个物理量均采用国际单位。为了在此弦线上形成驻波，并且在 $x=0$ 处为一个波节，此弦线上还应该有一列简谐波，试问：其波动方程 y_2 等于什么？如果在 $x=0$ 处为

一个波腹，另一列简谐波的波动方程 y_2 等于什么？

2. 如果在弦线上的驻波方程为

$$y=0.20\sin 2\pi x\cos 20\pi t$$

公式中的各个物理量均采用国际单位。试问：形成该驻波的两个反向进行的行波方程分别怎样表达？

3. 沿着相反方向传播的两列相干波，其波动方程分别为

$$y_1=A\cos 2\pi\left(\nu t-\frac{x}{\lambda}\right),\ y_2=A\cos 2\pi\left(\nu t+\frac{x}{\lambda}\right)$$

在叠加后形成的驻波中，试问：各处简谐振动的振幅等于多少？波节、波腹的位置坐标分别等于多少？

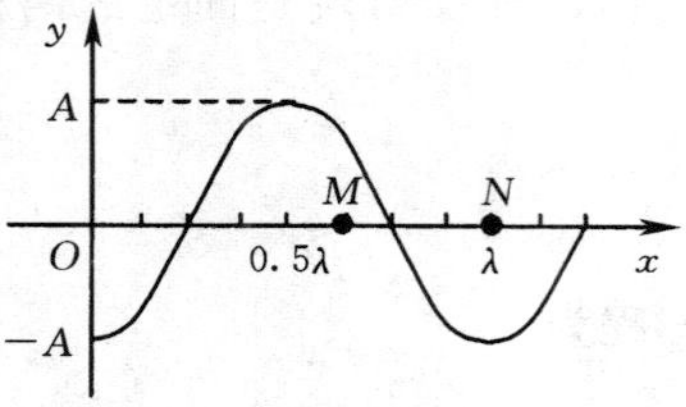

图 12 - 45

4. 某时刻的驻波波形曲线如图 12 - 45 所示，试问：图中 M、N 两点振动的相位差是多少？

5. 某驻波方程为

$$y=2A\cos\left(\frac{2\pi x}{\lambda}\right)\cos\omega t$$

试写出 $x=-0.5\lambda$ 处质点的振动方程以及该质点的振动速度表达式。

6. 设入射波方程为

$$y_1=A\cos 2\pi\left(\nu t+\frac{x}{\lambda}\right)$$

波在 $x=0$ 处发生反射，反射点为固定端，试写出形成的驻波方程。

7. 设平面简谐波沿 x 轴传播时在 $x=0$ 处发生反射，反射波方程为

$$y_2=A\cos\left[2\pi\left(\nu t-\frac{x}{\lambda}\right)+\frac{\pi}{2}\right]$$

已知反射点为自由端，试写出由入射波和反射波形成的驻波的波节位置坐标。

8. 一根弦上的驻波方程为

$$y=0.1\cos\pi x\cos 90\pi t$$

上式中的各个物理量均采用国际单位。试问：形成该驻波的两个反向传播的行波的波长和频率分别等于多少？

9. 某驻波方程为

$$y=A\cos 2\pi x\cos 100\pi t$$

上式中的各个物理量均采用国际单位。试问：位于 $x_1=0.125\text{m}$ 处的质元 P_1 与位于 $x_2=0.375\text{m}$ 处的质元 P_2 的振动相位差为多少？

第七节　多普勒效应

在本章的前面几节讨论问题时，总是认为波源和观察者相对于介质是静止的，这种情况下观察者接收到的波频率与波源发出的频率相等。但是，如果**波源或观察者或它们两者相对于介质运动时，观察者接收到的波频率与波源发出的频率不相同**，这种现象是奥地利

物理学家多普勒在 1842 年首先发现的，因此称为**多普勒效应**（Doppler effect）。例如当一列高速行驶的火车鸣笛进站时，站台上的人听到笛音的音调较高，而当火车鸣笛出站时，笛音的音调较低，这就是声波的多普勒效应。

一、机械波的多普勒效应

为简单起见，假定波源和观察者都在直线 x 上运动，从波源 S 指向观察者 R 的方向为 x 轴的正方向，如图 12－46 所示。设 u 为波在介质中的传播速度，v_S、v_R 分别为波源 S 和观察者 R 相对介质的运动速度，v_S、v_R 与 x 轴正方向同向时为正，相反时为负，而 u 恒为正。又设 ν、λ 分别为波源 S 发出的波频率、波长，其中 ν 是指波源 S 在单位时间内发出的完整波个数。ν_R、λ_R 分别为观察者 R 接收到的波频率、波长，其中 ν_R 是指观察者 R 在单位时间内接收到的完整波个数。

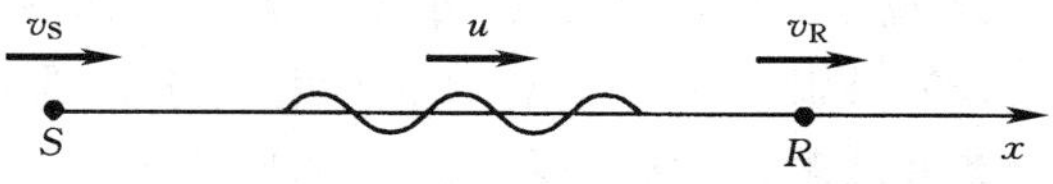

图 12－46

下面分三种情况进行讨论。

（1）波源 S 不动（$v_S=0$），观察者 R 以速度 v_R 相对于介质运动（$v_R\neq0$）。

这时观察者 R 观测到的波速为 $u-v_R$，由于波源 S 静止不动，它发出的波的波面是以 S 为球心的一些同心球面，观察者 R 在运动中测量到的波长仍然等于 λ，因此他接收到的波频率为

$$\nu_R=\frac{u-v_R}{\lambda}=\frac{u-v_R}{u/\nu}=\frac{u-v_R}{u}\nu \tag{12-31}$$

可见，当波源 S 静止时，如果观察者 R 远离波源 S 运动（$v_R>0$），他观测到的波频率 ν_R 小于波源 S 发出的波频率 ν，如果观察者 R 向着波源 S 运动（$v_R>0$），他观测到的波频率 ν_R 大于波源 S 发出的波频率 ν。

（2）观察者 R 不动（$v_R=0$），波源 S 以速度 v_S 相对于介质运动（$v_S\neq0$）。

尽管此时波源 S 在运动，但是波动在介质中传播时的速度与波源的运动状态无关，即波相对于介质的传播速度仍然是 u，由于观察者 R 相对于介质静止，因此他观测到的波速也是 u。

再来看一下观察者 R 观测到的波长。如果波源 S 不动，它在单位时间内发出的 ν 个完整波分布在长度为 u 的距离内，如图 12－47（a）所示。当波源 S 以速度 v_S 运动时，它在单位时间内发出的 ν 个完整波被挤在长度为 $u-v_S$ 的距离内，如图 12－47（b）所示。即

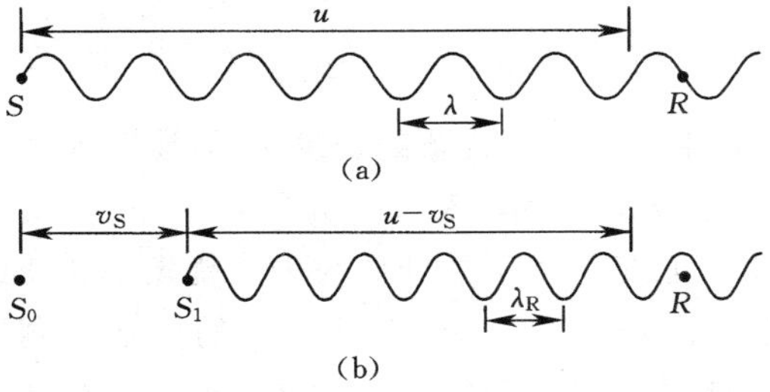

图 12－47

$$u-v_S=\nu\lambda_R$$

其中 λ_R 就是观察者 R 观测到的波长。由上式解得

$$\lambda_R=\frac{u-v_S}{\nu}$$

显然这时观察者 R 观测到的波长比波源 S 静止时观测到的值小了。

这时观察者 R 接收到的波频率为

$$\nu_R=\frac{u}{\lambda_R}=\frac{u}{(u-v_S)/\nu}=\frac{u}{u-v_S}\nu \tag{12-32}$$

可见，当观察者 R 静止时，如果波源 S 向着观察者 R 运动（$v_S>0$），观察者 R 观测到的波频率 ν_R 大于波源 S 发出的波频率 ν，如果波源 S 远离观察者 R 运动（$v_R<0$），观察者 R 观测到的波频率 ν_R 小于波源 S 发出的波频率 ν。

（3）波源 S 和观察者 R 同时相对于介质运动（$v_R\neq0$，$v_S\neq0$）。

离开波源 S 的波动在介质中的传播速度为 u，由于观察者 R 相对于介质以速度 v_R 沿着 x 轴正方向运动，因此他观测到的波速为 $u-v_R$。由于波源的运动使波长缩短为 $\frac{u-v_S}{\nu}$，不论观察者 R 运动与否，他观测到的波长都是这个值。因此这时观察者 R 接收到的波频率为

$$\nu_R=\frac{u-v_R}{(u-v_S)/\nu}=\frac{u-v_R}{u-v_S}\nu \tag{12-33}$$

再强调一下式（12-33）中 v_S 和 v_R 的符号规则：首先将波源 S 和观察者 R 的连线作为 x 轴，从 S 指向 R 的方向为 x 轴的正方向。v_S 和 v_R 的方向与 x 轴正方向相同时为正，相反时为负。

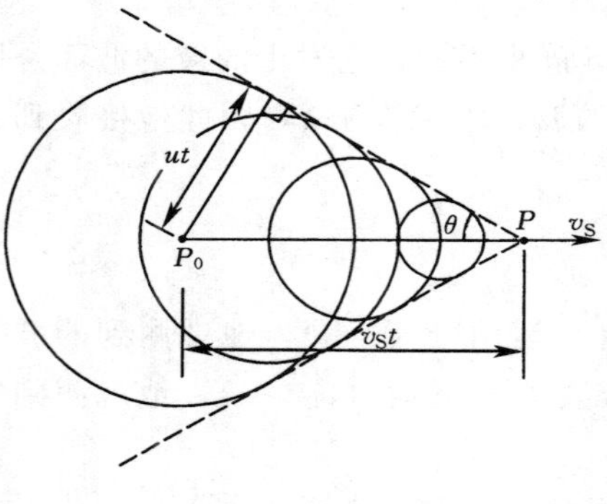

图 12-48

如果波源与观察者的运动速度互相垂直，则没有多普勒效应发生。如果波源与观察者的运动速度方向是任意的，可以将速度分解为垂直和平行于它们连线的两个分量，然后将速度的平行分量代入式（12-33）进行计算即可。

在式（12-33）中，设 $v_R=0$，如果波源的速度大于波速，即 $v_S>u$，则 $v_R<0$，即在这时多普勒效应失去意义。此时波源总是处于波前的前方，如图 12-48 所示。波源在 P_0 点发出的波在 t 时刻形成半径为 ut 的球形波前，但此刻波源已经运动了 v_St 的距离到达 P 点，在这段时间内发出的波的所有波前的切面形成了一个圆锥面。该圆锥面的顶角为 θ，则

$$\theta=\arcsin\frac{ut}{v_St}=\arcsin\frac{u}{v_S} \tag{12-34}$$

这种**以点波源为顶点的圆锥形波**称为**冲击波**（shock wave）。**波源的速度 v_S 与波速 u 的比值**称为**马赫数**（Mach number）。**圆锥面的顶角 θ** 称为**马赫角**（Mach angle）。

冲击波的圆锥形波随时间的增加而逐渐变大，它是受扰动的介质与未受扰动的介质的分界面，由于在马赫锥面内储存了大量的能量，当冲击波到达时会使空气的压强急剧增大，产生巨大的冲击力，使该区域内的物体遭到损坏，这种现象称为**声暴**。原子弹爆炸时形成的强烈冲击波所产生的巨大破坏力是原子弹的主要威慑力。

二、电磁波的多普勒效应

多普勒效应是波动过程的共同特征。不仅仅是机械波，电磁波（包括光波）也具有多

普勒效应。由于电磁波的传播不依赖于介质，因此只是波源和接收器的相对运动速度决定了观察者接收到的频率。电磁波以光速传播，由于研究电磁波的多普勒效应涉及速度之间的变换，而这种变换必须要采用相对论的空时变换关系。理论计算表明，当波源与接收器在同一条直线上运动时，接收器接收到的电磁波频率为

$$\nu_R=\frac{1+u/c}{\sqrt{1-u^2/c^2}}\nu_S=\sqrt{\frac{c+u}{c-u}}\nu_S \tag{12-35}$$

式（12－35）中 u 为波源和接收器的相对运动速度，当它们相互接近时 u 为正，反之为负。由上式可以看出，**当波源与接收器接近时，接收到的频率比发射频率高，相应的波长短**，这种现象称为**紫移**（violet shift）。**当波源远离接收器时，接收到的频率比发射频率低，相应的波长长**，这种现象称为**红移**（red shift）。

天文学家将来自星球的光谱与地球上相同元素的光谱进行了比较，发现星球光谱几乎都发生红移，这说明星体都在作远离地球的运动。这一观察结果被“大爆炸”宇宙理论的倡导者们视为其理论的重要证据。

【例 12－7】　利用多普勒效应可以监测汽车行驶的速度。一个固定波源发出频率为 100kHz 的超声波，当汽车迎着该波源驶来时，与波源安装在一起的接收器接收到从汽车反射回来的超声波的频率为 120kHz，已知空气中声速为 330m/s，求汽车行驶的速度。

解：求解此题要分成两个步骤进行。

第一步：求解汽车接收到的波频率。此时波源静止，汽车作为观察者向着波源运动。设汽车的行驶速度为 v，则汽车接收到的频率为

$$\nu_1=\frac{u+v}{u}\nu$$

第二步：求解接收器接收到的波频率。此时汽车作为波源向着接收器运动，汽车发出的波频率为 ν_1。接收器是静止的观察者，它接收到的频率为

$$\nu_2=\frac{u}{u-v}\nu_1=\frac{u+v}{u-v}\nu$$

由此解得汽车的行驶速度为

$$v=\frac{\nu_2-\nu}{\nu_2+\nu}u=\frac{120-100}{120+100}\times 330=30(\text{m/s})\ =108\text{km/h}$$

思 考 与 讨 论

1. 设声波在介质中的传播速度为 u，声源的频率为 ν_S。如果声源 S 不动，而接收器 R 相对于介质以速度 v_R 沿着 S、R 连线向着声源 S 运动，试问：位于 S、R 连线中点的质点 P 的振动频率为多少？

2. 一列机车汽笛频率为 750Hz，机车以 90km/h 的速度远离静止的观察者运动。已知空气中的声速为 340m/s，试问：观察者听到的笛声频率是多少？

3. 正在报警的警钟每隔 0.5s 响一声，有一个人乘坐火车以 72km/h 的速度向警钟所在地驶去。已知声音在空气中的传播速度为 340m/s，试问：该人在 1min 内听到多少次响声？

4. 一辆机车以 30m/s 的速度驶近一位静止的观察者，机车汽笛的频率为 550Hz。已知声音在空气中的传播速度为 340m/s，试问：此观察者听到的声音频率是多少？

5. 一辆汽车以 25m/s 的速度远离一辆静止的正在鸣笛的机车，机车汽笛的频率为 600Hz。已知空气中的声速为 340m/s，试问：汽车中的乘客听到机车笛声的频率是多少？

6. 一列火车以 20m/s 的速度行驶，机车汽笛的频率为 600Hz。已知声音在空气中的传播速度为 340m/s，试问：一位静止的观测者在机车前和机车后所听到的声音频率分别是多少？

7. 两列时速均为 64.8km 迎面对开的列车，一辆列车的汽笛频率为 600Hz，试问：在另一列车上的乘客所听到的汽笛频率为多少？(设空气中声速为 340m/s)

8. 一辆警车以 30m/s 的速度追赶前面一辆以 26m/s 的速度行驶的汽车，警车的警笛频率为 800Hz。试问：坐在前面汽车中的人听到警笛声的频率是多少？(已知空气中声速为 330m/s)

9. 某汽笛发出频率为 700Hz 的声音，并且以 15m/s 的速度接近悬崖。试问：由正前方的悬崖反射回来的声波波长是多少？(已知空气中声速为 330m/s)

习　　题

1. 一列平面简谐纵波沿着线圈弹簧传播。该波沿着 x 轴正向传播，弹簧中某圈的最大位移为 3.0cm，振动频率为 25Hz，弹簧中相邻两疏部中心的距离为 24cm。当 $t=0$ 时，$x=0$ 处质元的位移为零并向 x 轴正向运动。试写出该波的波函数。

2. 某横波沿着绳子传播，其波函数为

$$y=0.05\cos(100\pi t-2\pi x)$$

上式中的各个物理量均采用国际单位。求：

(1) 该波的振幅、波速、频率和波长。

(2) 绳子上各质点的最大振动速度和最大振动加速度。

(3) $x_1=0.2$m、$x_2=0.7$m 处两质点振动的相位差。

3. 已知某平面简谐波的波函数为

$$y=A\cos\pi(4t+2x)$$

上式中的各个物理量均采用国际单位。求：

(1) 求该波的波长 、频率和波速。

(2) 写出 $t=4.2$s 时刻各波峰位置的坐标表达式，并求出此时离坐标原点最近的那个波峰位置坐标值。

(3) 求 $t=4.2$s 时离坐标原点最近的那个波峰通过坐标原点的时刻。

4. 一列平面简谐波沿着 x 轴正向传播，其振幅为 A、频率为 ν、波速为 u。设 $t=t_0$ 时刻的波形曲线如图 12－49 所示。求：

(1) $x=0$ 处质点的振动方程。

(2) 该波的波函数。

5. 一列平面简谐波在介质中以 5m/s 的波速沿 x 轴正向传播，原点 O 处质元的振动曲线如图 12－50 所示。求：

(1) $x=25\text{m}$ 处质元的振动曲线方程并画出该曲线。

(2) $t=3\text{s}$ 时的波形曲线方程并画出该曲线。

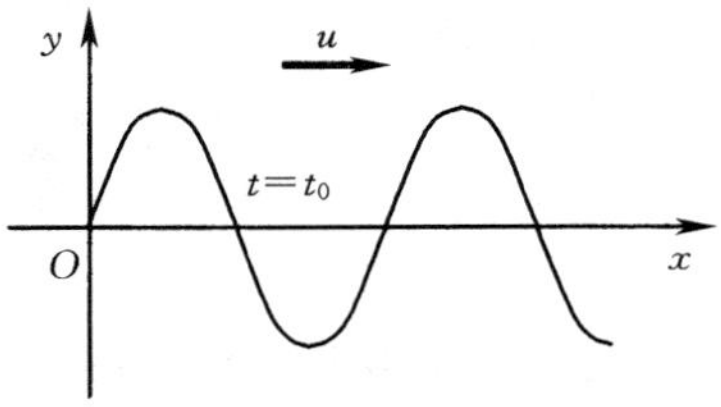

图 12－49

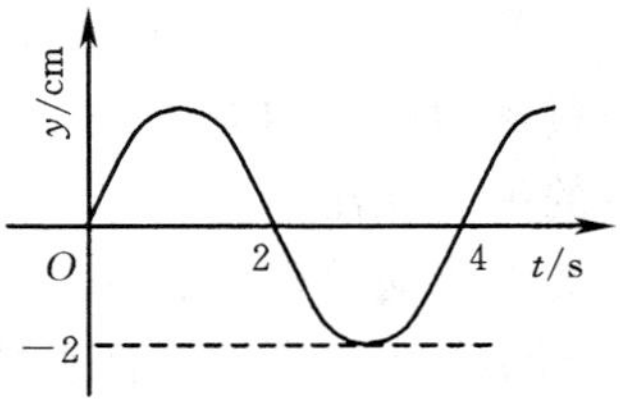

图 12－50

6. 如图 12－51 所示，一列平面波在介质中以 20m/s 的波速沿着 x 轴负方向传播，已知 N 点的振动方程为

$$y=3\times10^{-2}\cos4\pi t$$

上式中的各个物理量均采用国际单位。分别以 N 点和距 N 点 5m 处的 M 点为坐标原点写出波函数。

7. 图 12－52 所示的为一列平面简谐波在 $t=0$ 时刻的波形图，求：

(1) 该波的波函数。

(2) P 处质点的振动方程。

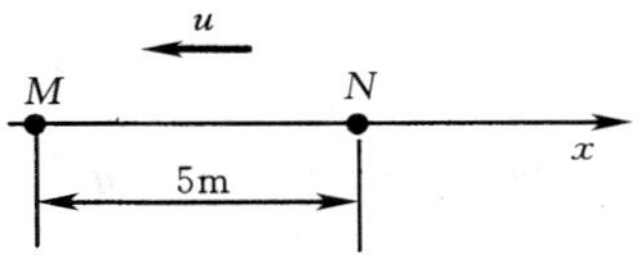

图 12－51

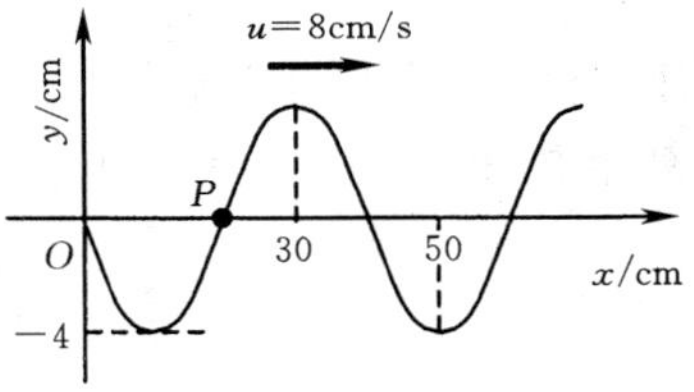

图 12－52

8. 一列简谐波沿着 x 轴正方向传播，波长为 4m，周期为 4s，已知 $x=0$ 处质点的振动曲线如图 12－53 所示。求：

(1) 写出 $x=0$ 处质点的振动方程。

(2) 写出该波的波函数。

(3) 写出 $t=1\text{s}$ 时刻的波形曲线方程，并画出这时的波形曲线。

9. 沿 x 轴负方向传播的平面简谐波在 2s 时刻的波形曲线如图 12－54 所示，设波速为 0.5m/s。求原点 O 处质点的振动方程。

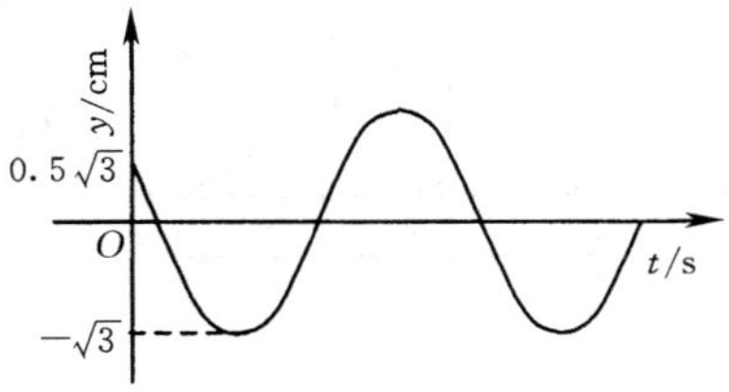

图 12－53

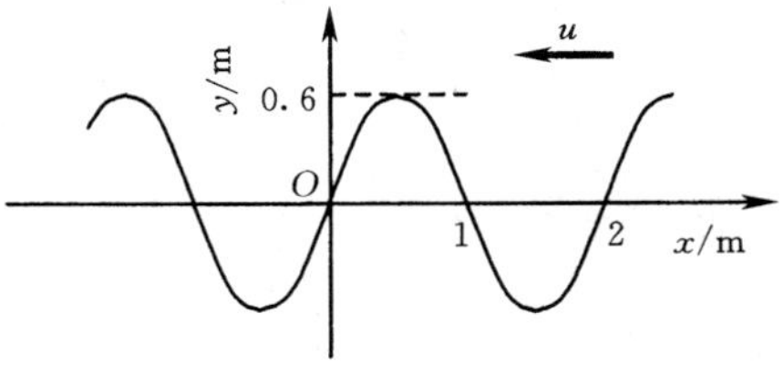

图 12－54

10. 平面简谐波沿 x 轴正方向传播，振幅为 2cm，频率为 50Hz，波速为 200m/s。在 $t=0$ 时，$x=0$ 处的质点正在平衡位置向 y 轴正方向运动，求 $x=4$m 处介质质点的振动方程及该点在 $t=2$s 时的振动速度。

11. 一列平面简谐波的频率为 300Hz，波速为 340m/s，在截面面积为 $3.00\times10^{-2}\text{m}^2$ 的管内空气中传播，如果在 10s 内通过截面的能量为 2.70×10^{-2}J，求：

(1) 通过截面的平均能流。

(2) 波的平均能流密度。

(3) 波的平均能量密度。

12. 一艘船在 25m 高的桅杆上装有一个天线，天线不断发射某种波长的无线电波，已知无线电波的波长在 2～4m 范围内，在高出海平面 150m 的悬崖顶上有一个接收站能收到这无线电波。但当那艘船驶至离悬崖底部 2km 时，接收站就收不到无线电波。设海平面完全反射这无线电波，求所用无线电波的波长。

13. 一台微波探测器位于湖岸水面以上 0.5m 处，一颗射电星从地平线上缓慢升起，该射电星发射波长 21cm 的单色微波，探测器将相继指出信号强度的极大值和极小值。当接收到第一个极大值时，射电星位于湖面以上什么角度？

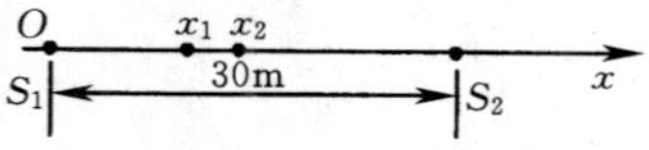

图 12－55

14. 如图 12－55 所示，两个相干波源在 x 轴上的位置为 S_1 和 S_2，其间距离为 30m，S_1 位于坐标原点 O。设波只沿 x 轴传播，单独传播时强度保持不变。$x_1=9$m 和 $x_2=12$m处的两点是相邻的两个因干涉而静止的点。求两波的波长和两波源间最小相位差。

15. 两列余弦波沿 x 轴传播，波函数分别为

$$y_1=0.06\cos\left[\frac{\pi}{2}(0.02x-8.0t)\right],\ y_2=0.06\cos\left[\frac{\pi}{2}(0.02x+8.0t)\right]$$

上式中的各个物理量均采用国际单位。试确定 x 轴上合振幅为 0.06m 的那些点的位置。

16. 如图 12－56 所示，原点 O 是波源，振动方向垂直于纸面，形成的波的波长为 λ。MN 为波的反射平面，反射时没有相位突变。O 点位于 M 点的正上方，与 MN 平面的距离为 h。x 轴平行于 MN。求 x 轴正方向因干涉而加强的点的坐标。

17. 图 12－57 中 M、N 是两个相干的点波源，它们的初相差为 π。M、N 相距 0.3m，观察点 P 和 N 点相距 0.4m，且 $\overline{MN}\perp\overline{NP}$。如果发自 M、N 的两列波在 P 点处最大限度地互相削弱，求波长最长是多少？

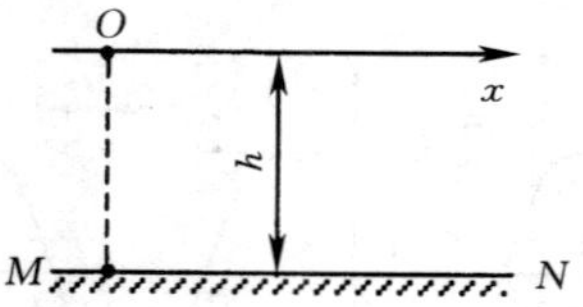

图 12－56

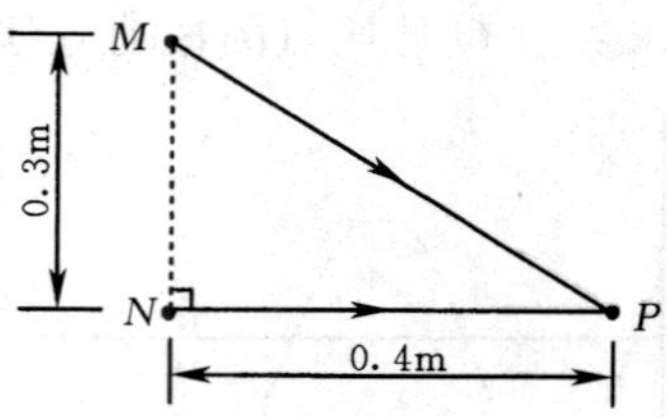

图 12－57

18. 相干波源 S_1 和 S_1 相距 11m，S_1 的相位比 S_2 超前 90°。这两个相干波在 S_1、S_2 连线和延长线上传播时可看成两等幅的平面余弦波，它们的频率都等于 100Hz，波速都等于 400m/s。试求在 S_1、S_2 的连线上及延长线上因干涉而静止不动的各点的位置坐标。

19. 两列波在一根很长的弦线上传播，其波函数分别为

$$y_1=4.00\times10^{-2}\cos\frac{\pi}{3}(4x-24t),\ y_2=4.00\times10^{-2}\cos\frac{\pi}{3}(4x+24t)$$

上式中的各个物理量均采用国际单位。求：

(1) 两波的频率、波长、波速。

(2) 两波叠加后波腹和波节的位置坐标。

20. 设入射波的波函数为

$$y_1=A\cos2\pi\left(\frac{x}{\lambda}+\frac{t}{T}\right)$$

在 $x=0$ 处发生反射，反射点为固定端。设反射时没有能量损失，求：

(1) 反射波的波函数。

(2) 合成的驻波方程。

(3) 驻波波腹和波节的位置坐标。

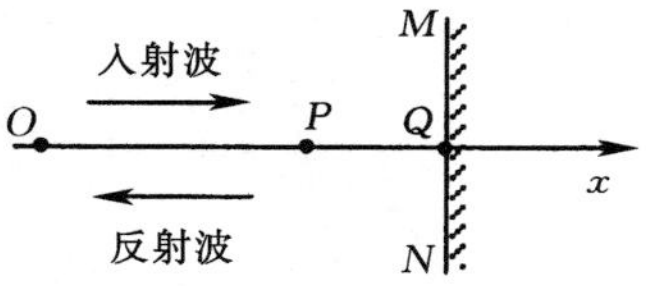

图 12-58

21. 如图 12-58 所示，一列平面简谐波沿 x 轴正方向传播，MN 为波密介质的反射面。波由 Q 点反射，$OQ=3\lambda/4$，$PQ=\lambda/6$。设入射波和反射波的振幅都是 A，频率都是 ν。在 $t=0$ 时刻，O 处质点的合振动正经过平衡位置向负方向运动。求 P 点处入射波与反射波的合振动方程。

22. 由振动频率为 400Hz 的音叉在两端固定拉紧的弦线上建立驻波。这个驻波共有三个波腹，其振幅为 0.30cm。波在弦上的速度为 320m/s。

(1) 求此弦线的长度。

(2) 如果以弦线中点为坐标原点，试写出弦线上的驻波方程。

23. 火车以 30m/s 的速度行驶，汽笛的频率为 650Hz。在铁路近旁的公路上坐在汽车里的人在下列情况听到火车鸣笛的声音频率分别是多少？

(1) 汽车静止。

(2) 汽车以 45km/h 的速度与火车同向行驶。(设空气中的声速为 340m/s)

24. 甲火车以 43.2km/h 速度行驶，其上一乘客听到对面驶来的乙火车鸣笛声的频率为 512Hz；当这一火车过后，听到其鸣笛声的频率为 428Hz。求乙火车上的乘客听到乙火车鸣笛的频率和乙火车对于地面的速度。(设空气中声波的速度为 340m/s)

25. 一个观察者站在铁路附近，听到迎面开来的火车汽笛声的频率为 640Hz，当火车驶过他身旁后，听到汽笛声的频率降低为 530Hz。则火车的时速为多少？(设空气中的声速为 330m/s)

科学家史话 多普勒

多普勒·克里斯琴·约翰（Doppler. Christian Johann，1803—1853），奥地利物理学家、数学家和天文学家。1842年，他在《论双星的色光》的论文中第一次提出了“多普勒效应”，因而闻名于世。

多普勒1803年11月29日出生于奥地利的萨尔茨堡。从1674年开始，克里斯琴·多普勒家族在奥地利的萨尔茨堡从事的石匠生意日渐兴隆。他们在Makart Platz靠近河畔的地方建造了很好的房子，多普勒就在这幢房子里出生。按照家庭的传统他会接管石匠的生意，但是他的健康状况一直不好，而且相当虚弱，因此他没有从事传统的家族生意。

多普勒在萨尔茨堡读完小学后，进入了林茨中学。1822年他开始在维也纳工学院学习，他在数学方面显示出超常的水平，1825年以各科优异的成绩毕业。此后他回到萨尔茨堡，在Salzburg Lyceum教授哲学，然后去维也纳大学学习高等数学、力学和天文学。1829年在维也纳大学学习结束时，他被任命为高等数学和力学教授助理，在4年期间他共发表了4篇数学论文。之后又当过工厂的会计员，然后到了布拉格一所技术中学任教，同时任布拉格理工学院的兼职讲师。到了1841年，他才正式成为布拉格理工学院的数学教授。多普勒是一位严谨的老师。他曾经被学生投诉考试过于严厉而被学校调查。繁重的教务和沉重的压力使多普勒的健康每况愈下，但他的科学成就使他闻名于世。1850年他被任命为维也纳大学物理学院的第一任院长。就在3年后的1853年3月17日，他在意大利的威尼斯去世，年仅49岁。

一天，多普勒带着他的孩子沿着铁路旁边散步，一列火车从远处开来。多普勒注意到，当火车靠近他们时笛声越来越刺耳，而在火车通过他们身旁的一刹那，笛声声调突然变低了。随着火车的远去，笛声响度逐渐变弱，直到消失。这个平常的现象吸引了多普勒的注意，为什么笛声声调会变化呢？他抓住问题，潜心研究了多年。研究发现，当观察者与声源相对静止时，声源的频率不变；当观察者与声源之间存在相对运动时，则听到的声源频率发生变化。最后他得出结论，观察者与声源的相对运动决定了观察者所收到的声源频率。

著名的多普勒效应首次出现在1842年多普勒发表的一篇论文上。他试图用多普勒效应的原理解释双星的颜色变化。虽然多普勒误将光波当作纵波，但多普勒效应这个结论却是正确的。多普勒效应对双星的颜色只有微小的影响，在那个时代根本没有仪器能够度量出这么小的变化。不过从1845年开始，便有人利用声波来进行实验。他们让一些乐手在火车上奏出乐音，请另一些乐手在月台上写下火车逐渐接近和离开时听到的音高。实验结果支持了多普勒的结论。多普勒效应有很多应用，例如天文学家观察到遥远星体光谱的红移现象，利用多普勒的理论可以计算出星体与地球的相对速度；警方利用多普勒的原理制造了雷达，用它可以侦测车速。

多普勒的研究范围还包括光学、电磁学和天文学，他设计和改良了很多实验仪器，例如光学仪器。多普勒才华横溢，创意无限，脑海里充满了各种新奇的点子。虽然不是每一个构想都行得通，但往往为未来的新发现提供了线索。

多普勒之后，人们发现他这一理论不仅适用于声学和光学，在电磁波等研究领域也有广泛的用途。例如，美国天文学家哈勃所发现的天体红移现象就是在“多普勒效应”的基础上诞生的。

作为一名科学家，多普勒为世界文明作出了巨大的贡献。他善于观察、善于思考、善于分析、不断实践，永远是我们学习的榜样。

第十三章　光　的　干　涉

光学的发展史就是人类对光的本性不断探索和认识的历史。公元 17 世纪，光学理论正处在开创阶段，当时对光的本性有两种观点：一种是以牛顿为代表的微粒学说，即光是光源发射出来的一束速度极快的微粒流，微粒在均匀物质中做匀速直线运动。微粒学说可以解释光的直线传播、光的反射和折射现象，但却无法解释光的干涉、衍射等现象。另一种是以惠更斯为代表的波动学说，即光是一种波动，光的能量的传播是以波动的形式迁移的。他还提出了波线和波阵面的概念，提出了著名的惠更斯原理，定量地解释了光的反射和折射定律。但是，由于惠更斯的波动学说缺乏数学基础，在相当长的时间内，光的微粒学说一直占统治地位。直到 19 世纪初，以托马斯·杨和菲涅耳的研究成果为代表，才逐步形成了波动光学体系。由于波动光学理论能够圆满地解释光的干涉、衍射和偏振等现象，从而在两种学说的抗衡中取得了决定性的胜利。

本章以光的波动理论为基础，讨论产生干涉现象的光波应该具备的条件，具体分析了双缝干涉和薄膜干涉，并介绍干涉现象的一些应用。

本章学习要点

(1) 了解光源发光的机制，掌握光的相干条件，了解获得相干光的方法，理解光程和光程差的概念，掌握光程差和相位差的关系。

(2) 熟练掌握双缝干涉形成明暗条纹的相位差、光程差和坐标条件，了解双缝干涉的光强分布，了解劳埃德镜实验和菲涅耳双镜实验，了解半波损失及发生的条件。

(3) 熟练掌握增透膜和增反膜的原理，理解等倾干涉图样的形成。

(4) 熟练掌握等厚干涉形成明暗条纹的条件，会利用劈尖干涉和牛顿环原理解决简单的实际问题。

(5) 了解迈克尔逊干涉仪的设计原理和实验方法。

第一节　相干光及获得　光程差

在第十二章讨论了机械波的干涉，本章将要讨论光的干涉，光波与机械波既然都是波动，那么机械波的相干条件、干涉时出现的特征以及振动加强和减弱的条件等对光波也同样适用。不过由于光的干涉比机械波的干涉要困难得多，因此必须采用一些特殊方法才能实现。

一、光源

通过第十二章的学习我们知道，频率相同、振动方向相同、相位差相同或相位差恒定的两个波源是相干波源，它们发出的波是相干波。在两列相干波相遇的区域内，有一些点的振动始终加强，有一些点的振动始终减弱，即发生了干涉现象。

光波是电磁波，而电磁波是电场强度$\vec{E}$和磁场强度$\vec{H}$交替激发形成的。实验表明，只有电场强度$\vec{E}$能引起视觉感觉和使感光材料感光，因此将电场矢量$\vec{E}$称为**光矢量**（light vector）。如果两束光的光矢量满足相干条件，它们就是相干光，产生相干光的光源称为**相干光源**（coherent light）。

第十二章谈到了一些机械波发生干涉的例子，可以看出这不是一件很难的事情。但是要想使光波发生干涉就不容易了。在实验室里放两支发光频率完全相同的汞光灯，在它们共同照射的区域内，我们根本观察不到光强有明暗的变化。也就是说，两个独立的、发光频率相同的光源不是相干光源。

为什么使光波发生干涉这么难？其实这是由光源的发光机制决定的。光是光源中的原子或分子的运动状态发生变化时产生的，它们中的电子吸收了外界能量被激发到较高的能级，通常电子处在高能级的时间很短，平均只有$10^{-11}\sim10^{-8}$s，它们会自发地从高能级向低能级跃迁，同时将能量以光的形式辐射出去。原子或分子发光是间歇的，其数量级也是$10^{-11}\sim10^{-8}$s，即当它们发出一个波列之后，要间隔这样一段时间才能发出第二个波列。因此，即使是同一个原子或分子，在不同时刻发出的波列的振动方向和相位也很难相同。

我们平时看到的光是大量原子或分子在同一时刻发出的光波列。不同原子或分子是各自独立地发出光波列的，这些波列的振动方向和相位完全是随机的，彼此之间不存在任何联系。因此，两个独立的光源或同一光源的两部分发出的光不会自然地满足相干条件，它们不是相干光源。

二、光的相干性

有两个光源 S_1 和 S_2 发出频率相同、振动方向相同的单色光，它们在空间某点相遇，设两束光中的某两个波列在时刻 t 的光振动分别为

$$E_1=E_{10}\cos(\omega t+\varphi_{r1}),\ E_2=E_{20}\cos(\omega t+\varphi_{r2})$$

由于这时光振动的初相与传播路程 r 有关，因此给初相 φ 加了下角标 r。合成光振动为

$$E=E_0\cos(\omega t+\varphi_r)$$

其中 E_0 满足下式：

$$E_0^2=E_{10}^2+E_{20}^2+2E_{10}E_{20}\cos(\varphi_{r2}-\varphi_{r1})$$

由于在该时刻有很多波列同时出现在这一点，两束光中的每两个波列均满足上式，对它们求平均值有

$$\overline{E_0^2}=\overline{E_{10}^2}+\overline{E_{20}^2}+2\,\overline{E_{10}}\,\overline{E_{20}}\,\overline{\cos(\varphi_{r2}-\varphi_{r1})}$$

由于光强与光矢量振幅的平方成正比，因此上式也可以改写为

$$I=I_1+I_2+2\sqrt{I_1I_2}\,\overline{\cos(\varphi_{r2}-\varphi_{r1})}$$

如果这两束光分别是由两个独立的普通光源发出的，考虑到原子或分子发光的随机性和间歇性，相位差（$\varphi_{r2}-\varphi_{r1}$）也将随机变化，即以相同的概率取各种角度值，因此在这一时刻应该有

$$\overline{\cos(\varphi_{r2}-\varphi_{r1})}=0$$

所以

$$I=I_1+I_2 \tag{13-1}$$

式（13－1）表明，两个独立的普通光源发出的光在相遇点的总光强 I 等于它们各自光强 I_1、I_2 的代数和，将这种情况称为光的**非相干叠加**（incoherence addition）。

如果这两束光分别由两个相干光源发出的，它们在相遇点的相位差是恒定的，因此

$$\overline{\cos(\varphi_{r2}-\varphi_{r1})}=\cos(\varphi_{r2}-\varphi_{r1})$$

合成后的光强为

$$I=I_1+I_2+2\sqrt{I_1I_2}\cos(\varphi_{r2}-\varphi_{r1}) \tag{13-2}$$

其中 $2\sqrt{I_1I_2}\cos(\varphi_{r2}-\varphi_{r1})$ 称为**干涉项**，这种情况称为光的**相干叠加**（coherent addition）。

现在的问题是，如何才能获得相干光源，实现光的干涉呢？对物理学家们的工作进行分析后发现，所有实现光的干涉的方法都是**利用某种装置将同一个光源同一点发出的光波分成两部分构成相干光源，使它们发出的光经过不同路程后相遇，就可以产生干涉现象。**具体地说，获得相干光源、实现光的干涉有两种方法，第一种方法称为**分波阵面法，即在光源发出的波阵面上取出两部分面元作为相干光源的方法**。下面将要介绍的杨氏双缝实验、菲涅耳双镜实验和劳埃德镜实验等都是利用分波阵面法实现光的干涉的。另一种方法称为**分振幅法，即利用两种透明介质的分界面对入射光的反射和折射将入射光的振幅分解为两部分作为相干光源的方法**。在日常生活中所看到的油膜、肥皂膜等所呈现的彩色条纹就是分振幅法产生的光的干涉现象。

两束光波的干涉实质是从同一个波列分离出来的两个波列的叠加。为了使这两个波列能够重叠发生干涉，它们在相遇点的波程差不能太大，不然一个波列已经通过，而另一个波列还没有到达，它们没有重叠，也就谈不到干涉。**能够产生干涉现象的最大波程差称为相干长度**（coherence length），可以认为相干长度等于一个波列的长度。当波程差小于相干长度时就可以发生干涉，波程差越小，波列重叠部分越多，干涉图样越清晰。各种光源发出的光的波列长度不同，Kr^{38}（氪）放电管发出的波长为 605.8nm 的红光的波列长度为 700mm，而 He－Ne 激光器发出的激光波列长度可达几十千米，因此激光是目前最好的相干光。

三、光程和光程差

正是由于机械波的传播速度与介质有关，才导致机械波的波长也与介质有关。光也可以在不同的介质中传播，那么光的传播速度和波长是否也与介质有关呢？在 1862 年法国物理学家傅科通过实验测定了光在水中的传播速度，证实水中的光速小于空气中的光速。一般情况下，介质中的光速小于真空中的光速。由于频率为 ν 的单色光的传播速度 u 与波长 λ 之间的关系为 $u=\lambda\nu$，而光的频率等于光源的频率，与介质无关，因此光的波长也与介质有关。设光在真空中和在介质中的速度和波长分别为 c、λ 和 u、λ_n，则

$$c=\nu\lambda，\quad u=\nu\lambda_n$$

将以上两式相除，得

$$\frac{\lambda_n}{\lambda}=\frac{u}{c}$$

而介质的折射率的定义为 $n=c/u$，所以上式可以改写为

$$\lambda_n=\frac{\lambda}{n} \tag{13-3}$$

可见，一定频率的光在折射率为 n 的介质中传播时波长变短，为真空中波长的 $1/n$ 倍。

初相分别为 φ_1 和 φ_2 的两个相干光源发出的光，在相遇点的相位差由式（12-21）确定，即

$$\Delta\varphi=\varphi_{r2}-\varphi_{r1}=\varphi_2-\varphi_1-2\pi\frac{\delta}{\lambda}$$

其中 $\delta=r_2-r_1$ 为波程差，λ 是光在真空中的波长。如果光在折射率为 n 的介质中传播，上式中的波长就应该换成光在介质中的波长 λ_n，即

$$\Delta\varphi=\varphi_2-\varphi_1-2\pi\frac{\delta}{\lambda_n}=\varphi_2-\varphi_1-2\pi\frac{n\delta}{\lambda}$$

其中

$$n\delta=n(r_2-r_1)=nr_2-nr_1$$

折射率 n 与几何路程 r 的乘积 nr 称为**光程**（optical path），用符号 S 表示。如果一束光连续通过折射率为 n_1，n_2，n_3，…等几种介质，则总的光程为

$$S=\sum_{i=1}^{n}n_i r_i$$

两个相干光源发出的光在相遇点的**光程差**（optical path difference）为

$$\Delta S=S_2-S_1$$

两个相干光源发出的光在相遇点的光程差 ΔS 与相位差 $\Delta\varphi$ 之间的关系为

$$\Delta\varphi=\varphi_2-\varphi_1-\frac{2\pi\Delta S}{\lambda} \tag{13-4}$$

上式表明，两束光波在相遇点的相位差决定于两个相干光源的初相差和光程差。

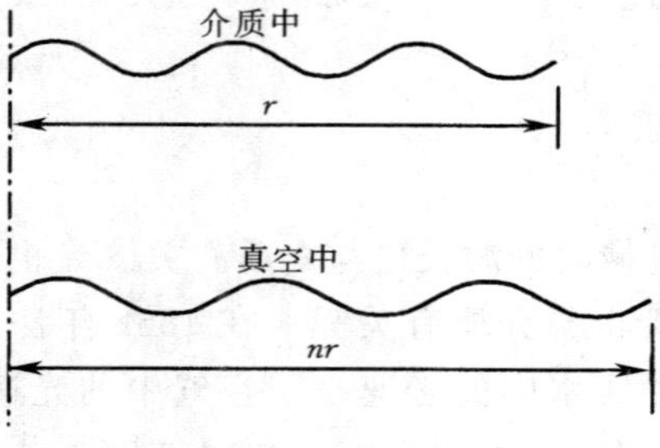

图 13-1

下面再考察一下光程的物理意义。如图 13-1 所示，设光在折射率为 n 的介质中的传播速度为 u，在其中的传播距离为 r。由于光在介质中传播 r 的距离用的时间为 $\Delta t=\frac{r}{u}$，则在这段时间内光在真空中传播的距离为

$$S=c\Delta t=c\,\frac{r}{u}=\frac{c}{u}r=nr$$

这个值恰好等于光程。也就是说，当光在折射率为 n 的介质中传播距离 r 时，相当于光在真空中传播了 nr 的距离。因此，**采用光程的概念，相当于将光在不同介质中所走的路程都折算为光在真空中所走的路程。**

第二节 杨 氏 双 缝 干 涉

一、杨氏双缝实验

在 1801 年，年仅 29 岁的英国物理学家托马斯·杨在人类历史上首次实现了光的干涉。这个实验的成功为光的波动理论奠定了实验基础。

杨氏双缝实验装置如图 13－2 所示，普通单色光源发出的光照射到狭缝 S 上，狭缝 S 相当于线光源。在 S 的前面放置两个相距很近的狭缝 S_1 和 S_2，S_1、S_2 到 S 的距离相等。由于 S_1 和 S_2 是由一个波阵面上获得的两个光源，因此它们发出的光的振动方向相同、频率相等、初相差为零，即它们满足相干条件，是相干光源，它们发出的光在空间相遇时会产生干涉现象，在 S_1、S_2 前面的屏幕 E 上形成明暗相间的干涉条纹。

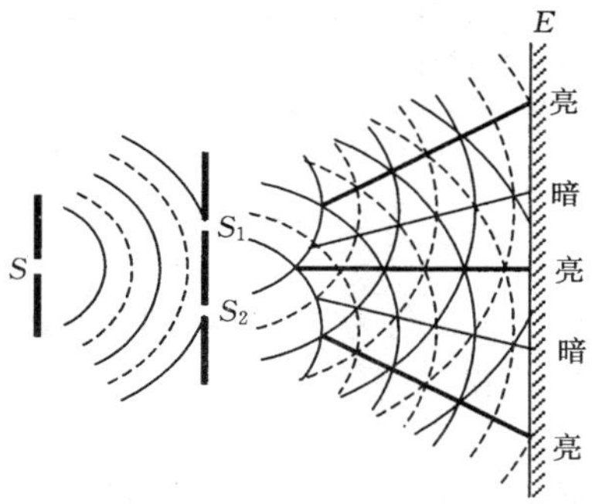

图 13－2

最初托马斯·杨是用太阳光作为光源的，现在可以利用激光束直接照射到双缝上进行实验，获得的干涉图样更加清晰。

由式（13－2）容易得到，当相位差

$$\Delta\varphi=\pm 2k\pi,\ k=0,1,2,\cdots \tag{13-5}$$

时，由 S_1 和 S_2 发出的光在光屏上干涉加强。也就是说，当 S_1 和 S_2 发出的光在光屏上相遇时的相位差等于 π 的偶数倍时，形成明条纹。而当相位差

$$\Delta\varphi=\pm(2k-1)\pi,\ k=1,2,3,\cdots \tag{13-6}$$

时，干涉减弱。也就是说，当 S_1 和 S_2 发出的光在光屏上相遇时的相位差等于 π 的奇数倍时，形成暗条纹。

在如图 13－2 所示的实验装置中，由于 S_1 和 S_2 的初相相等，即 $\varphi_2-\varphi_1=0$，因此式（13－4）可以写为

$$\Delta\varphi=-\frac{2\pi\Delta S}{\lambda} \tag{13-7}$$

将式（13－5）和式（13－6）代入式（13－7），即得当光程差

$$\Delta S=\pm k\lambda=\pm 2k\,\frac{\lambda}{2},\ k=0,1,2,\cdots \tag{13-8}$$

时，干涉加强。即当 S_1 和 S_2 发出的光在光屏上相遇时的光程差等于波长 λ 的整数倍（或者说等于半波长 $\lambda/2$ 的偶数倍）时，形成明条纹。而当光程差

$$\Delta S=\pm(2k-1)\frac{\lambda}{2},\ k=1,2,3,\cdots \tag{13-9}$$

时，干涉减弱。即当 S_1 和 S_2 发出的光在光屏上相遇时的光程差等于半波长 $\lambda/2$ 的奇数倍时，形成暗条纹。

前面讨论的是双缝干涉形成明暗条纹的相位差条件和光程差条件。下面讨论双缝干涉

的明暗条纹呈现在光屏的什么位置上，即形成明暗条纹的坐标条件。

设如图 13-2 所示的实验装置处在折射率为 n 的介质中，光程差可以写为

$$\Delta S=n(r_2-r_1)$$

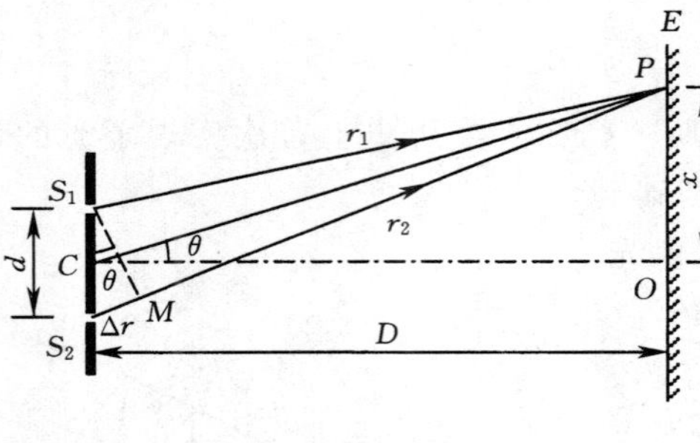

图 13-3

式中：r_1、r_2 分别为 S_1 和 S_2 到光屏上 P 点的距离，如图 13-3 所示。

狭缝 S_1 和 S_2 之间的距离为 d，两狭缝的中点 C 到光屏的距离为 D，并且在实验中总是满足 $D\gg d$ 的条件。作 $S_1M\perp S_2P$，则由 S_1 和 S_2 发出的光在光屏上 P 点的波程差为

$$r_2-r_1=S_2M$$

设在光屏上与 C 点正对的是 O 点，CO 与 CP 的夹角为 θ，考虑到 $D\gg d$，可以认为 $CP\perp S_1M$，因此 $\angle S_2S_1M=\theta$，由直角三角形 S_1MS_2 得

$$S_2M=d\sin\theta$$

以 O 点为坐标原点，向上为 x 轴正方向，则 P 点的坐标为 x。由于在实验中 $D\gg x$，因此 θ 很小，由直角三角形 COP 得

$$\sin\theta\approx\tan\theta=\frac{x}{D}$$

合并以上三式得

$$r_2-r_1=\frac{xd}{D}$$

因此，从 S_1 和 S_2 发出的光在光屏上 P 点的光程差为

$$\Delta S=\frac{nxd}{D} \tag{13-10}$$

将式（13-8）和式（13-9）代入式（13-10），即得当坐标

$$x=\pm k\frac{D}{d}\frac{\lambda}{n},\ k=0,1,2,\cdots \tag{13-11}$$

时，形成明条纹。而当坐标

$$x=\pm(2k-1)\frac{D}{d}\frac{\lambda}{2n},\ k=1,2,3,\cdots \tag{13-12}$$

时，形成暗条纹。

需要说明的是，如果杨氏双缝装置处在空气或真空中，式（13-11）和式（13-12）中的 $n=1$。另外，如果从 S_1 和 S_2 发出的光 S_1P 和 S_2P 在传播过程经过了几种介质，则形成明暗条纹的坐标公式（13-11）和式（13-12）不再成立，但形成明暗条纹的相位差公式（13-5）和式（13-6）、光程差公式（13-8）和式（13-9）仍然成立。这时应该根据具体情况推导出光程差 ΔS 与（r_2-r_1）的关系式，然后将几何关系 $r_2-r_1=\frac{xd}{D}$ 代入这个关系式中，解出 x 就得到了形成明暗条纹的坐标公式。

在形成明条纹的公式（13-5）、式（13-8）和式（13-11）中，$k=0$ 时的明条纹位

于 O 点，称为中央明纹。$k=1,2,3,\cdots$ 对应的明条纹分别叫做第一级、第二级、第二级、……明条纹。在形成明条纹的公式（13－6）、式（13－9）和式（13－12）中，$k=1,2,3,\cdots$ 对应的暗条纹分别叫做第一级、第二级、第二级、……暗条纹。各级明条纹和暗条纹对称分布在中央明纹两侧。

根据明暗条纹的坐标公式（13－11）和式（13－12），可以求得相邻明纹（或暗纹）间的距离为

$$\Delta x=\frac{D}{d}\frac{\lambda}{n} \tag{13-13}$$

可见，干涉条纹是等距离分布的。并且条纹间距与入射光的波长 λ、双缝与光屏间的距离 D 成正比，与双缝间的距离 d 和介质的折射率 n 成反比。如果用不同的单色光做实验，明暗条纹的间距不同，波长短的单色光条纹间距小，波长长的单色光条纹间距大。如果用白光做实验，只有中央明纹是白色的，中央明纹两侧将呈现彩色条纹。

现在简单地讨论一下杨氏双缝干涉的光强分布情况。

设相干光源 S_1 和 S_2 发出的光在光屏上 P 点处的光强相等，即在式（13－2）中 $I_1=I_2=I_0$，则式（13－2）可以改写为

$$I=2I_0(1+\cos\Delta\varphi)=4I_0\cos^2\frac{\Delta\varphi}{2}$$

设实验装置处于真空（或空气）中，则由式（13－7）得 $\Delta\varphi=-\frac{2\pi\Delta r}{\lambda}$，上式可以写为

$$I=4I_0\cos^2\frac{\pi\Delta r}{\lambda} \tag{13-14}$$

由式（13－14）可以看出，在 $\Delta r=\pm k\lambda$，$k=0,1,2,\cdots$ 处，光强 $I=4I_0$，这些位置是明条纹中心，而在 $\Delta r=\pm(2k-1)\frac{\lambda}{2}$，$k=1,2,3,\cdots$ 处，光强 $I=0$，这些位置是暗条纹中心。图 13－4 是根据式（13－14）绘制的干涉光强分布图，由此可以看出，干涉只是使光的能量进行了重新分布，而光的总能量仍然是守恒的。

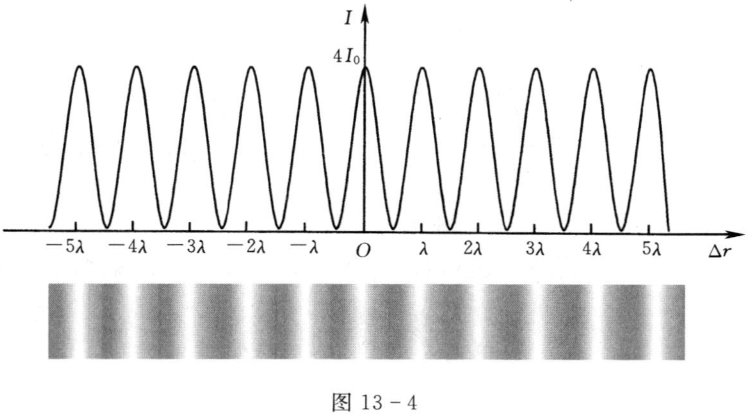

图 13－4

【例 13－1】 以单色光照射到相距为 0.1mm 的双缝上，双缝与屏幕的垂直距离为 1m。

（1）测得第一级明纹中心到同侧的第四级明纹中心的距离为 15.0mm，求单色光的波长。

（2）如果入射光的波长为 600nm，求相邻明条纹间的距离。

解：（1）对于空气中的双缝实验而言，相邻明条纹中心的距离为

$$\Delta x=\frac{D}{d}\lambda$$

则第一级明纹中心到同侧的第四级明纹中心的距离为

$$\Delta x_{41}=3\Delta x=3\frac{D}{d}\lambda$$

所以单色光的波长为

$$\lambda=\frac{d\Delta x_{41}}{3D}=500\text{nm}$$

（2）当 $\lambda=600\text{nm}$ 时，相邻明条纹的距离为

$$\Delta x=\frac{D}{d}\lambda=6.0\text{mm}$$

【例 13-2】　如图 13-5 所示的是瑞利干涉仪的示意图，其中 T_1、T_2 是两个长度都为 l 的气室，缝光源 S 发出波长为 λ 的单色光，将 S 放在透镜 L_1 的前焦平面上，在双缝 S_1 和 S_2 处形成初相相等的两个相干光源。目镜 E 放在透镜 L_2 的后焦平面上，用来观察干涉条纹。当两气室均为真空时，观察到一组干涉条纹。在向气室 T_1 中充入一定量的某种气体的过程中，观察到干涉条纹移动了 N 条。试求出该气体的折射率 n。

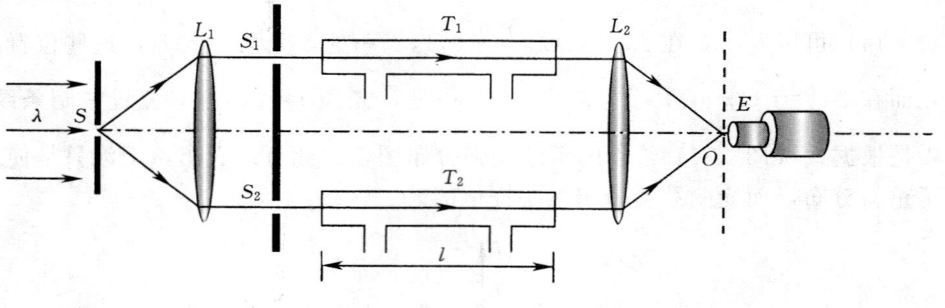

图 13-5

解：当 T_1 和 T_2 都为真空时，从 S_1 和 S_2 发出的两束相干光在 O 点的光程差等于零，即

$$\Delta S_1=l_1-l_2=0$$

当在 T_1 中充入一定量的某种气体后，从 S_1 和 S_2 发出的两束相干光在 O 点的光程差为

$$\Delta S_2=[nl+(l_1-l)]-l_2=(n-1)l$$

在向 T_1 中充入气体的过程中，观察到 N 条干涉条纹移过 O 点，由于原来 O 点为中央明条纹，因此充入气体后 O 点为 N 级明条纹，即

$$(n-1)l=N\lambda$$

由上式即得该气体的折射率为

$$n=\frac{N\lambda}{l}+1$$

二、劳埃德镜实验

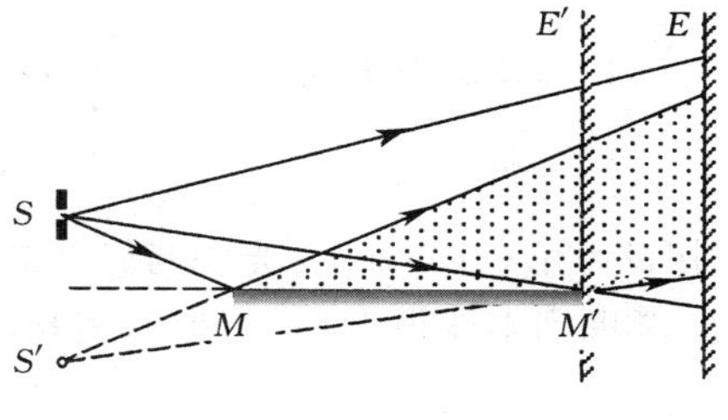

图 13-6

在杨氏双缝干涉实验中，只有当缝 S、S_1 和 S_2 都很窄的情况下，干涉条纹才比较清晰，但这样通过缝的光强又太弱。为了解决杨氏双缝实验的这个缺欠，爱尔兰物理学家劳埃德在 1834 年设计了一种实现光干涉的实验，即劳埃德镜实验，如图 13-6 所示。

在该实验中，MM'为一块平面镜。从狭缝 S 发出的光的一部分直接射到光屏 E 上，而另一部分则斜射在平面镜 MM'上，经它反射的光也射到光屏 E 上。反射光可以认为是从虚光源 S'发出的。S、S'构成一对相干光源。图 13-6 中的阴影表示两束光相遇的区域，这时在光屏 E 上就可以观察到明、暗相间的干涉条纹。

如果移动光屏，使其与平面镜 M'端相接触，此时从 S、S'发出的光到达接触点 M'的路程相等。在此处似乎应该出现明条纹，但是实验结果却是一个暗条纹。这时发生了在第十二章第六节讨论过的半波损失现象。对光波而言，在两种介质的分界面处是否发生半波损失，决定于两种介质的折射率。比较两种介质的折射率，折射率大的介质称为**光密介质**，折射率小的介质称为**光疏介质**。当光从光疏介质入射到光密介质时，会发生半波损失。**即当光从光疏介质投射到光密介质上时，反射光相对于入射光发生相位 π 的突变，相当于光多走（或少走）了半个波长的光程。**因此，在光屏与平面镜 M'端相接触处出现暗条纹的现象应该这样解释：入射光从光疏介质空气投射到光密介质玻璃上时，反射光相对于入射光的相位差为 π，使得反射光与直接投射到 M'处的入射光的相位差也为 π，它们叠加的结果满足干涉相消的条件，因此该处出现暗条纹。

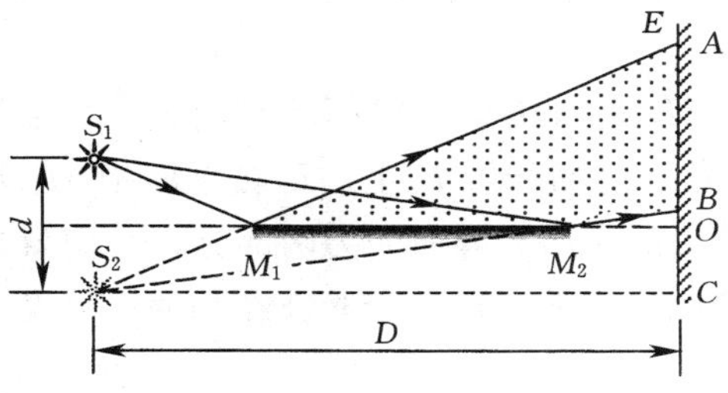

图 13-7

【例 13-3】 在如图 13-7 所示的劳埃德镜实验中，光源 S_1 到平面镜的垂直距离为 1.00mm，镜的长度为 0.75m，光源与光屏之间的距离为镜长的两倍，并且镜的一端 M_2 到光屏的距离等于镜长的一半。

（1）光屏中心 O 到干涉区域上下两边的距离 OA 和 OB 分别等于多少？

（2）如果入射光的波长为 600nm，求相邻明条纹之间的距离。光屏上能观察到几条明纹？

解：（1）设平面镜的长度为 L。从虚光源 S_2 向光屏作垂线 S_2C，由于△M_1OA 与△S_2CA 相似、△M_2OB 与△S_2CB 相似，因此

$$\frac{OA}{OA+d/2}=\frac{L+L/2}{2L}=\frac{3}{4}$$

$$\frac{OB}{OB+d/2}=\frac{L/2}{2L}=\frac{1}{4}$$

由题意可知 $d=2.0\text{mm}$，解以上两式得

$$OA=\frac{3}{2}d=3.00\text{mm}，OB=\frac{1}{6}d=0.33\text{mm}$$

（2）与杨氏双缝实验一样，劳埃德镜实验相邻明条纹之间的距离为

$$\Delta x=\frac{D}{d}\lambda=0.45\text{mm}$$

其中 $D=2L=1.50\text{m}$ 为光源与光屏之间的距离。

考虑到半波损失，S_1 和 S_2 发出的光在光屏上任意一点相遇时的光程差为

$$\Delta S=\frac{d}{D}x+\frac{\lambda}{2}$$

因此形成明条纹的条件为

$$\Delta S=\frac{d}{D}x+\frac{\lambda}{2}=k\lambda，k=0，\pm1，\pm2，\cdots$$

或

$$x=(2k-1)\frac{D}{d}\frac{\lambda}{2}，k=0，\pm1，\pm2，\cdots$$

由于干涉条纹只出现在入射光和反射光重叠的区域，即 $OB<x<OA$，所以

$$\frac{1}{6}d<(2k-1)\frac{D}{d}\frac{\lambda}{2}<\frac{3}{2}d$$

将已知量代入上式，解得

$$1.06<k<7.16$$

取这个范围内的整数，可知光屏上能观察到六条明纹，它们对应的 k 值为 2，3，4，5，6，7。

三、菲涅耳双镜实验

法国物理学家菲涅耳设计了很多改善双缝干涉的实验，其中比较典型的是他在 1818 年设计的双镜实验。

菲涅耳双镜实验装置如图 13－8 所示。M_1 和 M_2 是两块夹角很小的平面镜。L 是线光源，K 是一块遮光板，其作用是防止 L 发出的光直射到光屏 E 上。L 在平面镜 M_1 和 M_2 中成的虚像分别为 L_1 和 L_2。M_1 和 M_2 将 L 发出的光的波阵面分为两部分，它们就像从 L_1 和 L_2 发出的一样，因此 L_1 和 L_2 相当于两个相干光源。两部分光波在相遇区域发生干涉，在光屏 E 上就可以看到明暗相间的干涉条纹。

设菲涅耳双镜实验装置置于空气中，由光源 L 发出的光经 M_1 和 M_2 反射后在光屏上 P 点相遇，这两条光线的光程分别为

$$S_1=LN_1+N_1P+\frac{\lambda}{2}$$

$$S_2=LN_2+N_2P+\frac{\lambda}{2}$$

以上两式中的 $\lambda/2$ 是考虑到光在平面镜上反射时发生了半波损失。由几何光学知识得 $LN_1=L_1N_1$，$LN_2=L_2N_2$，因此

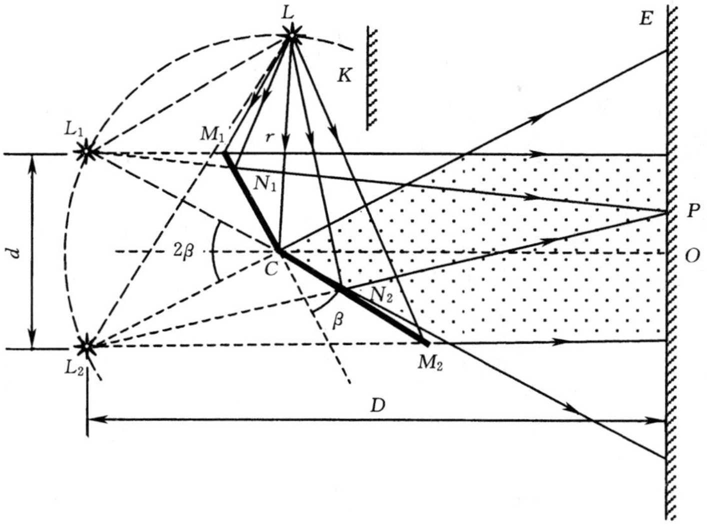

图 13-8

$$S_1=LN_1+N_1P+\frac{\lambda}{2}=L_1N_1P+\frac{\lambda}{2}=r_1+\frac{\lambda}{2}$$

$$S_2=LN_2+N_2P+\frac{\lambda}{2}=L_2N_2P+\frac{\lambda}{2}=r_2+\frac{\lambda}{2}$$

这两条光线的光程差为

$$\Delta S=S_2-S_1=\left(r_2+\frac{\lambda}{2}\right)-\left(r_1+\frac{\lambda}{2}\right)=r_2-r_1$$

因此，P 点出现明、暗条纹的条件分别为

$$r_2-r_1=\pm k\lambda,\ k=0,1,2,\cdots$$

$$r_2-r_1=\pm(2k-1)\frac{\lambda}{2},\ k=1,2,3,\cdots$$

相邻明纹（或暗纹）间的距离为

$$\Delta x=\frac{D}{d}\lambda$$

式中：d 为虚光源 L_1、L_2 之间的距离；D 为从 L_1 或 L_2 到光屏 E 的距离。

d 和 D 可以通过图 13-8 中的几何关系求得。

设 C 为平面镜 M_1 和 M_2 的交线与图平面的交点，由于 $LC=L_1C=L_2C$，因此 L、L_1、L_2 三点都在以 C 为圆心、以 $r(r=LC)$ 为半径的圆周上。设 M_1、M_2 之间的夹角为 β，由于 $L_1L\perp M_1$、$L_2L\perp M_2$，因此 $\angle L_1LL_2=\beta$。又因为 $\angle L_1CL_2$ 与 $\angle L_1LL_2$ 是同一个圆弧 L_1L_2 的圆心角和圆周角，所以 $\angle L_1CL_2=2\beta$。因此虚光源 L_1、L_2 之间的距离为

$$d=2r\sin\beta$$

设 C 点到光屏 E 的距离为 R，则从 L_1 或 L_2 到光屏 E 的距离为

$$D=R+r\cos\beta$$

将 d 和 D 的表达式代入 Δx 表达式中，即得菲涅耳双镜实验的相邻明纹（或暗纹）间

的距离为

$$\Delta x=\frac{D}{d}\lambda=\frac{R+r\cos\beta}{2r\sin\beta}\lambda \tag{13-15}$$

【例 13-4】 设菲涅耳双镜的夹角为 1.0×10^{-3} rad，单色线光源与双镜交线平行，它们之间的距离为 0.6m，单色光的波长为 600nm，双镜交线到光屏的距离为 2.0m。

(1) 求光屏上相邻明纹间的距离。

(2) 如果将双镜夹角改为 1.0×10^{-2} rad，条纹间距又为多少？

解： (1) 由于 β 很小，因此 $\cos\beta\approx1$，$\sin\beta\approx\beta$，由式 (13-15) 得相邻明纹间的距离为

$$\Delta x=\frac{R+r\cos\beta}{2r\sin\beta}\lambda\approx\frac{R+r}{2r\beta}\lambda$$

$$=\frac{(2.0+0.6)\times600\times10^{-19}}{2\times0.6\times10^{-3}}=1.3\times10^{-3}(\text{m})=1.3(\text{mm})$$

(2) 当 $\beta=1.0\times10^{-2}$ rad 时，相邻明纹间的距离为

$$\Delta x=\frac{(2.0+0.6)\times600\times10^{-19}}{2\times0.6\times10^{-2}}\times10^{3}=0.13(\text{mm})$$

通过上述计算可以看出，当双镜的夹角变大时，条纹间距变小。因此在双镜实验中，为了便于观测，通常夹角 β 都很小。

思考与讨论

1. 如图 13-9 所示，薄膜介质的折射率为 n_2，薄膜上下介质的折射率分别为 n_1 和 n_3，并且 n_2 比 n_1 和 n_3 都大。单色平行光由介质 1 垂直照射在薄膜上，经薄膜上下两个表面反射的两束光发生干涉。已知薄膜的厚度为 e，λ_1 为入射光在折射率为 n_1 的介质中的波长，试问：两束反射光的光程差等于多少？

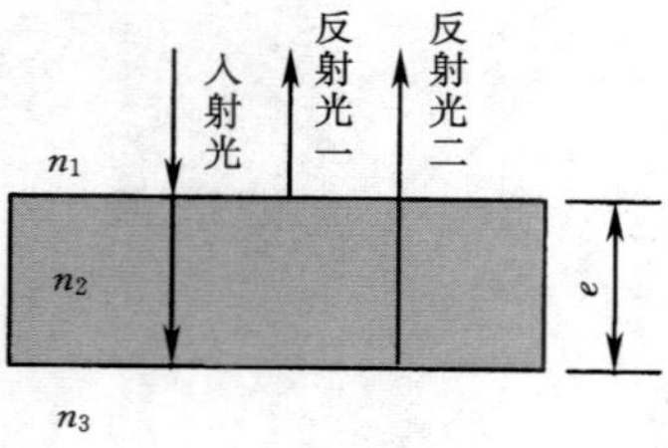

图 13-9

2. 在双缝干涉实验中，两缝分别被折射率为 n_1 和 n_2、厚度均为 e 的透明薄膜遮盖。波长为 λ 的平行单色光垂直照射到双缝上，试问：在屏中央处，两束相干光的相位差等于多少？

3. 在双缝干涉实验中，为使屏上的干涉条纹间距变大，试问：可以采取哪些办法？

4. 如图 13-10 所示，在双缝干涉实验中，屏幕 E 上的 P 点处是明条纹。如果将缝 S_1 盖住，并在 S_1S_2 连线的垂直平分面处放置一个高折射率玻璃反射面 M，试问：此时 P 点处是明条纹还是暗条纹？

5. 如图 13-11 所示，在双缝干涉实验中，如果单色光源 S 到两缝 S_1、S_2 距离相等，则中央明条纹位于观察屏 E 上 O 点处。现在将光源 S 向上移动到图中的 S' 位置，试问：中央明条纹将向什么方向移动？此时条纹间距是否发生改变？

6. 将双缝干涉实验装置放在折射率为 n 的水中，两缝间距离为 d，双缝到屏的距离为 $D(D\gg d)$，所用单色光在真空中的波长为 λ，试问：屏上干涉条纹中相邻的明纹之间的距

离等于多少？

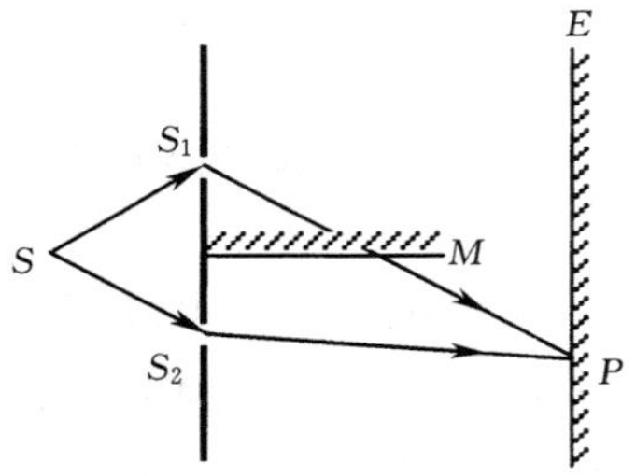

图 13－10

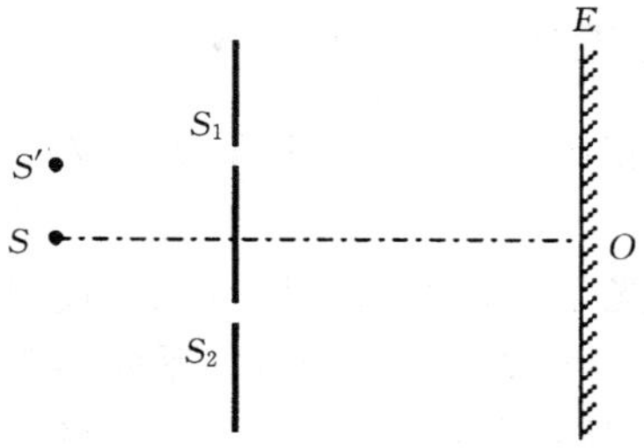

图 13－11

7. 一双缝干涉装置，在空气中观察时干涉条纹间距为 1.5mm。如果将整个装置放在水中，试问：干涉条纹的间距将变为多少？已知水的折射率为 1.33。

8. 如图 13－12 所示，在双缝干涉实验中 $SS_1=SS_2$，用波长为 λ 的单色光照射双缝 S_1 和 S_2，通过空气后在屏幕 E 上形成干涉条纹。已知 P 点处为第三级明条纹，试问：S_1 和 S_2 到 P 点的光程差等于多少？如果将整个装置放于某种透明液体中，P 点为第四级明条纹，则该液体的折射率等于多少？

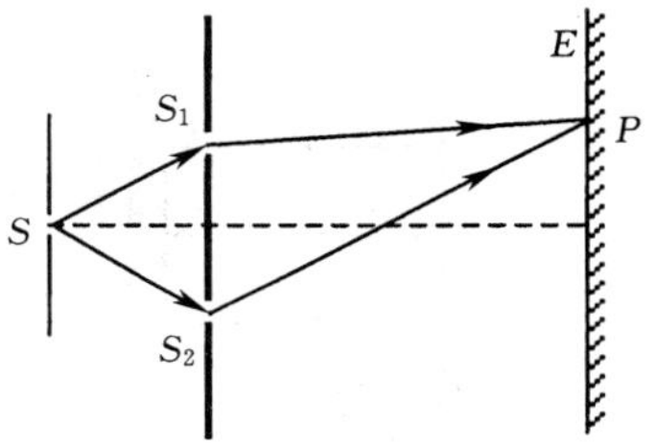

图 13－12

9. 在双缝干涉实验中，所用单色光波长为 562.5nm，双缝与观察屏的距离为 1.5m，如果测得屏上相邻明条纹的间距为 1.7mm，试问：双缝的间距等于多少？

第三节　薄　膜　干　涉

薄膜干涉现象在日常生活中很常见。在日光的照射下，肥皂膜、水面上的油膜、透明电解质薄膜等可以显示色彩鲜艳的干涉条纹。用火烧过的刀片冷却后，在光照下会呈现彩色。这是由于刀片经高温加热后，在其表面生成一层透明的氧化层薄膜，在光线照射下，便形成了类似肥皂膜那样的颜色。

现在来讨论薄膜干涉的原理。如图 13－13 所示，入射光射到薄膜上表面时将分成两部分，一部分反射回原介质中，形成出射光①，另一部分折射入薄膜中，在薄膜的下表面反射，再经过薄膜的上表面折射后，形成出射光②，由于薄膜很薄，可以认为出射光①和②平行。由于它们来自同一个光源，是相干光，经过透镜 L 会聚后在光屏 E 上形成薄膜干涉图样。如果不用透镜和光屏，用肉眼也可以直接观察到干涉图样。这是因为眼睛的晶状体相当于凸透镜，它可以将平行光会聚在视网膜上。

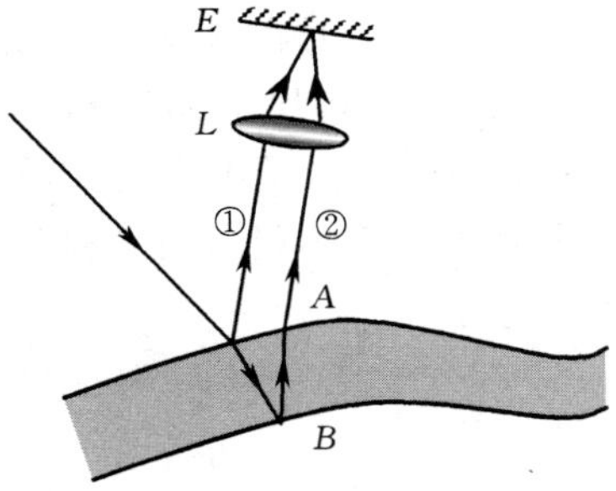

图 13－13

这种利用透明薄膜的两个表面对入射光的反射和折射，将入射光分解为两部分，由这两部分光波相遇而产

生的干涉称为**薄膜干涉**（thin film interference）。薄膜干涉是分振幅法干涉的一种。

一、透镜的等光程性

在干涉和衍射实验中，经常要用薄凸透镜会聚平行光，那么使用透镜会不会产生额外的光程差哪？下面简单分析一下这个问题。

由几何光学知识可知，平行光束通过透镜后，将在焦平面上会聚成一个亮点，如图13-14所示。可以这样来理解，某时刻平行光束波前上的各个点（如图中的A、B、C点等）的相位相同，到达焦平面E后，虽然光线AaO（或CcO）比BbO经过的几何路径长，但是光线AaO（或CcO）在透镜中经过的路程比光线BbO的短，因此折算成光程时，光线AaO（或CcO）的光程与BbO的光程相等。对于斜入射的平行光道理是一样的。可见，**使用透镜不引起附加的光程差**，这个结论称为**透镜的等光程性**。

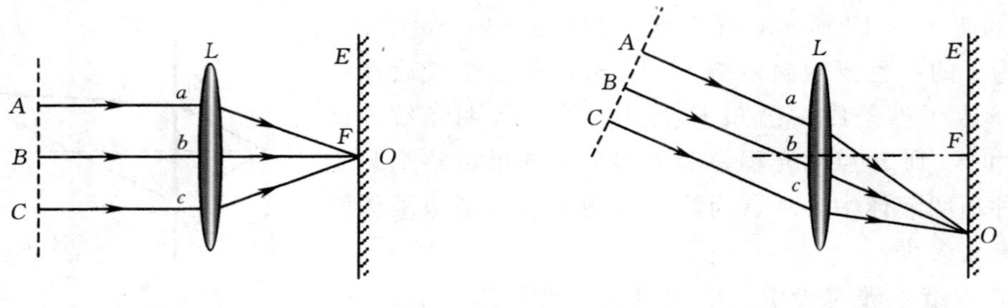

(a)　　　　(b)

图13-14

二、平行平面膜干涉的光程差

薄膜的两个表面是平面并且互相平行，这样的薄膜称为**平行平面膜**。由于平行平面膜各处的厚度相等，因此当平行光垂直照射到表面上时，薄膜各处的光程差相等。

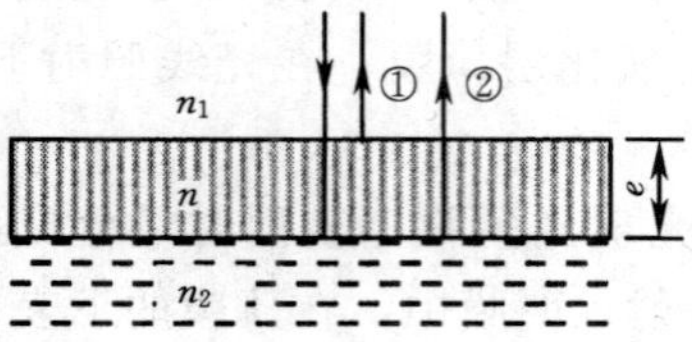

图13-15

如图13-15所示是一个厚度为e、折射率为n的透明介质薄膜，它的上下介质的折射率分别为n_1、n_2，当平行光垂直照射到薄膜表面时，将有两束出射相干光①和②（它们本来是与入射光重合的，为了分析问题方便，将它们分开画）。下面分三种情况讨论它们的光程差。

（1）n最大。即$n>n_1$，$n>n_2$。这时在薄膜上表面的入射光是由光疏介质入射到光密介质，反射光①相对于入射光存在半波损失，其光程为$\lambda/2$（或$-\lambda/2$）。在薄膜下表面的入射光是由光密介质入射到光疏介质，反射光②相对于入射光不存在半波损失，当其从上表面出射时的光程只是由传播路程引起的，等于$2ne$，因此出射光②与①之间的光程差为

$$\Delta S=2ne-\frac{\lambda}{2}\text{（或 }\Delta S=2ne+\frac{\lambda}{2}\text{）}$$

（2）n最小。即$n<n_1$，$n<n_2$。这时在薄膜上表面的反射光①没有半波损失，其光程

为 0。在薄膜下表面的反射光②相对于入射光存在半波损失，其从上表面出射时的光程等于由传播路程引起的光程 $2ne$ 与由半波损失引起的光程 $\lambda/2$（或 $-\lambda/2$）之和，因此出射光②与①之间的光程差为

$$\Delta S=2ne+\frac{\lambda}{2}\text{（或 }\Delta S=2ne-\frac{\lambda}{2}\text{）}$$

（3）n 在 n_1、n_2 之间。即 $n_1<n<n_2$ 或 $n_2<n<n_1$。这时要么在上下表面都有半波损失（指 $n_1<n<n_2$ 的情况），要么在上下表面都没有半波损失（指 $n_2<n<n_1$ 的情况），这时出射光②与①之间的光程差只是由传播路程引起的值 $2ne$，即

$$\Delta S=2ne$$

总之，薄膜的折射率与周围介质的折射率相比较，如果薄膜的折射率最大或最小，出射光②与①之间的光程差为

$$\Delta S=2ne+\frac{\lambda}{2}\text{（或 }\Delta S=2ne-\frac{\lambda}{2}\text{）} \tag{13-16}$$

如果薄膜的折射率在周围介质的折射率之间，出射光②与①之间的光程差为

$$\Delta S=2ne \tag{13-17}$$

三、增透膜和增反膜

1. 增透膜

在光学系统中，由于反射而使光能损失严重。例如照相机的镜头往往由几个透镜组成，由于反射而损失的光能约占入射光能的一半，同时反射的杂散光还会影响成像的质量。为了减少入射光在玻璃表面上反射所引起的光能损失，常在镜面上镀一层厚度均匀的透明薄膜。MgF_2 是一种常用的薄膜材料，其折射率为 1.38。利用薄膜使反射光干涉相消，从而增强了透射光。这种**为了增强透射光（或减少反射光），而在光学元件表面上镀的一层透明介质薄膜**称为**增透膜**（anti-reflection film）（或**减反膜**）。

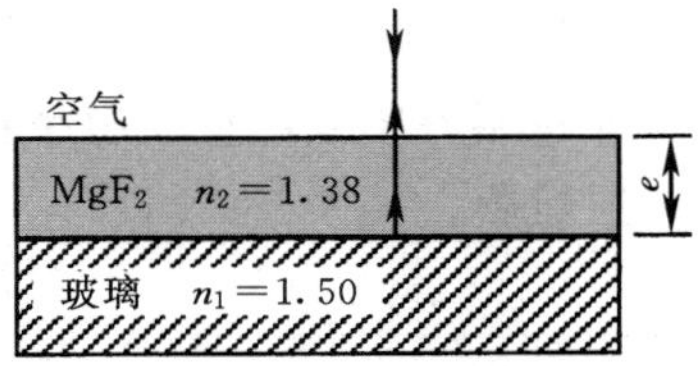

图 13-16

如图 13-16 所示，设光学元件的折射率为 $n_1=1.50$，在其上表面镀一层厚度为 e、折射率为 $n_2=1.38$ 的 MgF_2 薄膜。当平行光垂直入射时，由式（13-17）得薄膜的两个表面的反射光之间的光程差为

$$\Delta S=2n_2e$$

当光程差满足

$$2n_2e=(2k-1)\frac{\lambda}{2},\quad k=1,2,3,\cdots$$

时，两束反射光干涉相消，由于光的能量是守恒的，反射光减弱，透射光必然增强。在镀膜工艺中，常将 n_2e 称为薄膜的**光学厚度**（optical thickness）。镀膜时控制薄膜厚度 e，使薄膜的光学厚度等于入射光波长的 1/4，这时两束反射光的光程差为

$$2n_2e=2\times\frac{\lambda}{4}=\frac{\lambda}{2}$$

满足干涉相消的条件，两束反射光干涉相消。增透膜只能使某个特定波长的光干涉相消，

其相近波长的其他反射光也有不同程度的减弱，但不能相消。一般的照相机和目视光学仪器常选人眼最敏感的波长为550nm的绿光作为“控制波长”，使薄膜的光学厚度等于该波长的1/4，其值为

$$n_2e=\frac{\lambda}{4}=\frac{1}{4}\times550=137.5(\mathrm{nm})$$

在白光下观看这种薄膜的反射光，绿色光最弱，红、蓝光相对强一些，因此光学元件的表面呈蓝紫色。

2. 增反膜

增透膜是减弱反射光增强透射光。同样，镀膜也可以增强反射光减弱透射光。例如，He-Ne激光器的谐振腔中有一个反射镜，要求对波长632.8nm的单色光的反射率达到99%以上。这种**为了增强反射光（或减弱透射光），而在光学元件表面上镀的一层透明介质薄膜称为增反膜**。He-Ne激光器谐振腔中的反射镜是折射率为1.50的玻璃，如果在其表面镀上折射率$n=2.40$的ZnS薄膜，则由式（13-16）得薄膜的两个表面的反射光之间的光程差为

$$\Delta S=2ne+\frac{\lambda}{2}$$

当光程差满足

$$2ne+\frac{\lambda}{2}=k\lambda,\ k=1,2,3,\cdots$$

时，两束反射光干涉加强，即反射光能多，透射光能少。当$k=1$时得最小光学厚度为

$$ne=\frac{\lambda}{4}=\frac{1}{4}\times632.8=158.2(\mathrm{nm})$$

镀这样一层薄膜只能使反射率提高到30%左右。如果想使反射率达到99%以上，必须采用多层镀膜。

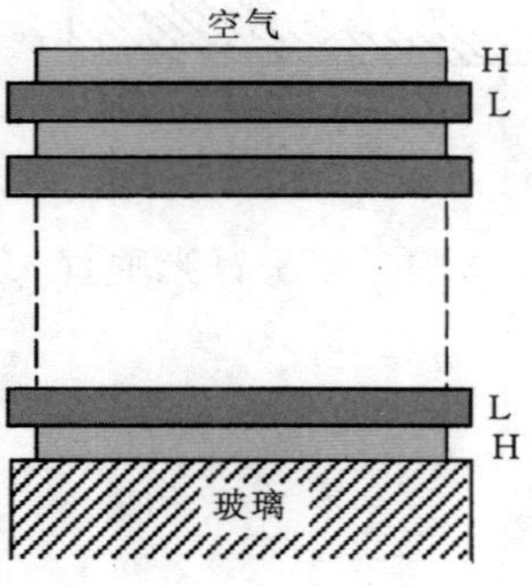

图13-17

这时在玻璃反射镜表面交替镀上高折射率的ZnS膜和低折射率的MgF_2膜，每层膜光学厚度均为$\lambda/4$，如图13-17所示。当光垂直入射时，由于每一层薄膜的反射光的光程差都满足干涉加强的条件，各层的反射光互相加强，使反射率大大提高。膜层越多，反射率越高。但是考虑到吸收，膜层也不能太多，再多反而使反射率降低，最佳的膜层数为15～17层。

【例13-5】 一艘油轮泄漏污染了某海域，在海水表面形成了一层薄薄的油层。已知漏出的油的折射率为1.20，海水的折射率为1.30。

（1）如果太阳正位于海域上空，一架直升飞机的驾驶员从机上向下观察，他所正对的油层厚度为450nm，他将观察到油层呈什么颜色？

（2）如果一名潜水员潜入该区域水下，又将看到油层呈什么颜色？

解：（1）如图13-18所示，飞机驾驶员看到的是出射光①和②干涉加强的结果。设油的折射率为n，由于它小于海水的折射率而大于空气的折射率，因此在油层的上下表面

的反射光均存在半波损失。两束出射光干涉加强的光程差条件为

$$2ne=k\lambda,\ k=0,1,2,\cdots$$

出射光干涉加强的波长为

$$\lambda=\frac{2ne}{k}=\frac{2\times1.2\times450}{k}=\frac{1080}{k}(\text{nm})$$

由于可见光的波长范围为 400～760nm，因此

$$400\leqslant\frac{1080}{k}\leqslant760$$

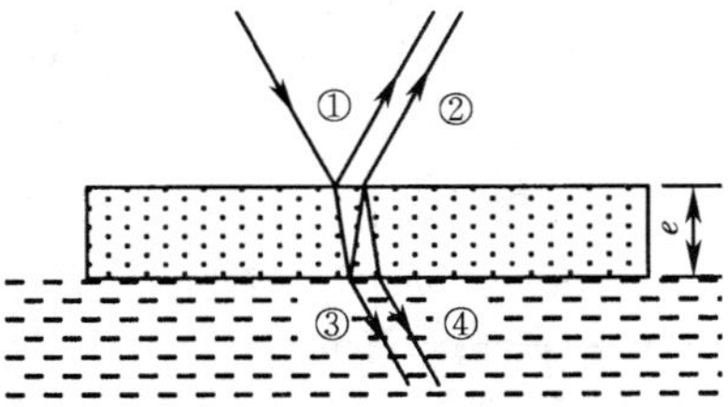

图 13-18

解之得

$$1.42\leqslant k\leqslant2.70$$

在此范围内 k 的整数为 2，其对应的波长为

$$\lambda=\frac{1080}{2}=540(\text{nm})$$

该波长的可见光为绿光，即飞机驾驶员看到油膜呈绿色。

（2）潜水员看到的是透射光③和④干涉加强的结果。由于透射光④在油膜下表面反射时有半波损失，因此这两束透射光干涉加强的光程差条件为

$$2ne-\frac{\lambda}{2}=k\lambda,\ k=0,1,2,\cdots$$

透射光干涉加强的波长为

$$\lambda=\frac{4ne}{2k+1}=\frac{4\times1.2\times450}{2k+1}=\frac{2160}{2k+1}(\text{nm})$$

由于波长 λ 在可见光范围内，因此

$$400\leqslant\frac{2160}{2k+1}\leqslant760$$

解之得

$$0.92\leqslant k\leqslant2.20$$

在此范围内 k 的整数为 1 和 2，其对应的波长为

$$\lambda_1=\frac{2160}{2\times1+1}=720(\text{nm})$$

$$\lambda_2=\frac{2160}{2\times2+1}=432(\text{nm})$$

波长为 720nm 的可见光为红光，432nm 的可见光为紫光，因此潜水员看到的油膜呈紫红色。

四、等倾干涉

前面讨论了平行光垂直照射到平行平面膜时光的干涉情况，现在来讨论入射光倾斜照射在平行平面膜上时光的干涉问题。

如图 13-19 所示，入射光以入射角 i 射到薄膜上的 O 点，该入射光的一部分经薄膜上表面反射，形成光线 Oo，另一部分进入薄膜中，在薄膜下表面的 A 点反射后，又在上表面的 B 点折射入原介质中，形成光线 Bb。用透镜将这两条平行光线会聚在光屏上的 P

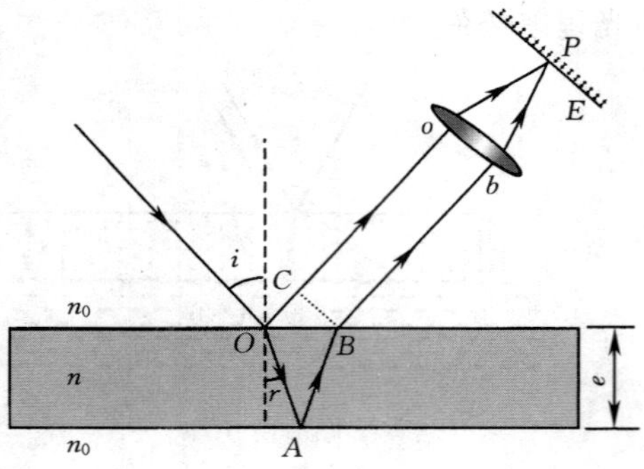

图 13-19

点，使它们发生干涉。

现在来计算光线 OoP 和 $OABbP$ 之间的光程差。设薄膜的折射率为 n，薄膜周围介质的折射率为 n_0，并且 $n>n_0$。从 B 点向 Oo 作垂线 BC，由于透镜不引起附加的光程差，因此 CoP 和 BbP 的光程相等。从入射点 O 算起，到垂线 BC 为止，考虑到半波损失，光线 OC 的光程为（$n_0OC-\lambda/2$）；光线 OAB 的光程为 $n(OA+AB)$。所以光线 OoP 和 $OABbP$ 之间的光程差为

$$\Delta S=n(OA+AB)-n_0OC+\frac{\lambda}{2} \tag{13-18}$$

设薄膜厚度为 e，光线 OA 的折射角为 r，由图中的几何关系得

$$OA=AB=\frac{e}{\cos r}$$

$$OC=OB\sin i=2e\tan r\sin i=\frac{2e\sin r\sin i}{\cos r}$$

将这两个式子代入式（13-18）中，得

$$\Delta S=n\frac{2e}{\cos r}-n_0\frac{2e\sin r\sin i}{\cos r}+\frac{\lambda}{2}=\frac{2e}{\cos r}(n-n_0\sin i\sin r)+\frac{\lambda}{2}$$

将折射定律 $n_0\sin i=n\sin r$ 代入上式，得

$$\Delta S=\frac{2e}{\cos r}(n-n\sin^2 r)+\frac{\lambda}{2}=2ne\cos r+\frac{\lambda}{2}$$

由于

$$n\cos r=n\sqrt{1-\sin^2 r}=\sqrt{n^2-(n\sin r)^2}=\sqrt{n^2-n_0^2\sin^2 i}$$

因此，光线 OoP 和 $OABbP$ 之间的光程差为

$$\Delta S=2e\sqrt{n^2-n_0^2\sin^2 i}+\frac{\lambda}{2} \tag{13-19}$$

因此，P 点出现明暗条纹的条件分别为

$$2e\sqrt{n^2-n_0^2\sin^2 i}+\frac{\lambda}{2}=k\lambda,\ k=1,2,3,\cdots \tag{13-20}$$

$$2e\sqrt{n^2-n_0^2\sin^2 i}+\frac{\lambda}{2}=(2k+1)\frac{\lambda}{2},\ k=0,1,2,\cdots \tag{13-21}$$

由式（13-19）可以看出，在薄膜厚度 e 一定的情况下，入射角 i 相同的光线光程差相同，它们的干涉情况相同，这种干涉称为**等倾干涉**（interference of equal inclination），所形成的干涉条纹称为**等倾干涉条纹**。

图 13-20 是观察等倾干涉的实验装置示意图。其中 S 是面光源，S' 是 S 经半透明玻璃板所成的虚光源。可以认为从 S 发出的、被半透明玻璃板反射到薄膜上的光，是从虚光源 S' 发出来的。在虚光源 S' 上取一个点光源 S_1'（它对应于光源 S 上的 S_1），它发出的光

线射到平行平面膜上时，入射角 i 相同的光线在同一个圆周上，这些光线经过透镜会聚在光屏上也是一个圆周，入射角 i 不同形成的圆周不同，因此等倾干涉条纹是一些同心圆，如图 13-21 所示。一个点光源形成的等倾干涉条纹强度太弱。如果在虚光源 S' 上再取一个点光源 S_2'，由于 S_1' 和 S_2' 发出的平行光线对应的入射角相同，它们经薄膜反射、折射后的出射光线也是平行的，平行光线经过透镜后将会聚在光屏上的同一点。即 S_1' 和 S_2' 形成的等倾干涉条纹是重叠的。可以认为面光源 S 是由许多点光源构成的，所有点光源形成的等倾干涉条纹都是重叠的，这样就可以增大等倾干涉条纹的强度。这样的面光源称为**扩展光源**（exposure source）。

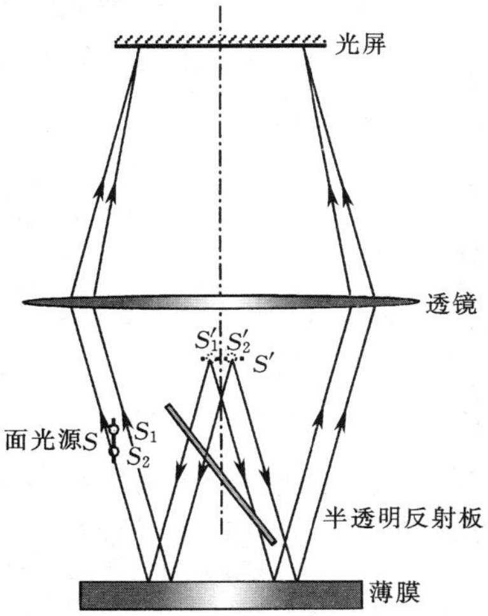

图 13-20

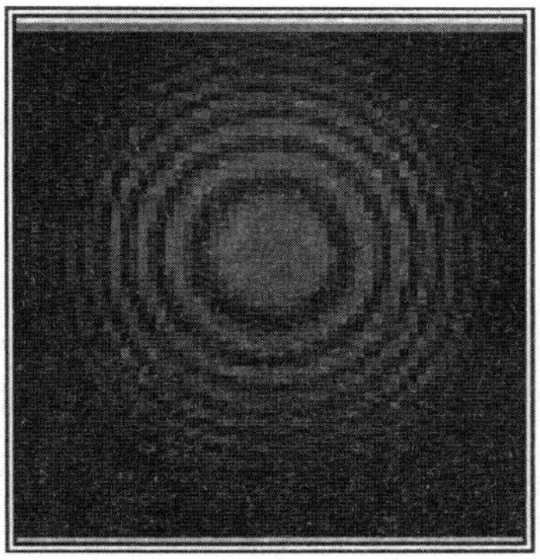

图 13-21

第四节 等 厚 干 涉

如果平行光垂直照射在非平行薄膜上，则厚度不同处两条出射光的光程差不同，即**不同的干涉条纹对应的薄膜厚度不同，同一条干涉条纹对应的薄膜厚度相同**，这种干涉现象称为**等厚干涉**（interference of equal thickness）。比较典型的等厚干涉是劈尖干涉和牛顿环。

一、劈尖干涉

如图 13-22 所示，OA 和 OB 是两块相同的平面玻璃片，将它们叠在一起，在其一端夹一根细丝（如头发丝等），使两片玻璃之间形成很小的夹角。在两片玻璃之间充入气体或液体就构成了一个劈尖。两玻璃片的交线称为**劈尖的棱边**，两玻璃片的夹角称为**劈尖的尖角**。如果用单色光照射劈尖，反射光就形成明暗相间的干涉条纹，如图 13-23 所示（实线表示明条纹，虚线表示暗条纹）。劈尖干涉条纹与劈尖的棱边平行，并且同一条纹对应的薄膜厚度相等，因此劈尖干涉是等厚干涉。

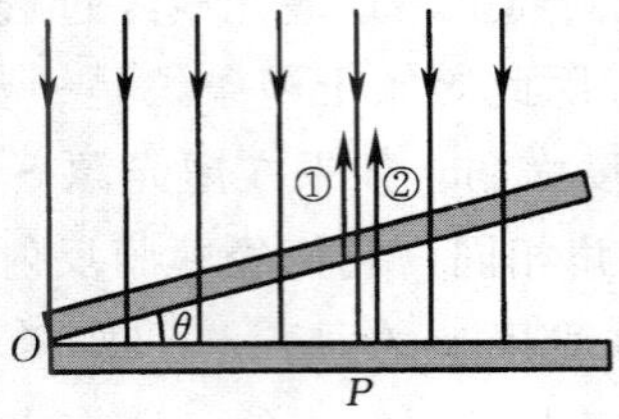

图 13-22

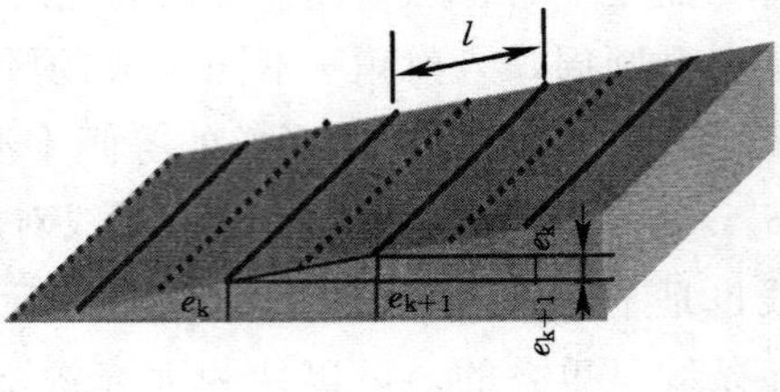

图 13-23

下面定量地讨论劈尖的干涉情况。在图 13-22 中，设垂直入射的单色光的波长为 λ，劈尖中充入的流体折射率为 n。在劈尖 P 点处，薄膜上、下表面的反射光①和②来自同一条入射光线，因此它们是相干光。设 P 点对应的薄膜厚度为 e，不管流体的折射率 n 比玻璃片的折射率大还是小，反射光①和②的光程差总可以表达为

$$\Delta S=2ne+\frac{\lambda}{2} \tag{13-22}$$

因此，在薄膜厚度为 e 处出现明暗条纹的条件分别为

$$2ne+\frac{\lambda}{2}=k\lambda,\ k=1,2,3,\cdots \tag{13-23}$$

$$2ne+\frac{\lambda}{2}=(2k+1)\frac{\lambda}{2},\ k=0,1,2,\cdots \tag{13-24}$$

可见，凡是厚度 e 相同的地方均满足相同的干涉条件。因此，劈尖的干涉条纹是一系列平行于劈尖棱边的明暗相间的直条纹。由上式求出的明暗条纹的厚度分别为

$$e=(2k-1)\frac{\lambda}{4n},\ k=1,2,3,\cdots \tag{13-25}$$

$$e=k\frac{\lambda}{2n},\ k=0,1,2,\cdots \tag{13-26}$$

由式（13-26）可知，当 $k=0$ 时，$e=0$，即劈尖的棱边处是暗条纹。

用 l 表示相邻明纹或暗纹间的距离，θ 表示劈尖的尖角，由图 13-23 得

$$l\sin\theta=e_{k+1}-e_k \tag{13-27}$$

由于劈尖尖角 θ 很小，$\sin\theta\approx\theta$。由式（13-25）或式（13-26）得相邻的明条纹或暗条纹对应的薄膜厚度差为

$$e_{k+1}-e_k=\frac{k+1}{2n}\lambda-\frac{k}{2n}\lambda=\frac{\lambda}{2n}$$

式中 $\frac{\lambda}{n}=\lambda_n$ 为光在折射率为 n 的介质中的波长，即相邻的明条纹或暗条纹对应的薄膜厚度差等于光在劈形薄膜中波长的一半。将以上结果代入式（13-27）得

$$l\theta=\frac{\lambda}{2n} \tag{13-28}$$

上式表明，在入射光波长 λ 一定的情况下，θ 越小，l 越大，即干涉条纹越稀疏，θ 越大，l 越小，干涉条纹越密集。因此只有当劈尖尖角 θ 很小时，干涉条纹才分得较开，便于观测。

图 13－24 是观察劈尖干涉条纹的实验装置示意图。单色光源 S 发出的光经过凸透镜 L 后成为平行光，再经过以 45°角放置的半透半反玻璃片 M 反射后，得到的平行光垂直入射到劈尖上，从劈形薄膜的上、下表面反射的两束相干光形成等厚干涉条纹，通过显微镜 T 就可以观察到这些条纹了。

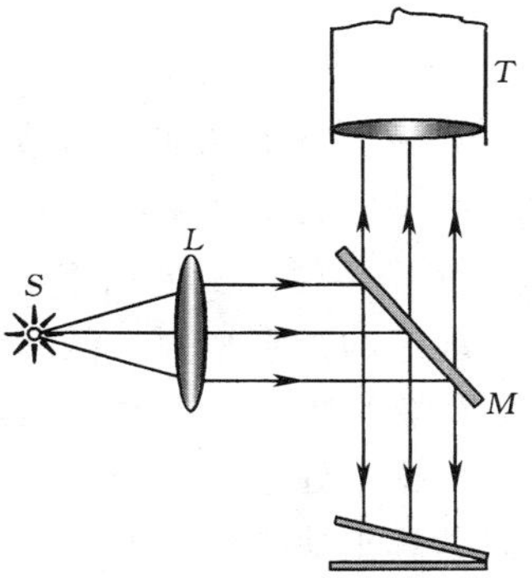

图 13－24

二、劈尖干涉的应用

劈尖干涉在生产中应用广泛，下面举几个典型的例子。

1. 干涉膨胀仪

由前面的讨论可以知道，如果将空气劈尖的一块玻璃片向上或向下平移 $\lambda/2$ 距离时，就有一个条纹移过视场，如果有 N 个条纹移过视场，则玻璃片移动的距离为

$$\Delta h = N\frac{\lambda}{2} \tag{13-29}$$

干涉膨胀仪就是利用这个原理制成的。图 13－25 是干涉膨胀仪的结构示意图，它有一个用线膨胀系数很小的石英制成的套框，框内放置表面磨成稍微倾斜的样品，框顶放一块平板玻璃，这样在玻璃与样品之间构成一个空气劈尖。当样品受热膨胀时，劈尖的下表面位置升高，干涉条纹发生移动，测出条纹移过的数目，通过式（13－29）即可算出劈尖下表面位置的升高量，从而求出样品的线膨胀系数。

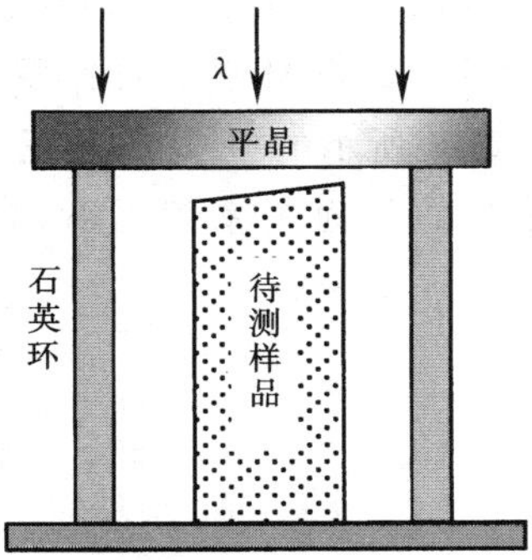

图 13－25

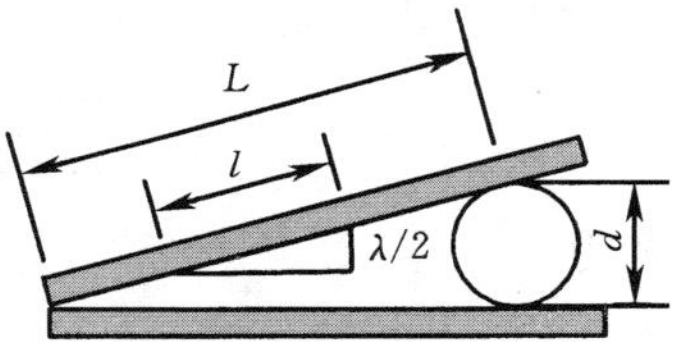

图 13－26

2. 测量微小线量

一些非常微小的线量，例如细金属丝、蚕丝、头发丝等的直径，可以利用劈尖干涉的原理进行测量。如图 13－26 所示，将直径为 d 的金属细丝夹在两块平玻璃板之间，形成空气劈尖。用波长为 λ 的单色光垂直入射劈尖，测出相邻明纹或暗纹间的距离 l，金属丝与劈尖棱边的距离 L，由相似三角形的关系得

$$\frac{d}{L} = \frac{\lambda/2}{l}$$

因此，金属丝的直径为

$$d=\frac{\lambda L}{2l} \tag{13-30}$$

3. 光学元件表面的检查

由于劈尖干涉条纹代表等厚线，因此可以用劈尖干涉法检查光学表面的平整度。在图 13-27 中，劈尖上面的玻璃片是标准透明平板，下面是待验平板。如果待验平板的表面也是理想的光学平面，其干涉条纹是一组间距为 l 的平行直线，如图 13-27（a）所示。如果待验平板的表面存在缺陷，则在缺陷处干涉条纹将不再是直线，如图 13-27（b）所示。根据某处条纹弯曲的方向可以判断待检平板在该处的缺陷状况，根据条纹弯曲的尺度可以估算出缺陷的程度。

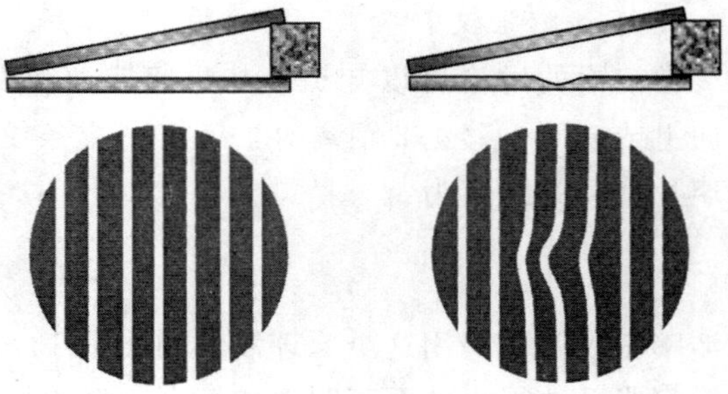
(a)　(b)

图 13-27

如图 13-28（a）所示，设在待检平板上有一个凹陷，为了考察干涉条纹的弯曲方向，首先补平待检平板，如图中的点划线所示。然后通过凹陷的中点 O 作待检平板的垂线，与标准平板相交于点 E，则 OE 的长度对应于弯曲程度最大的干涉条纹的直线部分。通过 O 点作标准平板的平行线，与凹陷相交于 N 点，通过 N 点作 OE 的平行线，与标准平板相交于点 F，则 NF 的长度等于 OE 的长度，也就是说，F 点与 E 点在同一条干涉条纹上，F 点就是弯曲度最大的干涉条纹的顶点。因此，如果待检平板上有一个凹陷，干涉条纹将向劈尖的棱边方向弯曲。其实图 13-27（b）显示的就是这种情况。可以认为 N 点到待检平板表面的距离 NM 就是凹陷深度，用 Δh 表示。设干涉条纹弯曲的最大量值为 b。如图 13-28（b）所示的 $\triangle ABC$ 是正常情况下条纹宽度与相邻条纹厚度差构成的直角三角形，由图中的几何关系容易看出，$\triangle OMN$ 与 $\triangle ABC$ 是相似三角形，由相似比得

$$\frac{\Delta h}{b}=\frac{\lambda/2}{l}$$

因此，凹陷深度为

$$\Delta h=\frac{\lambda b}{2l} \tag{13-31}$$

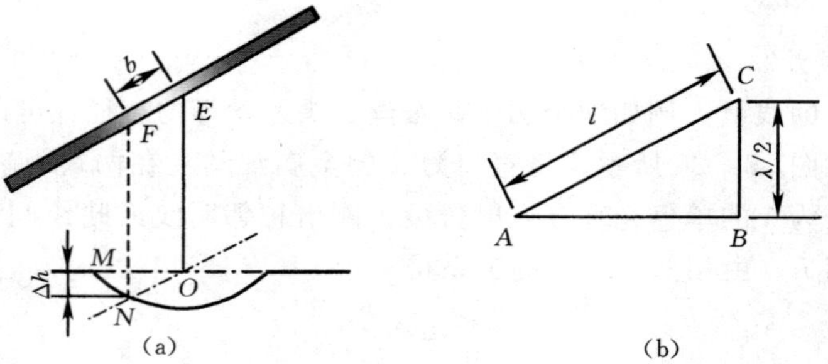

(a)　(b)

图 13-28

如果待检平板上有一个凸起，利用式（13－31）也可以计算凸起的高度。读者自己可以分析一下，如果待检平板上有一条划痕，干涉条纹会发生怎样的变化？

【例 13－6】 硅表面有一薄层 SiO_2。为了精确测定硅片上 SiO_2 薄膜的厚度 d，常用化学方法将 SiO_2 薄膜的一部分腐蚀成劈尖形，如图 13－29（a）所示。如果单色光从空气垂直入射，已知入射光波长 $\lambda=632.8\text{nm}$，SiO_2 的折射率 $n=1.50$，Si 的折射率为 3.42，观察到如图 13－29（b）所示的干涉图样，问 SiO_2 薄膜的厚度 d 等于多少？

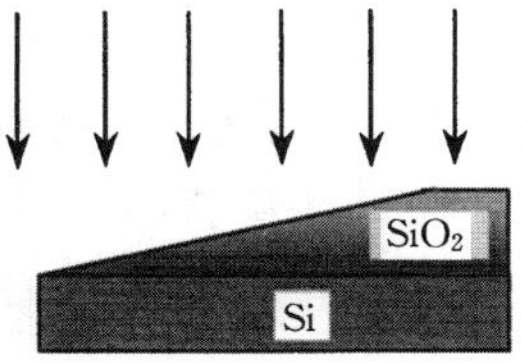

（a）

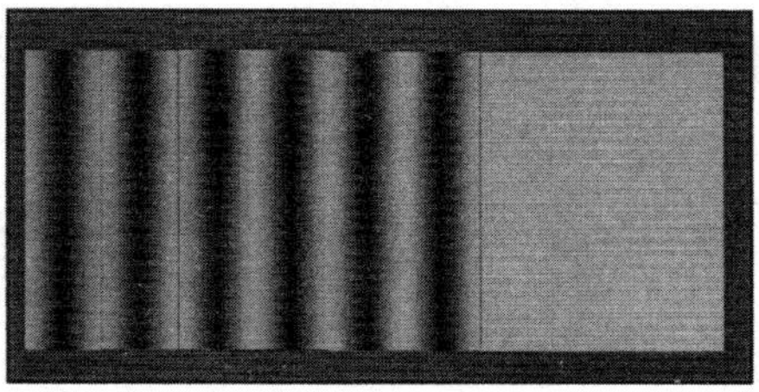

（b）

图 13－29

解： 由于 SiO_2 的折射率 1.50 介于 Si 的折射率 3.42 和空气的折射率 1.00 之间，在薄膜的上下表面的反射光都有半波损失，因此半波损失抵消。在 SiO_2 薄膜厚度为 e 处的光程差为 $2ne$。则形成明、暗条纹的条件分别为

$$2ne=k\lambda,\ k=0,\ 1,\ 2,\cdots$$

$$2ne=(2k-1)\frac{\lambda}{2},\ k=1,\ 2,\ 3,\ \cdots$$

由形成明条纹的条件可以看出，当 $k=0$ 时 $e=0$，即在劈尖棱边处应该是 0 级明条纹。图 13－29（b）显示的正是这种情况。此外还要注意到，除了 0 级明条纹外还有 5 条明纹，并且没有劈形膜处是明亮的，说明劈形膜最上端应该是第 6 级明条纹。因此，SiO_2 的薄膜厚度为

$$d=\frac{6\lambda}{2n}=\frac{6\times632.8}{2\times1.50}=1265.6(\text{nm})$$

三、牛顿环

如图 13－30 所示，在一块平玻璃板 B 上，放一块曲率半径很大的平凸透镜，使凸面与平玻璃板接触，则在两者之间形成空气薄层。当平行光束垂直射向平凸透镜时，可以观察到一组明暗相间的同心干涉圆环，这些干涉圆环以接触点 O 为圆心，称为**牛顿环**（Newton's ring）。

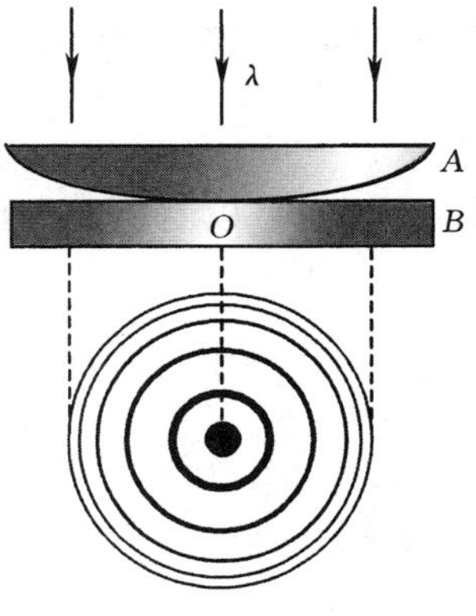

图 13－30

牛顿环是由平凸透镜下表面的反射光与平玻璃板上表面的反射光干涉形成的，由于同一条干涉圆环对应的空气薄膜厚度相等，因此它也一种等厚干涉条纹。空气薄膜厚度为 e 处出现明暗圆环的条件分别为

$$2e+\frac{\lambda}{2}=k\lambda,\ k=1,2,3,\cdots \tag{13-32}$$

$$2e+\frac{\lambda}{2}=(2k+1)\frac{\lambda}{2},\ k=0,1,2,\cdots \tag{13-33}$$

由上式可出各级明暗圆环的厚度分别为

$$e=(2k-1)\frac{\lambda}{4},\ k=1,2,3,\cdots \tag{13-34}$$

$$e=k\frac{\lambda}{2},\ k=0,1,2,\cdots \tag{13-35}$$

由式（13-35）可以看出，当 $k=0$ 时，$e=0$，即在中心 O 点处是 0 级暗斑。

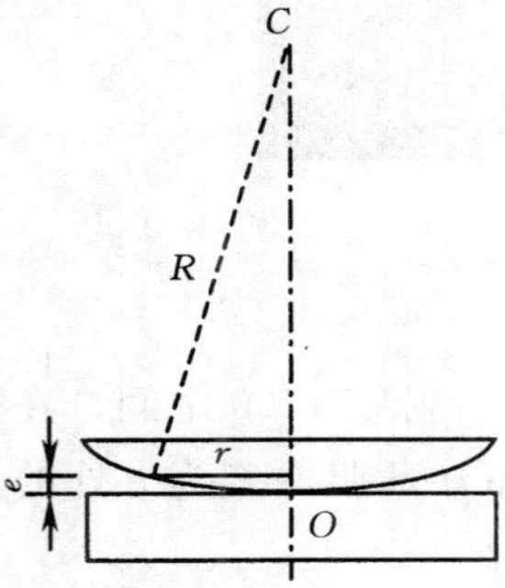

图 13-31

为了求出牛顿环的半径 r，人们希望找到 r 与 e 的关系。如图 13-31 所示，设平凸透镜的曲率半径为 R，由图中的直角三角形得

$$r^2=R^2-(R-e)^2=2Re-e^2=e(2R-e)$$

由于 $R\gg e$，因此 $2R-e\approx 2R$，上式改写为

$$r^2=2Re \quad 或 \quad r=\sqrt{2Re}$$

将式（13-34）、式（13-35）代入上式，即得各级明暗圆环的半径分别为

$$r=\sqrt{(2k-1)R\frac{\lambda}{2}},\ k=1,2,3,\cdots \tag{13-36}$$

$$r=\sqrt{kR\lambda},\ k=0,1,2,\cdots \tag{13-37}$$

由式（13-36）和式（13-37）可以得到这样的结论，当 k 增大时，相邻明纹或暗纹之间的间距变小，即距离圆心越远处，条纹越密集。

也可以利用牛顿环实验测定平凸透镜的曲率半径。如果测得 k 级暗环与 $k+m$ 级暗环的半径分别为 r_{k} 和 $r_{\mathrm{k+m}}$，则由式（13-37）得

$$r_{\mathrm{k}}^2=kR\lambda \quad r_{\mathrm{k+m}}^2=(k+m)R\lambda$$

以上两式相减，得

$$r_{\mathrm{k+m}}^2-r_{\mathrm{k}}^2=mR\lambda$$

因此，平凸透镜的曲率半径为

$$R=\frac{r_{\mathrm{k+m}}^2-r_{\mathrm{k}}^2}{m\lambda} \tag{13-38}$$

利用上式也可以测定光波的波长。

思考与讨论

1. 光强均为 I_0 的两束相干光相遇而发生干涉时，试问：在相遇区域内有可能出现的最大光强是多少？

2. 一束波长为 λ 的单色光由空气垂直入射到折射率为 n 的透明薄膜上，透明薄膜放在空气中，要使反射光干涉加强，试问：薄膜最小的厚度等于多少？

3. 两块平板玻璃构成空气劈形膜，左边为棱边，用单色平行光垂直入射。如果上面的平板玻璃慢慢地向上平移，试问：干涉条纹将怎样移动？条纹间距是否变化？

4. 如图 13-32 所示，两个直径有微小差别的彼此平行的滚柱之间的距离为 L，夹在两块平板晶体的中间形成空气劈形膜，当单色光垂直入射时，产生等厚干涉条纹。如果滚柱之间的距离 L 变大，试问：在 L 范围内干涉条纹的数目怎样变化？条纹间距怎样变化？

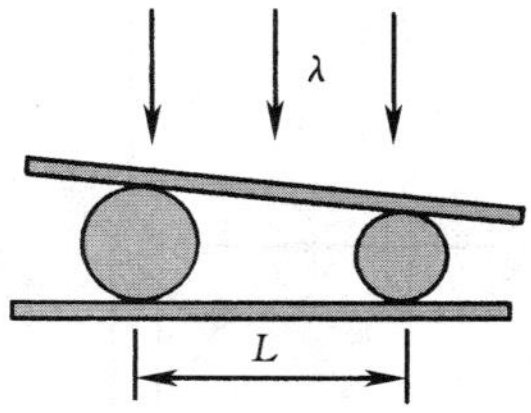

图 13-32

5. 折射率分别为 n_1 和 n_2 的两块平板玻璃构成空气劈尖，用波长为 λ 的单色光垂直照射。如果将该劈尖装置浸入折射率为 n 的透明液体中，并且 $n_2>n>n_1$，试问：劈尖厚度为 e 的地方两反射光的光程差的改变量等于多少？

6. 波长为 λ 的平行单色光垂直照射到劈形膜上，如果劈尖角为 θ，劈形膜的折射率为 n，试问：在反射光形成的干涉条纹中，相邻明条纹的间距等于多少？

7. 牛顿环装置的平凸透镜和平板玻璃的折射率都是 1.52，如果将这个牛顿环装置由空气中搬入折射率为 1.33 的水中，试问：干涉条纹中心暗斑是否会变成亮斑？条纹的疏密程度会发生怎样的变化？

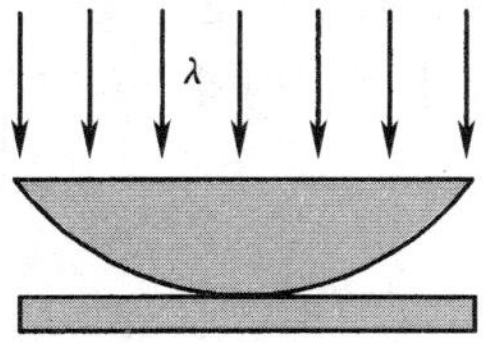

图 13-33

8. 如图 13-33 所示，用单色光垂直照射在牛顿环装置上。当平凸透镜垂直向上缓慢平移而远离平面玻璃时，试问：这些环状的干涉条纹会发生怎样的变化？

9. 一个平凸透镜的顶点和一个平板玻璃接触，用单色光垂直照射，观察反射光形成的牛顿环，测得中央暗斑外第 k 个暗环半径为 r_1。现将透镜和玻璃板之间的空气换成折射率小于玻璃折射率的液体，第 k 个暗环的半径变为 r_2，试问：该液体的折射率等于多少？

10. 波长为 550nm 的单色光垂直照射到牛顿环装置上，试问：第 2 个暗环与第 6 个暗环所对应的空气膜厚度之差等于多少？

第五节　迈克尔逊干涉仪

1881 年，美国物理学家迈克尔逊为了研究光速问题，精心地设计了一种干涉装置，这就是迈克尔逊干涉仪。由于现代科技中有很多种干涉仪器都是从迈克尔逊干涉仪衍生而来的，所以有必要对它的基本结构和原理有所了解。

迈克尔逊干涉仪是利用分振幅法产生双光束以实现干涉的仪器。其结构如图 13-34 所示，其中 M_1、M_2 是两块平面反射镜，分别装在相互垂直的两臂上，M_2 固定不动，M_1 借助于螺旋和导轨在镜面的法线方向做微小的移动。G_1 和 G_2 是两块厚度、折射率一样的平板玻璃，它们始终保持平行，并与 M_1、M_2 都成 45°角。在 G_1 朝着显微镜 E 的一面 A 上镀有一薄层半透明水银膜，使照射在 G_1 上的光一半反射、一半透射，从而将入射光分成振幅相等的两束光，因此 G_1 称为**分光板**。

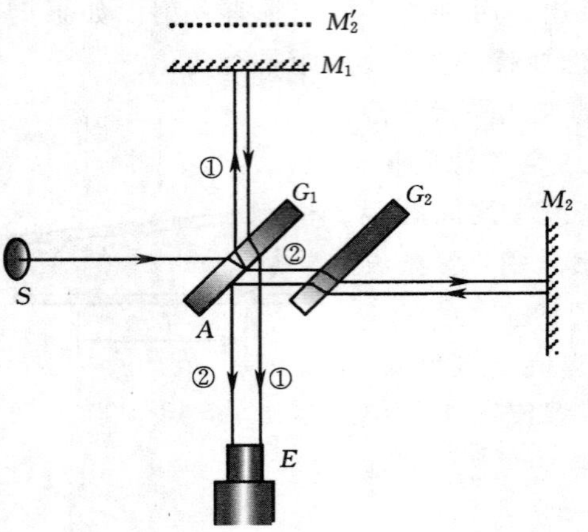

图 13－34

由光源 S 发出的光束射向分光板 G_1，经过 G_1 的反射和透射分成光束①和②，分别射向平面镜 M_1 和 M_2。光束①经 M_1 反射后再次穿过 G_1 向 E 处传播。而光束②则透过 G_2 射向 M_2，经 M_2 反射以后再次穿过 G_2，经 G_1 反射以后也向 E 处传播。光束①和②是相干光，在 E 处发生干涉。干涉仪中的 G_2 称为**补偿板**，其作用是为了使光束②也与光束①一样三次通过平板玻璃，以保证两束光不出现额外的光程差。

由于 G_1 的半反射膜实质上是反射镜，它使 M_2 在 M_1 附近形成一个虚像 M_2'，因此光束①和②的干涉等效于由 M_1 和 M_2'之间的空气薄膜产生的干涉。如果 M_1 和 M_2'不是严格平行的（即 M_1 和 M_2 不是严格垂直的），这个空气薄膜就相当于一个劈尖，在 E 处看到的是等厚干涉条纹；如果 M_1 和 M_2'是严格平行的（即 M_1 和 M_2 是严格垂直的），这个空气薄膜就是平行平面膜，在 E 处看到的是等倾干涉圆环。

以等倾干涉为例，以同心干涉圆环中心点的干涉情况来说明问题。如果中心点原来是一个暗斑，在式（13－21）中，入射角 $i=0$，空气薄膜的折射率等于 1，因此式（13－21）变为

$$2e_{\mathrm{k}}=k\lambda$$

式中：λ 为入射单色光的波长。

当移动 M_1 时中心点会逐渐变亮，达到最亮后又开始逐渐变暗，当这点再次出现暗斑时，这个暗斑必然满足

$$2e_{\mathrm{k}+1}=(k+1)\lambda \quad 或 \quad 2e_{\mathrm{k}-1}=(k-1)\lambda$$

将以上两式相减，得 $\Delta e=\lambda/2$，这个值实际上就是在该过程中平面镜 M_1 移动的距离。即每当 M_1 向前或向后移动 $\lambda/2$ 的距离时，就可看到中心暗斑变化一次。如果中心暗斑变化 N 次，平面镜 M_1 移动的距离为

$$d=N\frac{\lambda}{2} \tag{13-39}$$

如果测得 d 和 N，就可以通过上式求出入射单色光的波长。

思考与讨论

1. 在迈克尔逊干涉仪的一条光路中，放入一个折射率为 n、厚度为 e 的透明薄片，试问：这条光路的光程改变了多少？

2. 在迈克尔逊干涉仪的一支光路中，放入一片折射率为 n 的透明介质薄膜后，测出两束光的光程差的改变量为一个波长 λ，试问：薄膜的厚度等于多少？

3. 如果在迈克尔逊干涉仪的可动反射镜 M 移动 0.620mm 过程中，观察到干涉条纹移动了 2300 条，试问：所用光波的波长等于多少？

习　题

1. 在杨氏双缝实验中，设两缝之间的距离为 0.2mm。在距双缝 1.0m 远的屏上观察干涉条纹，如果入射光是波长为 400～760nm 的白光，问屏上离零级明纹 20mm 处，哪些波长的光最大限度地加强？

2. 在双缝干涉实验中，波长为 550nm 的单色平行光垂直入射到缝间距为 1.5×10^{-4}m 的双缝上，屏到双缝的距离为 2.0m。求：

(1) 中央明纹两侧的两条第 5 级明纹中心的间距。

(2) 用厚度为 6.6×10^{-6}m、折射率为 1.50 的玻璃片覆盖一条缝后，零级明纹将移到原来的第几级明纹处？

3. 在双缝干涉实验中，用波长为 540nm 的单色光照射，双缝与屏的距离为 0.5m。测得中央明条纹两侧的两个第四级明条纹的间距为 10.0mm，求双缝间的距离。

4. 在如图 13-35 所示的双缝干涉实验中，如果用折射率为 1.4 的薄玻璃片覆盖缝 S_1，用同样厚度的折射率为 1.7 的玻璃片覆盖缝 S_2，将使原来未放玻璃时屏上 O 处的中央明条纹变为第五级明纹。已知单色光波长为 480nm，求玻璃片的厚度。

5. 薄钢片上有两条紧靠的平行细缝，用波长为 550nm 的平面光波正入射到钢片上。屏幕距双缝的距离为 2.00m，测得中央明条纹两侧的第六级明条纹间的距离为 14.0mm。

(1) 求两条缝之间的距离。

(2) 从任一条明纹（记作 0）向一边数到第 20 条明条纹，共经过了多大距离？

6. 双缝干涉实验装置如图 13-36 所示，双缝与屏之间的距离为 1.2m，两缝之间的距离为 0.50mm，用波长为 500nm 的单色光垂直照射双缝。

(1) 求零级明条纹上方的第 4 级明条纹的坐标。

(2) 如果用厚度为 1.0×10^{-2}mm、折射率为 1.50 的透明薄膜覆盖在 S_1 缝的后面，上述第 4 级明条纹的坐标又等于多少？

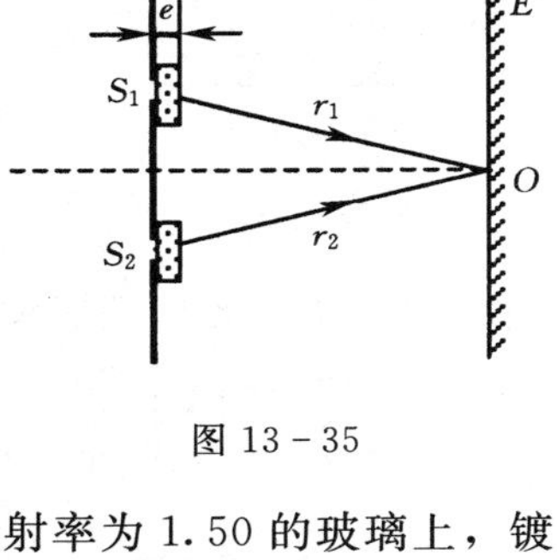

图 13-35

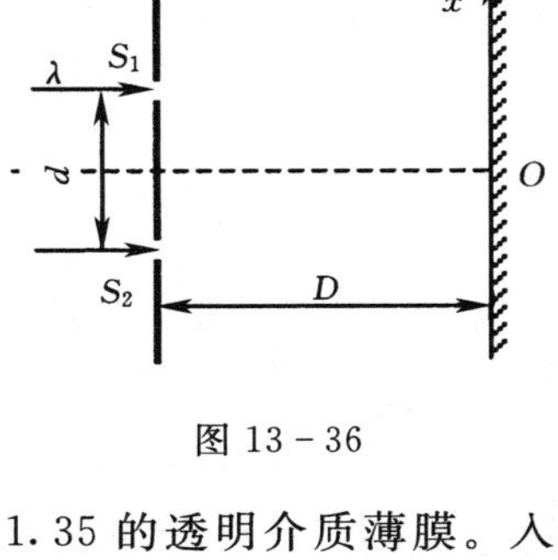

图 13-36

7. 在折射率为 1.50 的玻璃上，镀上折射率为 1.35 的透明介质薄膜。入射光波垂直照射在介质膜表面，观察反射光的干涉，发现对 600nm 的光波干涉相消，对 700nm 的光波干涉相长。且在 600～700nm 之间没有其他的波长是最大限度相消或相长的情形。求所镀介质膜的厚度。

8. 折射率为 1.60 的两块标准平面玻璃板之间形成一个劈尖角很小的劈形膜。用波长为 600nm 的单色光垂直入射，产生等厚干涉条纹。测得在劈形膜内充满折射率为 1.40 的液体时的相邻明纹间距比劈形膜内是空气时的间距缩小了 0.5mm，那么劈尖角 θ 应是多少？

9. 用波长 $\lambda=500$nm 的单色光垂直照射在由两块玻璃板（一端刚好接触成为劈棱）构成的空气劈形膜上。劈尖角 $\theta=2\times10^{-4}$rad。如果劈形膜内充满折射率为 $n=1.40$ 的液体，求从劈棱数起第五个明条纹在充入液体前后移动的距离。

10. 用波长为 λ_1 的单色光照射空气劈形膜，从反射光干涉条纹中观察到劈形膜装置的 A 点处是暗条纹。如果连续增大入射光波长，直到波长变为 λ_2 时，A 点再次变为暗条纹。求 A 点的空气薄膜厚度。

11. 用波长为 500nm 的单色光垂直照射到由两块光学平板玻璃构成的空气劈形膜上。观察反射光的干涉现象，距劈形膜棱边 1.56cm 的 A 处是从棱边算起的第四条暗条纹中心。

（1）求此空气劈形膜的劈尖角 θ。

（2）改用 600nm 的单色光垂直照射到此劈尖上仍观察反射光的干涉条纹，A 处是明条纹还是暗条纹？

（3）在第（2）问的情形，从棱边到 A 处的范围内共有几条明纹和几条暗纹？

12. 用波长为 λ_1 的单色光垂直照射牛顿环装置时，测得中央暗斑外第 1 和第 4 暗环半径之差为 x_1，而用未知单色光垂直照射时，测得这两个暗环的半径之差为 x_2，求未知单色光的波长 λ_2。

13. 如图 13-37 所示，牛顿环装置的平凸透镜与平板玻璃间有一条小缝隙 e_0。现用波长为 λ 的单色光垂直照射，已知平凸透镜的曲率半径为 R，求反射光形成的牛顿环的各暗环半径。

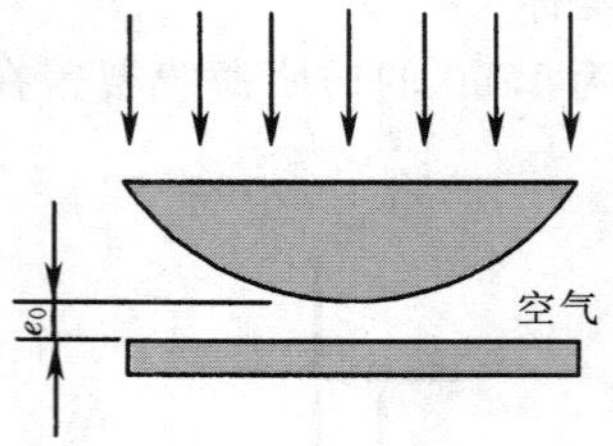

图 13-37

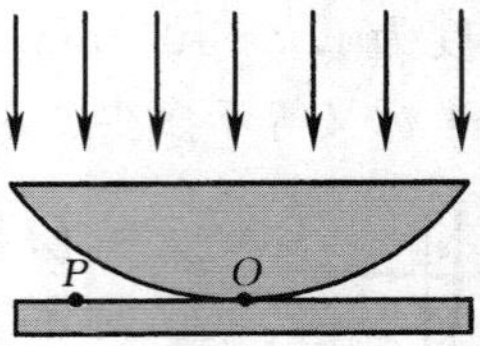

图 13-38

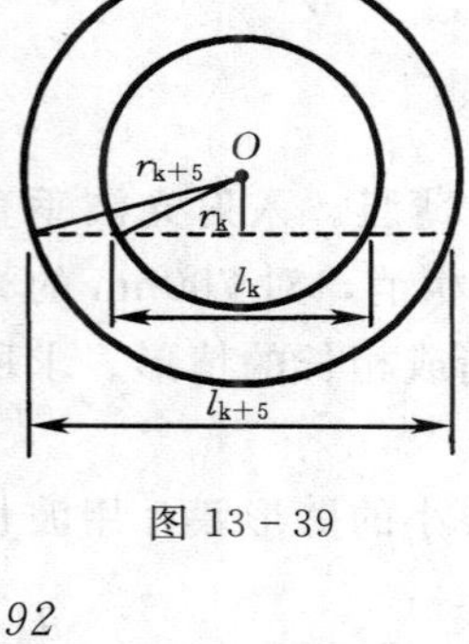

图 13-39

14. 如图 13-38 所示为牛顿环装置，设平凸透镜中心恰好与平板玻璃接触，透镜凸表面的曲率半径是 4m。用某单色平行光垂直入射，观察反射光形成的牛顿环，测得第五个明环的半径为 0.30cm。

（1）求入射光的波长。

（2）测得图 13-38 中 $OP=1.00$cm，求在半径为 OP 的范围内可观察到的明环数目。

15. 一个平凸透镜放在一块平晶上，以波长为 589.3nm 的单色光垂直照射该牛顿环装置。测得从中央数起第 k 个暗环的弦长为 3.00mm，第（$k+5$）个暗环的弦长为 4.60mm，如图 13－39 所示。求平凸透镜所在球面的曲率半径 R。

科学家史话　托马斯·杨

托马斯·杨（Thomas Young，1773—1829），英国医生、物理学家，光的波动说的奠基人之一。他不仅在物理学领域领袖群英、名享世界，而且涉猎甚广，光波学、声波学、流体动力学、造船工程、潮汐理论、虹的理论、力学、数学、语言学、动物学、埃及学等。他对艺术还颇有兴趣，热爱美术，几乎会演奏当时的所有乐器，并且会制造天文器材，还研究了保险经济问题。托马斯·杨还擅长骑马，并且会耍杂技走钢丝。这是一个将科学和艺术并列研究、对生活充满热望的天才。可以这样说：他生命中的每一天都没有虚度。

1773 年 6 月 13 日，托马斯·杨出生于英国萨默塞特郡米尔弗顿一个富裕的贵格会教徒家庭。他从小受到良好教育，天才禀赋自幼年起就大张旗鼓地显露开来，是不折不扣的神童。

杨 2 岁时学会阅读，对书籍表现出强烈的兴趣；4 岁能将英国诗人的佳作和拉丁文诗歌背得滚瓜烂熟；不到 6 岁已经把《圣经》从头到尾看过两遍，还学会用拉丁文造句；9 岁掌握车工工艺，能自己动手制作一些物理仪器；几年后他学会微积分和制作显微镜与望远镜；14 岁之前，他已经掌握 10 多门语言，包括希腊语、意大利语、法语等，不仅能够熟练阅读，还能用这些语言做读书笔记；之后他又把学习扩大到了东方语言——希伯来语、波斯语、阿拉伯语；他不仅阅读了大量的古典书籍，在中学时期，就已经读完了牛顿的《原理》、拉瓦锡的《化学纲要》以及其他一些科学著作，才智超群。

19 岁时，杨来到伦敦学习医学。他经常拜访政治家伯克、画家雷诺兹以及贵族社会的一些成员。1794 年，21 岁的杨由于研究了眼睛的调节机理，而成为皇家学会会员。1795 年，他来到德国的格丁根大学学习医学，一年后便取得了博士学位。

1799 年他已经读完了一些著名数学家关于振动弦的著作，并进行了深入钻研，提出了自己的一些理论，不过后来他发现他所提出的理论已经有人提出过。这是杨在理论研究领域初次展露才华。杨热爱物理学，在行医之余，也花了许多时间研究物理。牛顿曾在其《光学》的论著中提出光是由微粒组成的，在之后的近百年时间，人们对光学的认识几乎停滞不前，直到托马斯·杨的诞生，他成为开启光学真理的一把钥匙，为后来的研究者指明了方向。

杨爱好乐器，几乎能演奏当时的所有乐器，这种才能与他对声振动的深入研究是分不开的。光会不会也和声音一样是一种波？杨做了著名的杨氏干涉实验，为光的波动说奠定了基础。然而这个理论在当时并没有受到应有的重视，还被权威们讥为“荒唐”和“不合逻辑”。这个自牛顿以来在物理光学上最重要的研究成果，就这样被缺乏科学讨论气氛的守旧的舆论压制了近 20 年。杨并没有向权威低头，而是为此撰写了一篇论文，不过论文无处发表，只好印成小册子，据说发行后只卖出了一本。杨在论文中勇敢地反击：“尽管我仰慕牛顿的大名，但是我并不因此而认为他是万无一失的。我遗憾地看到，他也会弄错，而他的权威有时甚至可能阻碍科学的进步。”

杨在物理光学领域的研究是具有开拓意义的，他第一个测量了 7 种光的波长，最先建立了三原色原理。杨对弹性力学也很有研究，后人为了纪念他的贡献，把纵向弹性模量称为杨氏模量。

1814 年，41 岁的杨对象形文字产生了兴趣。拿破仑远征埃及时，发现了刻有两种文字的著名的罗塞达碑，这块碑后来被运到了伦敦。罗塞达碑据说是公元前2世纪埃及为国王祭祀时所竖，上部有14行象形文字，中部有32行世俗体文字，下部有54行古希腊文字。之前已经有人研究过，但并未取得突破性进展。杨解读了中下部的86行字，破译了王室成员13位中的9个人名，根据碑文中鸟和动物的朝向，发现了象形文字符号的读法。这大约是在1816年前后的事。当时杨对光学研究失去了信心，甚至有人讥讽他为疯子，以致他十分沮丧。他便利用其丰富的语言学知识，转向考古学研究。由于杨的这一成果，诞生了一门研究古埃及文明的新学科。1829年托马斯·杨去世时，人们在他的墓碑上刻上这样的文字——“他最先破译了数千年来无人能解读的古埃及象形文字”。

晚年的杨已经成为举世闻名的学者，为《大英百科全书》撰写过40多位科学家传记以及无数包罗万象的条目。同时他还为一家重要的保险公司担任过统计检察官，并被任命为《航海天文历》的主持人，做了很多以改进实用天文学和航海援助的工作。

除了科学，他还沉迷于艺术，过着多姿多彩的生活。音乐、美术甚至杂技一直滋养着他的生命。他精力旺盛的一生于1829年结束，终年56岁。就在他去世前还在编写一本埃及字典。

第十四章　光　的　衍　射

在机械波一章中已经讨论过，波的衍射现象指的是波在传播过程中如果遇到障碍物，波可以绕过障碍物的边缘而进入几何阴影区内继续传播。作为电磁波的光波也能产生衍射现象。本章讨论的光的衍射现象，不仅仅说明光能绕过障碍物的边缘传播，而且还根据叠加原理讨论了在光的衍射现象中的光强分布。

本章首先讨论衍射现象和解决衍射问题的理论基础，然后讨论单缝衍射和光栅衍射，最后简要讨论圆孔衍射、光学仪器的分辨率和 X 射线的衍射。

本章学习要点

（1）了解惠更斯-菲涅耳原理及它对光的衍射现象的定性解释。

（2）掌握用半波带法分析夫琅禾费单缝衍射条纹的分布规律，会分析缝宽及波长对衍射条纹分布的影响。

（3）熟练掌握光栅方程，会确定光栅衍射谱线的位置，会分析光栅常数及波长对光栅衍射谱线分布的影响，理解缺级现象。

（4）了解圆孔衍射的形成，了解圆孔衍射对光学仪器分辨率的影响。

（5）了解 X 射线衍射现象和布拉格公式的物理意义。

第一节　光的衍射现象　惠更斯-菲涅耳原理

一、光的衍射现象

衍射也是波动的重要特征之一。波的衍射现象是指波在传播过程中遇到障碍物时，能够绕过障碍物偏离直线方向传播的现象。水波、声波等机械波的衍射很容易观察到，但光的衍射现象却不太容易观察到。原因在于发生衍射现象要满足一个基本条件，就是波长要与障碍物的线度相近。由于机械波的波长很长（空气中可听声的波长范围约为 1.7cm～1.7m），这个条件很容易满足。而光的波长很短（空气中可见光的波长范围约为 400～760nm），一般障碍物的线度比这个值大得多，因此一般的光的衍射现象都不是很显著。图 14－1是单色可见光遇到小圆形障碍物时，在障碍物的后方形成的衍射图样。人们注意到，在障碍物阴影的中央竟然呈现一个亮斑，说明光波偏离了直线传播而到达了几何阴影区。

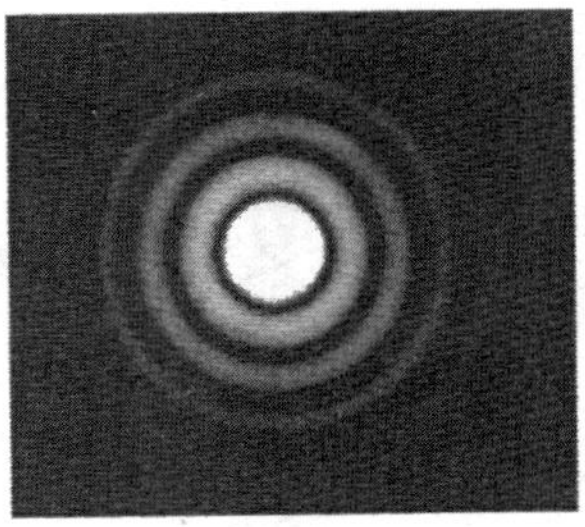

图 14－1

在实验室中观察衍射现象的装置一般由光源、衍射孔和光屏三部分组成。按照光源、光屏与衍射孔的距离不同，将衍射分为两大类：一类是**衍射孔与光源或光屏的距离为有限远时的衍射**，称为**菲涅耳衍射**（Fresnel diffraction），如图 14－2（a）所示；另一类是**衍射孔与光源、光屏的距离都是无穷远的衍射**，称为**夫琅禾费衍射**（Fraunhofer diffraction），如图 14－2（b）所示，这时照射在衍射孔上的入射光和离开衍射孔的出射光都是平行光。在实验室中，常常用两个凸透镜来实现夫琅禾费衍射，将光源放在凸透镜 L_1 的焦点上，而将屏幕 E 放在透镜 L_2 的焦平面上，如图 14－2（c）所示。由于夫琅禾费衍射在实际应用中和理论上都十分重要，而且这类衍射的分析与计算要比菲涅耳衍射简单，因此本章只讨论夫琅禾费衍射。

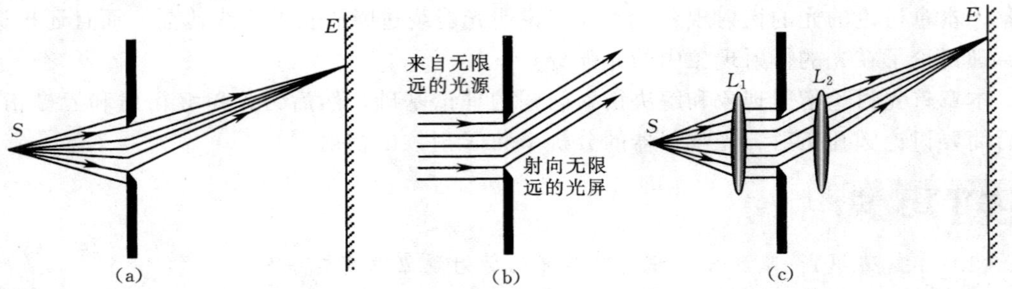

图 14－2

二、惠更斯-菲涅耳原理

应用惠更斯原理对光的衍射现象作定性的分析，也能解释衍射中光的传播方向问题，但应用该原理却不能解释光的衍射现象中光强分布问题。为此法国物理学家菲涅耳对惠更斯原理作了如下补充，他假定：波在传播过程中，从同一波阵面上各点发出的子波同时传播到空间某一点时，可以产生相干叠加。这个发展了的惠更斯原理称为**惠更斯-菲涅耳原理**（Huygens－Fresnel principle），即**媒质中波动传到的各点都可以看作是发射子波的波源，在其后任一时刻所有这些子波的前方包迹即为该时刻的波阵面。（菲涅耳补充）从同一波阵面上各点发出的子波可以产生干涉现象**。根据这个原理，如果已知某一时刻的波阵面，就可以计算光波传到的点的振动。

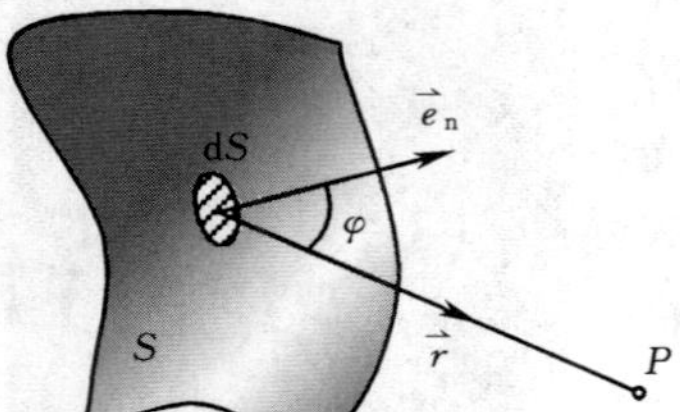

图 14－3

如图 14－3 所示，设 S 为光波在某一时刻的波阵面，在 S 上任取一个面元 dS，将 dS 当作点光源看待，则 dS 发出的子波在某点 P 所引起的光振动的振幅与面元 dS 成正比，与面元 dS 到 P 点的距离 r 成反比，还与 dS 的法线方向与 r 之间的夹角 φ 有关。因此 dS 在 P 点引起的振动为

$$\mathrm{d}y=\frac{K(\varphi)\mathrm{d}S}{r}\cos\left(\omega t-\frac{2\pi r}{\lambda}\right)$$

其中 $K(\varphi)$ 是 φ 的函数，ω 为光波的角频率，λ 为光波的波长。根据惠更斯-菲涅耳原理，P 点的合振动等于 S 发出的子波在 P 点引起的光振动的叠加。即 P 点的合振动等于上式对整个 S 面的积分

$$y=\int_S \frac{K(\varphi)}{r}\cos\left(\omega t-\frac{2\pi r}{\lambda}\right)\mathrm{d}S$$

这就是惠更斯-菲涅耳原理的定量表达式。可以应用这个表达式解决一般的光的衍射问题，但由于计算过程相当复杂，将采用一种近似的方法，即菲涅耳**半波带**（half - wave zone）法来分析衍射现象。

第二节　夫琅禾费单缝衍射

先从实验的角度分析一下单缝衍射条纹的形成。图 14－4 是夫琅禾费单缝衍射实验的示意图。其中 K 为狭缝，L_1、L_2 为凸透镜，S 为光源，位于 L_1 的焦点上，E 为光屏，位于 L_2 的焦平面上。如果 S 是点光源，假设不放置狭缝 K，则在光屏 E 上形成一个亮点 P_0。这时再将狭缝 K 放置在 L_1、L_2 之间，由于狭缝的宽度与入射光的波长相近，光就在狭缝宽度的方向发生衍射，于是在光屏 E 上就形成以 P_0 为中心的一系列衍射亮斑，如图 14－5（a）所示。现在将点光源换成线光源，使其与狭缝的长度方向平行。可以认为线光源是由许多点光源构成的，每一个点光源发出的光都在狭宽方向发生衍射，所有的衍射亮斑组合在一起，就形成了与狭长方向（即线光源方向）平行的衍射亮条纹，如图 14－5（b）所示。

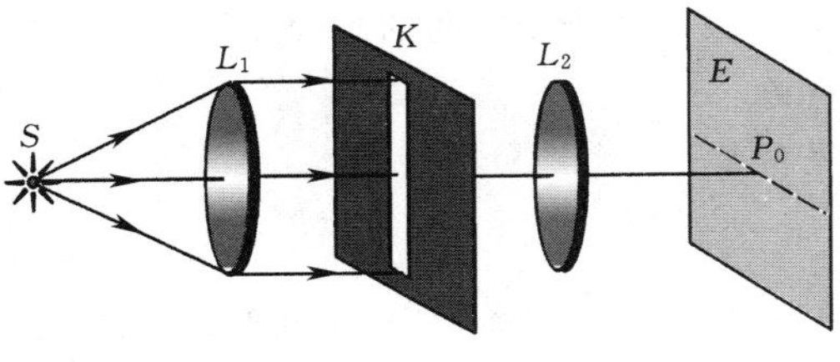

图 14－4

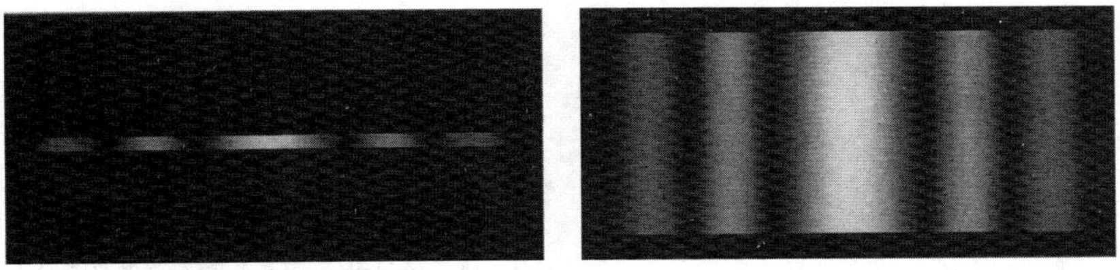
（a）　　（b）

图 14－5

在下面的讨论中，以线光源的衍射为例分析问题，得到的结论对点光源的衍射同样适用。

一、夫琅禾费单缝衍射

1. 中央明条纹的形成

在如图 14－6 所示的单缝衍射中，AB 为单缝的截面，其宽度为 a。按照惠更斯-菲涅耳原理，波阵面 AB 上的各点都是发射子波的点光源。

沿入射光方向传播的各个子波射线被凸透镜 L_2 会聚于焦点 P_0 处。由于 AB 是同相面，

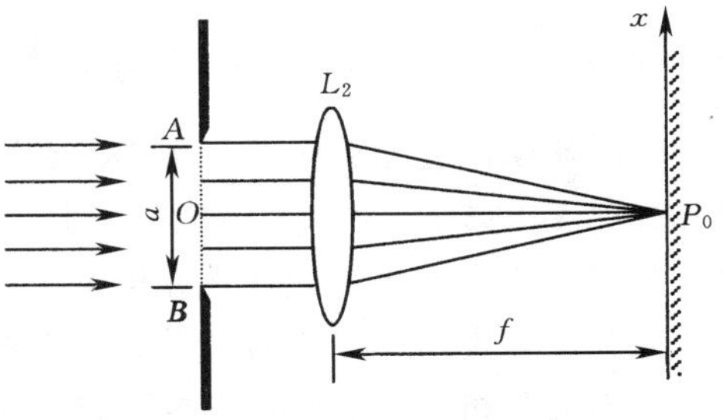

图 14－6

并且透镜不会引起附加的光程差，因此它们到达光屏上的 P_0 点时仍然保持相同的相位而互相加强。所以，在正对狭缝中心 O 的 P_0 点处将是明纹的中心，这条明纹称为**中央明纹**。

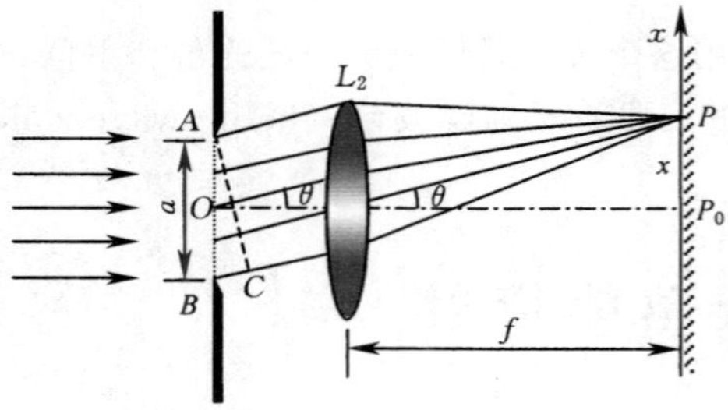

图 14－7

2. 最大光程差

如图 14－7 所示是与入射方向成 θ 角的子波射线，θ 叫做**衍射角**。平行光束被透镜会聚在光屏上的 P 点，不过各子波射线到达 P 点的光程并不相等。过 A 点作子波射线的垂线 AC，显然 AC 上的各点到达 P 点的光程都相等，即从 AB 面发出的各子波射线在 P 点的光程差就等于从面 AB 到面 AC 的光程差。从 A 点发出的子波与从 B 点发出的子波之间的光程差为

$$BC = a\sin\theta \tag{14-1}$$

它是所有光程差中最大的，将其称为**最大光程差**。

3. 明暗条纹的形成

在图 14－8（a）中，沿 θ 角方向传播的各子波的最大光程差 $BC = a\sin\theta = \lambda = 2\,\dfrac{\lambda}{2}$，将 BC 二等分，过分点作平行于 BC 面的平面，该平面将狭缝上的波阵面分为面积相等的两部分 AO 和 OB，如图 14－8（b）所示。由这两部分的对应点发出的光线在光屏上 P 点处会聚时，光程差为 $\lambda/2$，它们干涉相消。例如 AO 的中点和 OB 的中点就是这样的对应点。结果由 AO 和 OB 两部分发出的光在 P 点干涉相消，P 点处出现暗条纹。

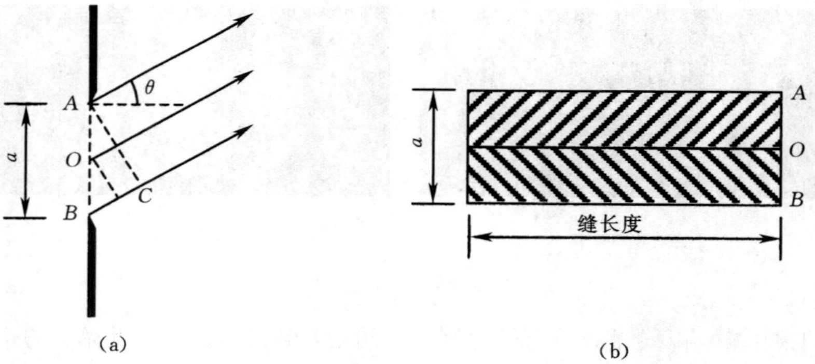

图 14－8

在图 14－9（a）中，沿 θ 角方向传播的各子波的最大光程差 $BC = a\sin\theta = 1.5\lambda = 3\,\dfrac{\lambda}{2}$，将 BC 三等分，过分点作平行于 BC 面的平面，该平面将狭缝上的波阵面分为面积相等的三部分 AA_1、A_1A_2 和 A_2B，如图 14－9（b）所示。其中 AA_1、A_1A_2（或 A_1A_2、A_2B）两部分的对应点发出的光线在光屏上 P 点处会聚时，光程差为 $\lambda/2$，干涉相消。结果还剩下一部分，它发出的光未被抵消，P 点处出现明条纹。

上面的分析方法就是由菲涅耳提出的半波带法。在图 14－8（b）中的 AO 和 OB 是两个半波带，图 14－9（b）中的 AA_1、A_1A_2 和 A_2B 是三个半波带。一般情况下，沿着 θ 角

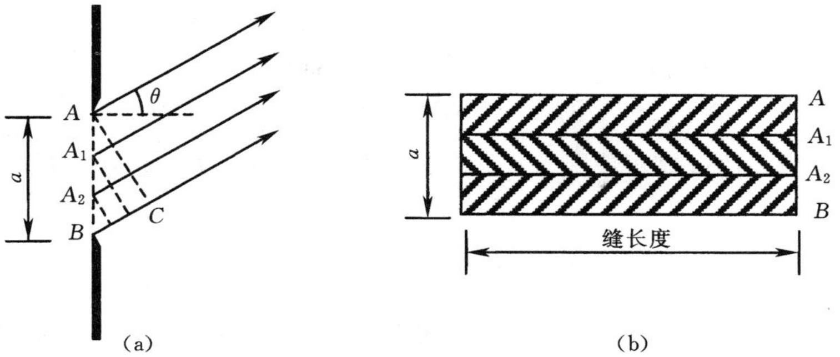

图 14－9

方向传播的各子波的最大光程差为 $a\sin\theta$，用最大光程差除以 $\lambda/2$，得**半波带数目 m** 为

$$m=\frac{a\sin\theta}{\lambda/2} \tag{14－2}$$

如果 m 等于偶数，则每两个半波带发出的光在 P 点干涉相消，P 点处出现**单缝衍射暗条纹的条件**为

$$a\sin\theta=\pm 2k\frac{\lambda}{2}=\pm k\lambda,\ k=1,2,3,\cdots \tag{14－3}$$

如果 m 等于奇数，则每两个半波带发出的光在 P 点干涉相消后，还剩下一个半波带，它发出的光在 P 点处形成明条纹。即 P 点处出现**单缝衍射明条纹的条件**为

$$a\sin\theta=\pm(2k+1)\frac{\lambda}{2},\ k=1,2,3,\cdots \tag{14－4}$$

对应于衍射角 $\theta=0$ 的条纹为中央明条纹，在式（14－3）中，对应于 $k=1$，2，3，…的条纹分别叫做第一级、第二级、第三级……暗条纹。在式（14－4）中，对应于 $k=1$，2，3，…的条纹分别叫做第一级、第二级、第三级……明条纹。两式中的正、负号表示各级明暗条纹对称分布在中央明纹的两侧。如果对应于某个衍射角 θ，波阵面 AB 不能划分成整数个半波带，则光屏上的对应点光强将介于明暗条纹之间。

应当指出，上面两式均不包括 $k=0$ 的情形。因为对式（14－3）来说，$k=0$ 对应衍射角 $\theta=0$，但这却是中央明纹的中心，不符合该式的含义。而对于式（14－4）来说，$k=0$ 虽然对应于一个半波带形成的明纹，但仍处在中央明纹的范围内，仅是中央明纹的一个组成部分，呈现不出单独的明条纹。

4. 条纹宽度

通常单缝衍射的衍射角 θ 很小，在图 14－7 中，设向上为 x 轴的正方向，P_0 点为坐标原点，则 P 点的坐标为 x。由图中的几何关系可以得到

$$\sin\theta\approx\tan\theta=\frac{x}{f}$$

因此条纹到 P_0 点的距离 x 为

$$x=f\tan\theta=f\sin\theta$$

将式（14－3）、式（14－4）代入上式，得各级暗条纹、明条纹到 P_0 点的距离为

$$x=\pm k\frac{f}{a}\lambda,\ k=1,2,3,\cdots \tag{14-5}$$

$$x=\pm(2k+1)\frac{f}{a}\frac{\lambda}{2},\ k=1,2,3,\cdots \tag{14-6}$$

条纹宽度指相邻明条纹（或暗条纹）之间的距离。中央明条纹宽度指两个一级暗条纹之间的距离，即

$$\Delta x_0=x_1-x_{-1}=2\frac{f}{a}\lambda \tag{14-7}$$

其他的任意相邻明条纹（或暗条纹）之间的距离为

$$\Delta x=x_{k+1}-x_k=\frac{f}{a}\lambda \tag{14-8}$$

可见，中央明条纹的宽度是其他明条纹（或暗条纹）宽度的两倍。

从式（14－7）、式（14－8）可以看出，当单缝宽度 a 很小时，条纹宽度较大，光的衍射效应比较明显。当 a 逐渐变大时，条纹变得越来越狭窄、越来越密集。当单缝很宽时，各级衍射条纹都收缩在中央明条纹附近而分辨不清，只能观察到一条亮线，这时光线可看成是直线传播的。此外，当缝宽 a 一定时，入射光的波长越长，条纹越宽。

前面谈到的单缝衍射实验的入射光都是单色光，如果入射光是白光，由于各种波长的光在 P_0 处均形成中央明条纹的中心，因此中央明条纹中心处仍然是白色的。但各种波长的光的中央明条纹宽度并不相同，由式（14－7）可知，波长越长，条纹越宽，所以各种颜色的光的中央明条纹的边沿不重合，形成红光在外、紫光在内的彩色条纹。此外，由式（14－6）可知，各种波长的光的同一级明条纹出现在光屏上的位置不同，从靠近中央明纹的紫光到远离中央明纹的红光形成一条彩带，称其为谱线，即各级谱线均为彩色。不同级次的谱线可以发生重叠。总之，当入射光是白光时，除了中央明条纹中心附近是白色的外，其他各级明条纹均为彩色的。

二、夫琅禾费单缝衍射的光强分布

单缝衍射图样是在中央明纹两侧对称分布的明暗相间的条纹。中央明条纹最宽，其他明条纹的宽度同样，是中央明条纹宽度的一半。中央明条纹也是最亮的，其他明条纹随 k 的增大亮度逐渐下降，明暗条纹的分界越来越不明显，因此一般只能看到中央明纹附近的几条明暗条纹。其原因是随着衍射角的增大，有限宽的波阵面被分成的半波带数目增多，未被抵消的一个半波带面积变小，它所形成的明条纹的强度必然减弱。图 14－10 是单缝衍射的光强分布图。

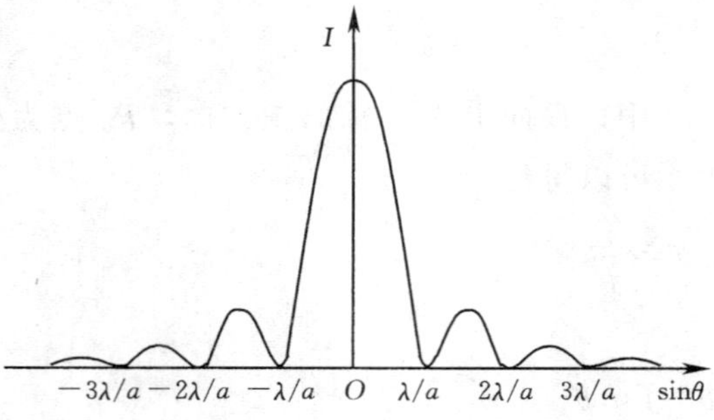

图 14－10

在第十三章中讨论双缝干涉时曾利用了波的叠加规律，在本节讨论单缝衍射时也利用了波的叠加规律，可见干涉和衍射都是光波相干叠加的表现。那么怎样区分干涉和衍射？一般情况下，干涉是指分立的光束的相干叠加，而衍射是指连续的子

波发出的光束的相干叠加。并且它们还常常出现于同一种现象中。例如，双缝干涉的图样实际上是单缝衍射与双缝干涉的总效果。与此类似，下面将要讨论的光栅衍射实际上是单缝衍射和多光束干涉的综合效果。

【例 14－1】　在宽度为 a 的单缝夫琅禾费衍射图样中，对应于衍射角 θ 处的光强为

$$I_\theta = I_0\left(\frac{\sin u}{u}\right)^2$$

$$u = \frac{\pi a \sin\theta}{\lambda}$$

式中：λ 为入射光的波长；I_0 为中央明条纹中心处的光强。

试利用上式求出衍射图样中各个次级极大的光强的近似表达式。

解： 根据光强公式，当 $\sin u = 0$，即

$$u = \pm k\pi,\ k=1,2,3,\cdots$$

时，$I_Q = 0$，光强最小。可以认为次级极大近似地是位于相邻两个极小的正中间，即当

$$u \approx \pm(2k+1)\frac{\pi}{2},\ k=1,2,3,\cdots$$

时，光强有极大值。由于

$$\sin^2 u \approx \sin^2\left[(2k+1)\frac{\pi}{2}\right] = 1$$

因此各个次级极大的光强近似为

$$I_k \approx \frac{4I_0}{[(2k+1)\pi]^2},\ k=1,2,3,\cdots$$

思考与讨论

1. 在夫琅禾费单缝衍射实验中，波长为 λ 的单色光垂直入射在宽度为 4λ 的单缝上，对应的衍射角为 30°，试问：单缝处的波阵面可以划分成多少个半波带？

2. 一束波长为 λ 的平行单色光垂直入射在单缝 AB 上，装置如图 14－11 所示。在屏幕 E 上形成衍射图样，如果 P 是中央亮纹一侧第一条暗纹的位置，试问：BC 的长度是波长 λ 的多少倍？

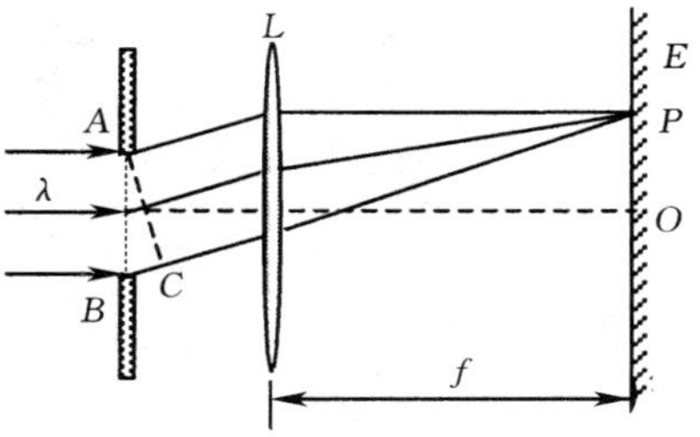

图 14－11

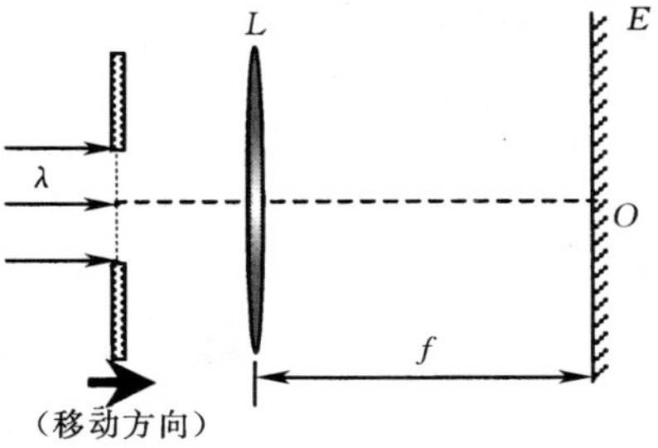

图 14－12

3. 在如图 14－12 所示的夫琅禾费单缝衍射实验中，如果将单缝沿透镜光轴方向向透

镜平移，试问：屏幕上的衍射条纹间距如何变化？明暗条纹的位置是否发生变化？

4. 在夫琅禾费单缝衍射实验中，波长为 λ 的单色光垂直入射到单缝上。在衍射角等于 30°的方向上，单缝处的波面可以划分成 4 个半波带，试问：狭缝宽度 a 等于 λ 的多少倍？

5. 波长为 500nm 的单色光垂直照射到宽度为 0.25mm 的单缝上，单缝后面放置一块凸透镜，在凸透镜的焦平面上放置一个用来观测衍射条纹的屏幕。测得屏幕上中央明条纹两侧的第三条暗条纹之间的距离为 12mm，试问：凸透镜的焦距 f 等于多少？

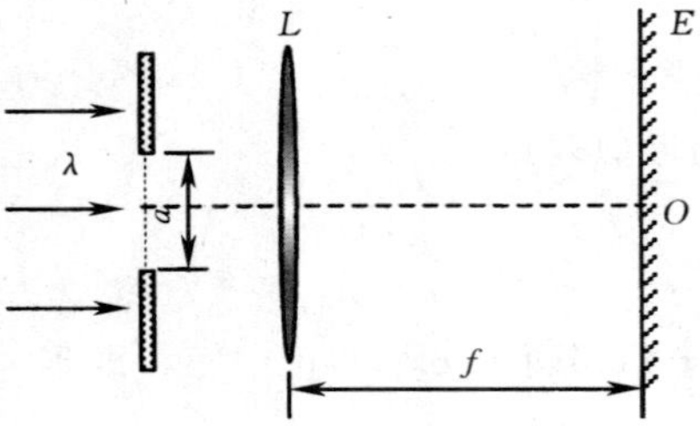

图 14－13

6. 在如图 14－13 所示的夫琅禾费单缝衍射实验中，中央明纹的衍射角范围很小。如果使单缝宽度 a 变为原来的 1.5 倍，同时使入射单色光的波长 λ 变为原来的 0.75 倍，试问：屏幕 E 上单缝衍射条纹中央明纹的宽度 Δx 将变为原来的多少倍？

7. 在夫琅禾费单缝衍射实验中，试问：屏上第三级暗条纹对应的单缝处波面可划分为多少个半波带？如果将缝宽缩小一半，原来的第三级暗纹处将是什么条纹？

8. 在夫琅禾费单缝衍射实验中，设第一级暗纹的衍射角很小，如果波长为 589nm 的钠黄光中央明纹宽度为 4.0 mm，试问：波长为 442nm 的蓝紫色光的中央明纹宽度为多少？

9. 如图 14－14 所示，在夫琅禾费单缝衍射中，波长为 λ 的单色光垂直入射在单缝上。如果对应于会聚点 P 的衍射光线在单缝处的波阵面恰好可以分成 3 个半波带，已知 $AB=BC=CD$，试问：光线 3 和 4 在 P 点的相位差等于多少？

10. 如图 14－15 所示，波长为 480nm 的平行光垂直照射到宽度为 0.4mm 的单缝上，单缝后透镜的焦距为 60cm，当单缝两边缘点 M、N 射向 P 点的两条光线在 P 点的相位差为 π 时，试问：P 点离透镜焦点 F 的距离等于多少？

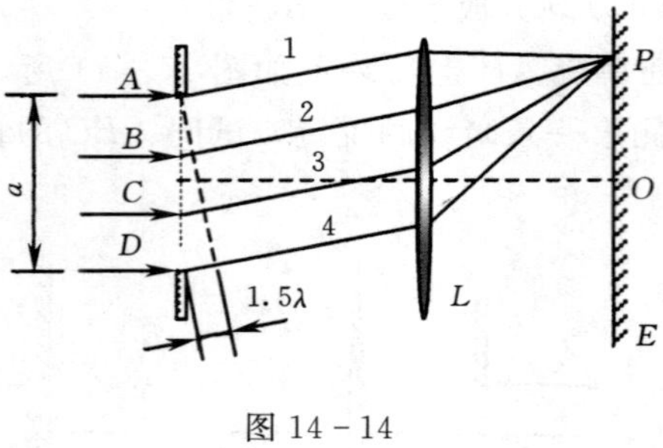

图 14－14

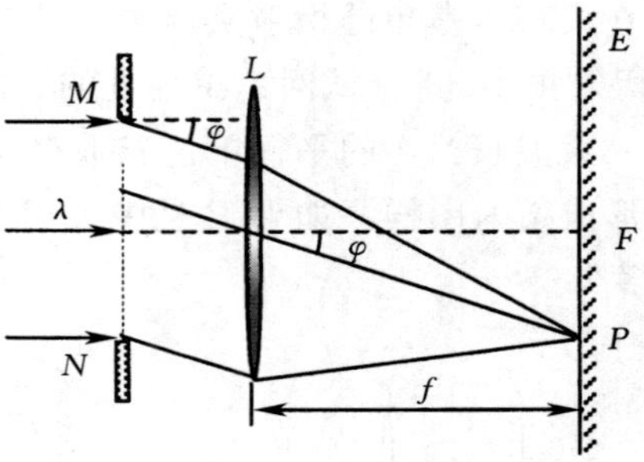

图 14－15

第三节　衍　射　光　栅

在单缝衍射实验中，为了获得间隔较大的衍射条纹，必须将单缝制作得很窄，不然条纹排列得太密集，难以进行观测。但这样明条纹的亮度却很弱，观测起来也很困难。为了解决这个矛盾，人们设计了衍射光栅。

一、光栅衍射

衍射光栅（diffraction grating）分为透射光栅和反射光栅。透射光栅是由许多平行、等宽度、等距离的细缝组成的，用金刚石在玻璃片上刻出许多等间距、等宽度的平行直线，刻痕处不透光，相当于毛玻璃，而两刻痕之间可以透光，相当于单缝，这些平行排列的等距离、等宽度的狭缝构成了透射光栅。反射光栅是在不透明的材料上刻出一系列等距离、等宽度的平行槽纹形成的，入射光经过槽纹反射形成衍射条纹。本课程只讨论透射光栅。

设透射光栅不透明的刻痕宽度 b，透光缝的宽度为 a，将**相邻透光缝之间的距离**称为**光栅常数**（grating constant），用 d 表示。显然 $d=a+b$。一般用于可见光区和紫外光区的光栅每毫米有 600 条或 1200 条透光缝，它们的光栅常数分别为

$$d_1=\frac{1\times10^{-3}}{600}=1.67\times10^{-6}(\text{m}),\ d_2=\frac{1\times10^{-3}}{1200}=0.83\times10^{-6}(\text{m})$$

光栅的实验装置如图 14－16 所示。G 为透射光栅，它有 N 条狭缝，缝长方向垂直于图平面。S 为单色线光源，其方向与缝长方向平行，位于凸透镜 L_1 的焦平面上。E 为光屏，位于凸透镜 L_2 的焦平面上。衍射图样是一系列细且明亮的条纹。

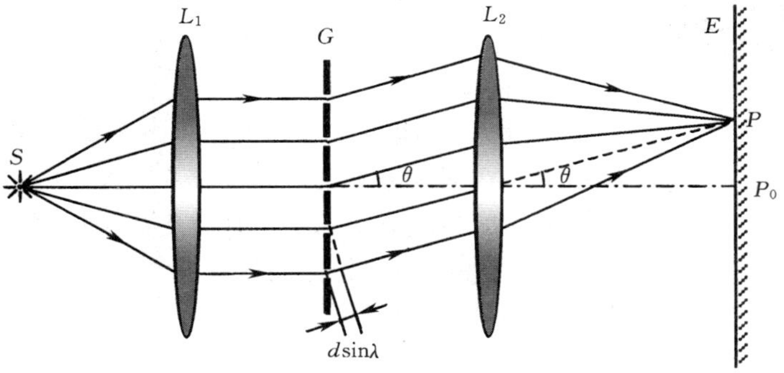

图 14－16

现在来讨论一下光栅衍射图样的形成。光通过光栅上的每一条缝要发生单缝衍射，由于每一条狭缝的宽度都为 a，因此各条狭缝的衍射图样相同。又因为各缝的衍射图样都以光屏上的 P_0 点为中心对称分布，所以各条狭缝的衍射图样是重合的。但是各缝发出的光到达光屏上某点时光程差不相同，它们彼此发生干涉，形成一系列明暗相间的光栅衍射图样。因此**光栅衍射是单缝衍射与多缝干涉的总效果**。

图 14－17 是不同狭缝数目的光栅的衍射图样的照片。图 14－17（a）所示照片是 1 个狭缝形成的衍射图样，图 14－17（b）照片是 3 个狭缝的光栅形成的衍射图样，将它们进行比较可以看出，在原来单缝衍射明条纹的区域又出现一系列明暗条纹，这是三个狭缝发出的光之间相互干涉的结果。图 14－17（c）、（d）所示照片分布是 5 个、20 个狭缝的光栅形成的衍射图样，比较之后还可以看出，**光栅狭缝数目越多，衍射条纹变得越细、越亮**。

现在来定量地分析一下光栅衍射形成明条纹的条件。在图 14－16 中，任意选取两条

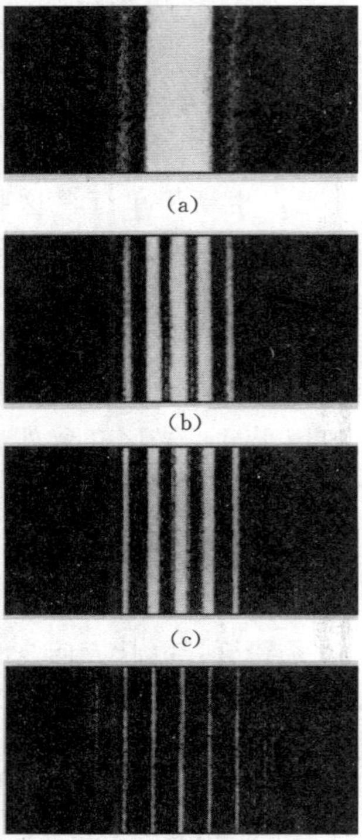
(a)　(b)　(c)　(d)

图 14－17

相邻的透光缝，设它们发出的光沿着衍射角 θ 方向传播，被凸透镜 L_2 会聚在光屏上的 P 点，它们之间的光程差为

$$\Delta S=(a+b)\sin\theta=d\sin\theta$$

如果 ΔS 恰好等于入射光波长 λ 的整数倍，则它们相互干涉加强。显然，其他任意两条相邻的透光缝发出的光沿着 θ 角方向传播时的光程差也等于 λ 的整数倍，它们的干涉效果也是相互加强的。因此光栅衍射形成明条纹的条件为

$$d\sin\theta=\pm k\lambda,\ k=0,1,2,\cdots \qquad (14-9)$$

上式称为**光栅方程**（grating equation）。对应于 $k=0$ 的条纹叫做中央明条纹，$k=1$，2，3，…的纹分别称为第一级、第二级、第三级……明条纹。正负号表示各级明条纹对称分布在中央明条纹的两侧。

图 14－18 是光栅衍射的光强分布曲线。其中强度很大的是光栅的明亮谱线，称为主最大。从曲线中可以看出，在相邻主最大之间还有（$N-2$）个次最大，N 为光栅狭缝总数。光栅狭缝总数越多，次最大靠得越近，它们形成了明亮谱线的背景。此外，也可以说明光栅狭缝总数越多，亮线越细、越亮的原因。在两个主最大之间的存在（$N-1$）个最小，N 越大，最小的个数越多，某一个主最大两侧的最小靠得越近，这就提高了该主最大的亮度，同时也使它变得更细。图 14－18 中的虚线表示单缝衍射的光强分布。

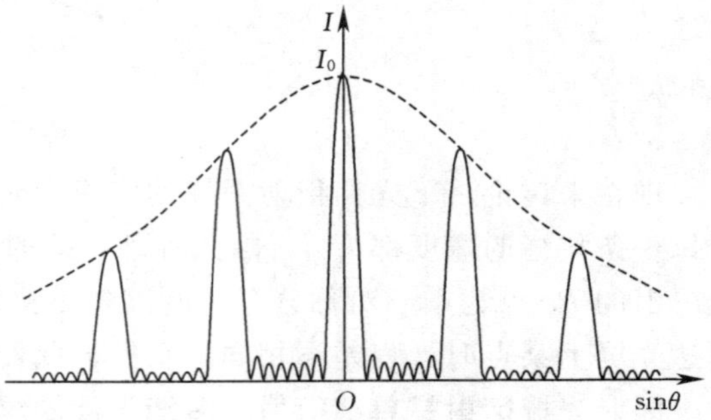

图 14－18

由于光栅衍射是单缝衍射与多缝干涉的总效果，因此在光屏上某处首先要存在各个狭缝产生的衍射光，然后各个狭缝的衍射光才能产生干涉效应。即在某个衍对角 θ 的方向上，即使 d 满足了光栅方程使该处的干涉结果为一个明条纹，但是如果该处恰好又符合单缝衍射暗条纹的条件，即在这个方向上根本就没有衍射光射来，则这个明条纹也不能出现，该处只能是暗纹。在图 14－19（a）中是在不考虑各个狭缝衍射的情况下得到的光强分布，图中有 0、±1、±2、±3、±4、±5、±6 级等 13 条谱线；图 14－19（b）图是在不考虑各个狭缝干涉的情况下得到的光强分布，图中有 0、±1 级等 3 个明条纹和±1、±2 级等 4 个暗条纹；图 14－19（c）图是光栅衍射实际的光强分布，由于受到各个狭缝衍射的限制，光栅衍射的±3、±6 级明条纹看不到了，实际呈现的只有 0、±1、±2、±4、±5 级等 9 个明条纹，这就是**缺级现象**。

现在来定量地说明缺级现象。当衍射角 θ 同时满足光栅方程 $d\sin\theta=k\lambda$ 和单缝衍射暗条纹的条件 $a\sin\theta=k'\lambda$ 时，有

$$\frac{d}{a}=\frac{k}{k'}$$

则缺级的级数 k 为

$$k=\frac{d}{a}k'=\frac{a+b}{a}k'，\quad k'=\pm1，\ \pm2，\ \pm3，\ \cdots \tag{14-10}$$

即光栅常数 d 与缝宽 a 成整数比时，就会发生缺级现象。例如，当光栅不透明的刻痕宽度 b 等于透光缝宽度 a 的两倍时，光栅常数为

$$d=a+b=a+2a=3a$$

缺级的级数为

$$k=\frac{3a}{a}k'=3k'，\quad k'=\pm1，\ \pm2，\ \pm3，\ \cdots$$

即当 $k'=\pm1$，±2，±3，…时，$k=\pm3$，±6，±9，…的明条纹缺级，它们都是看不到的。这个例子就是图 14-19 表示的情况。

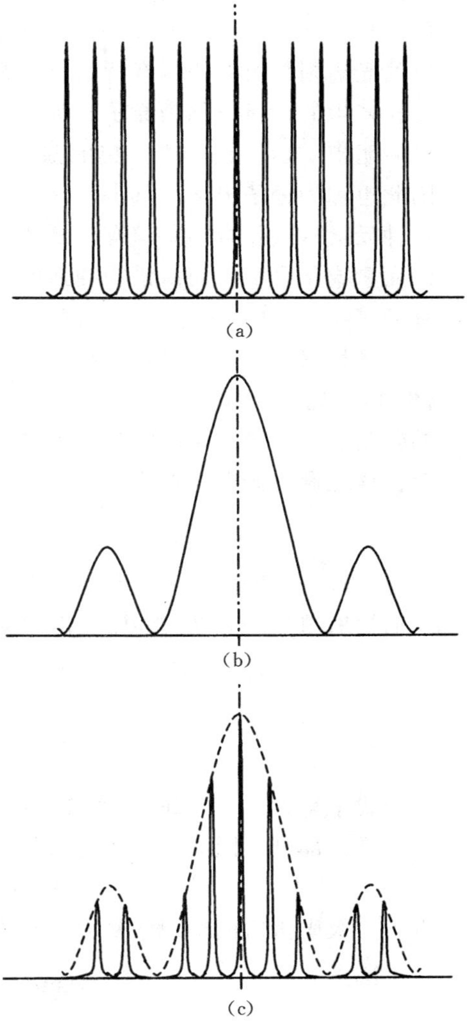

图 14-19

二、衍射光谱

当光栅方程 $d\sin\theta=\pm k\lambda$ 中的光栅常数 d 一定时，对于同级明条纹（k 相同）而言，入射光的波长 λ 越长，衍射角 θ 越大。如果用白光照射光栅，除了中央明条纹由各单色光混合仍为白光外，其两侧的各级明纹均为彩色，紫光靠近中央明条纹，红光远离中央明条纹。**由各种颜色光的同一级条纹合成的整体称为光栅的衍射光谱**（diffraction spectrum）。每个条纹称为**光谱线**（spectral line）。$k=1$，2，3，…的光谱称为第一级、第二级、第三级、……光谱。从图 14-20 中还可以看出，级数较高的光谱中有部分谱线是重叠的。

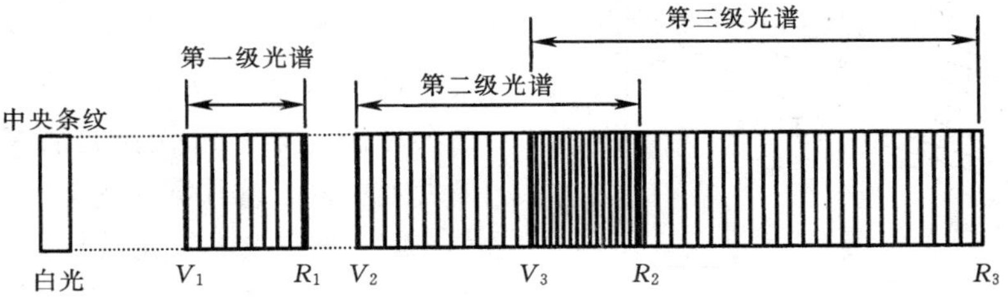

图 14-20

不同种类的光源发出的光所形成的光谱是各不相同的。炽热固体发射的光谱与太阳光谱相似，是各种色光谱线连成一片的**连续光谱**（continuous spectrum）；放电管中的气体所发出的光谱则是由一些具有特定波长的分立的明线构成的**线状光谱**，由于这类光谱是由原子发光产生的，所以称为**原子光谱**（atomic spectrum）；也有一些光谱由若干条明带组成，每一明带实际上是一些密集的谱线，这类光谱称为**带状光谱**，它是由分子发光产生的，因此也称为**分子光谱**（molecular spectrum）。

每种元素（或化合物）都有自己特定的光谱，所以由谱线的成分可以分析出发光物质所含的元素或化合物，而由谱线的强度可以定量地分析出元素的含量。这种分析方法称为**光谱分析**（spectral analysis）。光谱分析在科学研究和工业技术上有着广泛的应用。还可以运用光栅衍射原理和信号转换技术，制成光栅秤、光栅信号显微镜等。

【例 14－2】 用白光垂直照射在每毫米有 650 条刻线的平面透射光栅上，求第三级光谱的张角。第三级光谱的波长范围是多少？

解： 该光栅的光栅常数为

$$d=\frac{1}{650}\times10^{6}(\mathrm{nm})$$

白光的波长范围为 $\lambda_V=400\mathrm{nm}$（紫光）到 $\lambda_R=760\mathrm{nm}$（红光），设紫光和红光的第三级谱线的衍射角分别为 θ_{V3} 和 θ_{R3}，由光栅方程得

$$\sin\theta_{V3}=\frac{3\lambda_V}{d}=3\times400\times650\times10^{-6}=0.78$$

$$\sin\theta_{R3}=\frac{3\lambda_R}{d}=3\times760\times650\times10^{-6}=1.48$$

由第一个式子得 $\theta_{V3}=51.26°$，第二个式子说明不存在第三级的红光明条纹，即第三级光谱只能出现一部分。因此第三级光谱的张角为

$$\Delta\theta_3=90.00°-51.26°=38.74°$$

设第三级光谱所能出现的最大波长为 λ_{X3}，其对应的衍射角为 90°，由光栅方程得

$$\lambda_{X3}=\frac{d\sin90°}{3}=\frac{10^6}{3\times650}=513(\mathrm{nm})$$

波长为 513nm 的光是绿色，即第三级光谱只能出现紫、蓝、青、绿等色光，而波长比 513nm 长的黄、橙、红等色光则看不到。因此第三级光谱的波长范围是 400～513nm。

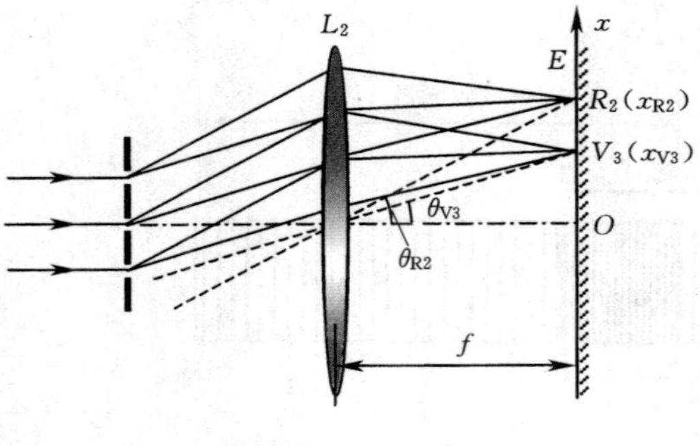

图 14－21

【例 14－3】 如图 14－21 所示，由线光源经透镜产生的平行白光垂直照射在光栅上，光栅的光栅常数为 $2.4\times10^{-4}\mathrm{cm}$，会聚透镜的焦距为 0.25m。该光栅形成的第二级光谱与第三级光谱是否发生重叠？如果发生重叠，重叠宽度有多大？

解： 如果第二级光谱与第三级光谱发生重叠，必然有红光二级谱线的衍射角 θ_{R2} 大于紫光三级谱线的衍射角 θ_{V3}，即 $\theta_{R2}>\theta_{V3}$。

由光栅方程 $d\sin\theta=k\lambda$ 得

$$\theta=\arcsin\frac{k\lambda}{d}$$

因此红光二级谱线的衍射角 θ_{R2} 和紫光三级谱线的衍射角 θ_{V3} 分别为

$$\theta_{R2}=\arcsin\frac{2\times0.76\times10^{-6}}{2.4\times10^{-6}}=39°18'$$

$$\theta_{V3}=\arcsin\frac{3\times0.4\times10^{-6}}{2.4\times10^{-6}}=30°$$

显然，$\theta_{R2}>\theta_{V3}$，即第二级光谱与第三级光谱发生重叠。

在图 14－21 的坐标系中，设红光二级谱线和紫光三级谱线的坐标分别为 x_{R2}、x_{V3}。由几何关系得

$$x_{R2}=f\tan\theta_{R2}=0.25\times\tan39°18'=0.2046(\mathrm{m})$$

$$x_{V3}=f\tan\theta_{V3}=0.25\times\tan30°=0.1443(\mathrm{m})$$

因此，第二级光谱与第三级光谱的重叠宽度为

$$\Delta x_{23}=x_{R2}-x_{V3}=0.2046-0.1443=0.0603(\mathrm{m})$$

【例 14－4】 设光栅平面和透镜都与光屏平行，在平面透射光栅上每厘米有 5000 条狭缝，用它来观察波长为 589nm 的钠黄光的光谱线。

（1）当光线垂直入射到光栅上时，能看到的光谱线的最高级次是多少？

（2）当入射光与光栅平面的法线成 30°角斜入射到光栅上时，能看到的光谱线的最高级次又是多少？

解： 该平面透射光栅的光栅常数为

$$d=\frac{1}{5000}\times10^{7}=2.0\times10^{3}(\mathrm{nm})$$

（1）当光线垂直入射时，其衍射角 $\theta<90°$，或 $\sin\theta<1$，由光栅方程 $d\sin\theta=k\lambda$，得

$$\sin\theta=\frac{k\lambda}{d}$$

因此

$$\frac{k\lambda}{d}<1$$

解之得

$$k<\frac{d}{\lambda}=\frac{2.0\times10^{3}}{589}=3.40$$

由于 k 只能取整数，因此能看到的光谱线的最高级次为 3 级。

（2）当入射光与光栅平面的法线成 30°角斜入射到光栅上时，由图 14－22 得这种情况下的光栅方程为

$$d(\sin30°+\sin\theta)=k\lambda$$

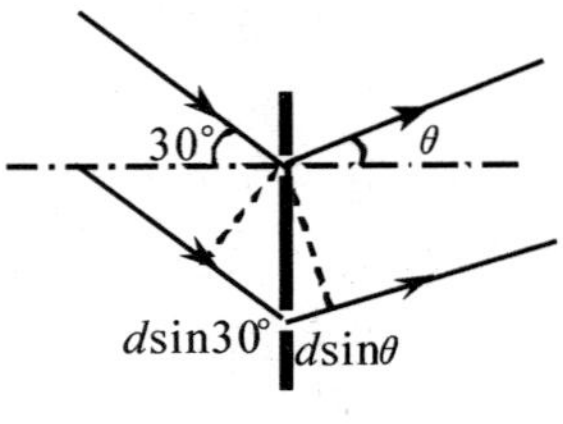

图 14－22

由此解得

$$\sin\theta=\frac{k\lambda}{d}-\frac{1}{2}$$

由于 $\sin\theta<1$，因此

$$\frac{k\lambda}{d}-\frac{1}{2}<1$$

解之得

$$k<\frac{1.5d}{\lambda}=\frac{1.5\times2.0\times10^{3}}{589}=5.09$$

由于 k 只能取整数，因此这时能看到的光谱线的最高级次为 5 级。

比较（1）、（2）的结果可以看出，当光斜入射到光栅上时，能看到的光谱线的最高级次较大。

思考与讨论

1. 一束平行单色光垂直入射在光栅上，试问：当光栅常数 d 等于狭缝宽度 a 的多少倍时，$k=3$、6、9 等级次的主极大均不出现？

2. 一束白光垂直照射在一个光栅上，在形成的同一级光栅光谱中，试问：偏离中央明纹最远的是什么颜色的光？

3. 某元素的特征光谱中含有波长分别为 450nm 和 750nm 的光谱线。在光栅光谱中，这两种波长的谱线有重叠现象，试问：重叠处波长为 750nm 的谱线的级数应该是多少？

4. 在光栅光谱中，假如所有偶数级次的主极大都恰好在单缝衍射的暗纹方向上，因而实际上不出现，试问：此光栅每个透光缝宽度 a 和相邻两缝间不透光部分宽度 b 的关系怎样？

5. 波长为 550nm 的单色光垂直入射于光栅常数为 2×10^{4}cm 的平面衍射光栅上，试问：可能观察到光谱线的最高级次为多少？

6. 衍射光栅主极大公式为 $d\sin\varphi=\pm k\lambda$，$k=0, 1, 2, \cdots$。试问：在 $k=2$ 的方向上，第一条缝与第六条缝对应点发出的两条衍射光的光程差等于多少？

7. 用波长为 λ 的单色平行光垂直入射在一块光栅常数为 3μm、每条缝的宽度为 1μm 的衍射光栅上，试问：在单缝衍射的中央明条纹中共有多少条光栅光谱线？

8. 用平行的白光垂直入射在平面透射光栅上时，试问：波长为 440nm 的第三级光谱线将与波长为多少的第二级光谱线重叠？

第四节　圆孔衍射　光学仪器的分辨率

一、圆孔衍射

如图 14－23 所示，如果在观察夫琅禾费单缝衍射的实验装置中，将狭缝用小圆孔代替，使平行单色光垂直照射到圆孔上，光通过圆孔以后被透镜会聚。按照几何光学知识，在凸透镜焦平面处放置的光屏上应该出现一个亮点，但人们实际看到的却是圆孔的衍射图样，中央是一个较亮的圆斑，外围是一组同心的明暗相间圆环。其由第一个暗环围成的中央亮斑称为**艾里斑**（Airy disk）。

理论分析结果表明，艾里斑对透镜光心的张角为

$$2\theta=2.44\frac{\lambda}{d} \qquad (14-11)$$

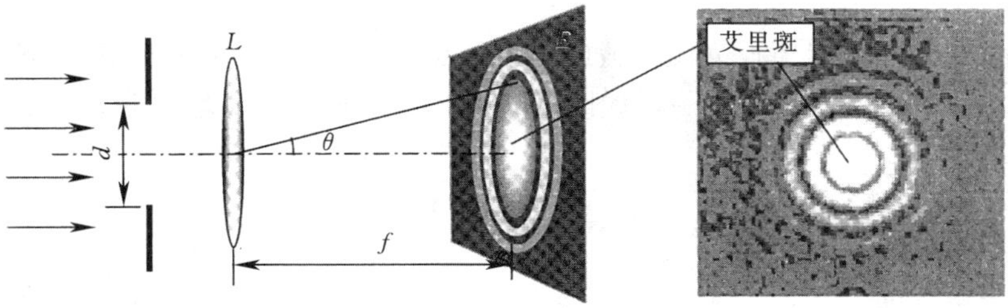

图 14－23

其中 λ 为入射单色光的波长，d 为圆孔的直径，θ 称为**艾里斑的角半径**。如果透镜的焦距为 f，则艾里斑的直径为

$$D=2\theta f=2.44\frac{f}{d}\lambda \tag{14-12}$$

二、光学仪器的分辨率

借助光学仪器观察小物体时，为了看得更清楚一些往往要提高放大倍数，但是人们注意到放大倍数提高的同时，物体反而变得模糊了，即分辨本领反而降低了。这实际上是由圆孔衍射造成的。

光学仪器中的透镜、光阑等相当于透光的小圆孔。由于光的衍射作用，一个物点经光学系统成的不是一个像点，而是有一定大小的艾里亮斑。对于相距较近的两个物点，其对应的两个艾里斑会发生重叠，甚至无法分辨出是两个物点的像。

如图 14－24 所示，S_1、S_2 为距透镜 L 很远的两个点光源，可以认为他们发出的光入射到 L 上时是平行光。透镜 L 的边框相当于圆孔，因此从，S_1、S_2 发出的光通过透镜 L 后在焦平面处的光屏上分别衍射形成艾里亮斑 S_1'、S_2'。如果 S_1、S_2 相距较远，S_1'、S_2'也相距较远，如图 14－24(a) 所示，这时可以分辨出是两个像点。如果 S_1、S_2 相距较近，S_1'、S_2'也相距较近，如图 14－24 (c) 所示，这时就分辨不出是两个像点了。

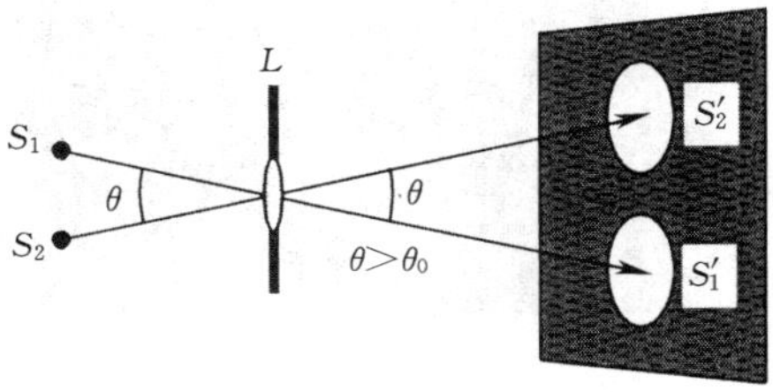

(a)

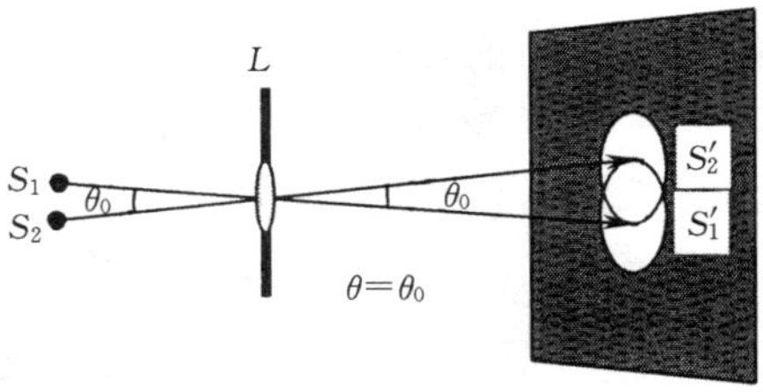

(b)

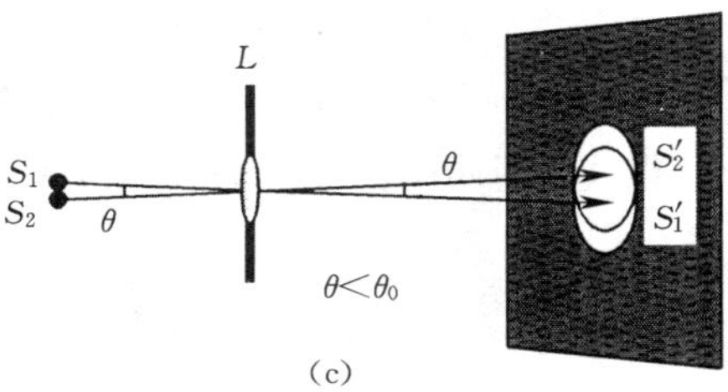

(c)

图 14－24

什么情况下才能恰好分辨出两个像点呢？瑞利提出了一个标准，称为**瑞利判据** (Rayleigh criterion)。对于两个强度相等的非相干点光源，如果一个点光源的衍射图样的主极大刚好与另一个点光源衍射图样的第一个极小相重合，即两点光源的距离恰好使两个艾里斑中心的距离等于艾里斑的半径时，两个点光源恰好能被该光学仪器

分辨。

而这一临界情况下两个点光源（或物点）S_1、S_2 对透镜光心的张角 θ_0 称为**最小分辨角**（angle of minimum resolution），如图 14－24（b）所示。显然。最小分辨角就等于艾里斑的角半径，即

$$\theta_0=1.22\frac{\lambda}{d} \tag{14-13}$$

最小分辨角反映了光学仪器的分辨本领，θ_0 越小，光学仪器的分辨本领越强。在光学中，将光学仪器的最小分辨角的倒数称为**分辨率**（resolution），即

$$\text{光学仪器的分辨率}=\frac{1}{\theta_0}=\frac{d}{1.22\lambda} \tag{14-14}$$

式（14－14）表明，光学仪器的分辨率与入射光的波长 λ 成反比，与透光孔的直径 d 成正比。

图 14－25

在天文观察中，为了提高望远镜的分辨率，通常要采用直径很大的透镜。图 14－25 是 1990 年 4 月 24 日发射的哈勃太空望远镜，它的凹面物镜的直径为 2.4m，最小分辨角为 1″，在大气层外 615km 的高空绕地球运行。它可以观察 130 亿光年远的太空深处，发现了 500 亿个星系。她用清晰的图片向世界展现太空惊心动魄的美丽。目前，科学家们正准备发射第二代太空望远镜以取代哈勃望远镜。

【例 14－5】　人眼在正常照度下的瞳孔直径约为 3mm，而在可见光中，人眼最敏感的波长为 550nm。

（1）人眼的最小分辨角有多大？

（2）如果物体放在距人眼 25cm（明视距离）处，则两个物点间距为多大时才能被分辨？

解：（1）人眼的最小分辨角为

$$\theta_0=1.22\frac{\lambda}{d}=\frac{1.22\times5.5\times10^{-4}}{3}=2.24\times10^{-4}(\text{rad})$$

（2）设两个物点间的距离为 h，它们到人眼的距离为 l 时恰好能被人眼所分辨，则

$$h=\theta_0 l=2.24\times10^{-4}\times0.25=55.92\times10^{-6}\ (\text{m})\ =0.05592(\text{mm})$$

即只有当两个物点间的距离大于这个数值时，人眼才能将它们分辨清楚。

第五节　X 射线的衍射

1895 年德国物理学家伦琴在做阴极射线实验时意外地发现，受到高速电子撞击的金

属会发射一种穿透本领很强的辐射，伦琴称之为**X 射线**（X-ray）。伦琴注意到 X 射线能够透过肉体，但会被骨骼阻挡。伦琴为了研究 X 射线的这一性质，请他的夫人将手放在用黑纸包严的照相底片上，然后用 X 射线照射了 15min，显影后底片上清晰地呈现出他夫人的手骨像（图 14-26），手指上的结婚戒指清楚可见，这是一张具有历史意义的照片，它表明人类可以借助 X 射线，隔着皮肉去透视骨骼。

图 14-27 是 X 射线管的结构示意图，在真空玻璃管内密封着阴极 K 和阳极 A，由低压加热电源对 K 供电，使其发射电子流，这些电子在高压加速电源的强电场作用下高速撞击阳极金属靶，从而产生出 X 射线。阳极中有冷却液，用来带走由于电子撞击所产生的热量。

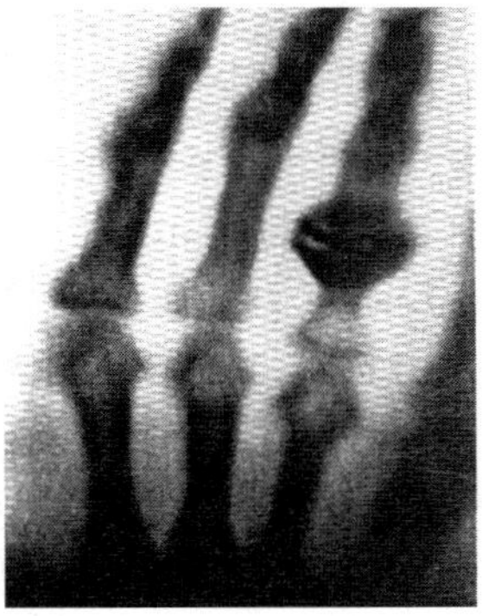

图 14-26

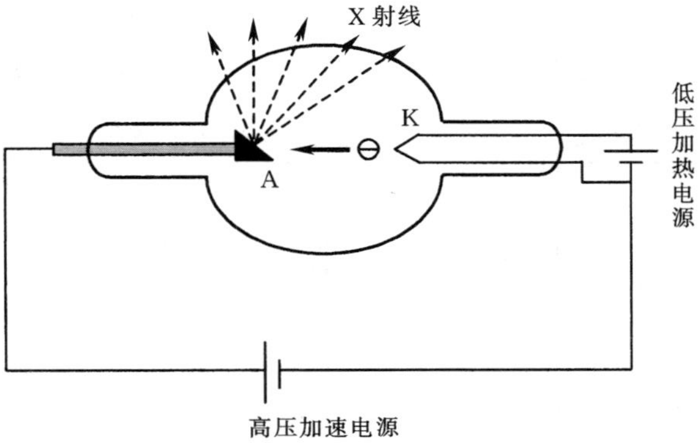

图 14-27

实验发现，X 射线在磁场或电场中仍然沿直线前进，说明 X 射线不带电。德国物理学家劳厄在 1912 年提出，X 射线是一种电磁波，可以产生干涉和衍射效应。现在人们已经知道，X 射线的本质上与可见光一样，是一种波长仅为约 0.1nm 的电磁波。对于这样短的波长，通常的光学光栅无法使其衍射。要想获得 X 射线的衍射图形，必须使光栅可透过缝的宽度与 X 射线的波长具有同样的数量级，这样的光栅用机械方法是没有办法制造的。

劳厄考虑到晶体是由一组有规则排列的微粒（原子、分子或离子）组成的，它也许会构成一种适合于 X 射线用的天然三维衍射光栅。于是他设计如图 14-28（a）所示的实验装置，一束穿过铅板小孔的波长连续的 X 射线投射在单晶体薄片上，在照相底片上发现有很强的 X 射线在一些确定的方向上出现。这是由于 X 射线照射在晶体上时，构成晶体的各个微粒相当于发射子波的中心，向它们各个方向发出 X 射线，而来自晶体中许多有规则排列的散射中心的 X 射线，相加干涉使得某些方向的 X 射线光束加强。图 14-28（b）是 X 射线通过 NaCl 晶体后照射在照相底片上形成的斑点，称为**劳厄斑**（Laue spot）。

英国物理学家布喇格与他还在剑桥大学读书的儿子合作，在 1913 年提出了一种解释 X 射线衍射的方法。如图 14-29 所示，他们将晶体看成是由一系列彼此平行的原子（分子或离子）层组成的，称为晶体点阵。图中小圆点表示原子、分子或离子，当 X 射线照射到它们上时，这些粒子就成为向各方向发出子波的波源，即入射波被粒子散射了。设相

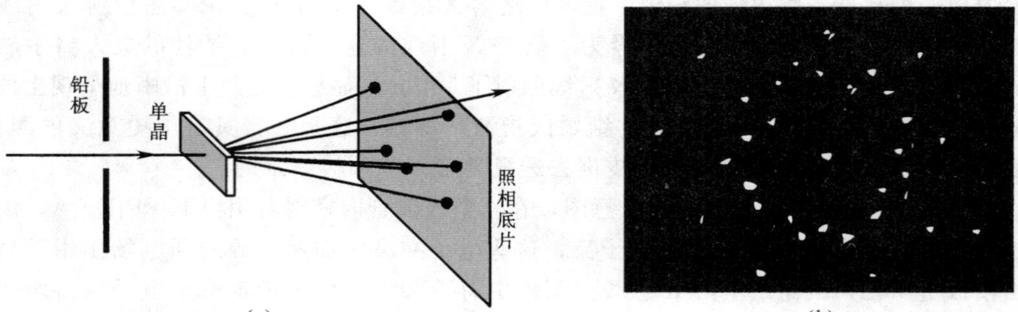

(a) (b)

图 14-28

邻平面层的间距为 d，则由相邻平面反射的散射波的光程差为

$$\Delta S = AC + CB = 2d\sin\theta$$

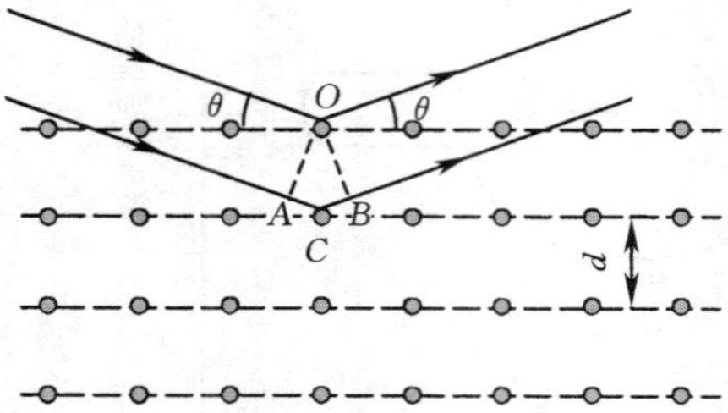

图 14-29

其中 θ 是 X 射线入射方向与原子层平面之间的夹角，称为**掠射角**（grazing angle）。因此两束反射光干涉加强的条件为

$$2d\sin\theta = k\lambda,\ k = 0,1,2,\cdots \tag{14-15}$$

从各个平行层上散射的 X 射线只有满足上述条件时才能相互加强。此时的掠射角称为**布拉格角**（Bragg angle），上式称为**布拉格公式**（Bragg's formula）。

布拉格公式是 X 射线衍射的基本规律，其应用范围非常广泛。如果已经由其他方法测定了晶面间距 d，再通过 X 射线衍射实验测出布拉格角 θ，就可以由布拉格公式计算出入射 X 射线的波长，得到 X 射线谱，进一步研究原子结构。如果采用其他方法测定了 X 射线的波长，将其投射到晶体的晶面上，测出布拉格角 θ，由布拉格公式就可以算出样品晶体的晶面间距 d，由此可以研究晶体的结构，进一步研究材料性能。可见，晶体衍射和布拉格公式在科学研究和工程技术中都具有十分重要的意义。

【例 14-6】 以铜作为阳极靶物质，产生的 X 射线中主要是波长为 0.15nm 的谱线。当它以 11°15′的掠射角照射某一组晶面时，在反射方向上测到了一级衍射极大，求该组晶面的间距。如果以钨作为阳极靶物质，用其产生的波长为 0.1～1.0nm 的连续 X 射线照射铜的那组晶面，在 36°的方向上可以测得什么波长的 X 射线的衍射极大值？

解：由布拉格公式得

$$2d\sin\theta_1 = \lambda$$

因此铜的该组晶面间距为

$$d = \frac{\lambda}{2\sin\theta_1} = \frac{0.15}{2\sin 11°15'} = 0.38(\text{nm})$$

如果以连续波长的 X 射线照射铜的该组晶面，由布拉格公式得

$$2d\sin\theta_2 = k\lambda$$

因此，在 36°的方向上测到的 X 射线的衍射极大值的波长为

$$\lambda=\frac{2d\sin\theta_2}{k}=\frac{2\times0.38\times\sin36^\circ}{k}=\frac{0.45}{k}\ (\text{nm})$$

由于连续 X 射线的波长范围为 0.1～1.0nm，因此

$$0.1\leqslant\frac{0.45}{k}\leqslant1.0$$

解该不等式，得

$$0.45\leqslant k\leqslant4.5$$

k 在这个范围内的整数为 $k=1$，2，3，4，将它们代入 $\lambda=\frac{0.45}{k}$nm 即得 X 射线衍射极大值的波长为

$$\lambda_1=0.45\text{nm},\ \lambda_2=0.23\text{nm},\ \lambda_2=0.15\text{nm},\ \lambda_4=0.11\text{nm}$$

思考与讨论

1. 孔径相同的微波望远镜与光学望远镜相比较，试问：前者的分辨本领较小的原因是什么？

2. 如果星光的波长按 550nm 计算，试问：地面上孔径为 127cm 的大型望远镜所能分辨的两颗星的最小角距离 θ 等于多少？

3. 一块直径为 3cm 的会聚透镜的焦距为 20cm。入射光的波长为 550nm。为了可以分辨，试问：两个远处的点状物体对透镜中心的张角必须不小于多少弧度？这时在透镜焦平面上两个衍射图样中心间的距离不小于多少微米？

4. 汽车两盏前灯相距 l，与观察者相距 10km。夜间人眼瞳孔直径为 5.0mm。人眼敏感波长为 550nm，若只考虑人眼的圆孔衍射，试问：人眼可以分辨出汽车两前灯间距 l 的最小值等于多少？

5. 波长为 0.168nm 的 X 射线以掠射角 θ 射向某晶体表面时，在反射方向出现第一级极大，已知晶体的晶格常数为 0.168 nm，试问：θ 角等于多少度？

6. 波长为 0.426nm 的单色光，以 70°角掠射到岩盐晶体表面上时，在反射方向出现第一级极大，试问：岩盐晶体的晶格常数等于多少？

7. X 射线射到晶体上，对于间距为 d 的平行点阵平面，试问：能产生衍射主极大的最大波长是 d 的多少倍？

习　题

1. 在某次单缝衍射实验中，光源发出两种波长为 λ_1 和 λ_2 的光，它们垂直入射在单缝上。如果 λ_1 的第一级衍射极小与 λ_2 的第二级衍射极小相重合。

（1）这两种光的波长之间有何关系？

（2）在这两种波长的光所形成的衍射图样中，是否还有其他极小相重合？

2. 波长为 600nm 的单色光垂直入射到宽度为 0.1mm 的单缝上，观察夫琅禾费衍射图样，光屏在透镜的焦平面处，透镜焦距为 1.0m。求：

（1）中央衍射明条纹的宽度。

（2）第三级暗条纹离透镜焦点的距离。

3. 某种单色平行光垂直入射在单缝上，单缝的宽度为 0.15mm。缝后放焦距为 400mm 的凸透镜，在透镜的焦平面上，测得中央明条纹两侧的两个第三级暗条纹之间的距离为 8.0 mm，求入射光的波长。

4.（1）在夫琅禾费单缝衍射实验中，垂直入射的光有 400nm 和 760nm 两种波长成分。已知单缝的宽度为 1.0×10^{-2}cm，透镜焦距为 50cm。求两种光的第一级衍射明条纹中心之间的距离。

（2）如果用光栅常数为 1.0×10^{-3}cm 的光栅替换单缝，其他条件不变，求两种光的第一级主极大之间的距离。

5. 波长为 600nm 的单色光垂直入射到一块光栅上，测得第二级主极大的衍射角为 30°，且第三级是缺级。

（1）光栅常数等于多少？

（2）透光缝可能的最小宽度等于多少？

（3）在选定了上述光栅常数和透光缝宽度之后，求在衍射角 $-90°<\theta<90°$ 范围内可能观察到的全部主极大的级次。

6. 一束平行光垂直入射到某个光栅上，该光束有 440nm 和 660nm 两种波长成分的光。实验发现这两种波长的谱线第二次重合于衍射角 60°的方向上。求此光栅的光栅常数。

7. 用一束具有 600nm 和 400nm 两种波长成分的平行光垂直入射在光栅上，发现距中央明纹 5cm 处，波长为 600nm 的光的第 k 级主极大和波长为 400nm 的光的第（$k+1$）级主极大相重合，放置在光栅与屏之间的透镜焦距为 50cm，试问：

（1）上述 k 值等于多少？

（2）该光栅的光栅常数等于多少？

8. 用含有 600nm 和 500nm 两种波长的复色光垂直入射到每毫米有 200 条刻痕的光栅上，光栅后面放置一块焦距为 50cm 的凸透镜，在透镜焦平面处放置屏幕，求以上两种波长光的第二级谱线的间距。

9. 以波长为 400～760nm 的白光垂直照射在光栅上，发现它的第二级和第三级衍射光谱发生重叠，求第二级光谱被重叠的波长范围。

10. 氢放电管发出的光垂直照射在某光栅上，在衍射角为 41°的方向上看到 656.2nm 和 410.1nm 的谱线重合，求光栅常数的最小值。

11. 一个双缝的缝间距为 0.40mm，缝宽度都是 0.08mm，用波长为 480nm 的平行光垂直照射该双缝，在双缝后放置一块焦距为 2.0m 的透镜。求：

（1）在透镜焦平面处的屏上，双缝干涉条纹的间距。

（2）在单缝衍射中央亮纹范围内，双缝干涉亮纹数目和相应的级数。

12. 在夫琅禾费圆孔衍射实验中，已知圆孔半径 a、透镜焦距 f 和入射光波长 λ。求透镜焦平面上中央亮斑的直径 D。

13. 在通常亮度下，人眼瞳孔直径约为 3mm，视觉感受最灵敏的光波长为 550nm，试问：

（1）人眼的最小分辨角等于多少？

（2）在黑板上画一个“＝”，其两横线相距 2mm，通过计算说明，坐在距黑板 10m 处的同学能否看清这个“＝”？

14. 某单色 X 射线以 30°角掠射晶体表面时，在反射方向出现第一级极大；而另一波长为 0.097nm 的单色 X 射线，它在与晶体表面掠射角为 60°时出现第三级极大。试求第一束 X 射线的波长。

15. 在 X 射线的衍射实验中，用波长从 0.095nm 到 0.130nm 的连续 X 射线以 45°角掠射到晶体表面。若晶体的晶格常数为 0.275nm，则在反射方向上有哪些波长的 X 光衍射极大？

科学家史话　迈克尔逊

阿尔伯特·亚伯拉罕·迈克尔逊（Albert Abrahan Michelson，1852—1931），波兰物理学家。迈克尔逊主要从事光学和光谱学方面的研究，他以毕生精力从事光速的精密测量，在他的有生之年，一直是光速测定的国际中心人物。他发明了一种用以测定微小长度、折射率和光波波长的干涉仪，即迈克尔逊干涉仪，并借助该仪器在光谱学和度量学的研究工作中做出了卓越的贡献，被授予 1907 年度诺贝尔物理学奖。

迈克尔逊童年随父母迁居美国。受旧金山男子中学校长的引导，迈克尔逊对光学和声学发生了兴趣，并展示了自己的实验才能。1869 年被选拔到美国安纳波利斯海军学院学习。毕业后曾任该校物理和化学讲师。1880—1882 年到欧洲攻读研究生，先后到柏林大学、海德堡大学、法兰西学院学习。1883 年任俄亥俄州克利夫兰市开斯应用科学学院物理学教授。1889 年成为麻省伍斯特的克拉克大学的物理学教授。1892 年改任芝加哥大学物理学教授，后任该校第一任物理系主任。1910—1911 年担任美国科学促进会主席。1923—1927 年担任美国科学院院长。1931 年 5 月 9 日因脑溢血于加利福尼亚州的帕萨迪纳逝世，终年 79 岁。

迈克尔逊的名字是和迈克尔逊干涉仪及迈克尔逊-莫雷实验联系在一起的，实际上这也是迈克尔逊一生中最重要的贡献。在迈克尔逊的时代，人们认为光和一切电磁波必须借助绝对静止的“以太”进行传播，而“以太”是否存在以及是否具有静止的特性，在当时还是一个谜。有人试图测量地球对静止“以太”的运动所引起的“以太风”，以此来证明以太的存在和具有静止的特性，但由于仪器精度所限没有成功。麦克斯韦曾于 1879 年写信给美国航海年历局的托德，建议用罗默的天文学方法研究这一问题。迈克尔逊知道这一情况后，决心设计出一种灵敏度提高到亿分之一的方法，测出与此有关的效应。1881 年他在柏林大学亥姆霍兹实验室工作，发明了高精度的迈克尔逊干涉仪，进行了著名的以太漂移实验。他认为如果地球绕太阳公转相对于以太运动时，其平行于地球运动方向和垂直地球运动方向上，光通过相等距离所需时间不同，因此在仪器转动 90°时，前后两次所产生的干涉必有 0.04 个条纹移动。1881 年迈克尔逊用最初建造的干涉仪进行实验，这台仪器的光学部分用蜡封在平台上，调节很不方便，测量一个数据往往要好几小时。实验得出了否定结果。1884 年在瑞利、开尔文等的鼓励下，他和化学家莫雷合作，提高了干涉仪的灵敏度，得到的结果仍然是否定的。1887 年他们继续改进仪器，光路增加到 11m，花了整整 5 天时间，仔细地观察地球沿轨道与静止以太之间的相对运动，结果仍然是否定的。这一实验引起科学家的震惊和关注，暴露了以太理论的缺陷，动摇了经典物理学的基础，为狭义相对论的建立铺平了道路。

迈克尔逊的另一项重要贡献是对光速的测定。1879 年迈克尔逊在海军学院工作期间，开始了光速的测定工作。他是继菲佐、傅科、科纽之后，第四个在地面测定光速的人。他用正八角钢质棱镜代替傅科实验中的旋转镜，由此使光路延长 600m。返回光的位移达 133mm，提高了精度，改进了傅科的方法。他多次并持续进行光速的测定工作，其中最精确的测定值是在 1924—1926 年，在南加利福尼亚山间 22 英里长的光路上进行的，其值为（299796±4）km/s。迈克尔逊从不满足已达到的精度，总是不断改进，反复实验，孜孜不倦，精益求精，整整花了半个世纪的时间，最后在一次精心设计的光速测定过程中，不幸因中风而去世，后来由他的同事发表了这次测量结果。

迈克尔逊在基本度量方面也作出了贡献。1893 年，他用自己设计的干涉仪测定了红镉线的波长，实验说明当温度为 15℃，气压在 760mmHg 时，红镉线在干燥空气中的波长为 6438.4696Å，这是人类首次获得了一种永远不变且毁坏不了的长度基准。迈克尔逊提出用此波长为标准长度来核准基准米尺，用这一方法订出的基准长度经久不变。因此它被世界所公认，一直沿用到 1960 年。

1920 年迈克尔逊和天文学家皮斯合作，把一台 20ft 的干涉仪放在 100in 反射望远镜后面，构成了恒星干涉仪，用它测量了恒星参宿四（即猎户座一等变光星）的直径，它的直径相当大，线直径为 2.5×108mi，约为太阳直径的 300 倍。此方法后来被用来测定其他恒星的直径。

在光谱学方面，迈克尔逊发现了氢光谱的精细结构以及水银和铊光谱的超精细结构，这一发现在现代原子理论中起了重大作用。迈克尔逊还运用自己发明的“可见度曲线法”对谱线形状与压力的关系、谱线展宽与分子自身运动的关系作了详细研究，其成果对现代分子物理学、原子光谱和激光光谱学等新兴学科都发生了重大影响。1898 年，他发明了一种阶梯光栅来研究塞曼效应，其分辨本领远远高于普通的衍射光栅。

迈克尔逊是一位出色的实验物理学家，他所完成的实验都以设计精巧、精确度高而闻名，爱因斯坦曾赞誉他为“科学中的艺术家”。

第十五章　光 的 偏 振

光的干涉和衍射现象说明光具有波动性，但是通过这两类现象还是无法确定光波到底是横波还是纵波。在 18 世纪，人们认为光波与空气中的声波一样是纵波。在 1808 年法国工程师马吕斯在观察从某一特定角反射的反射光时，发现了光的偏振现象。在 1871 年，托马斯·杨和菲涅耳分别指出了光的横波性，从而解释了马吕斯的实验。

本章先介绍各种偏振态及其区别，然后说明如何获得和检验线偏振光。由于晶体的双折射现象与光的偏振有直接的关系，本章接着介绍了单轴晶体的双折射规律和偏振光的干涉现象。最后讨论了已经具有广泛应用的旋光现象。

本章学习要点

（1）了解光的几种偏振态及其区别，特别是自然光与偏振光的区别。

（2）熟练掌握马吕斯定律和布儒斯特定律，会用它们解决实际问题，理解线偏振光的获得方法和检验方法。

（3）了解双折射现象，会用惠更斯原理解释双折射现象。

（4）了解偏振光的干涉，了解圆偏振光和椭圆偏振光的形成。

（5）了解旋光现象，会用旋光公式解释基本的实验现象。

第一节　自然光和偏振光

一、光的偏振态

横波和纵波在传播过程中的某些表现是完全不同的。在机械波的传播方向上放置一个狭缝，无论狭缝的位置如何，纵波总是可以通过的。但是横波就不同了，如图 15－1 所示，当缝长方向与质点的振动方向平行时，横波可以穿过狭缝继续传播［图 15－1（a）］，而当缝长方向与质点的振动方向垂直时，横波不能穿过狭缝［图 15－2（b）］。这表明，横波的振动方向对于波的传播方向是不对称的，将这种不对称称为**偏振**（polarization）。可见，只有横波才具有偏振现象，这是横波区别于纵波的最显著的特性。

早在 19 世纪初人们就在实验中发现了光波的横波性质。麦克斯韦建立了电磁场理论以后，从理论上进一步证实了光波是横波，光波也是电磁波，而电磁波的电场矢量和磁场矢量的振动方向互相垂直，并且都与电磁波的传播方向垂直。实验与理论的一致性使人们更深刻地认识到，光波的横波性质是光的偏振现象的根源。

光在传播过程中，在垂直于传播方向的平面内，光矢量（即电场强度矢量）$\vec{E}$ 可能有各种不同的振动状态，例如光矢量 $\vec{E}$ 可能始终沿某一方向振动，也可能随机地改变方向，

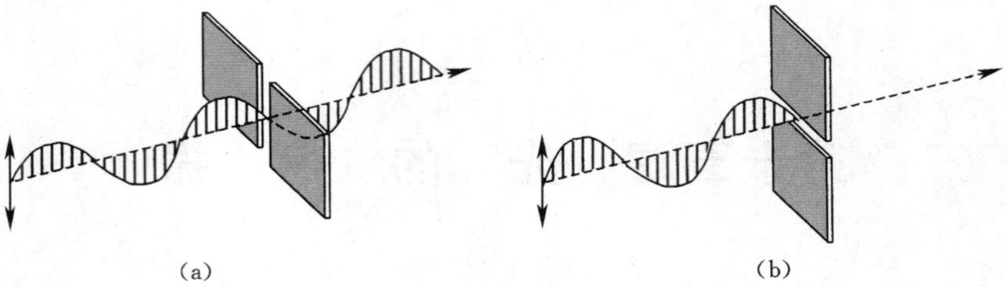

图 15－1

甚至可能绕传播方向以一定的频率旋转。光矢量的振动状态称为**光的偏振态**（polarization state of light）。光有五种基本的偏振状态：自然光、线偏振光、部分偏振光、圆偏振光和椭圆偏振光。本节将先来讨论自然光、线偏振光、部分偏振光，圆偏振光和椭圆偏振光将在本章第五节讨论。

二、自然光

普通光源发出的光是由组成该光源的大量分子或原子产生的。光源中的各个分子或原子发出的光的振动方向是杂乱无章的，而每一个分子或原子发光是间歇性的，前后发出的光波列的振动方向是随机的，因此普通光源发出的光包含一切可能方向的振动，即在一切可能的方向都有光振动，没有哪一个方向比其他更占优势，在一切可能的方向光矢量的振幅都相等。**在一切可能的方向都有光振动并且各个方向的光矢量的振幅都相等的光**称为**自然光**（natural light）。图 15－2（a）表示自然光的振动情况，平面Σ与光的传播方向垂直，平面上的双箭头表示该点的光矢量的振动方向，其每一个方向都是可能的振动方向，即在自然光情况下，平面Σ上每一个方向都有光振动。

图 15－2（b）表示自然光的传播方向与纸面垂直。可以将各个自然光的光矢量沿互相垂直的两个方向进行分解，再分别将这两个方向的各个分量合起来成为互相垂直的、振幅相等的光矢量，如图 15－2（c）所示。也就是说，自然光的光矢量可以用两个振动方向互相垂直、振幅相等的分振动表示。不过要注意，由于自然光中各个方向的光矢量没有固定的相位差，因此这两个互相垂直的光矢量不能合成为一个单独的矢量。

为了简明地表示光的振动情况，常用与传播方向垂直的短线表示在纸面内的光振动，而用点子表示与纸面垂直的光振动。对自然光而言，点子和短线作等距分布，表示没有哪一个方向的光振动占优势，如图 15－2（d）所示。

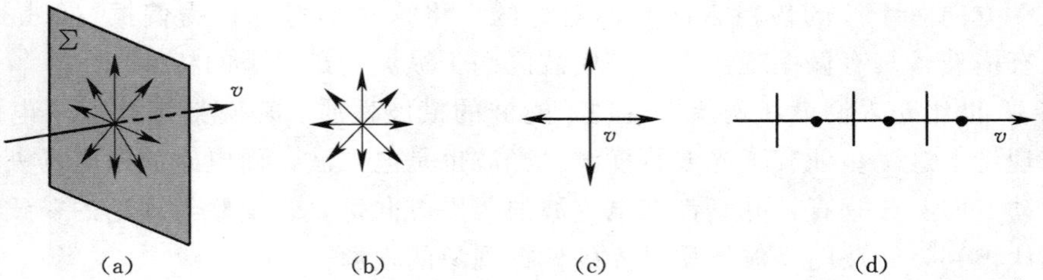

图 15－2

三、线偏振光和部分偏振光

自然光经过反射、折射或吸收以后，可能只保留某一个方向的光振动。**只在某一个固定方向上的光振动**称为**线偏振光**，简称**偏振光**（polarized light）。在图 15－3（a）中，偏振光沿着 x 轴方向传播，其固定的振动方向为 z 轴。偏振光的振动方向与其传播方向构成的平面称为**振动面**（plane of vibration）。图 15－3（b）表示偏振光的传播方向与纸面垂直。图 15－3（c）表示偏振光的传播方向向右，其光振动方向垂直于纸面，振动面垂直于纸面。图 15－3（d）表示的偏振光的传播方向也向右，其光振动方向平行于纸面，振动面与纸面平行。

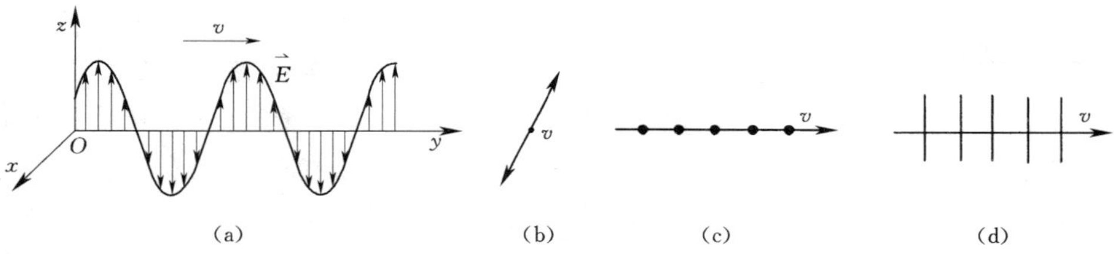

图 15－3

介于自然光与偏振光之间还有一种光，它在某一方向的光振动比与之相垂直的光振动占优势，这种光称为**部分偏振光**（partially polarized light）。图 15－4（a）表示部分偏振光的振动情况。图 15－4（b）表示部分偏振光的传播方向与纸面垂直。将各个部分偏振光的光矢量沿互相垂直的两个方向进行分解，再分别将这两个方向的各个分量合起来，其一个方向的振幅大于与之垂直的另一个方向的振幅，如图 15－4（c）所示。图 15－3（d）表示部分偏振光的传播方向向右，其垂直于纸面方向的光振动比平行于纸面方向的光振动占优势。图 15－4（e）表示的部分偏振光的传播方向也向右，其平行于纸面方向的光振动比垂直于纸面方向的光振动占优势。

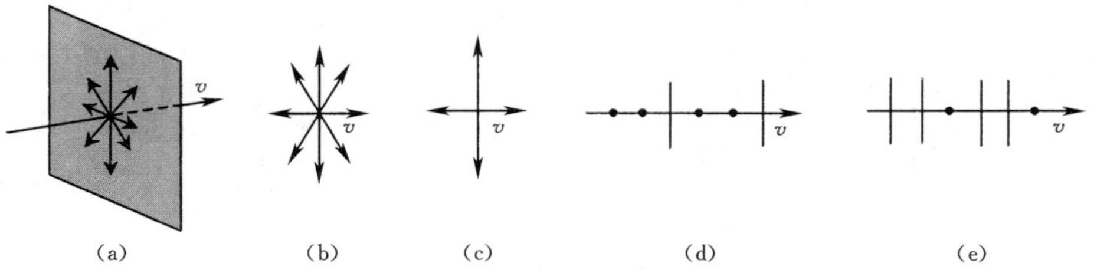

图 15－4

第二节　起偏与检偏　马吕斯定律

一、起偏与检偏

除激光器等特殊的光源以外，诸如太阳、日光灯、白炽灯等一般的光源发出的光都是自然光。将自然光变成偏振光的方法有很多种，先来介绍利用偏振片产生偏振光的方法。

当自然光入射到某些材料上时，这些物质能强烈地吸收某一个方向的光振动，而只让与该方向垂直的光振动通过，这种性质称为**二向色性**（dichroism）。例如 1mm 厚的电气石薄片，几乎能将入射光中某一方向的光振动全部吸收，而对垂直于该方向的光振动吸收很少。将这种具有二向色性的材料涂在透明薄片上就成为**偏振片**（polaroid）。当自然光照射在偏振片上时，它只让某一个特定方向的光振动通过，这个方向称为**偏振化方向**（polarization direction）。通常将表示偏振化方向的记号“↕”标在偏振片上。常用的偏振片是将聚乙烯醇透明膜加热并沿一个方向拉伸再进行碘化制成的。这样的偏振片虽然对透射光具有一定的选择性吸收，但由于其成本低廉，面积大而被广泛利用。

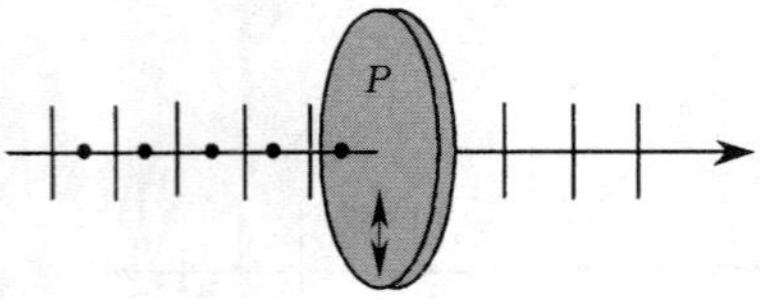

图 15 - 5

如图 15 - 5 所示，自然光垂直入射在偏振片 P 上，射出后的光变成了线偏振光。**由自然光获得偏振光的过程称为起偏，使自然光变为偏振光的装置称为起偏器**（polarizer）。图 15 - 5 中的偏振片 P 就是起偏器。

偏振片不但可以用来使自然光变成偏振光，还可以用来检查某一束光是否为偏振光。用来**检查一束光是否为偏振光的装置**称为**检偏器**（analyzer），即偏振片也可以作为检偏器使用。如图 15 - 6 所示，两块偏振片中的 P_1 作为起偏器、P_2 作为检偏器，当自然光垂直入射在起偏器 P_1 时，透过的光将成为线偏振光，其振动方向平行于 P_1 的偏振化方向，强度等于入射的自然光强度 I_n 的 1/2。透过起偏器 P_1 的线偏振光入射到检偏器 P_2 上，如果 P_2 的偏振化方向与 P_1 的偏振化方向平行，则透过 P_2 的偏振光强度最大，如图 15 - 6（a）所示；如果 P_2 的偏振化方向与 P_1 的偏振化方向互相垂直，则透过 P_2 的偏振光强度最小，等于 0，如图 15 - 6（b）所示。在将 P_2（或 P_1）绕中心轴慢慢转动的过程中，可以看到透过 P_2 的光强 I_2 将随 P_2（或 P_1）的转动而发生变化，由亮逐渐变暗，再由暗逐渐变亮，旋转一周将出现两次最亮和两次最暗。

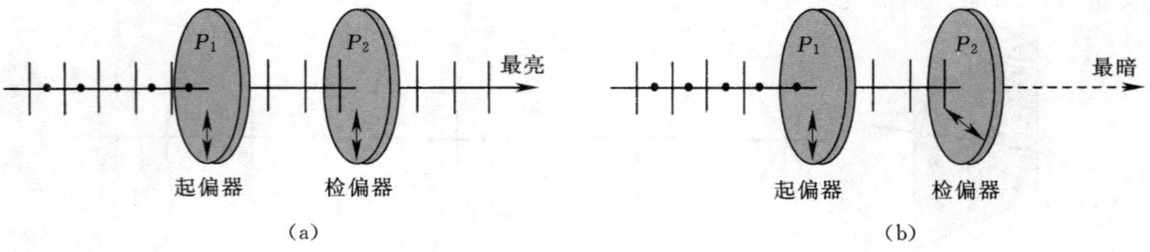

图 15 - 6

二、马吕斯定律

如图 15 - 7（a）所示，一束强度为 I_n 的自然光通过起偏器 P_1 后产生强度为 $I_0=I_n/2$ 的偏振光。设检偏器 P_2 的偏振化方向与 P_1 的偏振化方向之间的夹角为 α。那么通过检偏器 P_2 的偏振光的强度 I 与 I_0 之间的关系如何呢？如图 15 - 7（b）所示，设与偏振光强度 I_0 对应的振幅为 E_0，将 E_0 分解为与 P_2 平行的分量 $E_{/\!/}$ 和垂直的分量 $E_{\perp}$。由于透过 P_2 的偏振光的振动方向与 P_2 的偏振化方向平行，因此透过 P_2 的偏振光的振幅为

$$E_{/\!/}=E_0\cos\alpha$$

由于光强与其对应的振幅的平方成正比，因此

$$\frac{I}{I_0}=\frac{E_0^2\cos^2\alpha}{E_0^2}=\cos^2\alpha$$

由此得

$$I=I_0\cos^2\alpha \tag{15-1}$$

式（15－1）表明，如果入射在偏振片上的偏振光强度为 I_0，偏振光的振动方向与偏振片的偏振化方向之间的夹角为 α，则从该偏振片出射的偏振光强度为 $I_0\cos^2\alpha$。这个关系是法国物理学家马吕斯在 1809 年通过实验归纳出来的，因此称为**马吕斯定律**（malus law）。

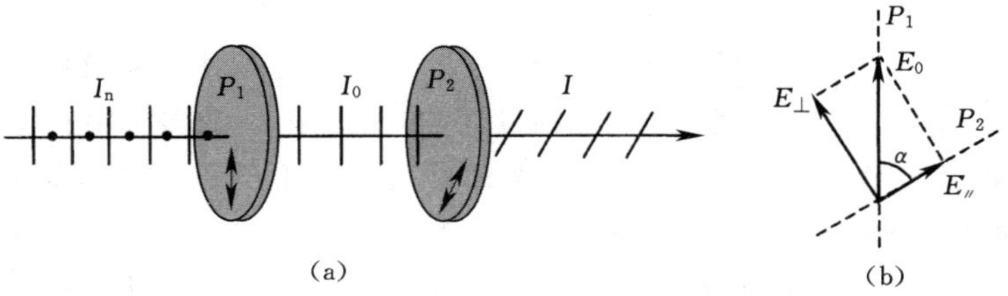

图 15－7

【例 15－1】 有两个偏振片 P_1 和 P_2，一束单色自然光先穿过 P_1 再穿过 P_2，当它们的偏振化方向之间的夹角为 30°时出射光强为 I_1。使一束单色自然光按原来的顺序穿过两个偏振片，当偏振化方向之间的夹角为 60°时出射光强为 I_2，测得 $I_1=I_2$。求两束单色自然光的强度之比。

解：设第一束单色自然光的强度为 I_{10}，它穿过偏振片 P_1 后变为强度等于 $I_{10}/2$ 的偏振光，该偏振光再穿过偏振片 P_2 后得到强度为 I_1 的偏振光，根据马吕斯定律得

$$I_1=\frac{I_{10}}{2}\cos^2 30°$$

同理，强度为 I_{20} 的第二束单色自然光先后穿过 P_1、P_2 得到的偏振光强度为

$$I_2=\frac{I_{20}}{2}\cos^2 60°$$

由于 $I_1=I_2$，即

$$\frac{I_{10}}{2}\cos^2 30°=\frac{I_{20}}{2}\cos^2 60°$$

因此两束单色自然光的强度之比为

$$\frac{I_{10}}{I_{20}}=\frac{\cos^2 60°}{\cos^2 30°}=\frac{1}{3}$$

思考与讨论

1. 一束光垂直入射在偏振片上，以入射光线为轴转动偏振片，观察通过偏振片后的光强变化过程。试问：如果观察到光强不变，则入射光是什么光？如果观察到明暗交替变化，有时出现全暗，则入射光是什么光？如果观察到明暗交替变化，但不出现全暗，则入

射光是什么光？

2. 一束光是自然光和线偏振光的混合光，让它垂直通过一个偏振片。若以此入射光束为轴旋转偏振片，测得透射光强度最大值是最小值的 5 倍，试问：入射光束中自然光与线偏振光的光强比值为多少？

3. 一束光强为 I_0 的自然光相继通过三个偏振片 P_1、P_2、P_3 后，出射光的光强为 $0.125I_0$。已知 P_1 和 P_2 的偏振化方向相互垂直，试问：若以入射光线为轴旋转 P_2，要使出射光的光强为零，P_2 最少要转过多大的角度？

4. 一束光强为 I_0 的自然光垂直穿过两个偏振片，且这两个偏振片的偏振化方向的夹角成 45°角，试问：穿过两个偏振片后的光强是 I_0 的多少倍？

5. 三个偏振片 P_1、P_2 与 P_3 堆叠在一起，P_1 与 P_3 的偏振化方向相互垂直，P_2 与 P_1 的偏振化方向间的夹角为 30°。强度为 I_0 的自然光垂直入射于偏振片 P_1，并依次透过偏振片 P_1、P_2 与 P_3，试问：通过三个偏振片后的光强是 I_0 的多少倍？

6. 两个偏振片堆叠在一起，一束自然光垂直入射其上时没有光线通过。试问：当其中一个偏振片慢慢转动 180°时，透射光强度将发生怎样的变化？

7. 使光强为 I_0 的平面偏振光先后通过两个偏振片 P_1 和 P_2。P_1 和 P_2 的偏振化方向与原入射光光矢量振动方向的夹角分别是 α 和 90°，试问：通过这两个偏振片后的光强 I 是多少？

8. 要使一束线偏振光通过偏振片之后振动方向转过 90°，试问：至少需要让这束光通过几块理想偏振片？在此情况下，透射光强最大是原来光强的多少倍？

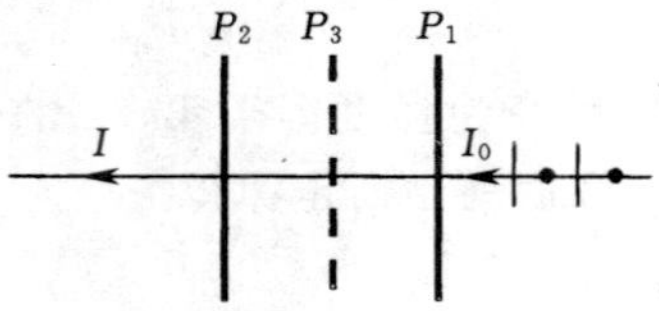

图 15－8

9. 如图 15－8 所示，P_1、P_2 为偏振化方向夹角为 α 的两个偏振片。光强为 I_0 的平行自然光垂直入射到 P_1 表面上，试问：通过 P_2 的光强等于多少？如果在 P_1、P_2 之间插入第三个偏振片 P_3，则通过 P_2 的光强发生了变化。实验发现，以光线为轴旋转 P_2，使其偏振化方向旋转 θ 角后，发生消光现象，从而可以推算出 P_3 的偏振化方向与 P_1 的偏振化方向之间的夹角 α' 等于多少？（假设题中所涉及的角均为锐角，并且 $\alpha'<\alpha$）

第三节 布 儒 斯 特 定 律

马吕斯在 1808 年发现，当自然光在两种介质的分界面上发生反射和折射时，光的传播方向不仅要改变，而且偏振状态也要发生变化。实验表明，反射光和折射光都是部分偏振光。如果通过偏振片注视水面，当旋转偏振片时，会发现光强发生变化。在雨后用偏振片观察彩虹，在旋转偏振片的过程中也会发现光强的变化，这都是由于反射光和折射光是部分偏振光的缘故。

如图 15－9 (a) 所示，自然光入射到两种介质（如空气和水）的分界面上，尽管反射光和折射光都是部分偏振光，但它们的偏振状态却不尽相同，实验表明，反射光是垂直于入射面的振动较强的部分偏振光，而折射光则是平行于入射面的振动较强的部分偏振光。

如果改变自然光的入射角，反射光和折射光的偏振化程度都将随之改变。苏格兰物理

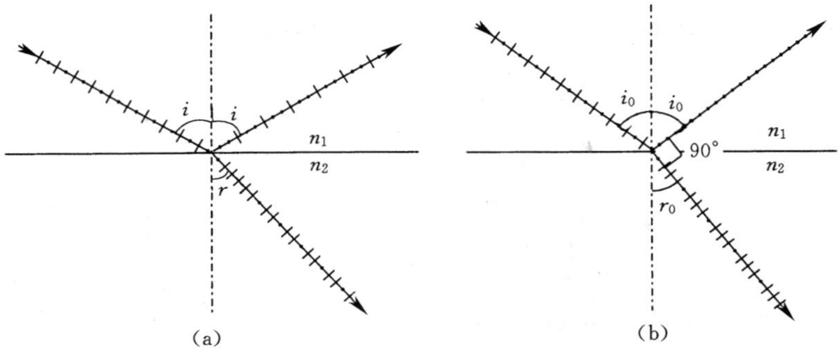

图 15-9

学家布儒斯特在 1812 年发现，当入射角等于某一个特定值 i_0 时，反射光是光振动垂直入射面的线偏振光。这个特定的入射角 i_0 称为**布儒斯特角**（Brewster angle），也称为**起偏振角**。布儒斯特角 i_0 满足如下关系式

$$\tan i_0 = n_{21} \tag{15-2}$$

其中 $n_{21}=\frac{n_2}{n_1}$是介质 2 对介质 1 的相对折射率。式（15-2）称为**布儒斯特定律**（Brewster law）。

当入射角等于布儒斯特角 i_0 时，折射光仍然是部分偏振光，但偏振化程度最大，它除了具有全部平行振动的成分外，还有最少量的垂直振动成分。

布儒斯特还发现，当入射角等于 i_0 时，反射光与折射光互相垂直。可以通过布儒斯特定律和折射定律推导出这个结论。根据折射定律有

$$\frac{\sin i_0}{\sin r_0} = n_{21}$$

其中 r_0 是当入射角等于 i_0 时的折射角。又由布儒斯特定律得

$$\tan i_0 = \frac{\sin i_0}{\cos i_0} = n_{21}$$

比较两式得

$$\sin r_0 = \cos i_0$$

由于 $\cos i_0 = \sin(90° - i_0)$，因此

$$r + i_0 = 90°$$

当自然光以布儒斯特角入射到两种介质表面时，经过一次反射和折射后，反射光虽然是偏振光，但是光强很小，对于一般的光学玻璃，反射光的强度约占入射光强度的 7.5%。这时的折射光是部分偏振光，但是偏振化程度不高，而光强却很大。为了解决这个矛盾，可以将多个平行玻璃片叠在一起形成**玻璃片堆**（glass plate stack），如图 15-10（a）所示。自然光以布儒斯特角入射玻璃片堆后，连续通过这些玻璃片，当光从一块玻璃片透过进入另一块玻璃片时，由于反射和折射，使得反射光的垂直于入射面的振动成分加强，同时随着垂直入射面的振动成分逐渐由反射光分离出去，折射光的偏振化程度得到相应的提高。经过多次反射和折射以后，透射光可以近似地看作是完全偏振光，并且传播方

向与入射光相同。

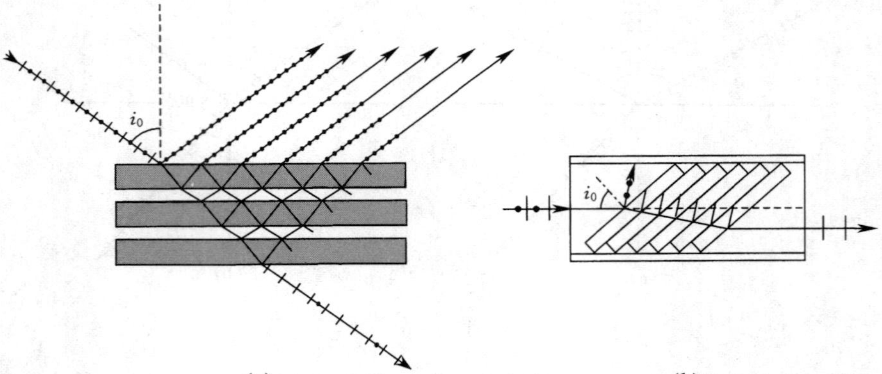

(a)　　　　　　　　(b)

图 15－10

利用玻璃片堆可以制成性能良好的偏振器，如图 15－10（b）所示。将玻璃片堆装在筒中，使玻璃片表面的法线与筒的轴线成布儒斯特角 i_0，就得到了这种偏振器。

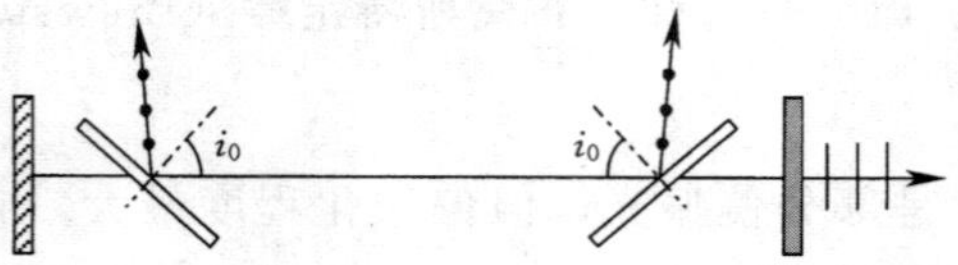

图 15－11

图 15－11 是一种外腔式气体激光器，在激光管两端的镜片被磨成一定的角度，使镜片的法线与管轴之间的夹角等于布儒斯特角 i_0，这种装置称为**布儒斯特窗**（Brewster window）。当光束在两个镜面之间来回反射，以布儒斯特角经过镜面时，垂直于入射面振动的光被陆续反射，最后只有平行于入射面振动的光可以在激光器内发生振荡而形成激光，使输出的光为线偏振光。

第四节　光 的 双 折 射

一、双折射现象

一束光线在两种各向同性介质的分界面上发生折射时，产生的一束折射光在入射面内，其折射的方向由折射定律 $\frac{\sin i}{\sin r}=\frac{n_2}{n_1}$ 确定，其中 i 为入射角，r 为折射角，n_1 和 n_2 分别为第一种介质和第二种介质的折射率。将一块普通的玻璃放在有字的纸上，通过玻璃可以看到字的像，这是光折射的结果。这时只能看到字的一个像，在 1669 年丹麦的巴塞林纳斯用方解石（化学成分是 $CaCO_3$）晶片进行了同样的观察，却能看到字的两个像，如图 15－12 所示。这说明由字“发出”的光进入方解石后产生了两束折射光，它们沿不同方向折射。将**一束光通过各向异性的介质**

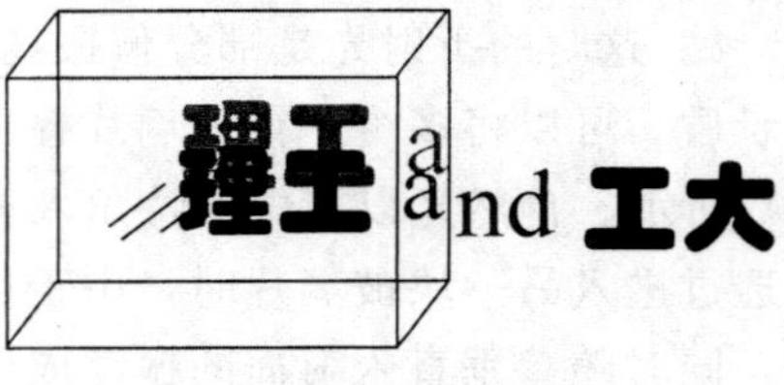

图 15－12

（例如方解石等晶体）**时，产生两束折射光的现象**称为**双折射**（birefringence）。**能产生双折射现象的晶体**称为**双折射晶体**（birefringent crystal）。除了立方系晶体（例如岩盐）以外，一般的晶体都是双折射晶体。如果用双折射晶体观察一个黑点，可以看到两个像点，当转动双折射晶体时，一个像点固定不动，另一个像点绕它转动。

当光线进入像方解石这样的各向异性晶体后，一束入射光线产生两束折射光，其中**遵从通常的折射定律的那束折射光**称为**寻常光线**（ordinary rays）简称 o 光；**不遵从通常的折射定律那束折射光**称为**非常光线**（extraordinary ray），简称 e 光。e 光的传播速度随传播方向的变化而变化，并且一般情况下它不在入射面内。

用检偏器检验 o 光和 e 光的偏振状态，结果发现它们都是线偏振光，它们的振动方向几乎是垂直的。值得一提的是，只有在晶体内部才有 o 光和 e 光的区别，它们才有不同的表现。一旦它们离开了晶体，它们只是振动方向不同的两束线偏振光，其他再没有任何差别了。

图 15－13 为方解石晶体，其形状为平行六面体，晶体各个面都是钝角为 101°53′、锐角为 78°5′的平行四边形。方解石晶体有两个特殊顶角 A 和 B，它们是三个 101°53′的钝角的公共顶点，通过这两个顶角作一条直线，实验发现，当光的传播方向与这条直线平行时，不产生双折射现象。将这个**不产生双折射的方向**称为**晶体的光轴**（optical axis of crystal）。注意晶体的光轴不是某一条直线，而是一个固定的方向。

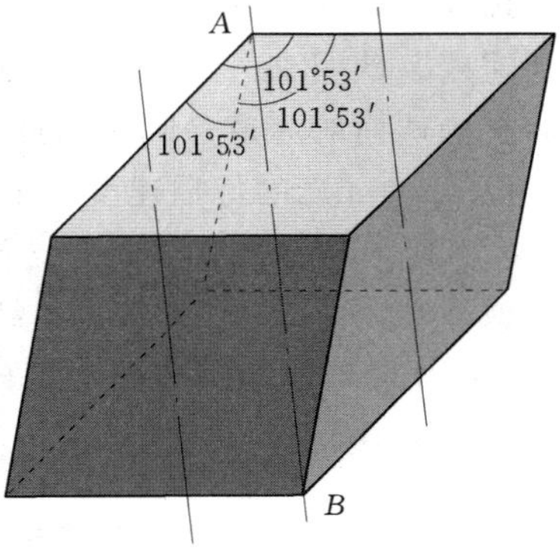

图 15－13

只有一个光轴的晶体称为**单轴晶体**（uniaxial crystal），例如方解石、石英等。**具有两个光轴的晶体**称为**双轴晶体**（biaxial crystal），例如云母、硫黄、蓝宝石等。光通过双轴晶体时可以产生比较复杂的现象，本章只讨论单轴晶体。

当 o 光和 e 光在晶体内传播时，**o 光与光轴所确定的平面**称为 **o 光的主平面**，**e 光与光轴所确定的平面**称为 **e 光的主平面**。实验和理论均表明，**o 光的振动方向垂直于自己的主平面，而 e 光的振动方向平行于自己的主平面**。一般情况下 o 光和 e 光的主平面并不重合，但非常接近。因此 o 光的振动方向与 e 光的振动方向几乎垂直。可以证明，当光轴与入射面平行时，晶体内 o 光和 e 光的主平面严格重合，并且与入射面重合。在后面的讨论中会提到这种情况。

二、对双折射现象的解释

光在晶体内传播时表现出来的双折射现象，其根源在于晶体的规则结构。晶体内的原子排列有序，构成各种阵势，称为**点阵**（lattice），沿不同方向原子排列的密度不同，从而导致所谓的各向异性。晶体的各向异性表现在很多方面，例如晶体在某些方向强度较低，容易沿该方向分裂；沿着不同方向给晶体通电，其电阻值相差很大；如果将晶体放置在磁场中，在一些方向比另一些方向更容易磁化等等。如果沿着不同方向测量 e 光的传播速度，将发现其数值并不相同。

双折射现象的实验结果可以用晶体的点阵结构和麦克斯韦电磁场理论解释。但是早在光的电磁理论建立以前，惠更斯就利用惠更斯原理和惠更斯作图法解释了双折射现象。尽管惠更斯的方法没有深入到光波与物质相互作用的本质，也缺乏理论上的严密性，但是对双折射现象的初步说明及得到的结论，与电磁理论是一致的。下面应用惠更斯原理对光波在单轴晶体中的双折射现象作定性的说明。

1. 点光源在晶体内形成的波阵面

如图 15－14 所示，在单轴晶体中 o 光沿各个方向的传播速度相等，因此从晶体中的一个点光源发出的 o 光的波阵面是球面。但是 e 光在晶体中沿各个方向传播速度不相同，因此 e 光的波阵面不是球面，而是旋转椭球面，光轴是旋转椭球面的旋转轴。由于 o 光和 e 光在光轴方向传播速度相等，因此球面和椭球面在光轴上的 A、B 两点相切。设球面和椭球面是从 O 点发出的光传播 1s 后形成的波阵面，从 O 点作直线 $O\tau$ 表示光的传播方向，它与球面和椭球面分别相交于 C 点和 D 点，则 OC 及 OD 分别为 o 光和 e 光在 $O\tau$ 方向的传播速度。从图 15－14 中可以看出，在垂直于光轴方向 o 光和 e 光的速度相差最大。由于旋转椭球面的赤道是圆，因此在与光轴垂直的平面内 e 光在各个方向上的传播速度相等。设 v_o 为 o 光的传播速度，v_e 为 e 光在垂直于光轴方向的传播速度。像石英这类晶体，$v_o>v_e$，其球面包围椭球面，这种晶体称为**正单轴晶体**（positive uniaxial crystal），如图 15－14（a）所示，此外冰、金红石（TiO_2）等也是正单轴晶体。而像方解石这类晶体，$v_o<v_e$，其椭球面包围球面，这种晶体称为**负单轴晶体**（negative uniaxial crystal），如图 15－14（b）所示，此外电气石、白云石等也是负单轴晶体。

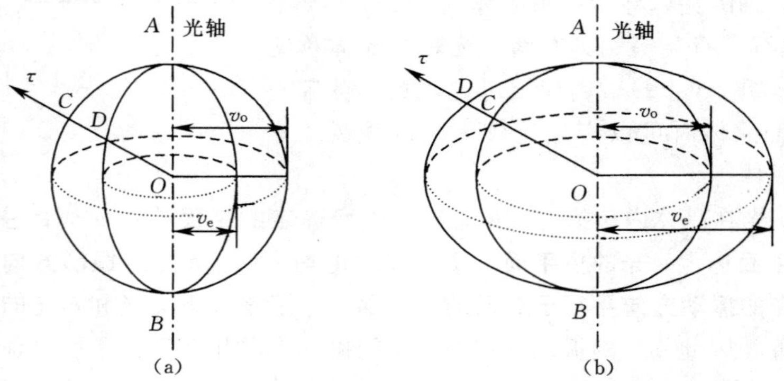

图 15－14

设 c 为真空中的光速，则

$$n_o=\frac{c}{v_o},\quad n_e=\frac{c}{v_e}$$

其中 n_o 为晶体对 o 光的折射率，n_e 为晶体对垂直于光轴方向的 e 光的折射率。n_o 和 n_e 是晶体的两个重要光学参数，合称为**晶体的主折射率**（principal indices of refraction）。对正单轴晶体，有 $n_o<n_e$，而对负单轴晶体，有 $n_o>n_e$。表 15－1 中列出了几种双折射晶体的主折射率。

表 15－1 双折射晶体对钠光 $\lambda=589.0nm$ 的主折射率

晶体	n_o	n_e
方解石	1.658	1.486
电气石	1.640	1.620
白云石	1.681	1.486
菱铁矿	1.875	1.635
硝酸钠	1.585	1.332
石英	1.544	1.553
纤维锌矿	2.356	2.378
冰	1.309	1.313

2. 用惠更斯作图法解释双折射现象

应用惠更斯原理说明单轴晶体（以负单轴晶体方解石为例）中的双折射现象，并用作图法确定 o 光和 e 光在晶体中的传播方向。

（1）平行自然光斜入射在晶体表面，光轴在入射面内且与界面斜交。如图 15－15 所示，入射光到达晶体表面时的波阵面为 AC。设光线 2 由 C 点传播到界面上 B 点的时间为 Δt，在这段时间内光线 1 在 A 点的子波源已经在晶体中形成了两个波阵面，其中球形的是 o 光的波阵面，椭球形的是 e 光的波阵面。作各个子波源形成的波阵面的包络面。球面的包络面 BD 为 o 光的波阵面，椭球面包络面 BE 为 e 光的波阵面。从 A 点连接到切点 D 和 E 的方向就是 o 光和 e 光的传播方向。可见，两束光的传播方向不同，出现了双折射现象。在作图中注意到，o 光的传播方向与波阵面 BD 垂直，而 e 光的传播方向与波阵面 BE 并不垂直。o 光的振动方向垂直于 o 光的主平面（即纸面），而 e 光的振动方向平行于 o 光的主平面（即纸面）。

（2）平行自然光正入射在晶体表面，光轴在入射面内且垂直于界面。如图 15－16 所示，这时入射光的波阵面上的两点 A、B 同时到达界面，同时发出子波，由于 o 光和 e 光的波阵面重合，都为 DE，因此它们都沿着原方向传播，而该方向就是光轴方向，因此它们的传播速度相等，都等于 v_o。在这种情况下不发生双折射现象。

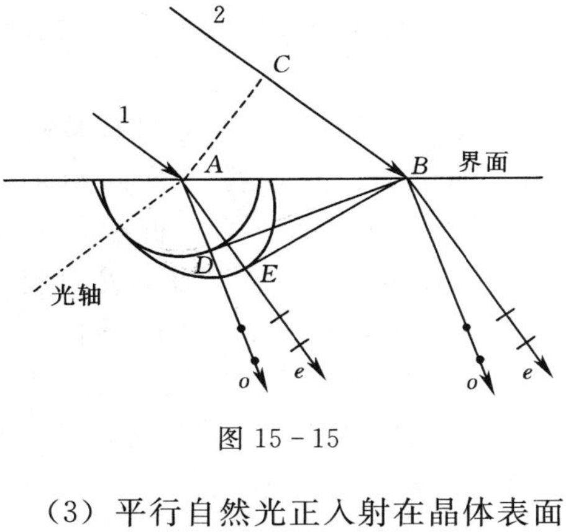

图 15－15

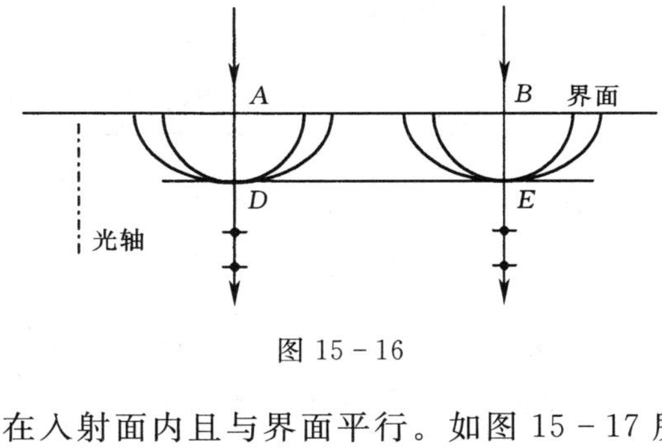

图 15－16

（3）平行自然光正入射在晶体表面，光轴在入射面内且与界面平行。如图 15－17 所示，这时 o 光和 e 光的传播方向相同，但是传播速度并不相等，$v_o<v_e$，波阵面不重合，e 光的波阵面在前，o 光的波阵面在后。尽管 o 光和 e 光没有分开，但仍然有双折射现象存在。

(4) 平行自然光斜入射在晶体表面，光轴垂直于入射面且与界面平行。如图 15－18 所示，这时由 A 点的子波源发出的 o 光和 e 光的波阵面在入射面上的截线为同心圆，o 光和 e 光分别以速度 v_o 和 v_e 传播。在这种情况下 o 光和 e 光在形式上都遵守各自的折射定律，相应的折射率为 n_o 和 n_e。

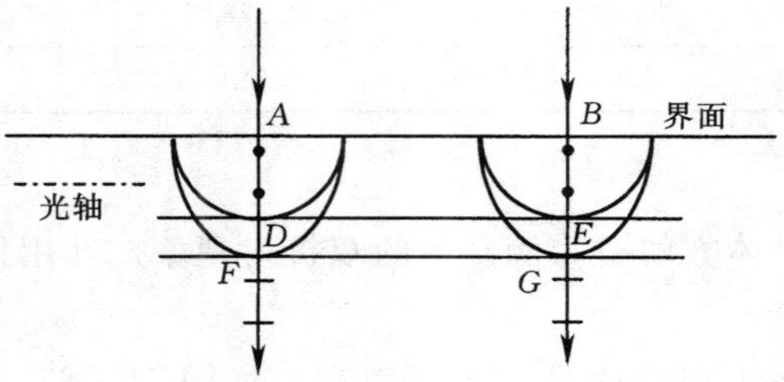

图 15－17

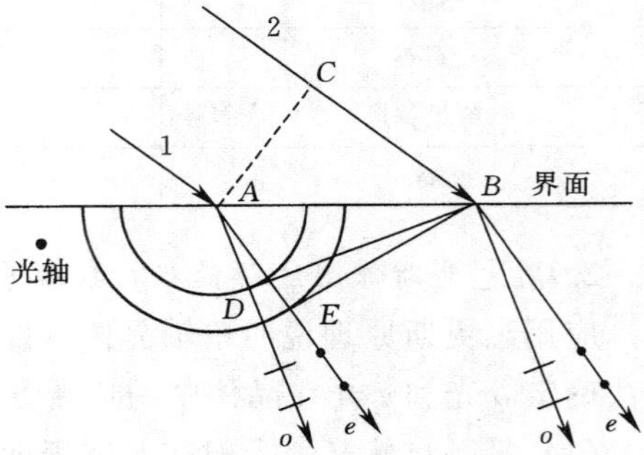

图 15－18

三、尼科耳棱镜

利用晶体的双折射现象，从一束自然光中获得振动方向相互垂直的两束偏振光，一般来说，这两束偏振光分开的程度由晶体的厚度决定。天然的方解石晶体往往厚度有限，不可能将 o 光和 e 光分得很开。苏格兰物理学家尼科耳在 1828 年发明了一种棱镜，使这个问题得以解决，为了纪念尼科耳对光学研究的贡献，将这种棱镜命名为**尼科耳棱镜**(nicol's prisma)。

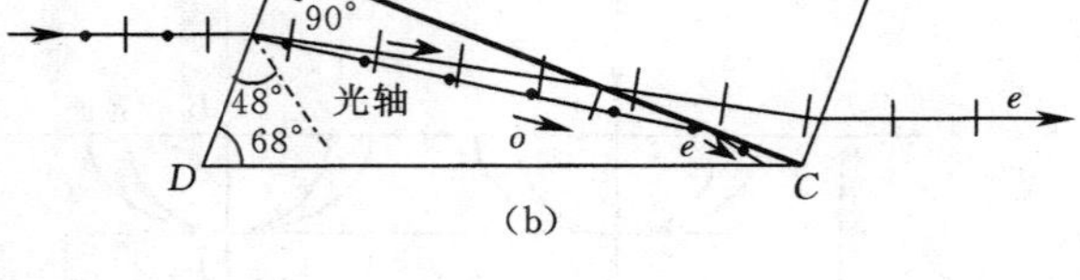

图 15－19

如图 15－19 (a) 所示，$ABCD$ 是尼科耳棱镜的主截面（即光轴与晶体表面法线所确定的平面），用通过 AC 并与主截面相垂直的平面将方解石切割成两部分，再用加拿大树胶粘合起来。

图 15－19 (b) 为尼科耳棱镜的剖面 $ABCD$。方解石对单色钠黄光（波长为 589.0nm）的主折射率为 $n_o=1.658$、$n_e=1.486$，加拿大树胶的折射率 1.550 介于 n_o 和 n_e 之间。当入射光到达分界面 AC 时，o 光发生全反射，并被涂黑了的侧面 DC 吸收。而 e 光则透过树胶层射出。这样出射的光就是振动方向在主截面上的偏振光了。在实验室中常用尼科耳棱镜作起偏器或检偏器。

思 考 与 讨 论

1. 如图 15－20 所示，一束自然光从空气射向一块平板玻璃，设入射角等于布儒斯特角 i_0，试问：在界面 2 的反射光是不是线偏振光？如果是线偏振光，其光矢量的振动方向如何？

2. 如图 15－21 所示，如果从一池静水的表面反射出来的太阳光是线偏振光，试问：太阳光的仰角大致等于多少度？该反射光的光矢量的振动方向如何？已知水的折射率为 1.33。

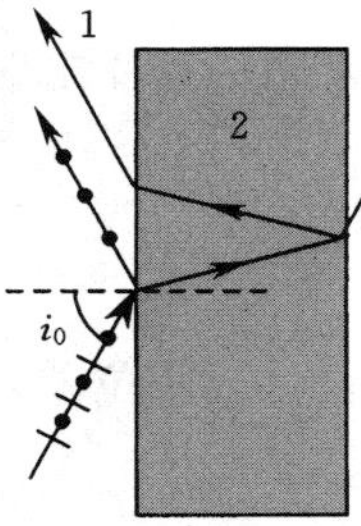

图 15－20

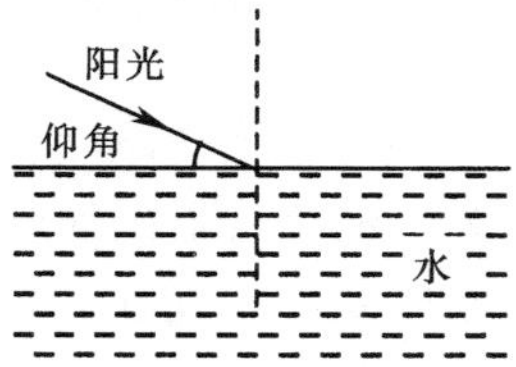

图 15－21

3. 自然光以 60°的入射角照射在某两种介质交界面时，反射光为完全线偏振光，试问：折射光是什么光？折射角等于多少度？

4. 某种透明介质对于空气的临界角等于 45°，试问：光从空气射向此介质时的布儒斯特角等于多少？

5. 一束自然光从空气投射到玻璃表面上，试问：当折射角为 30°时，反射光是完全偏振光，则此玻璃板的折射率等于多少？

6. 一束平行的自然光以 60°角入射到平玻璃表面上。如果反射光是完全偏振的，试问：透射光的折射角是多少度？玻璃的折射率等于多少？

7. 如图 15－22 所示，一束自然光入射到折射率分别为 n_1 和 n_2 的两种介质的交界面上，发生反射和折射。测得反射光是完全偏振光，试问：折射角 r 的值为多少？

8. 一束平行的线偏振光在真空中的波长为 589nm，垂直入射到方解石晶体上，晶体的光轴与表面平行，如图 15－23 所示。已知方解石晶体对该单色 o 光和 e 光的折射率分别为 1.658、1.486。试问：方解石晶体中寻常光的波长和非常光的波长分别等于多少？

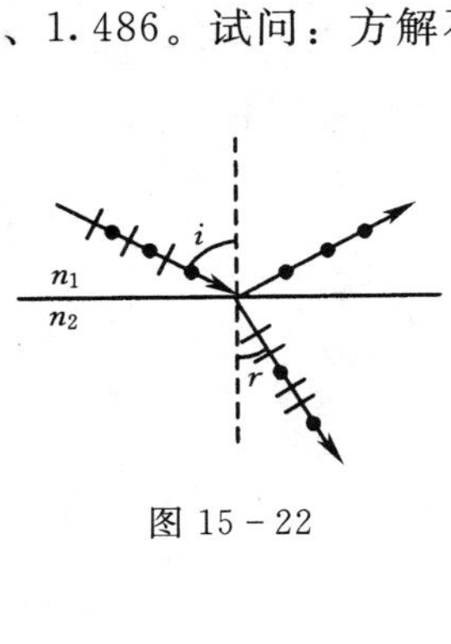

图 15－22

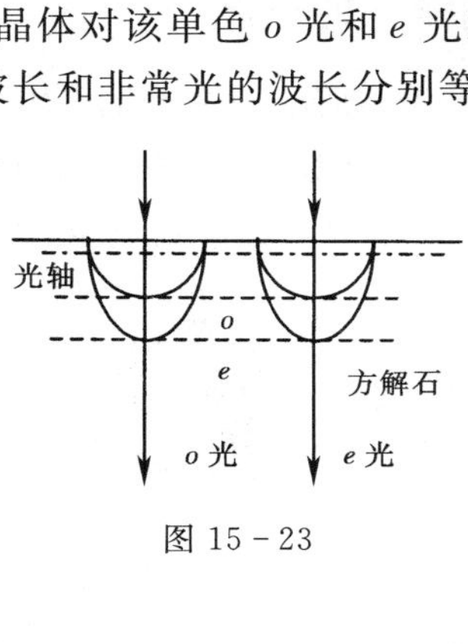

图 15－23

第五节 偏 振 光 的 干 涉

一、四分之一波片和二分之一波片

在本章第四节讨论了平行自然光垂直入射在方解石晶体表面，晶体的光轴在入射面内并且与界面平行时出射光的情况，如图 15－17 所示。这时尽管出射的 o 光和 e 光没有分开，但两者却有一定的光程差。可以利用这一特性制成能使 o 光和 e 光产生各种相位差的晶体薄片（以下简称晶片）。

设晶片的厚度为 d，o 光和 e 光的折射率为 n_o 和 n_e，两束光从晶片出射后的光程差为 $(n_o-n_e)d$，与其对应的相位差为

$$\Delta\varphi=\frac{2\pi(n_o-n_e)d}{\lambda}$$

当入射光的波长 λ 一定时，不同的厚度 d 对应于不同的光程差（或相位差）。

如果晶片的厚度 d 使 o 光和 e 光产生 $\pi/2$ 的相位差，即

$$\Delta\varphi=\frac{2\pi(n_o-n_e)d}{\lambda}=\frac{\pi}{2}$$

则晶片的厚度 d 为

$$d=\frac{\lambda}{4(n_o-n_e)} \tag{15-3}$$

满足上述厚度的晶片称为**四分之一波片**（quarter wave plate）。

如果晶片的厚度 d 使 o 光和 e 光产生 π 的相位差，即

$$\Delta\varphi=\frac{2\pi(n_o-n_e)d}{\lambda}=\pi$$

则晶片的厚度 d 为

$$d=\frac{\lambda}{2(n_o-n_e)} \tag{15-4}$$

满足上述厚度的晶片称为**二分之一波片**或**半波片**（half wave plate）。

二、偏振光的干涉

如图 15－24 所示，当起偏器 P_1 和检偏器 P_2 的偏振化方向互相垂直时，没有光通过检偏器 P_2。但是如果在 P_1 和 P_2 之间插入一个薄片 C，其光轴平行于晶片表面，就有光从 P_2 射出。这是两束偏振光干涉的结果。

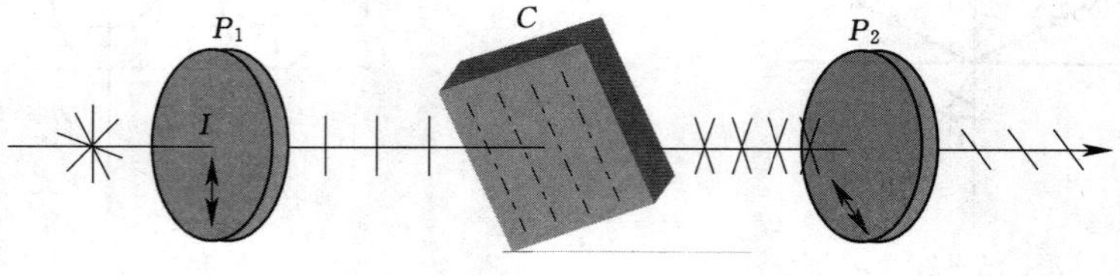

图 15－24

在图 12－25（a）中，直线 P_1 代表偏振器 P_1 的偏振化方向，直线 C 代表晶片 C 的光轴，E 为入射到晶片表面上的光振幅。偏振光射入晶片以后，晶片将其分解成振幅分别为 E_o 和 E_e 的 o 光和 e 光，它们的值为

$$E_o = E\sin\theta,\ E_e = E\cos\theta$$

它们透过晶片以后产生的光程差为（$n_o - n_e$）d，其中 d 为晶片的厚度。与该光程差对应的相位差为

$$\Delta\varphi_1 = \frac{2\pi(n_o - n_e)d}{\lambda}$$

设它们在透出 P_2 后的振幅分别为 E_{2o} 和 E_{2e}。由图 12－25（b）容易得出

$$E_{2o} = E_o\cos\theta = E\sin\theta\cos\theta,\ E_{2e} = E_e\sin\theta = E\cos\theta\sin\theta$$

由于 E_{2o} 和 E_{2e} 的振动方向相反，因此总的相位差为

$$\Delta\varphi = \Delta\varphi_1 + \pi = \frac{2\pi(n_o - n_e)d}{\lambda} + \pi$$

这两束光的振动方向相同，频率相同，具有恒定的相位差，是相干光，可以发生干涉。这两束偏振光通过 P_2 以后干涉加强和减弱的条件分别为

$$\frac{2\pi(n_o - n_e)d}{\lambda} + \pi = 2k\pi,\ k = 1,2,3,\cdots$$

$$\frac{2\pi(n_o - n_e)d}{\lambda} + \pi = (2k+1)\pi,\ k = 1,2,3,\cdots$$

将以上两式化简，得干涉加强和减弱的条件分别为

$$\frac{2\pi(n_o - n_e)d}{\lambda} = (2k-1)\pi,\ k = 1,2,3,\cdots \qquad (15-5)$$

$$\frac{2\pi(n_o - n_e)d}{\lambda} = 2k\pi,\ k = 1,2,3,\cdots \qquad (15-6)$$

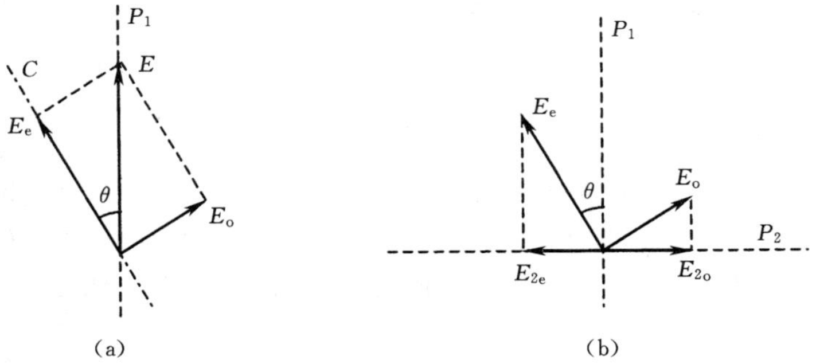

图 15－25

如果用白光作光源，则在白光的连续光谱中，有些波长的光符合干涉减弱的条件式（15－6），这种波长的光在视场中不出现，因此视场出现彩色，这种现象称为**色偏振**（chromatic polarization）。

从以上对图 15－24 所示的实验装置的讨论中可以看出，偏振片 P_1 的作用是产生偏振光，而晶片 C 的作用是将偏振光分解为互相垂直的两个分振动，并且使它们具有一定的

相位差，偏振片 P_2 的作用是使两个分振动在同一个方向上振动，从而使两个分振动发生干涉。

三、椭圆偏振光和圆偏振光

如图 15－26 所示，自然光通过起偏器 P_1 后产生的偏振光的振动方向与晶体的光轴方向成 α 角，设该偏振光的振幅为 E。偏振光进入晶体以后分解为与光轴平行的 e 光 $E_e = E\cos\alpha$ 和与光轴垂直的 o 光 $E_o = E\sin\theta$。这两束光是相互垂直的、同频率、具有恒定相位差的相干光。它们射出晶体后的相位差为

$$\Delta\varphi = \frac{2\pi(n_o - n_e)d}{\lambda}$$

由振动合成的知识可知，当相位差等于不同值时，它们将合成为线偏振光或圆偏振光或椭圆偏振光。当 $\Delta\varphi = 0$、π、2π 时，两束光合成为线偏振光。如果两束光的相位差等于 $\pi/2$，即

$$(n_o - n_e)d = \frac{\lambda}{4}$$

并且 $\alpha = 45°$，即这两束光的振幅 $E_o = E_e$，则 o 光和 e 光将合成为**圆偏振光**（circularly polarized light）。如果 $\alpha \neq 45°$，即这两束光的振幅 $E_o \neq E_e$，则两束光合成为**椭圆偏振光**（elliptically polarized light）。当然，如果相位差 $\Delta\varphi$ 不等于上述值，两束光合成的结果也是椭圆偏振光。

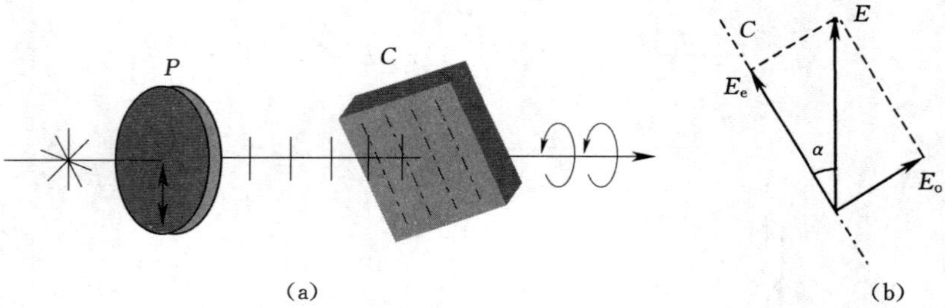

图 15－26

容易得出，可以通过四分之一波片将线偏振光变成圆偏振光，反之也可以让圆偏振光通过四分之一波片，从而获得线偏振光。也可以讨论一下半波片的作用，使线偏振光通过半波片以后得到的仍然是线偏振光，不过其振动方向转过了 2α 的角度。

四、人为双折射

1. 光弹性效应

诸如塑料、玻璃、环氧树脂等各向同性的透明物质，在受到机械力作用发生形变时表现出各向异性的性质，与晶体一样能产生双折射现象。这种现象称为**光弹性效应**（photoelastic effect）**或应力双折射**（stress birefringence）。

如图 15－27 所示，将透明塑料放在偏振片 P_1、P_2 之间，当透明塑料受到 MN 方向的压缩或拉伸时，它就与以 MN 为光轴的单轴晶体一样具有双折射性质。如果采用单色

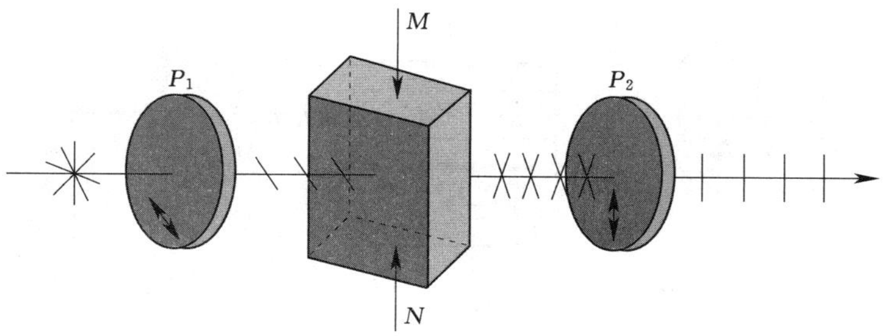

图 15-27

光源，并设 n_o 为该透明塑料对这种单色光的 o 光的折射率，n_e 为其对这种单色光的 e 光的折射率，实验表明，这两个折射率之差与应力 p 成正比，即

$$n_o - n_e = kp \tag{15-7}$$

其中 k 为与材料有关的系数。如果 d 为透明塑料的厚度，则 o 光和 e 光通过透明塑料后的光程差为

$$(n_o - n_e)d = kpd$$

对应的相位差为

$$\Delta\varphi_1 = \frac{2\pi(n_o - n_e)d}{\lambda} = 2\pi\frac{kpd}{\lambda}$$

考虑到 o 光和 e 光透出 P_2 后的振动方向相反，因此总的相位差为

$$\Delta\varphi = \Delta\varphi_1 + \pi = \frac{2\pi(n_o - n_e)d}{\lambda} + \pi = 2\pi\frac{kpd}{\lambda} + \pi$$

当应力 $p=0$ 时，$\Delta\varphi=\pi$，视场最暗；当 p 由零逐渐增加时，视场由暗逐渐变亮，当增加到使 $\Delta\varphi=2\pi$ 时，视场最亮；随着 p 的进一步增加，视场又由亮变暗，当增加到使 $\Delta\varphi=3\pi$ 时，视场又变为最暗。可见，应力双折射现象随应力而变化。

如果形变物体受力均匀，视场各处明暗相同，如果形变物体受力不均匀，应力分布不均匀，视场出现干涉条纹。应力越集中的地方各向异性越强，干涉条纹越细、越密。光测弹性仪就是利用这个原理来检测应力分布的仪器，它在实际中有广泛的应用。在有关弹性力学方面的书籍中，介绍了这方面更加详细的内容。

2. 克尔效应和泡克耳斯效应

英国物理学家克尔在 1875 年发现，某些各向同性介质，例如水、硝基苯（$C_6H_5NO_2$）、硝基甲苯（$C_7H_7NO_2$）等，在外电场的作用下产生了双折射现象，称为**克尔效应**（kerr effect）。

图 15-28 是观察克尔效应的实验示意图。在两个垂直的偏振片之间放置装有某种液体的玻璃盒，盒内装有一对产生电场的电极，这样的盒子称为克尔盒。电极间没有加电压时，光束不能通过两个垂直的偏振片，当电极间加上适当的高压时，发现有光透过 P_2，液体显示出各向异性。实验表明，o 光和 e 光的折射率之差与外电场的平方成正比，即

$$n_o - n_e = kE^2 \tag{15-8}$$

其中 k 为该液体的**克尔系数**，它与液体的种类以及入射光的波长有关。设电极板的长度为

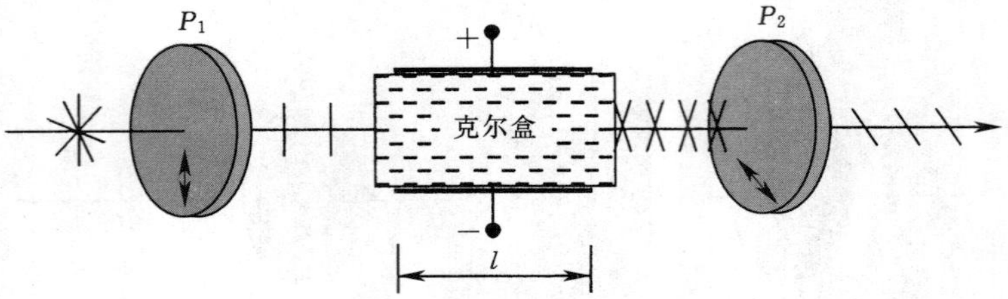

图 15-28

l，则 o 光和 e 光的相位差为

$$\Delta\varphi=\frac{2\pi(n_o-n_e)l}{\lambda}=2\pi\frac{kE^2l}{\lambda}$$

改变场强 E 的大小，就可以改变通过克尔盒的透射光的偏振状态和光强。

克尔效应的弛豫时间很短，从加上电场到产生双折射现象只需 10^{-9}s 的时间。因此克尔盒可以用作光通与不通的电光开关、电光调制器等。它在高速摄影、光速测定、脉冲激光等方面有着广泛的应用。

德国物理学家泡克耳斯在 1893 年发现，有些晶体，特别是压电晶体，在电场的作用下，原有的双折射性质会发生变化，这种现象称为**泡克耳斯效应**（Pockels′ effect）。

泡克耳斯效应的弛豫时间更短，一般小于 10^{-9}s。其主要特点是晶体折射率的变化与电场强度成线性关系。常用的晶体是磷酸二氢钾（KH_2PO_4，简称 KDP 晶体）。泡克耳斯效应比克尔盒更灵敏，在同样条件下所需的场强也比克尔盒低。

当光在透明介质中传播时，如果在垂直于光的传播方向上加磁场，则介质表现出单轴晶体的性质，光轴沿磁场方向，主折射率之差正比于磁感应强度的平方，这种现象称为**磁致双折射效应**（MLB）。由于这种现象是科顿和穆顿在 1907 年发现的，因此也称为**科顿-穆顿效应**（Cotton-Mouton′effect）。

第六节　旋 光 现 象

偏振光通过某些物质以后，其振动面将以光的传播方向为轴转过一定的角度，这种现象称为**旋光现象**（optical active phenomenon）。**能产生旋光现象的物质**称为**旋光物质**（optical active substance）。人们最早发现石英晶体是旋光物质，后来陆续发现糖溶液、酒石酸溶液、松节油、硫化汞、氯化钠等液体和其他一些晶体也是旋光物质。

图 15-29 是观察偏振光振动面旋转的旋光仪示意图。其中 P_1 为起偏器，P_2 为检偏器，L 为盛有液态旋光物质的管子，两端为透明的玻璃片。首先使 P_1 和 P_2 的偏振化方向互相垂直，用单色自然光照射 P_1，由于管中没有注入任何液体，则透过 P_2 的光强为零，视场全暗。然后将液态旋光物质注入管内，由于偏振面的旋转，在 P_2 的后面将看到视场由全暗变为明亮，旋转检偏振器 P_2，使视场再次变为全暗，这时 P_2 所转过的角度就是偏振光振动面的转角 β。

由实验结果表明，对于液态旋光物质，当入射的单色光波长一定时，振动面的旋转角 β 为

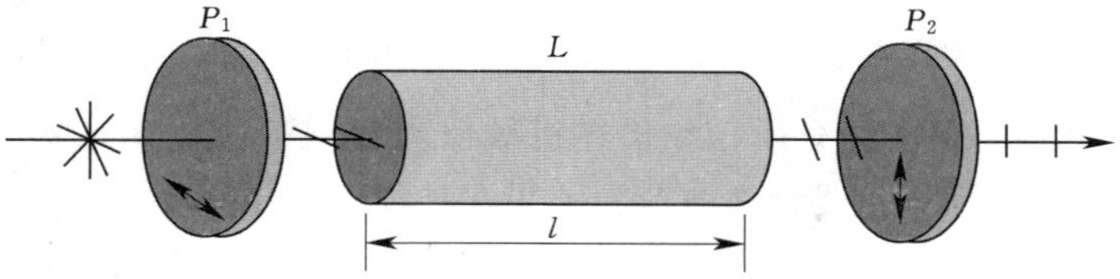

图 15－29

$$\beta = \alpha l C \tag{15-9}$$

式中：l 为旋光物质的透光长度；C 为液态旋光物质的浓度；α 为与旋光物质有关的常量。

在制糖工业中，利用图 15－29 所示的旋光仪，在已知糖溶液的 α 及 l 的条件下测出 β，就可以根据上式计算出糖溶液的浓度 C。作为这种用途的旋光仪称为**糖量计**，糖量计在化工及制药工业中有着广泛的应用。

固体旋光物质的旋转角 β 为

$$\beta = \alpha l \tag{15-10}$$

α 是与旋光物质及入射光的波长有关的常量。例如厚度为 1mm 的石英晶片可使波长为 589nm 的钠黄光的振动方向旋转 21.7°。

旋光物质使光振动面的旋转有右旋和左旋之分。**迎着光观察，能使振动面沿顺时针方向旋转的物质**称为**右旋物质**（dextrorotatory substance），**使振动面沿逆时针方向旋转的物质**称为**左旋物质**（levo－rotatory substance）。

思考与讨论

1. 圆偏振光通过四分之一波片后的出射光是什么偏振光？

2. 在两个偏振化方向正交的偏振片之间平行于偏振片插入一块厚度为 l 的双折射晶片，晶片对 o 光、e 光的折射率分别为 n_o 和 n_e。晶片光轴平行于晶面且与第一偏振片的偏振化方向之间有一个夹角。一束单色自然光垂直入射于系统，试问：通过第二块偏振片射出的两束光的振幅大小有什么关系？它们之间的相位差等于多少？

3. 波长为 600nm 的单色光垂直入射到某种双折射材料制成的四分之一波片上。已知该材料对非寻常光的主折射率为 1.74，对寻常光的折射率为 1.71，试问：此波片的最小厚度等于多少？

4. 一束波长为 589.3nm 的钠自然黄光自空气垂直入射在方解石晶片上，光轴平行于晶片的表面，晶片厚度为 0.05mm，方解石对钠黄光的主折射率为 $n_o = 1.6584$、$n_e = 1.4864$，试问：o 光和 e 光透过晶片以后的光程差等于多少？相位差等于多少？

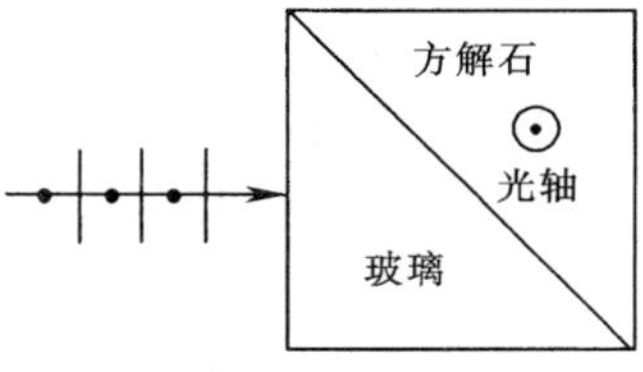

图 15－30

5. 如图 15－30 所示，一个晶体偏振器由两个直角棱镜组成（中间密合）。其中一个直角棱镜由方解石晶体制成，另一个直角棱镜由玻璃制成，其折射率 n 等于方解石对 e

光的折射率 n_e。一束单色自然光垂直入射，试定性地画出折射光线，并标明折射光线光矢量的振动方向。

6. 原来是光学各向同性的介质，如果在机械应力作用下，显现出光学各向异性，即产生了双折射现象，试问：这是什么效应？如果在外加电场作用下发生双折射现象，这是什么效应？如果在外加磁场的作用下发生双折射现象，这又是什么效应？

7. 对波长为 589.3nm 的钠光，石英的旋光率 $\alpha=21.7°/\text{mm}$。如果将一块石英晶体垂直其光轴切割制成晶片，放在两个偏振化方向互相平行的偏振片 P_1、P_2 之间，使三者互相平行放置并使钠光垂直于 P_1 射入，试问：当石英晶片的厚度等于多少 mm 时，没有光通过 P_2？

8. 一束单色线偏振光沿光轴方向通过厚度为 d 的旋光晶体，组成线偏振光的右旋和左旋圆偏振光在通过旋光晶体后产生的相位差为

$$\Delta\varphi=\frac{2\pi(n_R-n_L)d}{\lambda}$$

试问：其中 n_R 和 n_L 表示什么物理量？

9. 量糖计的糖溶液器皿中的溶液厚度为 0.1m，放入左旋葡萄糖溶液后，测出钠黄光的振动面旋转了 12.07°，已知左旋葡萄糖对钠黄光的旋光率为 $-51.4°/\text{dm}(\text{g/cm}^3)$，试问：该溶液浓度为多少？

习　题

1. 将三个偏振片叠放在一起，第二与第三个偏振片的偏振化方向分别与第一个偏振片的偏振化方向成 45°和 90°角。

(1) 强度为 I_0 的自然光垂直入射到这一堆偏振片上，试求经每一偏振片后的光强和偏振状态。

(2) 如果将第二个偏振片抽走，情况又如何？

2. 两个偏振片叠在一起，在它们的偏振化方向成 30°时，观测一束单色自然光。又在它们的偏振化方向成 45°时，观测另一束单色自然光。如果两次测得的透射光强度相等，则两次入射自然光的强度之比等于多少？

3. 一束光强为 I_0 的自然光垂直入射在三个叠在一起的偏振片 P_1、P_2、P_3 上，已知 P_1 与 P_3 的偏振化方向相互垂直。

(1) 求 P_2 与 P_3 的偏振化方向之间夹角为多少时，穿过第三个偏振片的透射光强为 $0.125I_0$。

(2) 如果以入射光方向为轴转动 P_2，当 P_2 转过多大角度时，穿过第三个偏振片的透射光强由原来的 $0.125I_0$ 单调减小到 $0.0625I_0$？此时 P_2、P_1 的偏振化方向之间的夹角多大？

4. 两个偏振片 P_1、P_2 叠在一起，一束强度为 I_0 的光垂直入射到偏振片上。已知该入射光由强度相同的自然光和线偏振光混合而成，且入射光穿过第一个偏振片 P_1 后的光

强为 0.716 I_0；当将 P_1 抽出去后，入射光穿过 P_2 后的光强为 0.375I_0。求 P_1、P_2 偏振化方向之间的夹角。

5. 两个偏振片 P_1、P_2 叠在一起，其偏振化方向之间的夹角为 30°。一束强度为 I_0 的光垂直入射到偏振片上，已知该入射光由强度相同的自然光和线偏振光混合而成，现测得连续透过两个偏振片后的出射光强与 I_0 之比为 9∶16，试求入射光中线偏振光的光矢量方向。

6. 一光束由强度相同的自然光和线偏振光混合而成。此光束垂直入射到几个叠在一起的偏振片上。欲使最后出射光振动方向垂直于原来入射光中线偏振光的振动方向，并且入射光中两种成分的光的出射光强相等，至少需要几个偏振片？它们的偏振化方向应如何放置？最后出射光强与入射光强的比值等于多少？

7. 两个偏振片叠在一起，欲使一束垂直入射的线偏振光经过这两个偏振片之后振动方向转过了 90°，且使出射光强尽可能大，那么入射光振动方向和两偏振片的偏振化方向之间的夹角应如何选择？这种情况下的最大出射光强与入射光强的比值是多少？

8. 两个偏振片 P_1、P_2 堆叠在一起，由自然光和线偏振光混合而成的光束垂直入射在偏振片上。进行了两次观测，P_1、P_2 的偏振化方向夹角两次分别为 30°和 45°，并且入射光中线偏振光的光矢量振动方向与 P_1 的偏振化方向夹角两次分别为 45°和 60°。如果测得这两种安排下连续穿透 P_1、P_2 后的透射光强之比为 9∶5，在忽略偏振片对透射光的反射和可透分量的吸收的情况下，求：

(1) 入射光中线偏振光强度与自然光强度之比。

(2) 每次穿过 P_1 后的透射光强与入射光强之比。

(3) 每次连续穿过 P_1、P_2 后的透射光强与入射光强之比。

9. 两个偏振片 P_1、P_2 叠在一起，由强度相同的自然光和线偏振光混合而成的光束垂直入射在偏振片上。进行了两次测量，第一次和第二次测量时 P_1、P_2 的偏振化方向夹角分别为 30°和未知的 φ，并且入射光中线偏振光的光矢量振动方向与 P_1 的偏振化方向夹角分别为 45°和 30°。如果连续穿过 P_1、P_2 后的透射光强的两次测量值相等，求 φ。

10. 如图 15-31 所示，有一块平面玻璃板放在水中，板面与水面的夹角为 α。已知水和玻璃的折射率分别为 1.333 和 1.517。测得图中水面的反射光是完全偏振光，欲使在玻璃板面的反射光也是完全偏振光，α 角应该等于多少？

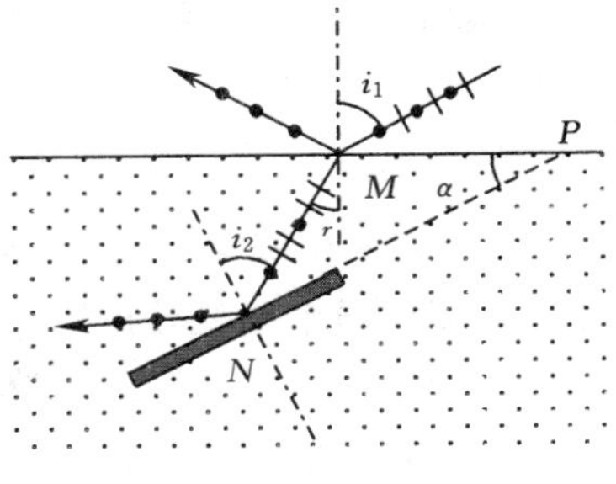

图 15-31

11. 一束自然光从空气入射到水的表面上，如果反射光是线偏振光，此入射光的入射角和折射角分别为多少？已知水的折射率为 1.33。

12. 一束自然光以起偏角 48.09°从某透明液体入射到玻璃表面上，已知该玻璃的折射率为 1.56，求折射角和该液体的折射率。

13. 在水和某种玻璃的交界面上，自然光从水中射向玻璃，求起偏角。如果自然光从玻璃射向水中，起偏角又等于多少？已知水的折射率为 1.33，玻璃的折射率为 1.56。

14. 一束钠黄光以 $50°$角入射到方解石平板上，方解石的光轴平行于平板表面且与入射面垂直，求方解石中两条折射光线的夹角。已知方解石对钠黄光的 o 光折射率为 1.658，e 光折射率为 1.486。

15. 某石英晶片的光轴平行于晶片表面，主折射率分别为 $n_o=1.544$，$n_e=1.553$。一束线偏振光垂直入射在该石英晶片表面上。

(1) 如果入射光振动方向与晶片的光轴成 $60°$角，不考虑反射与吸收的损失，试估算透过晶片的 o 光与 e 光强度之比。

(2) 如果晶片厚度为 0.50mm，透过晶片的 o 光与 e 光的光程差多大？

16. 用方解石制作对波长为 589.3nm 的钠黄光适用的四分之一波片。

(1) 请指出应如何选取该波片的光轴方向。

(2) 已知对该钠黄光，方解石的主折射率分别为 $n_o=1.658$，$n_e=1.486$，求此四分之一波片的厚度 d。

17. 在两个正交偏振片Ⅰ、Ⅱ之间插入一个厚度为 0.025mm 的方解石波片，晶片表面与偏振片平行，光轴与晶面平行且与偏振片Ⅰ的偏振化方向成 $45°$角，如图 15-32 所示。已知方解石的主折射率为 $n_o=1.658$，$n_e=1.486$。如果用波长在 450nm 到 650nm 范围内的平行光束垂直照射偏振片Ⅰ，通过图中三个元件之后，哪些波长的光将发生消光现象？（假设在上述波长范围内 n_o、n_e 的值为常数）

18. 如图 15-33 所示，在两个偏振化方向互相平行的偏振片 P_1 和 P_2 之间插入一块厚度为 d 的方解石晶片，用波长为 500nm 的单色平行自然光垂直入射时，透过检偏器 P_2 的光强恰好为零。已知此方解石晶片的光轴 C 与起偏器 P_1 的偏振化方向间的夹角 $\alpha=45°$，光轴与晶片表面平行，方解石的主折射率 $n_o=1.66$，$n_e=1.49$。求此方解石晶片可能的最小厚度 d。

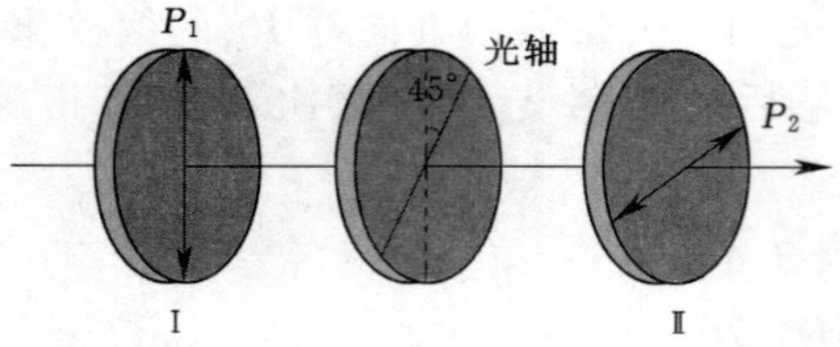

图 15-32

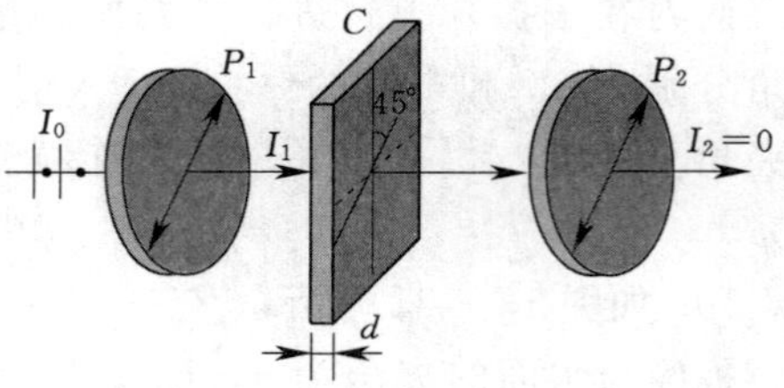

图 15-33

19. 一束光相继穿过两个尼科耳棱镜。现在固定第一个尼科耳棱镜，转动第二个尼科耳棱镜，使得两个尼科耳棱镜的主截面间的夹角由 $60°$变到 $30°$。

(1) 如果入射光是一束自然光，求转动前后透射光的强度之比。

(2) 如果入射光是一束线偏振光，且它的光矢量振动方向不垂直于第一个尼科耳棱镜的主截面，再求转动前后透射光的强度之比。

20. 一束波长为 589.3nm 单色线偏振光垂直通过水晶薄片，光轴与晶面垂直。已知水晶对右旋和左旋圆偏振光的折射率分别为 $n_R=1.55812$ 和 $n_L=1.54870$，如果通过晶片后右旋和左旋圆偏振光所发生的相位差为 π，则晶片厚度 d 为多大？

科学家史话 玻尔

玻尔（Niels Henrik David Bohr，1885—1962），丹麦物理学家。于1913年提出原子的定态假设和频率法则，从而奠定了这一研究方向的基础。

玻尔1885年10月7日出生于丹麦的哥本哈根。其父亲是一位思想开明的生理学教授，为了熏陶小玻尔，经常与朋友们一起对科学、哲学、文化及政治等问题进行有趣的讨论。玻尔的父亲还非常重视儿子的体质，培养他的体育兴趣。这导致乒乓球、帆船和滑雪等体育运动成为玻尔的终身爱好。

童年的玻尔是一个行动缓慢、做事专心的孩子。他在学校里各门功课都很好，尤其是物理学和数学。为了培养玻尔的动手能力，他父亲为他购置了车床和工具。心灵手巧的玻尔很快就熟练地掌握了金工技术，家里的钟表或自行车坏了，都是玻尔自己动手修理。

1903年，玻尔中学毕业后顺利地进入了哥本哈根大学自然科学系。在大学二年级，他参加了丹麦皇家科学协会组织的优秀论文竞赛，并获得了卡尔斯堡基金会的一笔助学金，从而有机会到英国剑桥大学卡文迪许实验室，跟随当时最有权威的物理学家汤姆逊进行深造。但玻尔和汤姆逊相处的并不融洽。1912年春，玻尔转到了曼彻斯特大学的卢瑟福实验室工作。实验室里有许多被卢瑟福发现和吸引来的优秀青年人才，玻尔和他们相处得非常好，并与其中大部分成了终生朋友。其中关系最好的是海乌希，他帮助玻尔了解实验室当时大家最关心的问题，熟悉实验室的每个成员，并且海乌希还精通化学，而玻尔恰好非常需要这方面的知识。玻尔在卢瑟福的实验室工作了四个多月后又回到祖国丹麦。在卢瑟福实验室工作期间，玻尔与卢瑟福结下了深厚的友谊。这一友谊延续了四分之一世纪，直到卢瑟福过早地离开人世。

1912年9月，玻尔到哥本哈根大学担任编外副教授，主讲热力学。玻尔在讲课中表现出一个教师的非凡才干，不管多难理解的问题，他都讲得清清楚楚、饶有兴趣。在从教的同时，玻尔继续在理论上进行探索，1913年，发表了著名论文《原子和分子的结构》，这是他步入科学王国的开端。1914年10月，玻尔又应邀到英国曼彻斯特大学任副教授，主讲热力学、运动学、电磁学和电子理论，并继续进行实验研究和原子结构理论及带电粒子制动理论的研究，取得了丰硕的成果。玻尔于1916年夏天回国，成为哥本哈根大学专为他设置的理论物理学教授。第二年，他又被选为丹麦皇家科学协会会员。

1920年9月，在玻尔的不懈努力下，哥本哈根大学终于建成了理论物理研究所，这个研究所成了吸引年轻而又富有天才的理论和实验物理学家研究原子及微观世界问题的中心。海森堡、克拉迈尔斯、狄拉克、泡利、赫韦希、哈尔特列、朗道、派耶尔斯等许多杰出的物理学家都先后在这里工作过。玻尔充分发挥每个年轻人的才干和独创性，研究所中充满着集体主义和友善精神。环境没有拘束，工作集思广益，解决了许多现代物理学最深奥的课题，形成了著名的哥本哈根学派，而玻尔是这一学派当之无愧的领袖。有人问玻尔他的学派成功的奥秘何在，玻尔回答说：“我从来不怕在青年人面前出丑。”

玻尔的每一天都被工作挤得满满的，即使晚年也像青年时代一样精力充沛。他不习惯使用时间表，从来不按工作计划工作，在节日和假日里也常常工作，甚至在乘船远航时也不停止工作。因此，并不是每个人都能给玻尔做助手的。做他的助手不仅要有坚强的神经系统，而且要放弃几乎全部的个人自由。因为这位导师在一天24小时内，随时都可能来找你谈一谈有关当前主要问题的复杂性，或者谈一谈他忽然想到的一个什么主意，或者让你帮助他校正某种见解等。

1922年，玻尔因对原子的结构和原子的辐射的研究做出的重大贡献而获得诺贝尔物理学奖。为此，整个丹麦都沉浸在喜悦之中，举国上下都为之庆贺。1924年6月，玻尔被英国剑桥大学和曼彻斯特大学授予科学博士名誉学位，剑桥哲学学会接受他为正式会员，同年12月又被选为俄罗斯科学院的外国通讯院士。

1927年初，海森堡、玻恩、约尔丹、薛定谔、狄拉克等人成功地创立了量子力学，玻尔对量子力学的创立起了巨大的促进作用。1927年9月，玻尔首次提出了“互补原理”，奠定了哥本哈根学派对量子力学解释的基础，并从此开始了与爱因斯坦持续多年的关于量子力学意义的论战。这场论战从许多方面促进了玻尔观点的完善。

玻尔是一个既关心政治时事、国家生活，也关心国际事件的科学家。1933年，希特勒夺取政权以后使德国成为法西斯国家，也成为丹麦一个危险的邻邦。他积极创立和参加了丹麦救援移民委员会，尽力支持和帮助从德国逃难到哥本哈根的科学家和难民。1940年4月，德国侵占了丹麦，丹麦政府宣布投降。美国、英国等许多国家的大学邀请玻尔全家到他们那里去避难和工作。玻尔对这些友好的关心非常感激。但是这一切都没能动摇他留在自己的岗位的决心。玻尔相信，这一切都是暂时的，不应该陷入苦闷，要坚持下去继续工作，抵抗侵略者，为共同的斗争作出贡献。由于玻尔不隐瞒自己的好恶爱憎，拒绝与侵略者合作并不与支持侵略者的人来往，1943年9月，希特勒政权准备逮捕玻尔，为了避免遭到迫害，玻尔在反抗运动参加者的帮助下冒着极大的危险逃到了瑞典。在林德曼的邀请下，玻尔到英国工作。两个月后，根据美国总统罗斯福和英国首相丘吉尔签署的魁北克协议，美国和英国物理学家应密切合作共同工作。于是玻尔被任命为英国的顾问，与查德威克等一批英国原子物理学家远涉重洋去了美国，参加了制造原子弹的曼哈顿计划。玻尔由于担心德国率先造出原子弹，给世界造成更大的威胁，所以也和爱因斯坦一样，以科学顾问的身份积极推动了原子弹的研制工作。

但他坚决反对在对日战争中使用原子弹，也坚决反对在今后的战争中使用原子弹，始终坚持和平利用原子能的观点。对于原子弹给日本造成的巨大损失，他感到非常内疚，并为此发表了《科学与文明》和《文明的召唤》两篇文章，呼吁各国科学家加强合作，和平利用原子能，对那些可能威胁世界安全的任何步骤进行国际监督，为各民族无忧无虑地发展自己的科学文化而斗争。

1945年8月20日，玻尔又回到丹麦继续担任理论物理研究所所长，并重新当选为丹麦皇家科学协会主席。在以后的日子里，玻尔不仅积极参加和领导原子物理的理论研究，而且继续致力于发展原子能的和平利用。1957年他被授予第一届“和平利用原子能”奖。

玻尔是丹麦的骄傲，在庆祝他诞辰60周年时，为他建立了40万克朗的独立基金，以便他用来鼓励各种研究活动。在他诞辰70周年时，国王授予他丹麦一级勋章，政府和科协会决定设立铸有他头像的玻尔金质奖章，用来奖励那些有卓越贡献的现代物理学家。

玻尔在暮年时，仍然积极参加组织活动和社会活动，为巩固各国科学家的国际合作到处奔波，直到1962年11月18日与世长辞。他的去世使人类失去了一位天才的科学家和思想家，一位争取世界和平和各国人民相互谅解的战士，一位纯朴、诚实、善良和平易近人的朋友。为了纪念玻尔，哥本哈根大学理论物理研究所改名为尼尔斯·玻尔研究所。

第十六章　气 体 动 理 论

气体动理论是在物质结构的分子学说的基础上，为了说明人们所熟知的气体的物理性质和气态现象而发展起来的。在这些熟知的性质和现象中，诸如微小悬浮粒子的布朗运动、流动气体的黏滞性、热的传递、物体的热胀冷缩、物质三态的相互转变等，都是与**温度有关的物理现象，**称为**热现象**（thermal phenomenon）。气体动理论的研究对象是物质分子的热运动，而热运动是指分子永不停息的无规则运动。热现象是组成物体的大量分子热运动的集体表现。由于分子的数目非常巨大，运动的情况又十分混乱，因此热运动具有明显的无序性和统计性。就单个分子而言，由于它受到其他分子的复杂作用，其具体运动情况瞬息万变，显得杂乱无章，具有很大的偶然性，这就是无序性的表现。但就大量分子而言，它们的集体表现却存在一定的规律性。这种**大量的偶然事件在宏观上表现出来的规律性**称为**统计规律性**（Statistical regularity）。正因为如此，才使得热运动成为有别于其他运动形式的一种基本运动形式。

本章以气体为研究对象，从气体分子热运动观点出发，运用统计方法来研究大量气体分子的热运动规律。主要内容有理想气体的压强和温度的微观本质、能量均分定理、理想气体的内能、麦克斯韦气体分子速率分布律、玻尔兹曼分布律、分子平均自由程和碰撞频率等。

本章学习要点

（1）理解压强、温度、内能等概念，了解系统的宏观性质是微观运动的统计表现。

（2）熟练掌握理想气体的压强公式和温度公式以及它们的物理意义。

（3）了解麦克斯韦速率分布律，了解麦克斯韦速率分布函数和速率分布曲线的物理意义，了解三种速率。

（4）了解玻尔兹曼分布律，能利用分子数密度公式和气压公式解决简单的实际问题。

（5）了解气体分子平均碰撞频率和平均自由程。

第一节　气体动理论的基本概念

气体动理论的基本概念可以归纳为以下三个方面：

（1）一切宏观物体都是由大量分子组成的，分子间存在间隙。气体、液体和固体都是由大量分子组成的，分子又由原子组成。分子是保持该物质化学性质的最小微粒。

实验表明，1mol 任何物质所含分子数相同，这个数目称为**阿伏伽德罗常数**（Avogadro constant），用符号 N_A 表示。其值为

$$N_A = 6.022136736 \times 10^{23}/\text{mol} \approx 6.022 \times 10^{23}/\text{mol}$$

单位体积内的分子数称为**分子数密度**（number density of molecules），用符号 n 表示。实验测得几种物质在常温、常压下分子数密度的值为：氮 $n = 2.47 \times 10^{19}/\text{cm}^3$、水 $n = 3.3 \times 10^{22}/\text{cm}^3$、铜 $n = 7.3 \times 10^{22}/\text{cm}^3$。

以上两个物理量的数值表明，分子的数目是非常大的。

对气体加压，其体积会明显变小；将水和酒精混合，其体积小于混合前水和酒精的体积和；对储存在厚壁钢桶中的油加压，当压强高达2000标准大气压时，油会从筒壁渗出。这些例子生动地表明，气体、液体和固体物质的分子间都是存在间隙的。分子可以分为单原子分子、双原子分子和多原子分子，不同结构的分子其尺度不相同，在标准状态下，分子直径的数量级约为 10^{-10}m，气体分子的间距约是分子直径的10倍，即气体每个分子占有的体积约为分子本身体积的1000倍，因此在标准状态下，可以将气体分子当作略去大小及几何形状的质点来处理。

（2）分子永不停息地做无规则运动。将装有不同气体的两个容器接通，经过一段时间，两种气体就在两个容器中混合均匀，这是分子无规则运动引起的扩散现象。不仅气体，液体和固体也存在扩散现象。在一杯清水中滴入几滴红墨水，过一段时间整杯水都变成了红色。把两块不同的金属紧压在一起，经过较长时间后，每块金属的接触面内部都可发现另一种金属的成分。例如，在半导体工艺中利用扩散法渗入微量的杂质，以达到控制半导体性能的目的。扩散现象说明组成物质的分子在不停地运动着。温度越高，扩散过程越快。可见，分子无规则运动的剧烈程度与温度有关，温度越高，分子无规则运动越剧烈，因此将**大量分子的无规则运动**称为**分子的热运动**（thermal motion）。

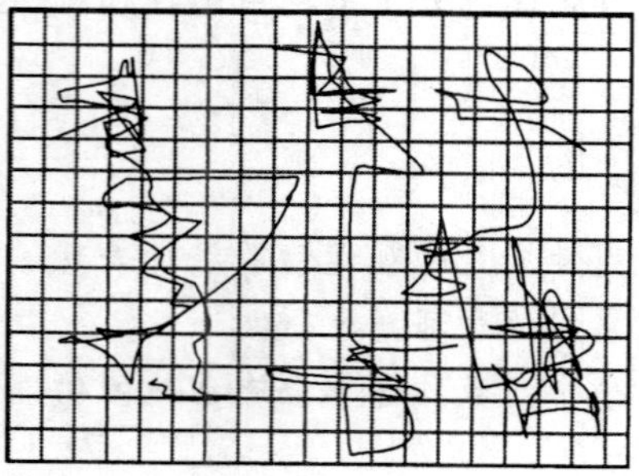

图 16-1

在显微镜下看起来连成一片的液体，实际上是由许许多多分子组成的。在液体表面撒下一些花粉，液体分子不停地作无规则的热运动，它们不断地随机撞击花粉微粒。悬浮的花粉足够小，其受到的来自各个方向的液体分子的撞击作用是不平衡的。在某一瞬间，花粉微粒在某个方向受到的撞击作用强，花粉微粒就向这个方向运动。在足够长的观察时间内，花粉微粒的运动轨迹是无规则的，图16-1是三颗花粉微粒的运动轨迹示意图。将**微小颗粒的无规则的运动**称为**布朗运动**（brownian movement）。

布朗运动间接地证明了分子是做无规则运动的。气体分子不停地作无规则的热运动，这种运动增加了分子的无序程度。

尽管分子的体积非常微小，而分子的数量又非常巨大，但仍然需要一些**描述个别分子的物理量**，这些物理量称为**微观物理量**，简称**微观量**（microscopic quantity）。例如分子的质量、速度、能量、体积、动量等都是微观量。还有一些物理量如温度、压强等是可以通过实验方法测量到的，它们是**表征大量分子集体特征的物理量**，这些物理量称为**宏观状态量**，简称**宏观量**（maroscopic quantity）。

尽管单个气体分子的运动状态有一定的随机性和偶然性，但是这并不意味着分子运动是没有规律可循的，大量气体分子的整体表现仍然呈现一定的规律性。在大量偶然、无序的分子运动中，大量偶然事件的集合包含着一种规律性，这种规律就是**统计规律**。理想气体宏观状态量和气体分子微观物理量的统计平均值之间存在某种必然的联系，这是大量气体分子统计规律的表现。

（3）分子间存在相互作用力。一根铁棒很难拉断，这是因为分子间存在引力作用，阻碍分子分开。同样的铁棒也很难压缩，这表明分子间存在斥力作用，阻碍分子之间靠近。可见在**物体内部分子与分子之间存在着很强的作用力**，称为**分子力**（molecular force）。分子力不仅表现为吸引力，在一定条件下也可以表现为排斥力。

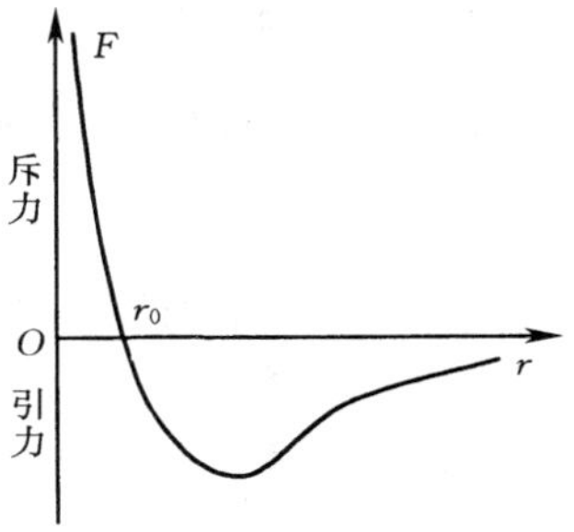

图 16－2

图 16－2 是分子力 F 与分子间的距离 r 的关系曲线，由该曲线可以看出，当 $r=r_0$ 时，吸引力与排斥力平衡，分子的合力 $F=0$，r_0 的数量级为 10^{-10} m；当 $r<r_0$ 时，分子力表现为斥力，并且随 r 的减小斥力剧烈增大；当 $r>r_0$ 时，分子力表现为引力，随 r 的增大分子力逐渐增大，当达到最大值以后，r 值再增大，引力反而减小，一般当 $r>10^{-9}$ m 时，分子间的作用力就可以忽略不计，10^{-9} m 称为**分子力有效作用半径**。可见，分子力只在很小的范围内起作用，即**分子力是短程力**。

第二节　气体的状态参量　理想气体状态方程

一、平衡态及气体的状态参量

为了描述有大量分子组成的物体的宏观状态，有必要先讨论一下平衡态的概念。

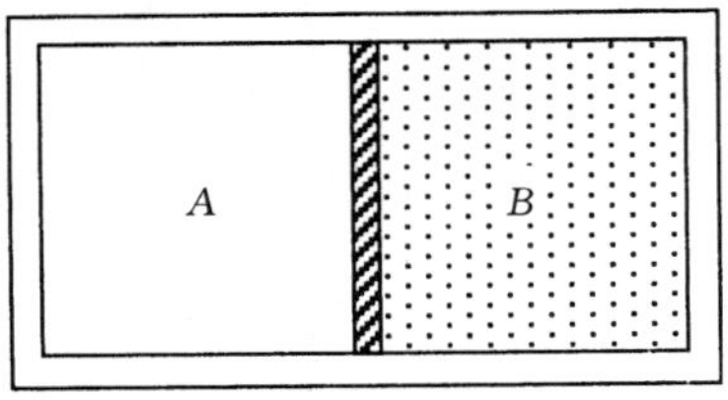

图 16－3

当两个温度不同的物体相互接触时，热的物体要变冷，冷的物体要变热，经过一段时间以后，两个物体的温度将趋于相等。这时如果没有外界的影响，两个物体将一直保持这个状态不变，不再发生任何的宏观变化。

如图 16－3 所示，一个容器被隔板分成 A、B 两部分，A 中为真空，B 中为空气。当将隔板抽去后，由于分子热运动，B 中的空气将向 A 中扩散。在扩散过程中，容器中气体分子的分布各处是不均匀的，经过一定时间以后，容器中气体将达到各处均匀一致的状态，在不受外界影响的情况下，这种均匀一致的状态将保持不变。

大量事实表明，**在不受外界影响的情况下，一个系统经过一定时间以后会达到各处均匀一致的状态，系统的宏观性质不随时间发生变化**，这种状态称为**平衡状态**（equilibrium state），简称**平衡态**。

由于实际中并不存在完全不受外界影响的系统，也不存在宏观性质绝对保持不变的系统，因此平衡态只是一种理想化的状态，它是在一定条件下对实际情况的抽象和概括。在实际问题中，如果系统状态变化很小，对系统不产生显著的影响，因此可以忽略这种变化，而近似地认为系统处于平衡态。

当系统处于平衡态时，虽然系统的宏观性质不随时间变化，但是从微观角度看，组成系统的分子仍然在不停地运动着，因此，平衡态是一种动态的平衡。

由于处于平衡态的系统不再发生宏观变化，因此可以用一组确定的物理量来描述处于平衡态的系统的宏观性质。这些用来**描述系统平衡态宏观性质的物理量**称为**状态参量**。状态参量是可以用实验方法测量的宏观物理量。

二、气体的状态参量

一定量的气体处于平衡态时，其性质可以用压强 p、温度 T 和体积 V 三个的宏观量来描述，这三个物理量称为气体的状态参量。

1. 气体体积 V

气体的体积是指气体分子做无规则运动所能达到的空间范围，对于容器中的气体而言，气体的体积就等于容器的体积，用符号 V 表示。注意气体的体积不是指气体本身体积的总和。

在国际单位制中，体积的单位是 m^3，升（L）是体积的常用单位，它与 m^3 和 dm^3 的关系为

$$1L=10^{-3}m^3=1dm^3$$

2. 气体的压强 p

由于热运动，气体分子不断地与容器器壁发生碰撞，在宏观上表现为对器壁产生压力。**作用在容器器壁单位面积上的正压力**称为**压强**（pressure），用符号 p 表示。

在国际单位制中，压强的单位为帕斯卡（Pa），即

$$1Pa=1N/m^3$$

毫米汞柱（mmHg）和标准大气压（atm）是压强的常用单位，它们与 Pa 的关系为

$$1mmHg=1.333\times10^2Pa$$

$$1atm=760mmHg=1.013\times10^5Pa$$

3. 气体的温度

气体的温度是气体的冷热程度的量度。气体的温度与气体分子的热运动有关，温度的高低反映了大量气体分子热运动的剧烈程度。**温度的数值表达方法**称为**温标**（thermometric scale）。1987 年第 18 届国际计量大会规定热力学温标为基本温标。

热力学温度是一个基本物理量，用符号 T 表示，在国际单位制中，热力学温度的单位为开尔文（K）。摄氏温度也是常用的物理量，用符号 t 表示，其单位为摄氏度（℃）。热力学温度 T 与摄氏温度 t 之间的关系为

$$T=t+273.15 \tag{16-1}$$

即－273.15℃为热力学温度的零点，即绝对零度。

三、理想气体状态方程

中学讲过的三条实验定律如下。

（1）玻义耳定律：一定质量的气体，在温度保持不变时，其压强和体积的乘积保持不变，即

$$pV=C(常量) \tag{16-2}$$

（2）查理定律：一定质量的某种气体，在体积不变的情况下，它的压强与热力学温度成正比，即

$$\frac{p}{T}=C(常量) \tag{16-3}$$

（3）盖·吕萨克定律：一定质量的气体在压强不变的情况下，它的体积与热力学温度成正比，即

$$\frac{V}{T}=C(常量) \tag{16-4}$$

在气体压强不太大、温度不太低（接近于标准大气压和室内温度）时，严格遵守上述三个实验定律的气体称为**理想气体**（ideal gas）。理想气体是实际气体在一定条件下的近似，是一种理想模型。实验表明，一些实际气体，例如氧气、氮气、氦气和空气等，在温度不太低、压强不太大时，可以近似地当作理想气体。

由上述三条实验定律可以导出质量一定的理想气体的三个状态参量 p、V、T 之间的函数关系为

$$\frac{pV}{T}=C(常量) \tag{16-5}$$

由于方程式（16－5）是法国物理学家克拉珀龙在 1834 年首先推导出来的，因此称为**克拉珀龙方程**（Clapeyron equation）。

将克拉珀龙方程应用于气体的标准状态，有

$$\frac{pV}{T}=\frac{p_0V_0}{T_0}$$

其中，标准状态下的压强和温度分别为 $p_0=1.013\times10^5\text{Pa}$、$T_0=273.15\text{K}$。由于 1mol 任何理想气体所占的体积为 $V_m=22.4\times10^{-3}\text{m}^3/\text{mol}$，因此质量为 m、摩尔质量为 M 的气体的体积为 $V_0=\frac{m}{M}V_m$，将这些值代入上式得

$$\frac{pV}{T}=\frac{m}{M}\frac{p_0V_m}{T_0}$$

令 $\frac{p_0V_m}{T_0}=R$，则

$$pV=\frac{m}{M}RT \tag{16-6}$$

式（16－6）称为**理想气体状态方程**（The Ideal－Gas Equation），R 称为**普适气体常量**（universal gas constant），其值为

$$R=\frac{p_0V_m}{T_0}=\frac{1.013\times10^5\times22.4\times10^{-3}}{273.15}=8.31(\mathrm{J/mol\cdot K})$$

如果用 N 表示体积 V 中的气体分子总数，N_A 为阿伏伽德罗常量，则气体的质量和摩尔质量分别为 $m=Nm_0$、$M=N_Am_0$，其中，m_0 为每个气体分子的质量。将它们代入式（16－6）中，得

$$p=\frac{N}{V}\frac{R}{N_A}T=n\frac{R}{N_A}T$$

其中，n 为气体分子数密度。由于 R 和 N_A 都是常量，因此 R/N_A 也是常量，称为**玻尔兹曼常量**（Boltzmann constant），用 k 表示，其值为

$$k=\frac{R}{N_A}=\frac{8.31}{6.022\times10^{23}}=1.38\times10^{-23}(\mathrm{J/k})$$

上式可以改写为

$$p=nkT \tag{16-7}$$

式（16－7）为理想气体状态方程的另一种表达形式。

【例 16－1】 将一个容积为 11.2L 的容器内的气体抽出，当其内部的压强达到 1.0×10^{-5} mmHg 时，为了提高其内部的真空度，将容积密封后再对其加热，使器壁吸附的气体分子释放出来。当温度达到 300℃时，测得压强变为 1.0×10^{-2} mmHg，试求器壁释放出的分子数目。

解：由理想气体状态方程式（16－7）得对容积加热前后，容积内的气体分子数密度分别为

$$n_1=\frac{p_1}{kT_1}$$

$$n_2=\frac{p_2}{kT_2}$$

则器壁释放出的分子数为

$$\Delta N=(n_2-n_1)V=(\frac{p_2}{T_2}-\frac{p_1}{T_1})\frac{V}{k}$$

由题意可知 $p_2\gg p_1$，因此

$$\Delta N\approx\frac{p_2V}{kT_2}=\frac{1.0\times10^{-2}\times1.333\times10^2\times11.2\times10^{-3}}{1.38\times10^{-23}\times573.15}=1.89\times10^{20}$$

可见，容器中释放出的分子数目还是非常大的。

第三节　理想气体的压强公式

根据气体动理论的观点，由于容器中的气体分子做无规则运动，它们会不断地与器壁发生碰撞，使器壁受到冲力，大量分子对器壁碰撞的结果，在宏观上表现为器壁受到了压强。就像密集的雨滴打在伞面上，对伞面产生一个持续稳定的压力一样，大量分子对器壁的碰撞使器壁受到一个持续的压强。

一、理想气体的微观模型

为了从微观角度阐明理想气体所遵循的宏观规律，在气体动理论中，还需要对理想气体作出如下假设：

(1) 气体分子本身的大小与分子之间的平均距离相比可以忽略不计，分子可以看作是质点。

(2) 由于气体分子之间的平均距离相当大，而分子力又是短程力，因此除了碰撞的瞬间以外，分子之间的相互作用力可以忽略不计。在连续两次碰撞之间，分子的运动可以看作是匀速直线运动。

(3) 分子之间的相互碰撞以及分子与器壁的碰撞可以看作是完全弹性碰撞。

由上述假设可以得出，理想气体分子是一组自身体积忽略不计、彼此之间的相互作用可以忽略的弹性小球。理想气体模型只是真实气体在压强较低时的一种近似模型。

此外，气体分子还遵循下列统计假设：

(1) 当气体处于平衡态时，在忽略重力影响的情况下，大量分子向各个方向运动的机会均等，没有哪一个方向的运动比其他方向的运动更占优势。

(2) 当气体处于平衡态时，在忽略重力影响的情况下，在任何时刻沿各个方向运动的分子数相等，每一个分子出现在容器中任何一点的机会均等，分子在容器中的分布是均匀的。

在具体应用统计假设时，可以认为气体分子速度在各个方向的分量的各种统计平均值相等。

设在某个容器中有 N 个气体分子，N 非常大。第 i 个气体分子的速度大小为 v_{i}，其沿着 x、y、z 三个方向的分量分别为 v_{ix}、v_{iy}、v_{iz}，显然

$$v_{\mathrm{i}}^2=v_{\mathrm{ix}}^2+v_{\mathrm{iy}}^2+v_{\mathrm{iz}}^2$$

将上式对所有气体分子求和，得

$$\sum_{i=1}^{N}v_{\mathrm{i}}^2=\sum_{i=1}^{N}v_{\mathrm{ix}}^2+\sum_{i=1}^{N}v_{\mathrm{iy}}^2+\sum_{i=1}^{N}v_{\mathrm{iz}}^2$$

将上式两边同除以气体分子总数 N，得

$$\frac{\sum_{i=1}^{N}v_{\mathrm{i}}^2}{N}=\frac{\sum_{i=1}^{N}v_{\mathrm{ix}}^2}{N}+\frac{\sum_{i=1}^{N}v_{\mathrm{iy}}^2}{N}+\frac{\sum_{i=1}^{N}v_{\mathrm{iz}}^2}{N}$$

其中，$\dfrac{\sum_{i=1}^{N}v_{\mathrm{i}}^2}{N}=\overline{v^2}$ 为气体分子速度平方的平均值，$\dfrac{\sum_{i=1}^{N}v_{\mathrm{ix}}^2}{N}=\overline{v_{\mathrm{x}}^2}$、$\dfrac{\sum_{i=1}^{N}v_{\mathrm{iy}}^2}{N}=\overline{v_{\mathrm{y}}^2}$、$\dfrac{\sum_{i=1}^{N}v_{\mathrm{iz}}^2}{N}=\overline{v_{\mathrm{z}}^2}$ 分别为气体分子速度沿着 x、y、z 方向的分量的平方的平均值，即

$$\overline{v^2}=\overline{v_{\mathrm{x}}^2}+\overline{v_{\mathrm{y}}^2}+\overline{v_{\mathrm{x}}^2}$$

根据统计假设，气体分子速度在各个方向的分量的各种统计平均值相等，因此$\overline{v_{\mathrm{x}}^2}=\overline{v_{\mathrm{y}}^2}=\overline{v_{\mathrm{z}}^2}$，由上式即得

$$\overline{v_{\mathrm{x}}^2}=\overline{v_{\mathrm{y}}^2}=\overline{v_{\mathrm{z}}^2}=\frac{1}{3}\overline{v^2} \qquad (16-8)$$

可见，气体分子速度沿着 x、y、z 方向的分量的平方的平均值都相等，都等于气体分子速度平方的平均值的 1/3。

二、理想气体的压强公式

容器的器壁之所以会受到压强，是由于容器中大量的气体分子对器壁碰撞的结果。根据理想气体分子模型，气体分子与器壁的碰撞为弹性碰撞，气体分子在与容器器壁发生碰撞时受到壁面的冲力作用，分子的动量得到一个垂直壁面的增量，即分子受到一个垂直壁面的力。根据牛顿第三定律，同样有一个力垂直作用在器壁上。大量的气体分子与器壁持续碰撞，使容器的器壁受到持续、均匀的冲力，单位器壁面积上受到的平均冲力就是气体作用在器壁上的压强。

为了讨论问题方便，假设容器是长方体，各边的边长分别为 l_1、l_2 和 l_3，容器内有 N 个完全相同的分子，每个分子的质量为 m_0，如图 16－4 所示。建立如图 16－4 所示的直角坐标系。当气体处于平衡态时，由于容器器壁上各处的压强相同，因此只计算一个面上的压强即可，下面以 A_1 面为例。

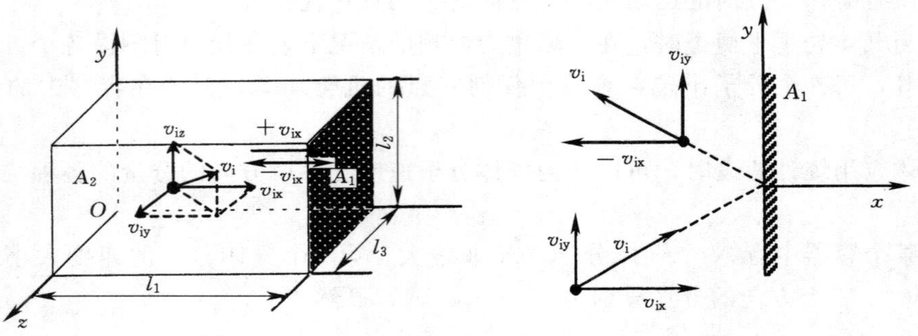

图 16－4

下面分三个步骤计算 A_1 面受到的压强。

第一步先考虑第 i 个气体分子对 A_1 面的平均作用力。设第 i 个气体分子在与 A_1 面碰撞之前的速度为

$$\vec{v}_i = v_{ix}\vec{i} + v_{iy}\vec{j} + v_{iz}\vec{k}$$

由于该分子与 A_1 面碰撞时只受到器壁 $-x$ 方向的作用力，因此碰撞后它的速度变为

$$\vec{v}_i' = -v_{ix}\vec{i} + v_{iy}\vec{j} + v_{iz}\vec{k}$$

在碰撞过程中第 i 个气体分子的动量增量，即该分子受到的冲量为

$$(-m_0 v_{ix}) - m_0 v_{ix} = -m_0 v_{ix}$$

根据牛顿第三定律，A_1 面受到的冲量为 $m_0 v_{ix}$。

第 i 个气体分子与 A_1 面碰撞以后又以同样的速率向 A_2 面运动，与 A_2 面碰撞后又以同样的速率返回来与 A_1 面发生碰撞，如此往复。由于第 i 个气体分子与 A_1 面碰撞一次所需的时间为 $2l_1/v_{ix}$，则在单位时间内这个分子与 A_1 面的碰撞次数为 $v_{ix}/2l_1$。因此单位时间内 A_1 面受到的冲量为

$$2m_0 v_{ix}\frac{v_{ix}}{2l_1}=\frac{m_0 v_{ix}^2}{l_1}$$

根据动量定理 $I=\overline{F}\Delta t$ 可知，物体在碰撞过程中受到的平均作用力等于它在单位时间内受到的冲量，因此上式就是第 i 个气体分子对 A_1 面的平均作用力。

第二步计算所有分子对 A_1 面作用力。

对上式求和，即得 N 个分子对 A_1 面的平均作用力，即气体对 A_1 面的压力为

$$\overline{F}=\sum_{i=1}^{N}\frac{m_0 v_{ix}^2}{l_1}=\frac{m_0}{l_1}\sum_{i=1}^{N}v_{ix}^2$$

最后一步计算气体对 A_1 面施加的压强。

根据压强的定义，得 A_1 面受到气体的压强为

$$p=\frac{\overline{F}}{l_2 l_3}=\frac{m_0}{l_1 l_2 l_3}\sum_{i=1}^{N}v_{ix}^2=\frac{Nm_0}{l_1 l_1 l_3}\sum_{i=1}^{N}\frac{v_{ix}^2}{N}$$

上式中，$l_1 l_2 l_3=V$ 为容器的容积，$\frac{N}{V}=n$ 为容器内气体分子的数密度。$\frac{\sum_{i=1}^{N}v_{ix}^2}{N}=\overline{v_x^2}$ 为气体分子速度沿着 x 方向的分量的平方的平均值。因此上式改写为

$$p=nm_0\overline{v_x^2}$$

将式（16－8）代入上式即得

$$p=\frac{1}{3}nm_0\overline{v^2} \qquad (16-9)$$

上式称为**气体动理论的压强公式**。

将气体分子当作质点，由于每一个气体分子都在作平动，因此每一个气体分子都有平动动能。第 i 个气体分子的平动动能为 $\varepsilon_{ik}=\frac{1}{2}m_0 v_i^2$，$N$ 个气体分子的平动动能总和为

$$\sum_{i=1}^{N}\varepsilon_{ik}=\sum_{i=1}^{N}\frac{1}{2}m_0 v_i^2=\frac{1}{2}m_0\sum_{i=1}^{N}v_i^2$$

因此，气体分子的平均平动动能为

$$\bar{\varepsilon}_k=\frac{\frac{1}{2}m_0\sum_{i=1}^{N}v_i^2}{N}=\frac{1}{2}m_0\frac{\sum_{i=1}^{N}v_i^2}{N}=\frac{1}{2}m_0\overline{v^2} \qquad (16-10)$$

将式（16－10）代入式（16－9）中，即得**气体动理论的压强公式**的另外一种表达形式为

$$p=\frac{2}{3}n\bar{\varepsilon}_k \qquad (16-11)$$

在推导压强公式时，除了用到理想气体的微观模型外，还用到了气体动理论对分子热运动的基本假设。这个假设成立的条件是大量分子组成的理想气体处于平衡态。

从上面的推导过程可以体会到，气体对器壁产生的压强是大量气体分子对器壁碰撞所产生的平均效果，这就是压强的统计意义。必须明确，对于大量气体分子压强才有明确的

意义，说单个气体分子或少量的气体分子产生的压强是没有任何意义的。

应该指出，压强 p 是宏观量，是描述气体宏观力学性质的物理量，而平均平动动能 $\bar{\varepsilon}_k$ 是微观量的统计平均值，是描述分子热运动剧烈程度的物理量，压强公式则将宏观量与微观量的统计平均值联系起来了，即宏观量总是与某些微观量的统计平均值相对应。

思考与讨论

1. 在一密闭容器中，储有 A、B、C 三种理想气体，处于平衡状态。A、B、C 三种气体的分子数密度分别为 n_1、$2n_1$、$3n_1$，已知 A 种气体产生的压强为 p_1，试问：混合气体的压强 p 为多少？

2. 有一个截面均匀的封闭圆筒，中间被一个光滑的活塞分隔成两边，如果其中的一边装有 0.1kg 的氢气，为了使活塞停留在圆筒的正中央，试问：另一边应该装入同一温度的氧气质量是多少？

3. 一定量的某理想气体按 $pV^2=$恒量的规律膨胀，试问：膨胀后理想气体的温度怎样变化？

4. 如果室内生起炉子后温度从 15℃升高到 27℃，而室内气压不变，试问：此时室内的分子数减少的百分比是多少？

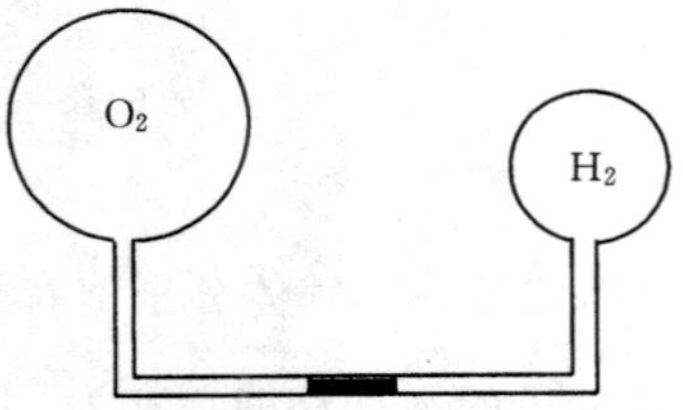

图 16－5

5. 如图 16－5 所示，两个大小不同的容器用均匀的细管相连，管中有一个水银滴作活塞，大容器内装有氧气，小容器装有氢气。当温度相同时，水银滴静止于细管中央，试问：此时这两种气体中的密度哪一个大一些？

6. 某容器内分子数密度为 $10^{26}/\mathrm{m}^3$，每个分子的质量为 3×10^{-27} kg，设其中 1/6 的分子以 200m/s 的速率垂直向容器的一个壁运动，而其余 5/6 的分子或者离开此壁、或者平行此壁方向运动，且分子与容器壁的碰撞是完全弹性的。试问：每个分子作用于器壁的冲量大小等于多少？每秒碰在器壁单位面积上的分子数等于多少？作用在器壁上的压强等于多少？

7. 有一个电子管，其真空度（即电子管内气体压强）为 1.0×10^{-5} mmHg，试问：27℃ 时管内单位体积内的分子数为多少？

8. A、B、C 三个容器中都装有理想气体，它们的分子数密度之比为 $n_A:n_B:n_C=4:2:1$，而分子的平均平动动能之比为 $\bar{\varepsilon}_{kA}:\bar{\varepsilon}_{kB}:\bar{\varepsilon}_{kC}=1:2:4$，试问：它们的压强之比 $p_A:p_B:p_C$ 等于多少？

9. 某种理想气体在温度为 27℃和压强为 1.0×10^{-2} atm 的情况下，密度为 11.3g/m³，试问：这种气体的摩尔质量等于多少？

10. 理想气体的三种状态变化关系式为：① $p\mathrm{d}V=\frac{m}{M}R\mathrm{d}T$；② $V\mathrm{d}p=\frac{m}{M}R\mathrm{d}T$；③ $p\mathrm{d}V+V\mathrm{d}p=0$。试问：它们分别表示什么过程？

第四节　能量均分定理　理想气体的内能

一、气体分子平均平动动能与温度的关系

将理想气体状态方程式（16－7）代入气体动理论的压强公式（16－11）中，得

$$\bar{\varepsilon}_k=\frac{3}{2}kT \tag{16-12}$$

式（16－12）称为**气体动理论的温度公式**。该式表明，分子的平均平动动能仅与温度成正比，即温度越高，气体分子的平均平动动能越大，分子热运动越剧烈，因此**温度是描述气体分子热运动激烈程度的宏观量**。

由于温度与气体分子平均平动动能这个统计平均值相联系，因此温度和压强一样，只对大量分子有意义，说个别分子或少量分子的温度是多少毫无意义。此外还要注意，温度是描述大量分子处于平衡态的物理量，即只有在平衡态下才能说温度是多少，如果大量分子构成的系统没有达到平衡态，是不能用温度来描述其状态的。

$\overline{v^2}$的平方根$\sqrt{\overline{v^2}}$称为气体分子的**方均根速率**（root－mean－square speed）。由气体动理论的温度公式（16－12）容易得到

$$\sqrt{\overline{v^2}}=\sqrt{\frac{3kT}{m_0}} \tag{16-13}$$

由于玻尔兹曼常量 $k=R/N_A$，$k/m_0=R/N_Am_0=R/M$，其中 $N_Am_0=M$ 为气体的摩尔质量，因此式（16－13）可以写为

$$\sqrt{\overline{v^2}}=\sqrt{\frac{3RT}{M}} \tag{16-14}$$

值得注意的是，在相同温度下，各种分子的平均平动动能都相等，但它们各自的方均根速率却不相等。

【例 16－2】　当压强 $p=1.013\times10^5\text{Pa}$ 时，温度 $T=300\text{K}$ 的某理想气体的密度为 $\rho=1.30\text{kg/m}^3$。求（1）该气体的摩尔质量，由此确定这是什么气体；（2）该气体分子的方均根速率。

解：（1）由理想气体状态方程式（16－6），得

$$M=\frac{mRT}{pV}=\frac{\rho RT}{p}=\frac{1.30\times8.31\times300}{1.013\times10^5}=32\times10^{-3}(\text{kg/mol})$$

因此该气体为氧气。

（2）将上式代入式（16－14）中，得该气体的方均根速率为

$$\sqrt{\overline{v^2}}=\sqrt{\frac{3p}{\rho}}=\sqrt{\frac{3\times1.013\times10^5}{1.30}}=483(\text{m/s})$$

【例 16－3】　在标准状态下，气体分子的平均平动动能有多大？1m^3 的气体中有多少个气体分子？这些分子的平均平动动能的总和是多少？

解：（1）由气体动理论的温度公式（16－12）得

$$\bar{\varepsilon}_k=\frac{3}{2}kT=\frac{3}{2}\times1.38\times10^{-23}\times273=5.65\times10^{-21}(\mathrm{J})$$

（2）由理想气体状态方程式（16－7）得 $1\mathrm{m}^3$ 的气体中含有的气体分子个数为

$$n=\frac{p}{kT}=\frac{1.013\times10^5}{1.38\times10^{-23}\times273}=2.69\times10^{25}(1/\mathrm{m}^3)$$

（3）这些分子的平均平动动能的总和为

$$n\bar{\varepsilon}_k=\frac{p}{kT}\frac{3}{2}kT=\frac{3}{2}p=1.5\times1.013\times10^5=1.52\times10^5(\mathrm{J/m}^3)$$

二、自由度

1. 自由度

在前面讨论问题时，一直将气体分子视为质点，这种气体分子只有平动。而实际的气体分子具有一定的形状和大小，因此气体分子的运动除了平动以外，还有转动和分子内原子间的振动。为了用统计的方法计算分子的平均转动动能、平均振动动能以及平均总能量，有必要讨论一下运动自由度的概念。

如果将飞机当作质点看待，飞机在天空中自由飞翔，确定它的位置要用 x、y、z 三个独立坐标，如图 16－6（a）所示。如果将在海面上行驶轮船也当作质点看待，并且认为海面是平面，即一个质点被限制在平面上运动，确定它的位置要用 x、y 两个独立坐标，如图 16－6（b）所示。一列火车在直线铁轨上从甲地到乙地，同样认为火车是质点，即一个质点被限制在一条直线上运动，这时确定它的位置只要 x 一个独立坐标就够了，如图 16－6（c）所示。

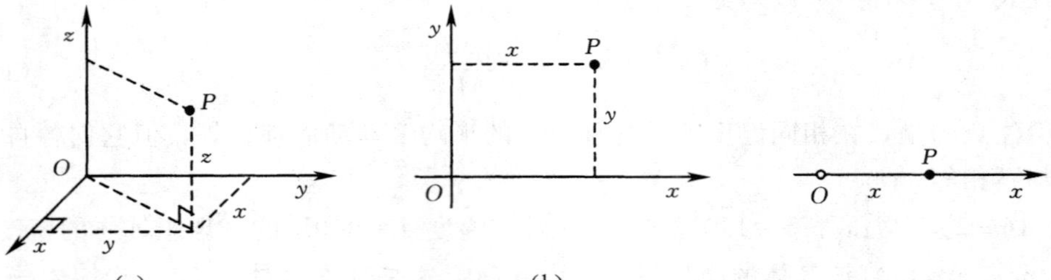

图 16－6

比较以上三个物体的运动，显然飞机的运动最自由，火车的运动最不自由。而确定飞机（质点）的位置需要的独立坐标数目最多，而确定火车（质点）的位置需要的独立坐标数目最少。因此描述一个物体的位置所需要的独立坐标数目越多，这个物体越自由。**确定一个物体在空间的位置所需要的独立坐标数目**称为**自由度**（degree of freedom）。自由度是描述物体运动的自由程度的物理量。一般用 i 表示自由度。一个质点在空间运动的自由度 $i=3$，在平面上运动的自由度 $i=2$，在直线上运动的自由度 $i=1$。

2. 刚体的自由度

如图 16－7 所示，设 C 为刚体上的一点，CA 为通过 C 点且固定在刚体上的一条直线，θ 为刚体相对于某一起始位置绕直线 AC 转过的角度。刚体的位置由 C 点的位置确定，AC 的方位和角度 θ 确定。以 O 为原点建立直角坐标系 $Oxyz$，令 α、β、γ 分别为 AC 与 x、y、z 轴的夹角。

C 点的位置由三个坐标 x、y、z 确定，AC 的方位由三个方向角 α、β、γ 确定，由于它们之间存在关系式

$$\cos^2\alpha+\cos^2\beta+\cos^2\gamma=1$$

因此这三个角中只有两个是独立的，设 α、β 是独立的。整个刚体围绕直线 AC 的转动由角度 θ 确定。总之，刚体的位置由六个独立坐标 x、y、z、α、β、θ 确定，即刚体的自由度 $i=6$，其中有三个平动自由度，对应于坐标 x、y、z；三个转动自由度，对应于坐标 α、β、θ。

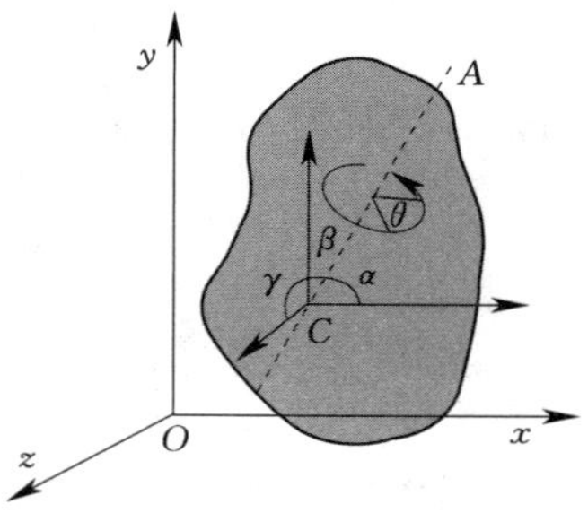

图 16－7

刚体的六个自由度也可以这样去理解，设 α、β、θ 不变，则整个刚体将随 C 点一起作平动，在平动的过程中，刚体的位置由 x、y、z 三个坐标确定，因此刚体有三个平动自由度。设 x、y、z 不变，即 C 点静止，刚体只能围绕 C 点转动，即直线 AC 的绕 C 点的转动和刚体绕直线 AC 的转动。在转动过程中，刚体的位置由 α、β、θ 三个坐标确定，因此刚体有三个转动自由度。

3. 气体分子的自由度

由一个原子构成的分子称为**单原子分子**，如图 16－8（a）所示。它相当于在空间自由运动的质点，因此确定单原子分子在空间的位置需要三个独立的平动坐标，即单原子分子的自由度 $i=3$。

由距离保持不变的两个原子构成的分子称为**刚性双原子分子**，如图 16－8（b）所示。它相当于在空间自由运动的刚性直棒，确定这种分子的空间位置时，需要三个平动坐标确定其中心位置，用两个转动坐标确定两个原子连线的位置，即刚性双原子分子的自由度 $i=5$。

由彼此之间的距离保持不变的三个或三个以上的原子构成的分子称为**刚性多原子分子**，如图 16－8（c）所示。它相当于在空间自由运动的刚体，确定这种分子的空间位置时，需要三个平动坐标确定其中心位置，用两个转动坐标确定过中心的直线的位置，用一个转动坐标确定整个分子围绕直线的转动。即刚性多原子分子的自由度 $i=6$。

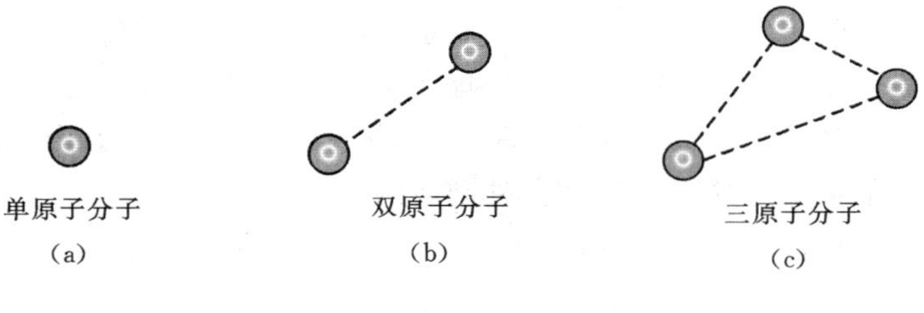

图 16－8

三、能量按自由度均分原理

由气体动理论的温度公式（16－12）可知理想气体分子的平均平动动能为

$$\frac{1}{2}m_0\overline{v^2}=\frac{3}{2}kT$$

其中$\overline{v^2}=\overline{v_x^2}+\overline{v_y^2}+\overline{v_z^2}$，将此式代入上式得

$$\frac{1}{2}m_0\overline{v^2}=\frac{1}{2}m_0\overline{v_x^2}+\frac{1}{2}m_0\overline{v_y^2}+\frac{1}{2}m_0\overline{v_z^2}$$

其中$\frac{1}{2}m_0\overline{v_x^2}$、$\frac{1}{2}m_0\overline{v_y^2}$、$\frac{1}{2}m_0\overline{v_z^2}$分别为气体分子沿 x、y、z 三个方向运动的平均平动动能，当气体处于平衡状态时，式（16－8）$\overline{v_x^2}=\overline{v_y^2}=\overline{v_z^2}=\frac{1}{3}\overline{v^2}$成立，将该式代入上式即得

$$\frac{1}{2}m_0\overline{v_x^2}=\frac{1}{2}m_0\overline{v_y^2}=\frac{1}{2}m_0\overline{v_z^2}=\frac{1}{3}\left(\frac{1}{2}m_0\overline{v^2}\right)=\frac{1}{2}kT$$

上式表明，气体分子沿 x、y、z 三个方向运动的平均平动动能完全相等，都等于 $kT/2$。或者说，理想气体分子在每一个自由度上的平均动能都等于 $kT/2$。德裔奥地利物理学家玻尔兹曼受到这个结论的启发，在 1866 年提出一种设想，后人称为玻尔兹曼假设，即**气体处于平衡态时，气体分子任何一个自由度上的平均能量都相等，均为 $kT/2$**。这就是**能量按自由度均分定理**，简称**能量均分定理**（equipartition theorem）。该定理指出，无论是平动、转动还是振动，每个自由度上的平均能量都相等，均为 $kT/2$。

根据能量均分定理，如果气体分子的自由度为 i，则**气体分子的平均总动能**为

$$\bar{\varepsilon}=\frac{i}{2}kT \tag{16-15}$$

对单原子分子、刚性的双原子分子和刚性的多原子分子而言，自由度 i 分别等于 3、5、6。

实际气体的分子运动情况视气体的温度而定。如氢分子，在低温时只可能有平动，在室温时可能有平动和转动，只有在高温时才可能有平动、转动和振动；又如氯分子，在室温时已可能有平动、转动和振动。

由于平均动能是分子动能的统计平均值，因而只对大量气体分子的系统才有意义，对个别气体分子的平均动能是没有实际意义的。

四、气体的内能

实际气体的分子除了具有与它的运动相联系的动能以外，还有与分子之间相互作用力相联系的势能。气体中所有分子的动能与势能的总和称为**气体的内能**（internal energy）。对于理想气体，由于忽略了分子与分子间的相互作用力，不存在分子之间相互作用的势能，因此**理想气体的内能**是所有分子的各种动能的总和。

由于 1mol 理想气体有 N_A 个气体分子，因此 1mol 理想气体的内能为

$$E_0=N_A\frac{i}{2}kT=\frac{i}{2}RT$$

由于质量为 m、摩尔质量为 M 的气体的摩尔数为 m/M，因此**理想气体的内能**为

$$E=\frac{m}{M}\frac{i}{2}RT \tag{16-16}$$

由此可知，在理想气体分子的自由度 i 确定的情况下，其内能仅是热力学温度 T 的单值函

数，并且与 T 成正比，这是理想气体的一个重要特征。

对于实际气体，由于分子之间相互作用力不能忽略，除了分子的各种动能以外，还存在分子之间的相互作用势能，这种势能与分子之间的距离有关，也就是与气体的体积有关，所以实际气体的内能是气体温度 T 和体积 V 的函数。

思考与讨论

1. 关于温度的意义，有下列几种说法：①气体的温度是分子平均平动动能的量度；②气体的温度是大量气体分子热运动的集体表现，具有统计意义；③温度的高低反映物质内部分子运动剧烈程度的不同；④从微观上看，气体的温度表示每个气体分子的冷热程度。其中哪些说法是正确的？

2. 一瓶氦气和一瓶氮气密度相同，分子平均平动动能相同，而且它们都处于平衡状态，试问：它们的温度和压强是否相同？如果不同，哪种气体的更大一些？

3. 在标准状态下，氧气和氦气均可视为由刚性双原子分子构成的理想气体，如果它们的体积比 $V_1:V_2=1:2$，试问：它们的内能之比 $E_1:E_2$ 为多少？

4. 水蒸气可以分解为同温度的氢气和氧气，如果忽略振动自由度和化学能，试问：在分解过程中内能增加了百分之几？

5. 压强为 p、体积为 V 的氢气可视为由刚性分子构成的理想气体，试问：其内能等于多少？

6. 三个容器内分别储有 1mol 氦气（He）、1mol 氢气（H_2）和 1mol 氨气（NH_3），这三种气体均可视为由刚性分子构成的理想气体。如果使它们的温度都升高 1K，试问：它们的内能分别增加了多少？

7. 有一瓶质量为 M、温度为 T 的氢气可视为由刚性双原子分子构成的理想气体，试问：氢分子的平均平动动能等于多少？氢分子的平均动能等于多少？该瓶氢气的内能等于多少？

8. 一个能量为 10^{12} eV 的宇宙射线粒子射入一个氖管中，氖管内充有 0.1mol 的氖气，如果宇宙射线粒子的能量全部被氖气分子所吸收，试问：氖气温度升高了多少 K？

9. 容器中储有 1mol 的氮气，容器内的压强为 1.33Pa，温度为 7℃，试问：在 $1m^3$ 的体积中氮气的分子数为多少？容器中的氮气的密度为多少？$1m^3$ 的体积中氮分子的总平动动能为多少？（已知氮气的摩尔质量为 28×10^{-3} kg/mol）

10. 储有某种刚性双原子分子理想气体的容器以 100 m/s 的速度运动，设该容器突然停止时气体的全部定向运动的动能都变为气体分子热运动的动能，此时容器中气体的温度升高了 6.74K，试问：容器中的气体的摩尔质量等于多少？

11. 用绝热材料制成一个体积为 $2V_0$ 的容器，被绝热板隔成体积相等的两部分 A、B，A 内储有 1mol 单原子分子理想气体，B 内储有 2mol 刚性双原子分子理想气体，A、B 两部分压强相等，均等于 p_0，试问：两种气体的内能分别等于多少？抽去绝热板，两种气体混合后达到平衡态后的温度等于多少？

12. 在一个以匀速度 u 运动的容器中，盛有分子质量为 m 的某种单原子理想气体。如果使容器突然停止运动，则气体状态达到平衡后，试问：其温度的增量 ΔT 为多少？

第五节　气体分子速率分布规律

一、速率分布概念

气体在平衡状态下，并非所有分子都具有相同的速率。由于气体分子之间的相互碰撞，每一个分子的速度都在不断地变化，因此对于个别分子来说，在某一时刻它的速率究竟多大，沿什么方向运动完全是偶然的，是没有规律的。但是就大量分子整体而言，在平衡态下，它们的速率分布却遵从一定的统计规律。

先来说明一下速率分布的概念。假设将分子的速率按其大小分为若干相等的区间，区间间隔为 100m/s。理论和实验都表明，在气体处于平衡态时，在一定温度下，分布在不同区间内的分子数是不相同的，但分布在各区间内的分子数占总分子数的百分率基本是确定的。表 16－1 说明了这个问题，该表是氧气分子在 0℃时的速率分布情况。表 16－1 表明，速率分布在 200～600 m/s 之间的分子数占总分子数 73.6%，即大多数气体分子的速率都在这个范围。总之，**气体分子的速率分布**是指气体在平衡状态下，分布在各速率区间内的分子数占总分子数的百分率。

表 16－1　　氧气分子在 0℃ 时的分布情况

速率区间/(m/s)	分子数的百分率/%	速率区间/(m/s)	分子数的百分率/%
100 以下	1.4	400～500	20.6
100～200	8.1	500～600	15.1
200～300	16.5	600～700	9.2
300～400	21.4	700 以上	7.7

气体分子按速率分布的统计定律最早是英国物理学家麦克斯韦于 1859 年在概率理论的基础导出的，后来由玻尔兹曼从经典统计理论中导出，1920 年德裔美国核物理学家、实验物理学家斯特恩采用实验方法证实了麦克斯韦气体分子速率分布率。

二、麦克斯韦速率分布律

设在平衡状态下，一定量气体的分子总数为 N，其中速率在 $v \sim v+\Delta v$ 区间内的分子数为 ΔN，则在这个速率区间内的分子数占总分子数的百分比为 $\Delta N/N$。首先如果所取的速率区间不同，$\Delta N/N$ 也不相同，即这个百分比与速率 v 有关。其次速率区间的宽度 Δv 越大，$\Delta N/N$ 也越大，Δv 越小，$\Delta N/N$ 也越小，当 $\Delta v \to 0$ 时，Δv 用 v 的微分 $\mathrm{d}v$ 表示，此时百分比 $\mathrm{d}N/N$ 应与区间宽度 $\mathrm{d}v$ 成正比，即

$$\frac{\mathrm{d}N}{N}=f(v)\mathrm{d}v$$

或

$$f(v)=\frac{\mathrm{d}N}{N\mathrm{d}v}$$

式中，函数 $f(v)$ 称为**速率分布函数**（speed distribution function）。这个函数表示**速率在 v 附近的单位速率区间内的分子数占总分子数的百分比，或某个气体分子的速率在速率 v 附近单位速率区间内的概率**。因此，函数 $f(v)$ 也称为速率分布的**概率密度**（density of probability）。

麦克斯韦从理论上导出，在平衡状态下，且分子间的相互作用可忽略时，气体分子的速率分布函数为

$$f(v)=4\pi\left(\frac{m_0}{2\pi kT}\right)^{\frac{3}{2}}v^2\mathrm{e}^{-\frac{m_0v^2}{2kT}} \tag{16-17}$$

式中：T 为气体的温度；m_0 为气体分子的质量；k 为玻尔兹曼常量。

这个气体分子速率分布律称为**麦克斯韦速率分布律**（Maxwell speed distribution）。图 16－9为麦克斯韦速率分布曲线。

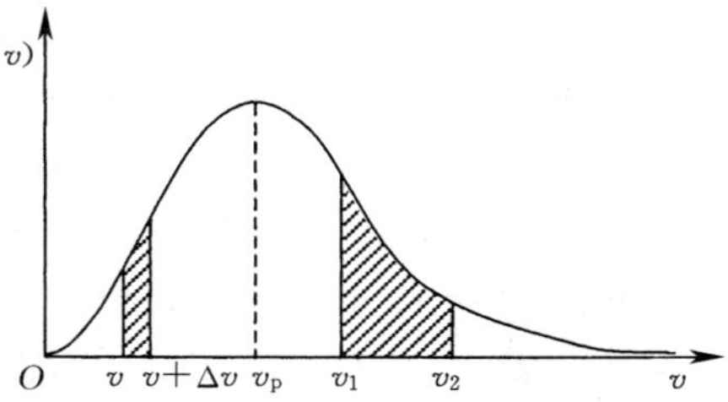

图 16－9

在速率区间 $v\sim v+\mathrm{d}v$ 内的气体分子数 $\mathrm{d}N$ 占总分子数 N 的百分比，即图 16－7 中的窄条面积为

$$\frac{\mathrm{d}N}{N}=f(v)\mathrm{d}v=4\pi\left(\frac{m_0}{2\pi kT}\right)^{\frac{3}{2}}v^2\mathrm{e}^{-\frac{m_0v^2}{2kT}}\mathrm{d}v$$

该式也表示气体分子的速率在区间 $v\sim v+\mathrm{d}v$ 内的概率。

因此，在速率区间 $v_1\sim v_2$ 内的气体分子数 ΔN 占总分子数 N 的百分比，即图 16－7 中的曲边梯形面积为

$$\frac{\Delta N}{N}=\int_{v_1}^{v_2}f(v)\mathrm{d}v=\int_{v_1}^{v_2}4\pi\left(\frac{m_0}{2\pi kT}\right)^{\frac{3}{2}}v^2\mathrm{e}^{-\frac{m_0v^2}{2kT}}\mathrm{d}v$$

麦克斯韦气体分子速率分布曲线下的总面积，表示速率在 0 到∞区间内的气体分子数占总分子数的百分比，由于在这个区间内的气体分子就等于总分子数，因此总面积等于 1。即气体分子速率在全部速率区间内的概率等于 1。

$$\int_0^{\infty}f(v)\mathrm{d}v=1 \tag{16-18}$$

上式称为**速率分布函数的归一化条件**（normalizing condition）。

从麦克斯韦速率分布曲线可以看出，在温度 T 一定的情况下，速率很大或很小的分子占总分子数的百分比很小，具有中等速率的分子占总分子数的百分比较大。即在总分子数 N 和温度 T 一定的情况下，速率很大或很小的分子数目很少，而具有中等速率的分子数目较多。

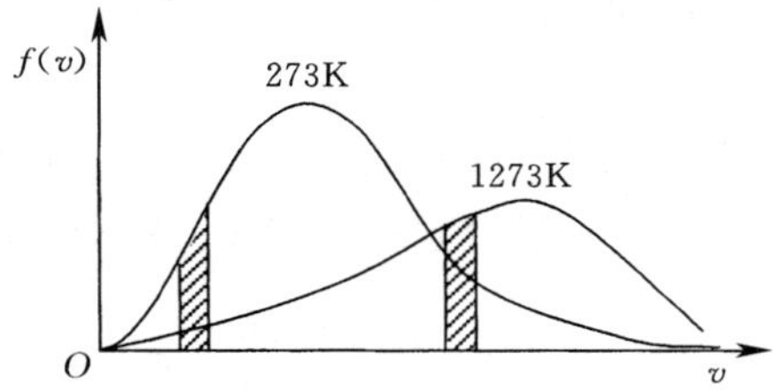

图 16－10

由麦克斯韦速率分布律式（16－17）可知，$f(v)$取决于气体的温度，因此速率分布曲线也与气体的温度有关。图 16－10 中画出在两个不同温度下的速率分布曲线。由图 16－8 可以看出，当温度 T 升高时，分布曲线的最高点向速率增大的

方向移动。速率较小的分子数减少，而速率较大的分子数增多。由于整个曲线下的面积（=1）不变，因此分布曲线在宽度增大的同时，高度降低，曲线变得平坦一些。

三、三种速率

1. 最概然速率 v_p

与速率分布函数 $f(v)$ 最大值相对应的速率称为**最概然速率**（most probable speed），用符号 v_p 表示。由高等数学知识可知，最概然速率可以通过下式得出

$$\frac{df(v)}{dv}=0 \quad 或 \quad \frac{d[\ln f(v)]}{dv}=0$$

其中，$f(v)$ 为麦克斯韦速率分布律。解得

$$v_p=\sqrt{\frac{2kT}{m_0}}=\sqrt{\frac{2RT}{M}}=1.41\sqrt{\frac{RT}{M}} \tag{16-19}$$

最概然速率 v_p 的意义是：将气体分子的速率分成许多宽度相等的区间，则在一定温度下，分布在 v_p 所在区间的分子数占总分子数的百分比最大。

2. 平均速率 $\bar{v}$

气体中所有分子速率的算术平均值称为**平均速率**（average speed）。用符号 $\bar{v}$ 表示。在速率区间 $v \sim v+dv$ 内的气体分子数 dN 为

$$dN=Nf(v)dv$$

由于 dv 很小，因此可认为 dN 个气体分子的速率相同，均为 v，这样，在 $v \sim v+dv$ 内，dN 个气体分子的速率和为

$$vdN=Nf(v)vdv$$

在整个速率区间内的气体分子速率总和为

$$\int_0^N vdN=\int_0^\infty Nvf(v)dv=N\int_0^\infty vf(v)dv$$

所以 N 个气体分子的平均速率为

$$\bar{v}=\frac{1}{N}\int_0^N vdN=\int_0^\infty vf(v)dv$$

将麦克斯韦速率分布函数代入上式，积分得

$$\bar{v}=\int_0^\infty v4\pi\left(\frac{m_0}{2\pi kT}\right)^{\frac{3}{2}}v^2 e^{-\frac{m_0 v^2}{2kT}}dv=4\pi\left(\frac{m_0}{2\pi kT}\right)^{\frac{3}{2}}\int_0^\infty v^3 e^{-\frac{m_0 v^2}{2kT}}dv=\frac{8kT}{\pi m_0}$$

因此，平均速率为

$$\bar{v}=\sqrt{\frac{8kT}{\pi m_0}}=\sqrt{\frac{8RT}{\pi M}}\approx 1.60\sqrt{\frac{RT}{M}} \tag{16-20}$$

3. 方均根速率 $\sqrt{\overline{v^2}}$

在前面根据气体动理论的温度公式推导出了方均根速率的表达式（16-13）和式（16-14），现在根据麦克斯韦速率分布律再来计算一下气体分子的方均根速率。由统计平均值的定义可知气体分子速率平方的统计平均值为

$$\overline{v^2}=\frac{1}{N}\int_0^N v^2 dN=\int_0^\infty v^2 f(v)dv$$

将麦克斯韦速率分布函数代入上式，积分得

$$\overline{v^2}=\int_0^{\infty}v^2 4\pi\left(\frac{m_0}{2\pi kT}\right)^{\frac{3}{2}}v^2 e^{-\frac{m_0v^2}{2kT}}dv=4\pi\left(\frac{m_0}{2\pi kT}\right)^{\frac{3}{2}}\int_0^{\infty}v^4 e^{-\frac{m_0v^2}{2kT}}dv=\frac{3kT}{m_0}$$

因此，方均根速率为

$$\sqrt{\overline{v^2}}=\sqrt{\frac{3kT}{m_0}}=\sqrt{\frac{3RT}{M}}\approx1.73\sqrt{\frac{RT}{M}} \qquad (16-21)$$

比较这三种速率可知，方均根速率 $\sqrt{\overline{v^2}}$ 是最大的，其次是平均速率 $\overline{v}$，最概然速率 v_p 最小。

在不同的问题中，三种速率有不同的作用。在讨论速率分布时，要用到最概然速率 v_p；在讨论分子平均平动动能时，要用到方均根速率 $\sqrt{\overline{v^2}}$；在讨论分子运动的平均距离时，要用到平均速率 $\overline{v}$。

【例 16-4】 由 N 个分子组成的理想气体，其分子速率分布如图 16-11 所示［当 $v>2v_0$ 时，$f(v)=0$］。

（1）用 v_0 表示 a 的值。

（2）求速率在 $1.5v_0$ 与 $2.0v_0$ 之间的分子数。

（3）求分子的平均速率。

解：（1）由分布函数的归一化条件有

$$\int_0^{\infty}f(v)dv=\int_0^{2v_0}f(v)dv=\frac{1}{2}av_0+av_0=1$$

解得

$$a=\frac{2}{3v_0}$$

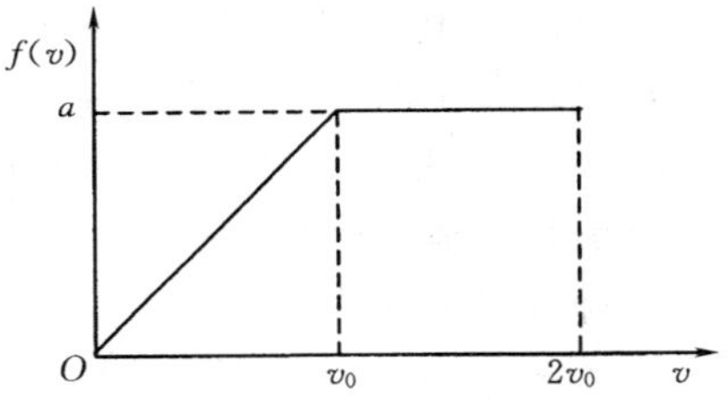

图 16-11

（2）由速率分布函数 $f(v)=\frac{dN}{Ndv}$ 可得速率在 $1.5v_0$ 与 $2.0v_0$ 之间的分子数为

$$\Delta N=N\int_{1.5v_0}^{2v_0}f(v)dv=Na(2v_0-1.5v_0)=N\frac{2}{3v_0}0.5v_0=\frac{1}{3}N$$

（3）由平均速率的定义得

$$\overline{v}=\int_0^{\infty}vf(v)dv=\int_0^{v_0}v\left(\frac{a}{v_0}v\right)dv+\int_{v_0}^{2v_0}va\,dv=\frac{11}{6}av_0^2$$

将 $a=2/3v_0$ 代入上式，即得平均速率为

$$\overline{v}=\frac{11}{9}v_0$$

思考与讨论

1. 设声波通过理想气体时的速率与气体分子热运动的平均速率成正比，试问：声波通过具有相同温度的氧气和氢气的速率之比等于多少？

2. 设图 16-12 所示的两条曲线分别表示在相同温度下氧气和氢气分子的速率分布曲

线，试问：A、B 哪条曲线是氢气分子的速率分布曲线？氧气和氢气的最概然速率之比等于多少？

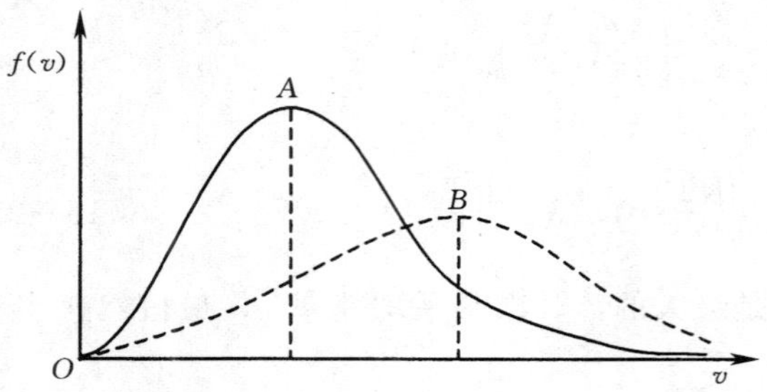

图 16－12

3. 已知一定量的某种理想气体，在温度为 T_1 与 T_2 时分子的最概然速率分别为 v_{p1} 和 v_{p2}，分子速率分布函数的最大值分别为 $f(v_{p1})$ 和 $f(v_{p2})$。如果 $T_1 > T_2$，试问：v_{p1} 和 v_{p2} 中哪一个大一些？$f(v_{p1})$ 和 $f(v_{p2})$ 中哪一个大一些？

4. 如果 $f(v)$ 为气体分子速率分布函数，N 为气体分子总数，m_0 为气体分子的质量，试问：$\int_{v_1}^{v_2} \frac{1}{2} m_0 v^2 N f(v) \mathrm{d}v$ 表示的物理意义是什么？

5. 已知分子总数为 N，它们的速率分布函数为 $f(v)$，试问：速率分布在 $v_1 \sim v_2$ 区间内的分子的平均速率的表达式如何？

6. 已知气体分子总数为 N，速率分布函数为 $f(v)$，试问：速率大于 v_0 的分子数的表达式如何？速率大于 v_0 的那些分子的平均速率的表达式如何？多次观察某一分子的速率，发现其速率大于 v_0 的概率的表达式如何？

7. 某气体在温度为 273K 时的压强为 1.0×10^{-2} atm、密度为 1.24×10^{-2} kg/m^3，试问：该气体分子的方均根速率等于多少？

8. 在容积为 V 的容器内，同时盛有质量为 M_1 和 M_2 的两种单原子分子的理想气体，已知此混合气体处于平衡状态时它们的内能相等，都等于 E。试问：混合气体压强等于多少？两种分子的平均速率之比等于多少？

9. 当理想气体处于平衡态时，如果气体分子速率分布函数为 $f(v)$，试问：分子速率处于最概然速率 v_p 至∞范围内的概率等于多少？

第六节　玻尔兹曼分布律

麦克斯韦速率分布律是关于理想气体在平衡状态下，在没有外力作用下分子速率的分布规律。在此定律中只考虑了分子速度的大小，而没有考虑分子速度的方向。玻尔兹曼分布律是关于理想气体在平衡状态下，在外力场（如重力场、电场等）作用下分子速度的分布规律。在该定律中，既要考虑分子速度的大小，也要考虑分子速度的方向，同时还要考虑外力场的影响。

当理想气体处在保守力场中时，每一个分子除了具有动能 E_k 以外，还具有势能 E_p。气体分子的总能量等于动能 E_k 与势能 E_p 之和。分子速度的大小可以用其三个分量 v_x、v_y、v_z 确定。一般情况下，气体分子的势能是位置坐标 x、y、z 的函数，这样分子的总能量可以写为

$$E = E_k + E_p = \frac{1}{2} m_0 (v_x^2 + v_y^2 + v_z^2) + E_p(x, y, z)$$

玻尔兹曼从理论上证明：当理想气体在外力场中处于平衡状态时，分子速度介于 $v_x \sim v_x$

$+\mathrm{d}v_x$，$v_y \sim v_y+\mathrm{d}v_y$，$v_z \sim v_z+\mathrm{d}v_z$ 之间，位置坐标介于 $x \sim x+\mathrm{d}x$，$y \sim y+\mathrm{d}y$，$z \sim z+\mathrm{d}z$ 之间的分子数为

$$\mathrm{d}N = C\mathrm{e}^{-\frac{(E_k+E_p)}{kT}}\mathrm{d}v_x\mathrm{d}v_y\mathrm{d}v_z\mathrm{d}x\mathrm{d}y\mathrm{d}z \tag{16-22}$$

其中，C 是与速度和位置均无关的常数。

式（16－22）称为**玻尔兹曼分布律**（Boltzmann distribution）。其中 $\mathrm{d}v_x\mathrm{d}v_y\mathrm{d}v_z\mathrm{d}x\mathrm{d}y\mathrm{d}z$ 称为状态区间。玻尔兹曼分布律表明，在一个状态区间内的分子数与该区间内分子的总能量 E 有关，并且与 $\mathrm{e}^{-E/kT}$ 成正比。在相同的状态区间内，总能量越小，分子数越多，即分子总是首先占据低能量状态。

将式（16－22）对所有速度分量求积分，得体积元 $\mathrm{d}x\mathrm{d}y\mathrm{d}z$ 中具有各种速度的分子数为

$$\mathrm{d}N' = C\mathrm{e}^{-\frac{E_p}{kT}}\mathrm{d}x\mathrm{d}y\mathrm{d}z\int_{-\infty}^{\infty}\mathrm{d}v_x\int_{-\infty}^{\infty}\mathrm{d}v_y\int_{-\infty}^{\infty}\mathrm{e}^{-\frac{E_k}{kT}}\mathrm{d}v_z$$

由于其中的定积分 $\int_{-\infty}^{\infty}\mathrm{d}v_x\int_{-\infty}^{\infty}\mathrm{d}v_y\int_{-\infty}^{\infty}\mathrm{e}^{-\frac{E_k}{kT}}\mathrm{d}v_z$ 是一个常量，用 C' 表示，上式可以写为

$$\mathrm{d}N' = C'\mathrm{e}^{-\frac{E_p}{kT}}\mathrm{d}x\mathrm{d}y\mathrm{d}z$$

因此，位置坐标介于 $x \sim x+\mathrm{d}x$，$y \sim y+\mathrm{d}y$，$z \sim z+\mathrm{d}z$ 之间的体积元 $\mathrm{d}x\mathrm{d}y\mathrm{d}z$ 中单位体积内的分子数，即分子数密度为

$$n = \frac{\mathrm{d}N'}{\mathrm{d}x\mathrm{d}y\mathrm{d}z} = C'\mathrm{e}^{-\frac{E_p}{kT}}$$

令 n_0 为 $E_p=0$ 处的分子数密度，则由上式得 $n_0=C'$，因此分子数密度为

$$n = n_0\mathrm{e}^{-\frac{E_p}{kT}} \tag{16-23}$$

式（16－23）称为**分子数密度按势能分布公式**。

当理想气体处于重力场中时，设竖直向上为 y 轴正方向，并且取 $y=0$ 处的势能为 0，则分子的重力势能 $E_p=m_0gy$，将该式代入式（16－23）中得**分子数密度按高度分布公式**为

$$n = n_0\mathrm{e}^{-\frac{m_0gy}{kT}} \tag{16-24}$$

式（16－24）表明，在重力场中空气分子的数密度随高度的增加按指数规律减小。同时也表明，质量越大的分子随高度衰减得越快，空气中氢气分子比其他气体分子质量小，随高度衰减慢，因此高空中氢的相对含量比地面附近的高。

玻尔兹曼分布律不仅适用于理想气体，对于处在任何保守力场中的微观粒子系统（如气体、液体、固体的分子或原子等）也同样适用。

将式（16－24）代入理想气体状态方程式（16－7）$p=nkT$ 中，得

$$p = n_0kT\mathrm{e}^{-\frac{m_0gy}{kT}}$$

在各处温度 T 相同的情况下，设 $p_0=n_0kT$ 为 $y=0$ 处的压强，则上式可以写为

$$p = p_0\mathrm{e}^{-\frac{m_0gy}{kT}} \tag{16-25}$$

式（16－25）称为**气压公式**（barometric formula）。该式表明，在各处温度 T 相同的情况下，大气压强随高度按指数规律减小。由式（16－25）容易解得

$$y = \frac{kT}{m_0g}\ln\frac{p_0}{p} = \frac{RT}{Mg}\ln\frac{p_0}{p} \tag{16-26}$$

在大气压强测定的情况下，可以根据式（16－26）粗略地计算出海拔高度。

第七节 分 子 碰 撞

在室温下气体分子的平均速率约几百米每秒，那么打开香水瓶后香水分子应该立即达到我们的鼻子处，我们应该立即闻到香水味，但实际上，我们要经过一段时间后才闻到香水味。这说明香水分子要经过一段时间才能到达我们的鼻子处。这是由于分子从一处移至另一处要与其他分子进行频繁的碰撞，每碰撞一次都改变运动方向，走着迂回曲折的道路，如图 16－13 所示。

事实上，气体分子之间正是通过这种频繁碰撞，才实现分子间动量、动能的交换。气体由非平衡态达到平衡态的过程也是通过分子之间的碰撞实现的。例如，如果容器中各个点的气体温度不同，温度高的地方分子的平均动能较大，温度低的地方分子的平均动能较小。分子之间通过相互碰撞实现动能的转移，使容器中分子的平均能量达到均衡，从而使容器中的温度处处相等。

分子相邻两次碰撞之间所通过的路程称为**自由程**（free path）。由图 16－14 可以看出，分子的自由程有长有短，某一个自由程的长度完全是随机的，但并不是没有规律可循，从大量分子的热运动来看，自由程的长度分布服从确定的统计规律。

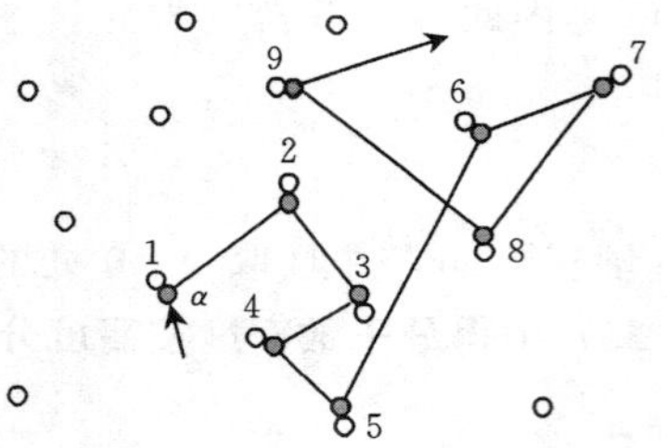

图 16－13

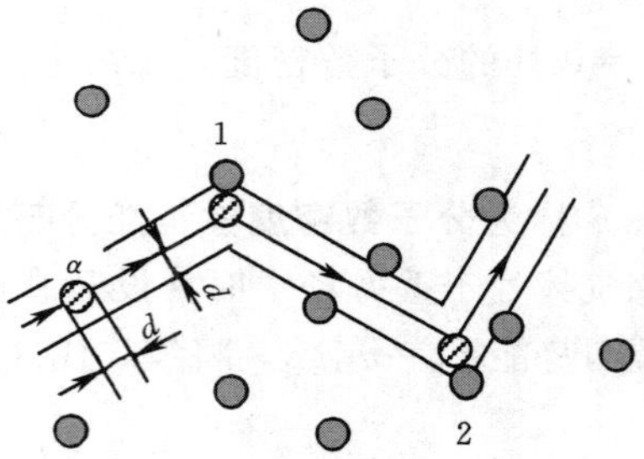

图 16－14

单位时间内分子与其他分子的平均碰撞次数称为**平均碰撞次数**，也称为**平均碰撞频率**（mean collision frequency），用符号 $\overline{Z}$ 表示。**分子自由程的平均值**称为**平均自由程**（Mean free path），用符号 $\overline{\lambda}$ 表示。设分子的平均速率为 $\overline{v}$，则平均自由程 $\overline{\lambda}$ 与平均的碰撞次数 $\overline{Z}$ 的关系式为

$$\overline{v}=\overline{Z}\,\overline{\lambda} \tag{16-27}$$

式（16－27）表明，分子之间碰撞得越频繁，平均自由程越小。

现在采用统计方法推导分子的平均碰撞频率 $\overline{Z}$ 的表达式。

当两个分子互相逼近到它们之间的距离小于某一个数值时，分子间的斥力变得很大，使它们互相分开，这个过程称为**碰撞过程**。而将两个分子之间最小距离的平均值称为**有效直径**（effective diameter），用符号 d 表示。为了使计算问题方便，假设每个分子都是直径为 d 的小球，并假定只有被研究的分子 α 以平均速率 $\overline{v}$ 运动，其他分子都静止不动。在分子 α 运动的过程中，只有中心与 α 的中心间距不大于 d 的那些分子才可能与 α 分子发生

相碰。因此可以设想以 α 分子的中心运动轨迹为轴线，以分子的有效直径 d 为半径作一个曲折的圆柱体，则凡是中心在此圆柱体内的分子都会与 α 分子发生相碰。

设单位体积内的分子数为 n，则在 1s 内，静止分子的中心在圆柱体内的总数为 $n\pi d^2\overline{v}$，在这段时间内，这些静止的分子都将与运动分子 α 相撞，因此运动分子在 1s 内与其他分子碰撞的平均次数，即平均碰撞频率为

$$\overline{Z}=n\pi d^2\overline{v}$$

如果考虑到所有分子都在作热运动，上式中的 $\overline{v}$ 应该修正为分子相对其他分子的平均速率，利用麦克斯韦速率分布律对上式加以修改后，得到平均碰撞频率的表达式为

$$\overline{Z}=\sqrt{2}n\pi d^2\overline{v} \tag{16-28}$$

将式（16-28）代入式（16-27）中，得平均自由程 $\overline{\lambda}$ 为

$$\overline{\lambda}=\frac{\overline{v}}{\overline{Z}}=\frac{1}{\sqrt{2}\pi d^2 n} \tag{16-29}$$

式（16-29）表明，平均自由程与分子的有效直径的平方和分子数密度成反比，而与平均速率无关。气体的真空度越高（即分子数密度越小），气体的平均自由程越大。

由于 $p=nkT$，因此式（16-29）也可以写为

$$\overline{\lambda}=\frac{kT}{\sqrt{2}\pi d^2 p} \tag{16-30}$$

在给定气体温度 T 时，平均自由程与气体的压强成反比。压强越小，气体的平均自由程越大。表 16-2 给出了几种气体在标准状态下分子的平均自由程及其有效直径，表 16-3 给出了 0℃时在不同压强下空气分子的平均自由程。

表 16-2　在标准状态下几种气体的 $\overline{\lambda}$ 和 d

气体	氢气	氮气	氧气	氦气
$\overline{\lambda}$/nm	112.3	59.9	64.7	179.3
d/nm	0.23	0.31	0.29	0.19

表 16-3　0℃时不同压强下空气分子的 $\overline{\lambda}$

p/Pa	1.013×10^{5}	1.333×10^{2}	1.333	1.333×10^{-2}	1.333×10^{-4}
$\overline{\lambda}$/nm	7×10^{-8}	5×10^{-8}	5×10^{-3}	5×10^{-1}	50

思考与讨论

1. 气体在某一温度下达到平衡状态，有人根据玻尔兹曼分布律得出如下四种说法，试问：哪些说法是正确的？

（1）分布在某一状态区间内的分子数与该区间内的粒子能量成正比。

（2）在同样大小的状态区间内，能量较大的分子数较少，而能量较小的分子数较多。

（3）在大小相等的各个状态区间内，分子总是处于低能态的概率大一些。

（4）分布在某一坐标区间内、具有各种速度的分子总数只与坐标区间的间隔成正比，

与粒子的能量无关。

2. 处于重力场中的某种气体，在高度 z 处分子数密度为 n。如果 $f(v)$ 是分子的速率分布函数，试问：坐标介于 $x\sim x+\mathrm{d}x$、$y\sim y+\mathrm{d}y$、$z\sim z+\mathrm{d}z$ 区间内，速率介于 $v\sim v+\mathrm{d}v$ 区间内的分子数的表达式如何？

3. 已知大气中分子数密度 n 随高度 h 的变化规律为

$$n=n_0\mathrm{e}^{-\frac{Mgh}{RT}}$$

其中，n_0 为 $h=0$ 处的分子数密度。如果大气中空气的摩尔质量为 M，温度为 T，且处处相同，并设重力场是均匀的，试问：空气分子数密度减少到地面的一半时的高度为多少？

4. 已知大气压强随高度 h 的变化规律为

$$p=p_0\mathrm{e}^{-\frac{Mgh}{RT}}$$

设气温 $t=5$℃，同时测得海平面的气压和山顶的气压分别为 750mmHg 和 590mmHg，试问：山顶的海拔高度等于多少？（已知空气的摩尔质量为 29×10^{-3} kg/mol）

5. 一定量的理想气体，在温度不变的条件下，当体积增大时，试问：分子的平均碰撞频率 $\overline{Z}$ 和平均自由程 $\overline{\lambda}$ 分别怎样变化？

6. 在一个体积不变的容器中，储有一定量的理想气体，温度为 T_0 时，气体分子的平均速率为 $\overline{v}_0$，分子平均碰撞频率为 $\overline{Z}_0$，平均自由程为 $\overline{\lambda}_0$。试问：当气体温度升高为 $4T_0$ 时，气体分子的平均速率 $\overline{v}$、平均碰撞频率 $\overline{Z}$ 和平均自由程 $\overline{\lambda}$ 分别等于原来值的多少倍？

7. 在一个封闭容器中盛有 1mol 氦气（可以视为理想气体），试问：这时分子无规则运动的平均自由程只由哪一个物理量决定？

8. 一个容器储有某种理想气体，其分子平均自由程为 $\overline{\lambda}_0$，如果气体的热力学温度降到原来的一半，但体积不变，分子作用球半径不变，试问：这时的平均自由程是 $\overline{\lambda}_0$ 的多少倍？

9. 氮气在标准状态下的分子平均碰撞频率为 $5.42\times10^8\mathrm{s}^{-1}$，平均自由程为 6×10^{-6} cm。如果温度不变，气压降为 0.1atm，试问：分子的平均碰撞频率和平均自由程分别等于多少？

10. 一定量的某种理想气体，先经过等体过程使其热力学温度升高为原来的 2 倍，再经过等压过程使其体积膨胀为原来的 2 倍，试问：分子的平均自由程变为原来的多少倍？

习　　题

1. 两个相同的容器装有氢气，以一根细玻璃管相连通，管中用一滴水银作活塞，如图 16-15 所示。当左边容器的温度为 20℃、而右边容器的温度为 0℃时，水银滴刚好在管的中央。试问：当左边容器温度由 20℃增到 30℃、而右边容器温度由 0℃增到 5℃时，水银滴是否会移动？如何移动？

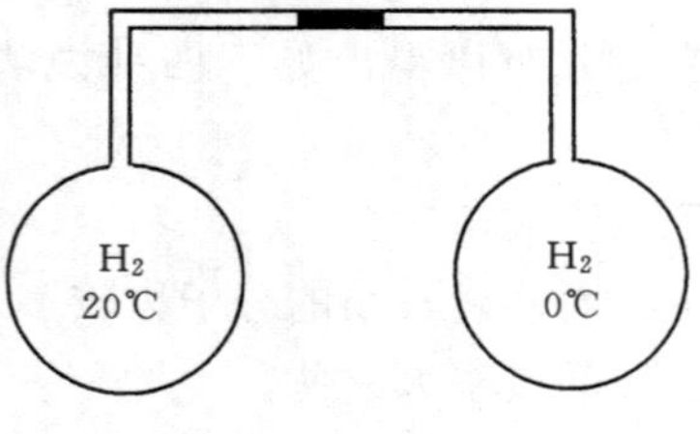

图 16-15

2. 黄绿光的波长是 500nm。理想气体在标准状态下，以黄绿光的波长为边长的立方体内有多少个气体分子？

3. 一个容积为 $10cm^3$ 的电子管，当温度为 300K 时，用真空泵将管内空气抽成压强为 5×10^{-6}mmHg 的高真空，试问：此时管内有多少个空气分子？这些空气分子的平均平动动能的总和是多少？平均转动动能的总和是多少？平均动能的总和是多少？设空气分子为刚性双原子分子。

4. 容积为 20.0L 的瓶子以 200m/s 的速率匀速运动，瓶子中充有质量为 100g 的氦气。设瓶子突然停止，且气体的全部定向运动的动能都变为气体分子热运动的动能，瓶子与外界没有热量交换，求热平衡后氦气的温度、压强、内能及氦气分子的平均动能各增加多少。

5. 某密封房间的体积为 5m×3m×3m，室温为 20℃，则室内空气分子热运动的平均平动动能的总和是多少？如果气体的温度升高 1.0K，而体积不变，则气体的内能变化多少？气体分子的方均根速率增加多少？（已知空气的密度为 $1.29kg/m^3$，摩尔质量为 29×10^{-3}kg /mol，且空气分子可认为是刚性双原子分子）

6. 有 $2\times10^{-3}m^3$ 的刚性双原子分子理想气体，其内能为 6.75×102 J。

（1）试求气体的压强。

（2）设分子总数为 5.4×10^{22}个，求分子的平均平动动能及气体的温度。

7. 一瓶氢气和一瓶氧气温度相同。如果氢气分子的平均平动动能为 6.21×10^{-21} J。试求：

（1）氧气分子的平均平动动能和方均根速率。

（2）氧气的温度。

8. 水蒸气分解为同温度的氢气和氧气

$$H_2O \rightarrow H_2 + \frac{1}{2}O_2$$

2mol 的水蒸气可分解成 2mol 氢气和 1mol 氧气。当不计振动自由度时，求此过程中内能的增量。

9. 容器内有 2.66kg 的氧气，已知其气体分子的平动动能的总和为 4.14×105 J，求：

（1）气体分子的平均平动动能。

（2）气体温度。

10. 容积为 $1m^3$ 的容器内混有 1.0×10^{25}个氢气分子和 4.0×10^{25}个氧气分子，混合气体的温度为 400K，求：

（1）气体分子的平动动能总和。

（2）混合气体的压强。

11. 容器内混有二氧化碳和氧气两种气体，混合气体的温度是 290K，内能是 9.64×10^5 J，总质量是 5.4kg，分别求出二氧化碳和氧气的质量。

12. 将氢气视为刚性双原子分子气体，当氢气和氦气的压强、体积和温度都相等时，求它们的质量比和内能比。

13. 计算表 16－4 所列一组粒子的平均速率和方均根速率。

表 16-4　　题 13 表

粒子数 N_i	2	4	6	8	5	2
速率 v_i/(m/s)	10.0	20.0	30.0	40.0	50.0	60.0

14. 质量为 6.2×10^{-17}g 的微粒悬浮在 27℃的液体中，观测到悬浮粒子的方均根速率为 1.4cm/s。假设粒子速率服从麦克斯韦速率分布，求阿伏伽德罗常数。

15. 某星球的温度达到 10^8K。在这温度下原子已经不存在了，而质子是存在的。如果将质子视为理想气体，求：

(1) 质子的方均根速率。

(2) 质子的平均平动动能（以 eV 表示）。

16. 一个氧气瓶的容积为 V，充了气未使用时压强为 p_1，温度为 T_1；使用后，瓶内氧气的质量减少为原来的一半，其压强降为 p_2，求此时瓶内氧气的温度 T_2 和使用前后分子热运动平均速率之比 $\bar{v}_1 : \bar{v}_2$。

17. 假设地球大气层由同种分子构成，且充满整个空间，并设各处温度 T 相等。试根据玻尔兹曼分布律计算大气层中分子的平均重力势能。（已知积分公式 $\int_0^\infty x^n \mathrm{e}^{-ax}\mathrm{d}x = \frac{n!}{a^{n+1}}$）

18. 当温度为 15℃、压强为 0.76mHg 时，氩分子和氖分子的平均自由程分别为 6.7×10^{-8}m 和 13.2×10^{-8}m，求：

(1) 氖分子和氩分子有效直径之比。

(2) 当温度为 20℃、压强为 0.15mHg 时，氩分子的平均自由程。

科学家史话　开尔文

开尔文（Lord Kelvin，1824—1907），19 世纪英国卓越的物理学家。原名 W·汤姆逊（William Thomson），为了表彰他装设大西洋海底电缆的功绩，英国政府于 1866 年封他为爵士，后又于 1892 年封他为男爵，称为开尔文男爵，以后他就改名为开尔文。开尔文是一位兴趣广泛的科学家，他对物理学的主要贡献在电磁学和热力学方面。在他逝世以后，为了纪念这位伟大的物理学家，将开尔文定为热力学温度的单位，这是现在国际单位制中七个基本单位之一。

开尔文 1824 年 6 月 26 日生于爱尔兰的贝尔法斯特。10 岁时丧母，父亲是格拉斯哥大学的自然哲学教授。他为自己的 6 个子女设计了一套既有广度又有深度的教育方式。从婴儿时期开始，孩子们的成长就与思想的广阔天地结成友谊。他们被地质学和天文学的原理所吸引，而植物则是他们游玩时的小伙伴。他们围坐在桌子四周惊奇地注视着地球仪，他们梦想着到地球上最遥远的地方遨游。之后，他们的眼睛又转移到另外一个更大的球体上，这是他们的父亲为他们购买的天球仪，它讲述了天体的史诗，而地球只不过是这个伟大史诗中的一个小小音节。他在弟兄中排行最小，但他的思维却是最敏捷的。他发现自己完全被这两个球的故事迷住了，在他 16 岁时曾立志“科学领路到哪里，就在哪里攀登不息”。

开尔文17岁进入剑桥大学，18岁就写出了一篇杰出的热力学论文，还在《剑桥数学学报》上发表了几篇文章。毕业时曾对法国和英国一些一流物理学家们提出了颇有价值的研究建议。22岁时被任命为格拉斯哥大学教授。开尔文刚刚被选拔到很多白发苍苍的对手们求之不得的光荣职位上，就向几个老前辈申请一间房子，以便进行课堂以外的实验。尽管节约成癖的苏格兰教授们觉得这个要求毫无道理，但是好奇心战胜了他们的反感，还是决定将地窖给他做实验室。这样，英国的第一所现代实验室就在酒窖里诞生了。他在实验室里堆满了各种各样的仪器，有的吊在天花板上，有的挂在墙上。有一套三件的螺旋弹簧振荡器，一座30ft长的摆钟，摆的尾巴上悬挂着一个12lb（1lb=0.4536kg）重的炮弹，一部怪样子的机器，里面装着许多的弹子球，球不断地向各个方向滚动，藉以揭示星云的动力学运动，还有成堆的陀螺仪。他把这些陀螺仪用各种方式放到一起，扭来扭去，藉以研究行星的运动。

开尔文在热学、电磁学、流体力学、光学、地球物理、数学、工程应用等方面都做出了贡献。他一生发表论文多达600余篇，取得70种发明专利，他在当时科学界享有极高的名望，受到英国本国和欧美各国科学家、科学团体的推崇。他在热学、电磁学及它们的工程应用方面的研究最为出色。

在开尔文的那个时代，电磁学刚刚开始发展并在工业中逐步得到应用，开尔文在电机工程等应用方面做出了重要的贡献。此外，开尔文在静电和静磁学的理论方面、交流电方面、静电绝对测量方面、电磁测量方面，大气电学方面，特别是关于莱顿瓶的放电振荡性等都做出了重要的贡献。他讨论了法拉第关于电作用传播的概念，分析了振荡电路及由此产生的交变电流。他的文章影响了麦克斯韦，麦克斯韦向他请教，希望能和他研究同一个课题。开尔文的伟大之处在于能把自己的全部研究成果毫无保留地介绍给了麦克斯韦，并鼓励麦克斯韦建立电磁现象的统一理论，为麦克斯韦最后完成电磁场理论奠定了基础。电像法是开尔文发明的一种很有效的解决电学问题的方法。

热力学的情况恰好相反，是先有工业后有理论。从18世纪到19世纪初，蒸汽机已经得到了广泛的应用，然而直到19世纪中叶以后，热力学才发展起来。开尔文是热力学的主要奠基者之一。他揭示了傅里叶热传导理论和势理论之间的相似性。开尔文在1848年提出、在1854年修改的绝对热力学温标，是现在科学上的标准温标。开尔文和克劳修斯是热力学第二定律的两位主要奠基人。他在1851年提出的热力学第二定律是“不可能从单一热源取热使之完全变为有用的功而不产生其他影响”，这是公认的热力学第二定律的标准说法。开尔文从热力学第二定律断言，能量耗散是普遍的趋势。开尔文从理论研究上预言一种新的温差电效应，后来称为汤姆逊效应，即当电流在温度不均匀的导体上通过时导体吸收热量的效应。开尔文还和焦耳合作进行了多孔塞实验，通过考察气体通过多孔塞后温度改变的现象来研究实际气体与理想气体的差别，这种方法后来成为制造液态空气工业的重要方法。

装设大西洋海底电缆是开尔文最出名的一项工作。当时由于电缆太长，信号减弱很严重。1855年，开尔文研究电缆中信号传播的情况，得出了信号传播速度的减慢与电缆长度平方成正比的规律。1851年，开始有第一条海底电缆，装设在英国与法国相隔的海峡中。1856年，新成立的大西洋电报公司筹划装设横过大西洋的海底电缆，并委任开尔文负责这项工作。经过两年的努力，几经周折，终于安装成功。除了在工程的设计和制造上花费了很大的力量之外，开尔文的科学研究对此也起了不小的作用。

开尔文为了成功地装设海底电缆，用了很多的精力来研究电工仪器。例如，他发明的镜式电流计可提高仪器测量的灵敏度，虹吸记录器可自动记录电报信号。开尔文在电工仪器上的主要贡献是建立电磁量的精确单位标准和设计各种精密测量的仪器，包括绝对静电计、开尔文电桥、圈转电流计等。根据他的建议，1861年，英国科学协会设立了一个电学标准委员会，为近代电学单位标准奠定了基础。

开尔文在波动和涡流方面作出了许多理论贡献。他进行这方面的研究，包括对弹性固体的研究，目的之一是为了航海事业的发展，另一个目的是发展他对世界万物的机械观。企图通过这方面的研究将电磁现象和光现象的完整理论在牛顿经典力学的骨架上建造起来。因此他很热心于以太理论，将假想的以太当作一种实际存在的物质加以研究，以求能充分地解释电磁现象和光现象作为以太的某种运动形式。这种机械观最终失败了，他在1900年的一篇名为《遮盖在热和光的动力理论上的19世纪乌云》的演说中说有两片“乌云”，一片是以太理论的困难，一片是能量均分定理的困难。这两个困难到20世纪都得到了解决，以太理论的困难是由狭义相对论消除的，能量均分定理的困难是由量子论解决的。他也意识到，以太不过是人的主观想象。他在1890年说：“我想现在我们必须感觉到，以太、电、有重物三者联合在一起，不过是我们缺乏知识和能力，不能超越目前物理学的限度去思考的一种结果，而不是自然界的真实。”

开尔文一生谦虚勤奋，意志坚强，不怕失败，百折不挠。在对待困难问题上他讲：“我们都感到，对困难必须正视，不能回避；应当把它放在心里，希望能够解决它。无论如何，每个困难一定有解决的办法，虽然我们可能一生都没有能找到。”开尔文是世界上最伟大的科学家之一。他于1907年12月17日逝世时，得到了几乎整个英国和全世界科学家的哀悼。他的遗体被安葬在威斯敏斯特教堂牛顿墓的旁边。

第十七章　热　　力　　学

热力学是研究物质热现象和热运动规律的学科，它的观点和采用的方法与分子动理论的观点和方法不同。在热力学中，并不考虑物质的微观结构和构成，而是以观测和实验事实为依据，从能量的观点出发，分析、研究热力学系统状态变化中有关热功转换的关系以及条件。在现代社会，人们越来越注意能量的转换方式和能源的利用率，其中所涉及的理论和技术问题，都必须以热力学的理论做指导，以热力学的方法进行研究，可见热力学具有很高的实用价值。热力学的理论基础是热力学第一定律和热力学第二定律。热力学第一定律的本质是包含热现象在内的能量转换和守恒定律。而热力学第二定律则是指明过程进行的方向以及条件的另一条热力学基本定律。人们发现实际的热力学过程都有明显的方向性，都是不可逆过程。但是从理想的可逆过程引进的熵的概念，却可以说明实际过程的不可逆性。因此在热力学中，熵是一个十分重要的概念。热力学所研究的物质的宏观性质，只有经过气体动理论的分析，才能了解其微观本质；而气体动理论只有经过热力学的研究，才能得到验证。

本章主要内容有：内能、热量和功等基本热力学概念；热力学第一定律及其在理想气体各个等值过程中的应用，循环过程以及热机的效率，卡诺循环；热力学第二定律，熵和熵增原理，热力学第二定律的统计意义。

本章学习要点

(1) 掌握内能、功和热量的概念；理解准静态过程。

(2) 掌握热力学第一定律；理解绝热过程及其过程方程；能熟练地应用热力学第一定律分析、计算理想气体各等值过程和绝热过程的功、热量和内能改变量；理解卡诺循环，会计算循环的效率。

(3) 理解可逆过程和不可逆过程；理解热力学第二定律的两种表述，了解这两种表述的等价性。

(4) 了解熵和热力学概率的概念以及它们的关系；了解热力学第二定律的统计意义及无序性的概念。

第一节　功　热量　内能

一、热力学系统　准静态过程

在热力学中，将所研究的对象称为**热力学系统**（thermodynamic system)，简称**系统**

(system)。例如，研究对象是密闭气缸中的气体，那么气缸中的所有这些气体就构成了一个热力学系统。系统以外的物体总会与系统内部的物体发生作用，将**系统以外与系统发生作用的物体称为外界**（outside）或**环境**（environment）。在前面的例子中，密闭气缸外的气体就是外界。

在第十六章介绍了平衡态的概念，由于一定质量的气体处于平衡态时，具有确定的压强 p、体积 V 和温度 T，因此可以用一组状态参量 p、V、T 表示一个平衡态。由于受到状态方程的限制，这三个状态参量中只有两个是独立的，也就是说，如果已知了两个状态参量，如已知 p 和 V，第三个状态参量 T 就可以通过状态方程求解出来。因此，也可以用两个状态参量 p、V（或 p、T，或 V、T）表示一个平衡态。在 $p-V$ 图上的一点有确定的 p 和 V，因此每一个平衡态在 $p-V$ 图上用一个点表示。

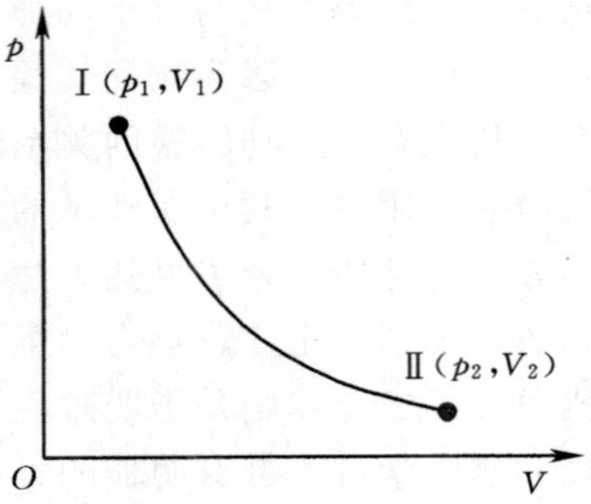

图 17－1

如果系统与外界交换能量，系统的状态就会发生变化。在系统从一个平衡态过渡到另一个平衡态的过程中，系统将经历一系列的非平衡态，这种过程称为**非静态过程**。如果系统状态变化进行得非常缓慢，使得中间过程由一系列近似的平衡态构成，这种状态变化过程称为**准静态过程**（quasi－static process），准静态过程可以用 $p-V$ 图上的一条曲线表示，如图 17－1 所示。非静态过程是不能用 $p-V$ 图上的曲线表示的。

二、功

做功可以改变物体的状态。下面以气体系统为例，讨论热力学过程中的做功问题。

如图 17－2（a）所示，设气缸内的气体作准静态的膨胀，活塞的面积为 S，气体的压强为 p。气体作用在活塞上的压力为 pS，在该压力的推动下，活塞向外缓慢移动距离 dx，在这个过程中气体对外界做的元功为

$$dW = Fdx = pSdx = pdV$$

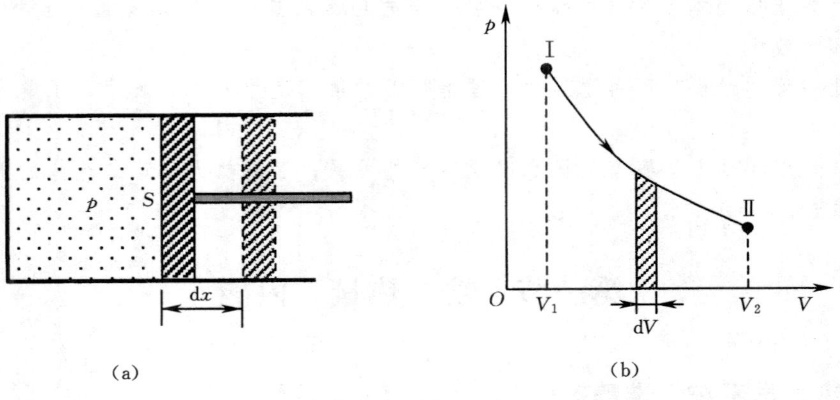

图 17－2

其中，$dV=Sdx$ 是气体体积 V 的增量。dW 等于图 17－2（b）中 $p-V$ 曲线下的窄条面积。当气体体积从初态的 V_1 变化到终态的 V_2 时，气体对外界所做的总功为

$$W=\int_{V_1}^{V_2} p\mathrm{d}V \tag{17-1}$$

气体对外界所做的总功 W 等于 $p-V$ 曲线下的面积。由式（17－1）可知，在系统膨胀的过程中对外界做正功，即 $W>0$；反之，在系统压缩的过程中对外界做负功，即 $W<0$。在国际单位制中，功的单位为 J。

由图 17－2（b）容易看出，系统从初态Ⅰ变化到终态Ⅱ，对外界所做的功与曲线的形状有关，即系统在状态变化的过程中对外界所做的功不仅与系统的初末状态有关，而且还与系统所经历的过程有关，因此功是过程量，而不是系统状态的函数。

三、热量

由于系统与外界之间存在温度差而传递的能量称为**热量**，用符号 Q 表示。系统与外界交换热量后，一般情况下系统的温度会发生变化，但也有系统与外界交换了热量，而系统的温度却不发生变化的情况。例如，对沸腾的水加热，水吸收了热量，但是水温却维持在沸点而不再升高。可见，无论系统的温度是否发生变化，都可能有热量的传递。

为了分析问题方便，作如下规定：如果系统从外界吸收热量，则 $Q>0$；如果系统向外界释放热量，$Q<0$。在国际单位制中，热量的单位也是 J。

四、系统的内能

在第十六章讨论过，**系统的内能**是指系统内部大量分子的无规则运动（平动、转动、振动）的动能和分子间相互作用的势能的总和。**热力学系统的内能仅与系统的状态有关，是系统状态的单值函数。**依照理想气体分子模型的假设，忽略理想气体分子之间的相互作用，气体的内能是温度的函数，即

$$E=E(T)=\frac{m}{M}\frac{i}{2}RT \tag{17-2}$$

非理想气体的内能通常是温度与体积的函数，即 $E=E(T, V)$。当气体的状态确定时，其内能也是确定的。

系统状态变化所引起的内能变化 ΔE，只与系统的初状态和末状态有关，与系统所经历的过程无关。即系统从同一个初始状态沿不同过程到达相同的末状态，系统内能的增量相同。系统的状态经一系列变化回到起始状态时，系统的内能不变。

【例 17－1】 一定量的理想气体经历一个准静态的膨胀过程，体积从 $1\mathrm{m}^3$ 膨胀到 $2\mathrm{m}^3$，如果在膨胀过程中体积和压强的关系为

$$p=aV^2$$

其中 $a=5.0\times10^5\,\mathrm{Pa/m^6}$。求气体在膨胀过程中对外界所做的功。

解：由式（17－1）得气体在膨胀过程中对外界所做的功为

$$W=\int_{V_1}^{V_2} p\mathrm{d}V=\int_{V_1}^{V_2} aV^2\mathrm{d}V=\frac{1}{3}a(V_2^3-V_1^3)$$

将已知量代入上式得

$$W=\frac{1}{3}\times5.0\times10^{5}\times(2^{3}-1^{3})=1.17\times10^{6}(\text{J})$$

第二节　热力学第一定律

一、热力学第一定律

当系统状态变化时，做功与传递热量往往是同时进行的。设在某一过程中，系统从外界吸收的热量为 Q，对外界做的功为 W，同时系统内能由初平衡态的 E_1 改变到末平衡态的 E_2。根据能量守恒定律，有

$$Q=E_2-E_1+W \tag{17-3}$$

即系统从外界吸收的热量，一部分用于增加系统的内能，另一部分用于对外做功，这个规律称为**热力学第一定律**（first law of thermodynamics）。热力学第一定律是包括热现象在内的能量守恒定律。

如果系统经历了一个微小的变化，热力学第一定律可以表示为

$$\mathrm{d}Q=\mathrm{d}E+p\mathrm{d}V \tag{17-4}$$

其中 $p\mathrm{d}V=\mathrm{d}W$ 为系统经历微小变化的过程中对外界做的元功。

将式（17－1）代入式（17－3）中，得热力学第一定律的另外一种表达形式为

$$Q=\Delta E+\int_{V_1}^{V_2}p\mathrm{d}V \tag{17-5}$$

其中，内能的增量 $\Delta E=E_2-E_1$ 只与状态的变化有关，与所经历的过程无关。而系统吸收的热量 Q 和对外所做的功 W 都与过程有关。

根据热力学第一定律，要使系统对外做功，系统必然要从外界吸收热量或消耗系统的内能，不消耗任何能量而不断对外做功的机器称为**第一类永动机**，显然第一类永动机是违反热力学第一定律的，因此它永远也不可能实现。

在热力学第一定律中，Q、W 和 ΔE 统一采用 J 作单位。

二、热力学第一定律对理想气体等值过程的应用

1. 等体过程

在系统状态变化过程中，如果系统的体积始终保持不变，这样的过程称为**等体过程**（isochoric process）。如图 17－3（a）所示，设气体被封闭在一个气缸中，气缸的活塞固定不动，热源对气缸中的气体均匀地缓缓加热，使气体的温度 T 逐渐升高，压强 p 逐渐增大，但气体的体积 V 却始终保持不变，这样的过程就是等体过程，其 $p-V$ 曲线是平行于 p 轴的直线段，$p-V$ 图上的这条直线段称为**等体线**，如图 17－3（b）所示。

由于在等体过程中，气体的体积保持不变，即 $V=$恒量或 $\mathrm{d}V=0$，因此 $\mathrm{d}W=p\mathrm{d}V=0$，即在等体过程中系统对外界不做功。由热力学第一定律得

$$\mathrm{d}Q_V=\mathrm{d}E \tag{17-6}$$

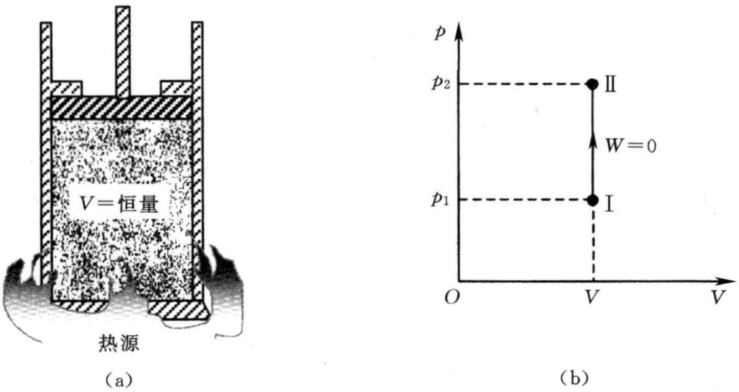

图 17-3

对于一个有限的等体过程，当气体由状态Ⅰ(p_1，V，T_1) 变到状态Ⅱ(p_2，V，T_2) 时，考虑到理想气体的内能公式 $E=\frac{m}{M}\frac{i}{2}RT$，得

$$Q_V=E_2-E_1=\frac{m}{M}\frac{i}{2}R(T_2-T_1) \tag{17-7}$$

总之，在等体过程中，系统不对外界做功，系统吸收的热量全部用于增加系统的内能。

2. 等压过程

在系统状态变化过程中，如果系统的压强始终保持不变，这样的过程称为**等压过程** (isobaric process)。如图 17-4 (a) 所示，设气体被封闭在一个气缸中，为了保持气缸内的压强不变，在气缸的活塞上放置一个质量不变的砝码。热源对气缸中的气体均匀地缓缓加热，使气体的温度 T 逐渐升高，体积 V 逐渐增大，但气体的压强 p 却始终保持不变，这样的过程就是等压过程，其 $p-V$ 曲线是平行于 V 轴的直线段，$p-V$ 图上的这条直线段称为**等压线**，如图 17-4 (b) 所示。

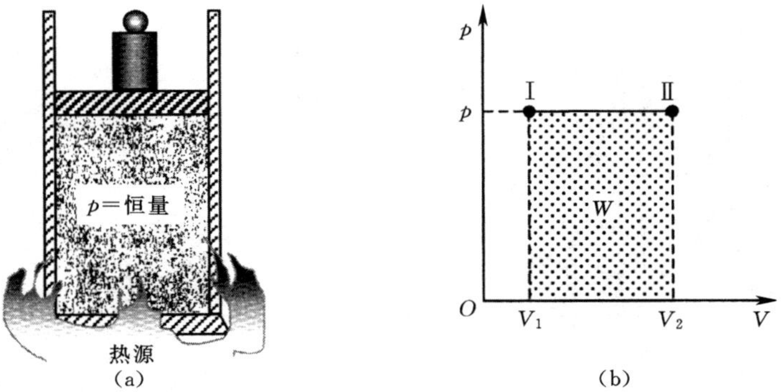

图 17-4

由于在等压过程中，气体的压强保持不变，即 p=恒量，因此在等压过程中系统对外界所做的功为

$$W_p=\int_{V_1}^{V_2}p\mathrm{d}V=p(V_2-V_1) \tag{17-8}$$

对初态Ⅰ(p，V_1，T_1)和末态Ⅱ(p，V_2，T_2)应用理想气体状态方程，得

$$pV_1=\frac{m}{M}RT_1$$

$$pV_2=\frac{m}{M}RT_2$$

将以上两式代入式(17-8)中，即得在等压过程中系统对外界做功的另一种表达式为

$$W_p=\frac{m}{M}R(T_2-T_1) \tag{17-9}$$

由于内能的改变与过程无关，由理想气体的内能公式 $E=\frac{m}{M}\frac{i}{2}RT$ 得系统由初态Ⅰ到末态Ⅱ的过程中的内能增量为

$$\Delta E=E_2-E_1=\frac{m}{M}\frac{i}{2}R(T_2-T_1) \tag{17-10}$$

根据热力学第一定律，在等压过程中系统所吸收的热量为

$$Q_p=\Delta E+W_p=\frac{m}{M}\frac{i+2}{2}R(T_2-T_1) \tag{17-11}$$

总之，在等压过程中，系统所吸收的热量一部分用于增加系统的内能，另一部分用来对外做功。

3. 等温过程

在系统状态变化过程中，如果系统的温度始终保持不变，这样的过程称为**等温过程**(isothermal process)。如图17-5(a)所示，设气体被封闭在一个气缸中，为了保持气缸内的温度不变，使气缸与一个恒温热源接触。为了实现等温变化，在气缸的活塞上放置一些沙子，然后将沙子一粒一粒地取下，使气体的压强 p 逐渐减小，体积 V 逐渐增大，但气体的温度却始终保持不变，这样的过程就是等温过程。由于在等温过程 pV=恒量，因此其 $p-V$ 曲线是反比例曲线，$p-V$ 图上的这条反比例曲线称为**等温线**，如图17-5(b)所示。

(a)

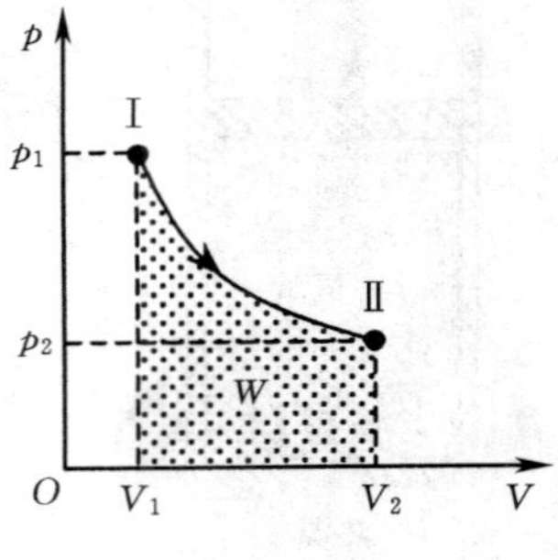

(b)

图17-5

由于在等温过程中，气体的温度保持不变，由理想气体的内能公式 $E=\frac{m}{M}\frac{i}{2}RT$ 可知，在等温过程中系统内能的增量为零，即

$$\Delta E=E_2-E_1=0$$

由热力学第一定律得

$$Q_T = W_T = \int_{V_1}^{V_2} p\mathrm{d}V \tag{17-12}$$

即在等温过程中，系统吸收的热量完全用于对外界做功。

由理想气体状态方程 $pV=\frac{m}{M}RT$ 解得 $p=\frac{m}{M}RT\ \frac{1}{V}$，将该式代入式（17－12），得

$$Q_T = W_T = \frac{m}{M}RT\int_{V_1}^{V_2}\frac{\mathrm{d}V}{V} = \frac{m}{M}RT\ln\frac{V_2}{V_1} \tag{17-13}$$

由于 $p_1V_1=p_2V_2$，因此式（17－13）也可以写为

$$Q_T=W_T=\frac{m}{M}RT\ln\frac{p_1}{p_2} \tag{17-14}$$

【例 17－2】 如图 17－6 所示，一定质量的单原子理想气体开始时的压强为 p，体积为 V，先做等压膨胀至体积为 $2V$，再做等体升压到压强为 $2p$，最后做等温膨胀到压强又等于 p。求气体在全过程中所做的功、内能的增量和吸收的热量。

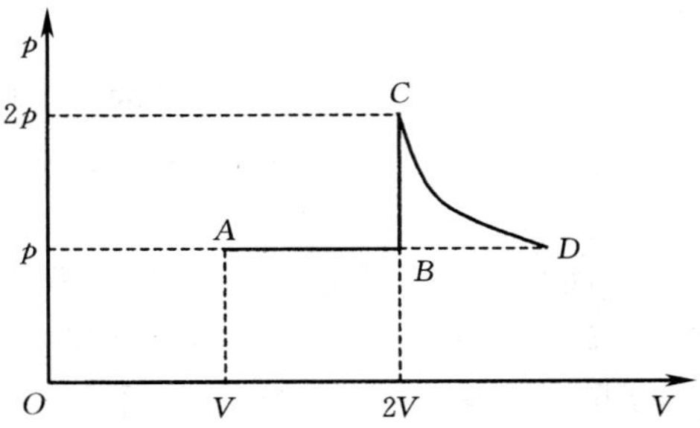

图 17－6

解：（1）气体在全过程中所做的功为

$$W=W_{AB}+W_{BC}+W_{CD}$$

在等压过程 AB、等体过程 BC 中气体所做的功分别为

$$W_{AB}=p(V_B-V_A)=pV$$

$$W_{BC}=0$$

在等温过程 CD 中气体所做的功为

$$W_{CD}=\frac{m}{M}RT_C\ln\frac{V_D}{V_C}=\frac{m}{M}RT_C\ln\frac{p_C}{p_D}=\frac{m}{M}RT_C\ln2$$

由理想气体状态方程得

$$\frac{m}{M}RT_C=p_CV_C=4pV$$

所以

$$W_{CD}=4pV\ln2$$

因此，气体在全过程中所做的功为

$$W=W_{AB}+W_{BC}+W_{CD}=pV+4pV\ln2$$

（2）由于内能是状态量，因此气体在全过程中内能的增量为

$$\Delta E=E_D-E_A=\frac{m}{M}\frac{i}{2}RT_D-\frac{m}{M}\frac{i}{2}RT_A$$

由理想气体状态方程得

$$\frac{m}{M}RT_A=pV$$

$$\frac{m}{M}RT_D=\frac{m}{M}RT_C=p_CV_C=4pV$$

在上面的计算中，注意 C 点和 D 点在同一条等温线上。

因为单原子的自由度 $i=3$，所以气体在全过程中内能的增量为

$$\Delta E=\frac{3}{2}\times 4pV-\frac{3}{2}\times pV=\frac{9}{2}pV$$

（3）对状态变化的全过程应用热力学第一定律，得气体在全过程中吸收的热量为

$$Q=\Delta E+W=pV+4pV\ln 2+\frac{9}{2}pV=\frac{11}{2}pV+4pV\ln 2$$

本题目的第（2）和第（3）也可以采取先计算各等值过程中的相应物理量，然后再相加的求解方法，有兴趣的读者可以动手试一下。

思考与讨论

1. 如图 17－7 所示，一定量的理想气体从体积 V_1 膨胀到体积 V_2，分别经历的过程是等压过程 $A\to B$、等温过程 $A\to C$ 和绝热过程 $A\to D$，试问：其中吸收热量最多的是哪一个过程？

2. 如图 17－8 所示的是 $p-T$ 图像，一定量的理想气体分别由初态 A 经 $A\to B$ 过程和由初态 C 经 $C\to D\to B$ 过程到达相同的终态 B，试问：在这两个过程中，气体从外界吸收的热量哪一个多一些？这两个热量值都是正值吗？

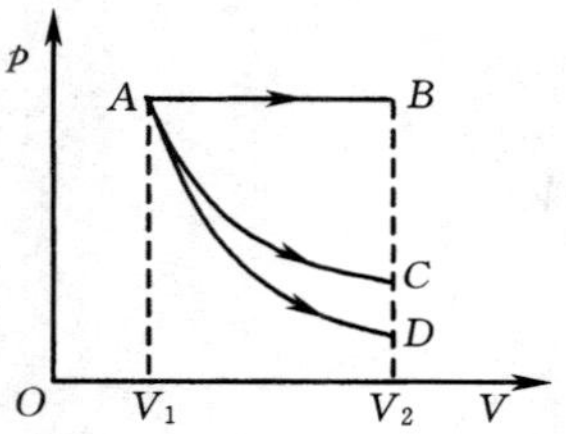

图 17－7

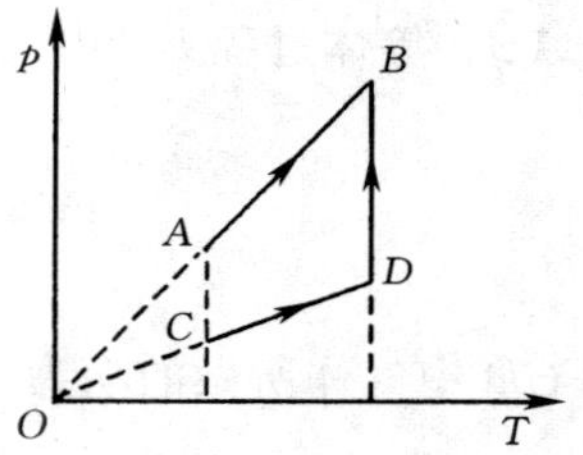

图 17－8

3. 如图 17－9 所示，一定量的理想气体，其状态改变在 $p-T$ 图上沿着一条直线从平衡态Ⅰ到平衡态Ⅱ。试问：这是一个什么热力学过程？

4. 如图 17－10 所示，一定量的理想气体，从 $p-V$ 图上的初态 A 经历①或②过程到达末态 B，已知 A、B 两个状态处于同一条绝热线 L 上，试问：气体在①、②两个过程中分别吸热还是放热？

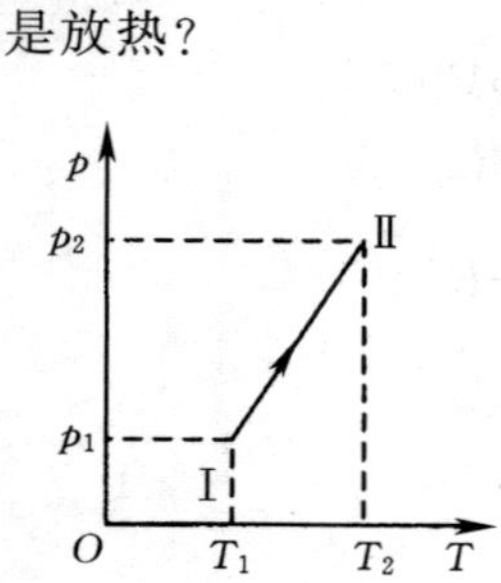

图 17－9

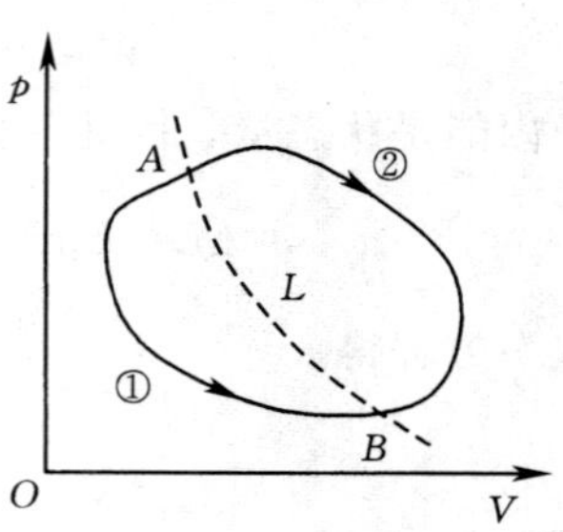

图 17－10

5. 某理想气体被等温压缩到给定体积时外界对气体做的功大小为 $|W_1|$，又经绝热膨胀过程返回原来体积时气体对外做的功大小为 $|W_2|$，试问：整个过程中气体从外界吸收的热量和内能增加量分别为多少？

6. 如图 17－11 所示，在大气中有一个绝热气缸，其中装有一定量的理想气体，然后用电炉徐徐供热，使活塞无摩擦地缓慢左移。试问：在此过程中，气体压强、气体分子平均动能和气体的内能将如何变化？

7. 已知一定量的理想气体经历的 $p-T$ 循环过程如图 17－12 所示，试分别说明 $a\to b$、$b\to c$、$c\to a$ 过程中系统与外界交换热量的情况。

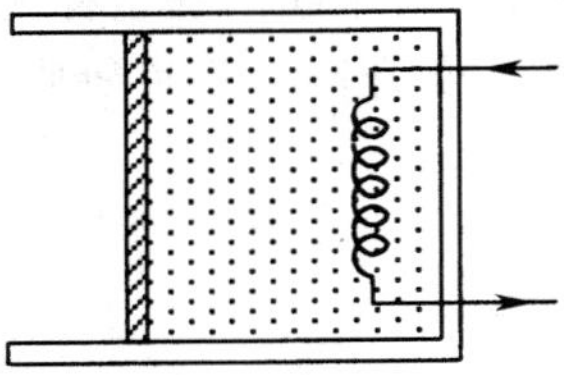

图 17－11

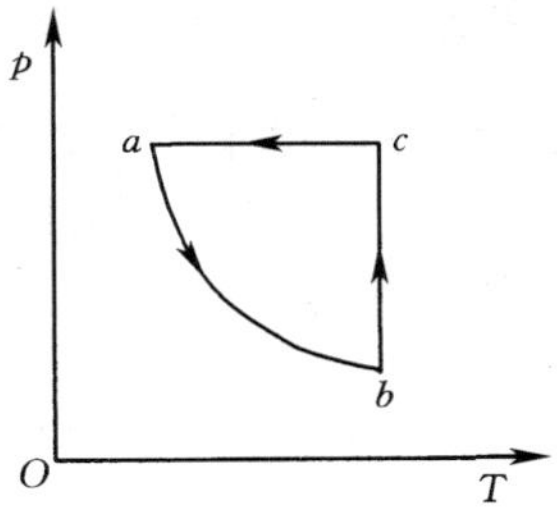

图 17－12

8. 一定量的理想气体从同一状态开始体积由 V_1 膨胀到 $2V_1$，分别经历等压、等温和绝热三种过程。试问：其中哪一个过程气体对外做的功最多？哪一个过程气体内能增加最多？哪一个过程气体吸收的热量最多？

9. 处于平衡态 A 的一定量的理想气体，如果经准静态的等体过程变到平衡态 B，从外界吸收 416J 的热量；如果经准静态的等压过程变到与平衡态 B 有相同温度的平衡态 C，从外界吸收 582J 的热量。试问：从平衡态 A 变到平衡态 C 的准静态等压过程中，气体对外界所做的功等于多少？

10. 一定量的理想气体从 $p-V$ 图上同一个初态 A 开始，分别经历三种不同的过程过渡到不同的末态，各个末态在同一条等温线上，如图 17－13 所示，其中 $A\to C$ 是绝热过程。试问：

(1) 在 $A\to B$ 过程中气体是吸热还是放热？为什么？

(2) 在 $A\to D$ 过程中气体是吸热还是放热？为什么？

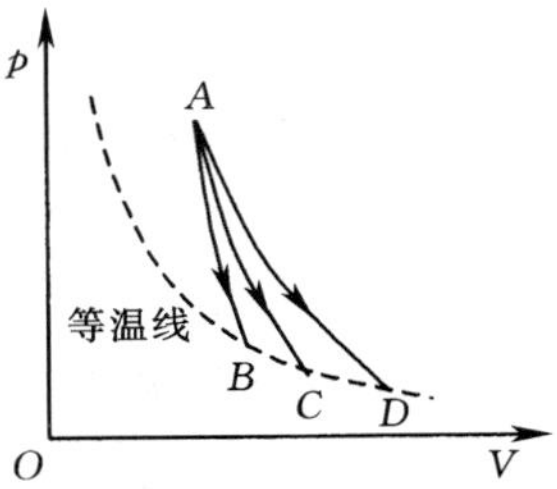

图 17－13

第三节　气 体 的 热 容

当质量为 m 的物体的温度从 T_1 升高到 T_2 时，物体吸收的热量为

$$Q=cm(T_2-T_1)$$

其中，c 是物质的比热容，cm 称为该物体的热容。如果 m 等于物体的摩尔质量 M，则 cM 称为**摩尔热容**（molar heat capacity），用符号 C 表示。由上式可以看出，摩尔热容 C 表示 **1mol 的物质温度升高 1K 时吸收的热量**。摩尔热容 C 的单位是 J/（mol・K）。将上式改写为

$$Q=cm(T_2-T_1)=\frac{m}{M}cM(T_2-T_1)$$

其中，$cM=C$ 为摩尔热容，m/M 为摩尔数，因此 m/M 摩尔的物体的温度从 T_1 升高到 T_2 时，物体吸收的热量可以写为

$$Q=\frac{m}{M}C(T_2-T_1) \qquad (17-15)$$

不论气体是否为理想气体，式（17－15）都适用。由于气体所吸收的热量与其经历的过程有关，因此不同的热力学过程对应的摩尔热容 C 也不同。

一、气体的定体摩尔热容

1mol 的气体在体积保持不变的情况下，温度升高 1K 时所吸收的热量称为定体摩尔热容，用符号 C_V 表示。如果 1mol 的气体在等体过程中温度升高 dT 时所吸收的热量为 dQ_V，则定体摩尔热容为

$$C_V=\frac{dQ_V}{dT} \qquad (17-16)$$

在等体过程中，$dQ_V=dE$，因此式（17－16）也可以写为

$$C_V=\frac{dE}{dT} \qquad (17-17)$$

1mol 理想气体的内能为

$$E=\frac{i}{2}RT$$

将上式代入式（17－17）中，得理想气体的定体摩尔热容为

$$C_V=\frac{dE}{dT}=\frac{i}{2}R \qquad (17-18)$$

式中：i 为气体分子的自由度；R 为普适气体常量。

式（17－18）表明，理想气体的定体摩尔热容与气体分子的自由度有关，而与温度无关。

将式（17－18）代入式（17－15）中，即得气体在等体过程中吸收的热量为

$$Q=\frac{m}{M}C_V(T_2-T_1)=\frac{m}{M}\frac{i}{2}R(T_2-T_1) \qquad (17-19)$$

显然，式（17－19）与式（17－7）是完全一样的。

二、气体的定压摩尔热容

1mol 的气体在压强保持不变时，温度升高 1K 时所吸收的热量称为定压摩尔热容，用符号 C_p 表示。如果 1mol 的气体在等压过程中温度升高 dT 时所吸收的热量为 dQ_p，则定压摩尔热容为

$$C_p=\frac{dQ_p}{dT} \qquad (17-20)$$

由于在等压过程中 $dQ_p = dE + pdV$，因此式（17－20）也可以写为

$$C_p = \frac{dQ_p}{dT} = \frac{dE}{dT} + p\frac{dV}{dT} \tag{17-21}$$

对应 1mol 的理想气体而言，$dE = C_V dT$，$pdV = RdT$，将它们代入式（17－21）得

$$C_p = C_V + R \tag{17-22}$$

式（17－22）称为**迈耶公式**。可见，理想气体的定压摩尔热容比定体摩尔热容大一个常数 R。也就是说，**使 1mol 理想气体温度升高 1K 时，等压过程比等体过程多吸收了 8.31J 热量，这一部分热量用来对外做功了。**

将式（17－18）代入式（17－22）得

$$C_p = \frac{i+2}{2}R \tag{17-23}$$

将式（17－23）代入式（17－15）中，即得气体在等压过程中吸收的热量为

$$Q = \frac{m}{M}C_p(T_2 - T_1) = \frac{m}{M}\frac{i+2}{2}R(T_2 - T_1) \tag{17-24}$$

显然，式（17－24）与式（17－11）是完全一样的。

三、热容比

定压摩尔热容与定体摩尔热容的比值称为气体的热容比（ratio of specific heat），用符号 γ 表示。即

$$\gamma = \frac{C_p}{C_V} \tag{17-25}$$

（1）对于刚性分子理想气体，$C_p = \frac{i+2}{2}R$、$C_V = \frac{i}{2}R$，因此

$$\gamma = \frac{i+2}{i} \tag{17-26}$$

（2）对于单原子分子理想气体，$i=3$，$\gamma = \frac{5}{3} = 1.67$。

（3）对于双原子分子理想气体，$i=5$，$\gamma = \frac{7}{5} = 1.40$。

（4）对于多原子分子理想气体，$i=6$，$\gamma = \frac{8}{6} = 1.33$。

表 17－1 中列举了一些气体摩尔热容的实验值。从表 17－1 可以看出：①对于各种气体，定压摩尔热容与定体摩尔热容之差 $C_p - C_V$ 的值都接近 R；②对单原子分子和双原子分子气体来说，C_p、C_V 和 γ 的实验值与理论值比较接近，说明经典的热容理论近似地反映了客观事实。但是还应注意到，对多原子分子气体来说，实验值与理论值有较大偏差，说明经典热容理论存在局限性，只能用量子理论才能较好地解决热容问题。

表 17-1　　气体摩尔热容的实验值

原子数	气体的种类	C_p J/(mol·K)	C_V J/(mol·K)	C_p-C_V J/(mol·K)	$\gamma=\frac{C_p}{C_V}$
单原子气体	氦	20.9	12.5	8.4	1.67
	氩	21.2	12.5	8.7	1.65
双原子气体	氢	28.8	20.4	8.4	1.41
	氮	28.6	20.4	8.2	1.41
	一氧化碳	29.3	21.2	8.1	1.40
	氧	28.9	21.0	7.9	1.40
多原子气体	水蒸气	36.2	27.8	8.4	1.31
	甲烷	35.6	27.2	8.4	1.30
	氯仿	72.0	63.7	8.3	1.13
	乙醇	87.5	79.2	8.2	1.11

第四节　理想气体的绝热过程

在气体状态变化的过程中，如果它与外界之间没有热量交换，这种过程称为**绝热过程**(adiabatic process)。绝热过程是一种理想化的过程，在实际中，如果系统与外界传递的热量小到可以忽略不计，或者过程进行得非常快，以至与周围环境之间来不及作更多的热量交换，这样的过程可以近似地当做绝热过程看待。绝热过程曲线如图 17-14 所示。

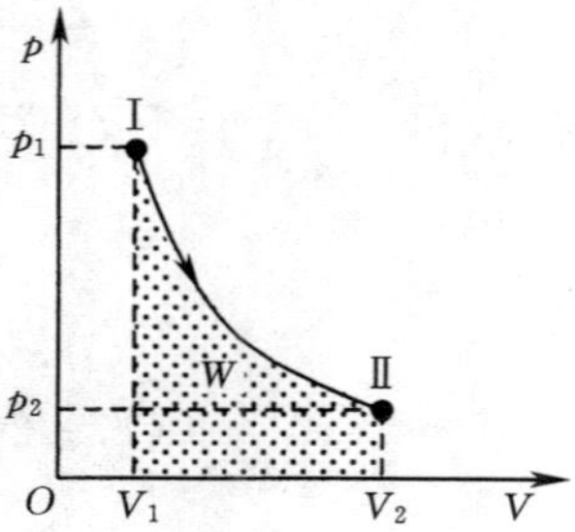

图 17-14

在绝热过程中 $Q=0$，热力学第一定律可以写为

$$E_2-E_1+W_Q=0 \tag{17-27}$$

热力学第一定律的微分形式变为

$$dE+p\,dV=0 \tag{17-28}$$

式 (17-27) 也可以写为

$$W_Q=-(E_2-E_1) \tag{17-29}$$

即系统做绝热膨胀时，对外做功是以消耗系统本身的内能为代价的。

对理想气体而言，其内能 $E=\frac{m}{M}\frac{i}{2}RT=\frac{m}{M}C_VT$，因此绝热过程中的内能增量为

$$E_2-E_1=\frac{m}{M}C_V(T_2-T_1) \tag{17-30}$$

将式 (17-30) 代入式 (17-29) 得绝热过程中系统对外界所做的功为

$$W_Q=-(E_2-E_1)=-\frac{m}{M}C_V(T_2-T_1) \tag{17-31}$$

即气体做绝热膨胀对外做功时，它的内能减少，温度降低，而气体作绝热压缩时，外界对气体做功，气体的内能增加，温度升高。

由理想气体状态方程 $pV=\frac{m}{M}RT$ 得

$$\frac{p_1V_1}{R}=\frac{m}{M}T_1$$

$$\frac{p_2V_2}{R}=\frac{m}{M}T_2$$

将以上两式代入式（17－31）得绝热过程中系统对外做功的另一种表达形式为

$$W_Q=\frac{C_V}{R}(p_1V_1-p_2V_2) \tag{17－32}$$

由 $C_p=C_V+R$ 和 $\gamma=C_p/C_V$ 得

$$\frac{C_V}{R}=\frac{1}{\gamma-1}$$

将上式代入式（17－32）中，绝热过程中系统对外界所做的功也可以写为

$$W_Q=\frac{p_1V_1-p_2V_2}{\gamma-1} \tag{17－33}$$

用打气筒给轮胎打气的过程可以当作绝热过程看待，迅速压缩气体时，人对筒内的气体做了功，气体内能增加，温度升高，筒壁会发热；压缩空气从细管中急速喷出时，气体绝热膨胀，对外界做功，内能减少，温度急剧降低。

在绝热过程中，压强 p、体积 V 和温度 T 三个变量同时发生变化，它们中的任意两个之间的关系为

$$pV^{\gamma}=\text{常量} \tag{17－34}$$

$$V^{\gamma-1}T=\text{常量} \tag{17－35}$$

$$p^{\gamma-1}T^{-\gamma}=\text{常量} \tag{17－36}$$

式（17－30）～式（17－32）统称为**绝热方程**（adiabatic equation），其中 γ 为气体的热容比，这三个公式中的常量值各不相同，由气体的初始状态决定。

现在来推导绝热方程。首先对理想气体的内能公式 $E=\frac{m}{M}C_VT$ 两边微分，得

$$\mathrm{d}E=\frac{m}{M}C_V\mathrm{d}T$$

在绝热过程中，$\mathrm{d}E=-p\mathrm{d}V$，将该式代入上式，整理得

$$\frac{m}{M}C_V\mathrm{d}T+p\mathrm{d}V=0 \tag{17－37}$$

再对理想气体状态方程 $pV=\frac{m}{M}RT$ 两边微分，得

$$p\mathrm{d}V+V\mathrm{d}p=\frac{m}{M}R\mathrm{d}T \tag{17－38}$$

将式（17－37）$\times R$ 与式（17－37）$\times C_V$ 相加后，整理得

$$C_VV\mathrm{d}p+(C_V+R)p\mathrm{d}V=0$$

在上式中，$C_V+R=C_p$，因此

$$C_VV\mathrm{d}p+C_pp\mathrm{d}V=0$$

在上式两边同除以 $C_V pV$，并注意到$\frac{C_p}{C_V}=\gamma$，得

$$\frac{dp}{p}+\gamma\frac{dV}{V}=0$$

对上式作不定积分，整理后即得

$$pV^\gamma=常量$$

上式就是绝热方程式（17－34）。

一定质量的某种理想气体在绝热过程中，m 和 M 均为不变量，将理想气体状态方程 $pV=\frac{m}{M}RT$ 与绝热方程式（17－34）联立求解，即得绝热方程式（17－35）和式（17－36）。

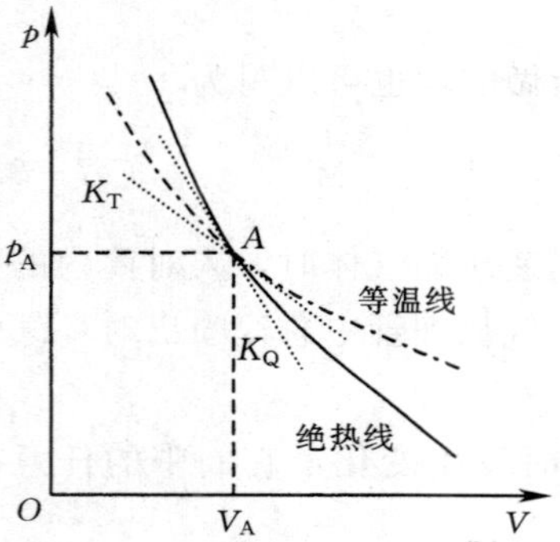

图 17－15

将绝热线与等温线的进行比较，我们会发现它们的形状很相似，只不过绝热线比等温线更陡一些。为了解释这个问题，将一定质量的某种理想气体的绝热线和等温线画在同一个 $p-V$ 图上，如图 17－15 所示。这两条曲线相交于一点 A，设该点对应的体积和压强分别为 V_A、p_A。下面来考察绝热线和等温线在 A 点的切线斜率的绝对值 K_Q 和 K_T，如果 $K_Q>K_T$，就说明绝热线比等温线更陡。

在等温过程中，理想气体状态方程 $pV=\frac{m}{M}RT$ 中温度 T 为恒量，对该方程两边微分，得

$$pdV+Vdp=0$$

因此，等温线在 A 点的切线斜率的绝对值为

$$K_T=\left|\left(\frac{dp}{dV}\right)_T\right|=\frac{p_A}{V_A}$$

理想气体在绝热过程中满足绝热方程 $pV^\gamma=常量$，对该方程两边微分，得

$$p\gamma V^{\gamma-1}dV+V^\gamma dp=0$$

因此，绝热线在 A 点的切线斜率的绝对值为

$$K_Q=\left|\left(\frac{dp}{dV}\right)_Q\right|=\gamma\frac{p_A}{V_A}$$

由于 $\gamma>1$，因此 $K_Q>K_T$，即绝热线要比等温线陡。

也可以从另一个角度来说明绝热线比等温线更陡的原因。由理想气体状态方程可以解得

$$p=\frac{m}{M}R\frac{T}{V}$$

如图 17－16 所示，设等温过程和绝热过程都从状态 A 开始膨胀相同的体积 ΔV，在等温过程中压强的降低只是由气体体积的增大而引起；而在绝热过程中，除了体积增大了相同的值外，其温度还要降低，所以在气体膨胀相同体

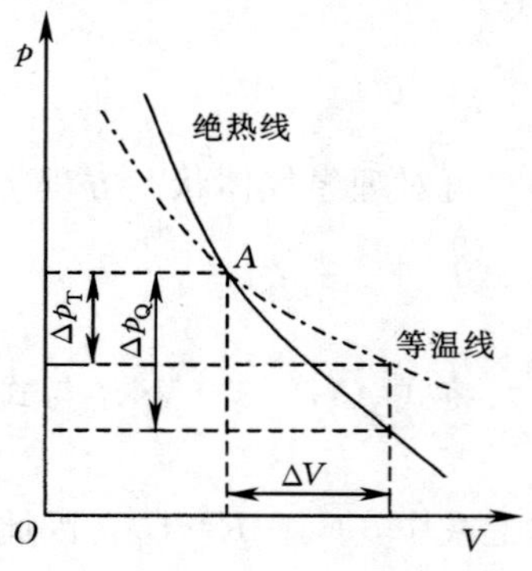

图 17－16

积的情况下，绝热过程比等温过程的压强降低得更多。

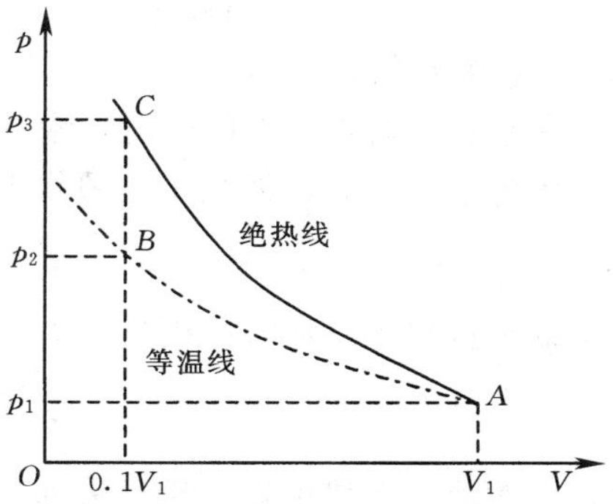

图 17-17

【例 17-3】 如图 17-17 所示，5mol 的氢气（视为理想气体）原来的压强为 1atm、温度为 20℃，分别作等温和绝热压缩至体积为原来体积的 0.1 倍，分别求氢气在这两个过程中所做的功和末态的压强。

解：（1）对等温过程应用理想气体状态方程，得

$$p_1V_1=p_2V_2$$

因此，氢气经等温压缩到末状态 B 时的压强为

$$p_2=\frac{p_1V_1}{V_2}=\frac{1}{0.1}=10(\text{atm})$$

将氢气由状态 A 等温压缩到状态 B 的过程中，氢气对外界所做的功为

$$W_T=\frac{m}{M}RT\ln\frac{V_2}{V_1}=5\times8.31\times293\times\ln0.1=-2.80\times10^4(\text{J})$$

式中负号表示外界对气体做功。

（2）由绝热方程式（17-30）得

$$p_1V_1^{\gamma}=p_3V_2^{\gamma}$$

对氢气而言，热容比 $\gamma=1.40$。因此，氢气经绝热压缩到末状态 C 时的压强为

$$p_3=p_1\left(\frac{V_1}{V_2}\right)^{\gamma}=1\times10^{1.4}=25.1(\text{atm})$$

由理想气体状态方程得初状态 A 的体积为

$$V_1=\frac{m}{M}R\,\frac{T_1}{p_1}=\frac{5\times8.30\times293}{1.013\times10^5}=0.12(\text{m}^3)$$

由式（17-31）得氢气由状态 A 经绝热压缩到状态 C 的过程中，氢气对外界所做的功为

$$W_Q=\frac{p_1V_1-p_3V_2}{\gamma-1}=\frac{1.013\times10^5\times0.12\times(1-25.1\times0.1)}{1.40-1}=-4.59\times10^4(\text{J})$$

式中负号表示外界对气体做功。

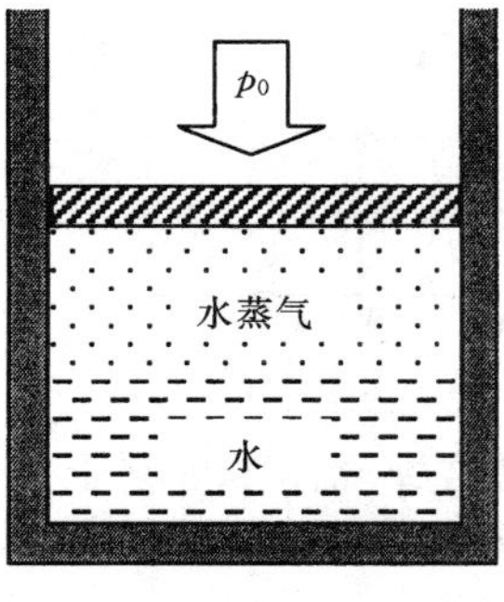

图 17-18

【例 17-4】 如图 17-18 所示，在一个有活塞的气缸里放有一定量的水，忽略活塞与气缸壁之间的摩擦，气缸壁是用良导热材料制成的。作用在活塞上的压强 $p_0=1\text{atm}$ 维持不变。开始时活塞与水面相接触，周围环境的温度很缓慢地升高到 100℃。求在将单位质量的水汽化为水蒸气的过程中，水的内能增加了多少？（已知水的汽化热为 $L=2.26\times10^6\text{J/kg}$，水的密度 $\rho_w=1.04\times10^4\text{kg/m}^3$，水蒸气的密度 $\rho_s=0.598\text{kg/m}^3$）

解： 在水吸收环境热量被汽化的过程中，使质量为 m 的水汽化所需的热量为

$$Q=mL$$

式中：L 为水的汽化热。

在水汽化为水蒸气的同时，水蒸气推动活塞升高，水蒸气的体积变大。质量为 m 的水汽化为水蒸气后，系统膨胀的体积为

$$\Delta V=m\left(\frac{1}{\rho_s}-\frac{1}{\rho_w}\right)$$

系统膨胀过程中对活塞所做的功为

$$W=p\Delta V=pm\left(\frac{1}{\rho_s}-\frac{1}{\rho_w}\right)$$

由热力学第一定律可知，质量为 m 的水在汽化过程中内能的增量为

$$\Delta E=Q-W=mL-pm\left(\frac{1}{\rho_s}-\frac{1}{\rho_w}\right)$$

因此，在单位质量的水汽化为水蒸气的过程中，水的内能增加值为

$$\begin{aligned}\frac{\Delta E}{m}&=L-p\left(\frac{1}{\rho_s}-\frac{1}{\rho_w}\right)\\&=2.26\times10^6-1.013\times10^5\times\left(\frac{1}{0.598}-\frac{1}{1.04\times10^4}\right)\\&=2.09(\mathrm{J/kg})\end{aligned}$$

上述结果表明，在标准大气压和 100℃ 的情况下，1kg 水从热源中吸收 2.26×10^6J 的热量，其中有 2.09×10^6J 转变为水蒸气的内能，其余的 0.17×10^6J 能量用来对活塞做功了。

思考与讨论

1. 同一种理想气体的定压摩尔热容 C_p 大于定体摩尔热容 C_V，试问：其原因是什么？

2. 如图 17－19 所示，一定量的理想气体经历 ACB 过程时吸收的热量为 500J。试问：经历 $ACBDA$ 过程时吸收的热量为多少？

3. 一定量的理想气体从 A 状态（$2p_1$，V_1）经历如图 17－20 所示的直线过程变到 B 状态（p_1，$2V_1$），试问：AB 过程中系统所做的功 W 分别是多少？内能的改变 ΔE 分别是多少？

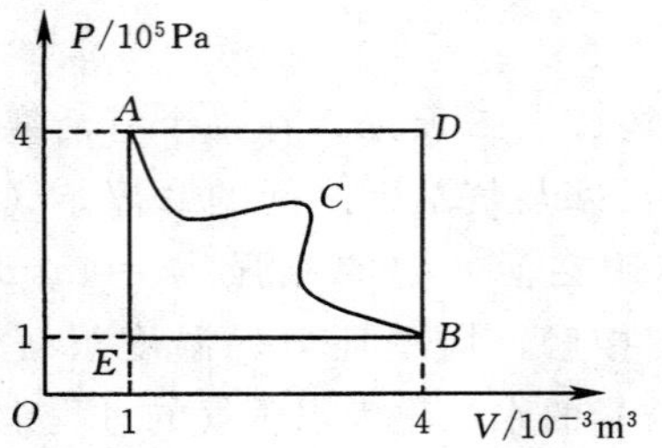

图 17－19

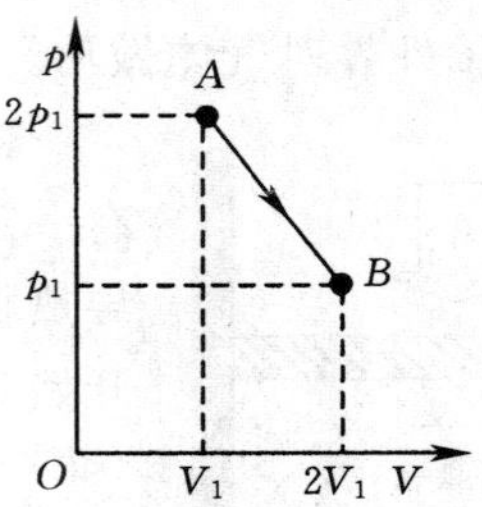

图 17－20

4. 一定量的某种理想气体在等压过程中对外做功 200J。如果这种气体为单原子分子气体，试问：该过程中需要吸收多少热量？如果为双原子分子气体，需要吸收多少热量？

5. 氢气和氦气都可以视为刚性分子的理想气体，如果它们的压强、体积和温度都相

同，试问：它们的质量之比为多少？内能之比为多少？如果它们分别在等压过程中吸收了相等的热量，它们对外做的功之比为多少？

6. 3mol 的理想气体开始时处在压强为 6atm、温度为 500K 的平衡状态。经过等温过程后，压强变为 3atm。试问：该气体在此等温过程中吸收了多少热量？

7. 比热容比为 γ 的一定量理想气体从标准状态（p_0，V_0，T_0）开始作绝热膨胀，体积增大到原来的 3 倍。试问：膨胀后温度 T、压强 p 与标准状态时温度 T_0、压强 p_0 之关系如何？

8. 气缸中有一定量可以视为理想气体的氦气，经过绝热压缩后体积变为原来的一半，试问：气体分子的平均速率变为原来的多少倍？

9. 某理想气体状态变化时，内能随体积的变化关系如图 17－21 中直线 AB 所示。试问：$A \to B$ 表示的过程是什么热力学过程？

10. 1mol的单原子理想气体，从状态Ⅰ（p_1，V_1）变化至状态Ⅱ（p_2，V_2），如图 17－22所示，试问：在此过程中气体对外做的功等于多少？吸收的热量等于多少？

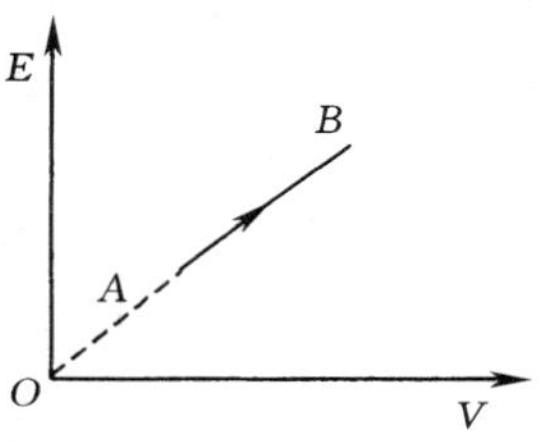

图 17－21

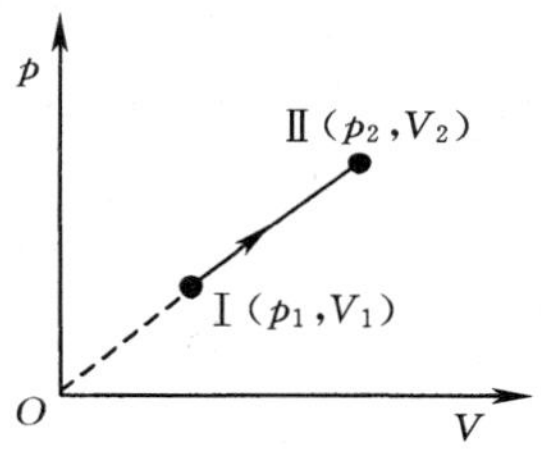

图 17－22

11. 试画出在可逆绝热过程中，理想气体的密度随压强变化的关系曲线。

第五节　循环过程　卡诺循环

一、循环过程

在生产实践中需要持续不断地将热转换为功，但依靠一个单独的变化过程并不能达到这个目的。例如，气缸中气体作等温膨胀时，它从热源吸收热量，并将吸收的热量全部用来对外做功。但是气缸的长度总是有限的，这个过程不能无限地进行下去，所以为了不断地将热量转变为功，必须利用循环过程。

物质系统由某一个状态出发，经过一系列变化又回到初始状态的过程称为**循环过程**（cyclic process），简称**循环**。一个循环过程往往由若干个分过程构成。**参与循环的物质系统**称为**工作物质**（operation material），简称**工质**。准静态循环过程在 $p-V$ 图上用一条闭合曲线表示，过程进行的方向用箭头表示，如图 17－23 所示。

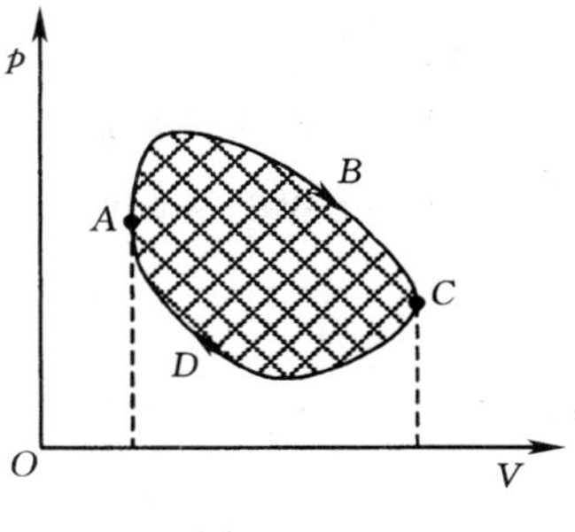

图 17－23

在图 17－23 所示的循环过程中，ABC 为膨胀过程，

$W_{ABC}>0$，说明膨胀过程中系统对外界做功。CDA 为压缩过程，$W_{CDA}<0$，说明压缩过程中外界对系统做功。并且气体膨胀对外所做的功值大于外界压缩气体所做的功值，因而循环过程中系统对外界所做的净功

$$W=W_{ABC}+W_{CDA}>0$$

系统经过一个循环过程对外界所做的净功在数值上就等于 $p-V$ 图上循环曲线所包围的面积。

系统的内能是系统状态的单值函数，系统经历了一个循环过程后回到初始状态，内能没有改变，即 $\Delta E=0$，这是循环过程的重要特征。

系统经历了一个循环过程又回到初始状态时，$\Delta E=0$，由热力学第一定律得

$$Q=W \tag{17-39}$$

式（17－39）表明，在循环过程中工作物质吸收的净热量等于它对外界所做的净功。

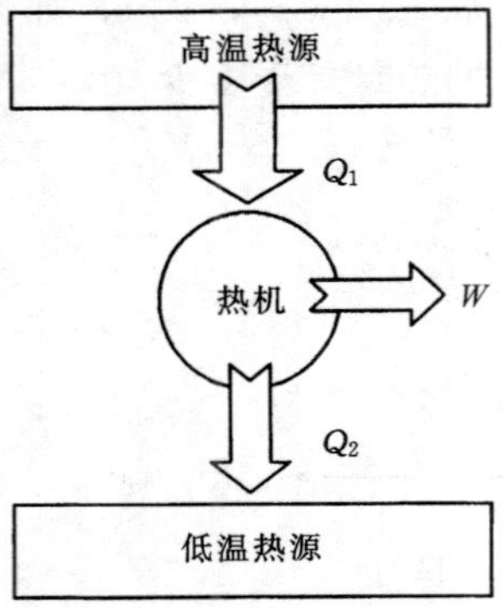

图 17－24

事实上，在一个循环过程中，在有些分过程中工作物质从外界吸收热量，在另一些分过程中向外界放出热量，如果用 Q_1 表示在一个循环过程中工作物质从外界吸收的热量，用 Q_2 表示工作物质向外界放出的热量（注意：$Q_2>0$），则

$$Q=Q_1-Q_2 \tag{17-40}$$

其中，Q 就是前面谈到的工作物质从外界吸收的净热量。将式（17－40）代入式（17－39）中，整理得

$$Q_1=W+Q_2 \tag{17-41}$$

式（17－41）表明，在一个循环过程中，工作物质从高温热源吸收热量 Q_1，一部分用来对外做功 W，另一部分 Q_2 释放到低温热源中了。可见，利用工作物质的这种循环过程，就可以持续不断地将热量转变为功，这就是热机的工作原理。图 17－24 是热机工作的热流图。

二、热机效率　制冷系数

在 $p-V$ 图上沿顺时针方向进行的循环称为**正循环**（normal circulation），在前面所举的循环例子就是正循环。在正循环中，系统膨胀对外所做的功大于外界压缩工作物质时对系统所做的功，系统通过正循环将从高温热源吸收的一部分热量转化为功，工作物质作正循环的机械称作**热机**（heat engine）。有人也将正循环称为**热机循环**。蒸汽机、内燃机、燃气轮机等都是热机。

热机完成一次循环后，系统对外做的功 W 占吸收的热量 Q_1 的百分比称为热机效率（efficiency of heat engine），用符号 η 表示。即

$$\eta=\frac{W}{Q_1} \tag{17-42}$$

由式（17－41）得 $W=Q_1-Q_2$，因此热机效率也可以写为

$$\eta=1-\frac{Q_2}{Q_1} \tag{17-43}$$

由于热机在循环中不可避免地要向低温热源放出热量，$Q_2 \neq 0$，因此热机效率总是小于1。热机效率越高，表明将热量转化为功的比例越大。值得注意的是，Q_2 是工作物质向低温热源放出热量的绝对值。

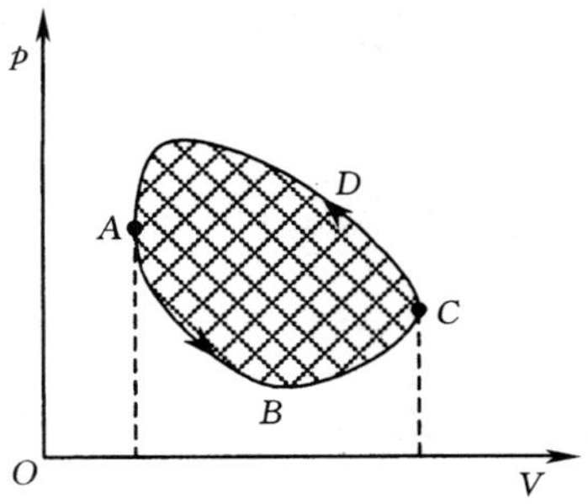

图 17-25

还有一类机械，它们工作时在 $p-V$ 图上形成沿逆时针方向进行的循环，称为**逆循环**（reverse cycle），如图17-25所示。ABC 为膨胀过程，$W_{ABC}>0$，系统对外界做功。CDA 为压缩过程，$W_{CDA}<0$，外界对系统做功。由于气体膨胀对外所做的功值小于外界压缩气体所做的功值，因而逆循环过程中系统对外界所做的净功 $W<0$，即外界对系统做功。

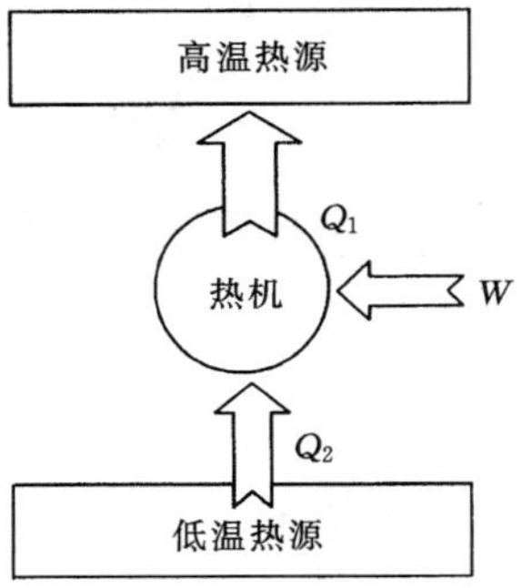

图 17-26

对逆循环来说，公式 $Q_1=W+Q_2$ 仍然成立。这时系统在外界做功 W 的条件下，从低温热源吸收热量 Q_2，然后将 Q_2 和 W 都转变为热量 Q_1 释放到高温热源中去。由于从低温热源吸取热量的结果，使低温热源的温度更低，因此工作物质作逆循环的机械称为**制冷机**（refrigerating machine）。图17-26是制冷机工作的热流图。

制冷机在工作时需要外界做功 W，而使用制冷机的目的是从低温热源吸收热量 Q_2。因此，**在逆循环中，外界对系统所做的功 W 与系统从低温热源吸收的热量 Q_2 的比值称为制冷机的制冷系数**（coefficient of refrigeration），用符号 e 表示。即

$$e=\frac{Q_2}{W}=\frac{Q_2}{Q_1-Q_2} \tag{17-44}$$

制冷机的制冷系数越大，表明在外界做相同的功的情况下，系统从低温热源吸收的热量越多。

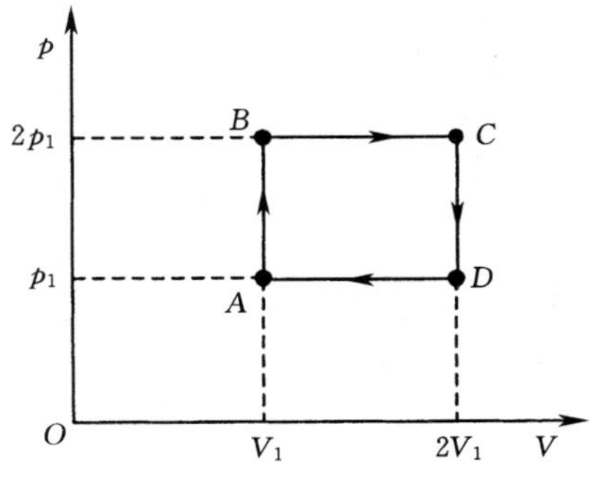

图 17-27

【例17-5】 1mol的氦气（可视为理想气体）经过如图17-27所示的 $ABCDA$ 循环，求氦气在 AB、BC、CD、DA 过程中从外界吸收的热量和该循环的效率。

解：$A \to B$ 为等体过程，由式（17-19）得1mol氦气在该过程中吸收的热量为

$$Q_{AB}=\frac{3}{2}R(T_B-T_A)$$

由理想气体状态方程得

$$p_A V_A=RT_A$$
$$p_B V_B=RT_B$$

将以上两式和已知条件代入 Q_{AB} 表达式中，得

$$Q_{AB}=\frac{3}{2}(p_B V_B-p_A V_A)=\frac{3}{2}(2p_1 V_1-p_1 V_1)=\frac{3}{2}p_1 V_1$$

$B \to C$ 为等压过程，由式（17-24）得 1mol 氦气在该过程中吸收的热量为

$$Q_{BC}=\frac{5}{2}R(T_C-T_B)$$

由理想气体状态方程得

$$p_BV_B=RT_B$$
$$p_CV_C=RT_C$$

将以上两式和已知条件代入 Q_{BC} 表达式中，得

$$Q_{BC}=\frac{5}{2}(p_CV_C-p_BV_B)=\frac{5}{2}(4p_1V_1-2p_1V_1)=5p_1V_1$$

同理，在 $C \to D$ 等体过程和 $D \to A$ 等压过程中，1mol 氦气所吸收的热量分别为

$$Q_{CD}=\frac{3}{2}R(T_D-T_C)=\frac{3}{2}(p_DV_D-p_CV_C)=\frac{3}{2}(2p_1V_1-4p_1V_1)=-3p_1V_1$$

$$Q_{DA}=\frac{5}{2}R(T_A-T_D)=\frac{5}{2}(p_AV_A-p_DV_D)=\frac{5}{2}(p_1V_1-2p_1V_1)=-\frac{5}{2}p_1V_1$$

由上述计算可以看出，在 $A \to B$ 和 $B \to C$ 两个过程中氦气从高温热源吸收热量，吸收的总热量为

$$Q_1=Q_{AB}+Q_{BC}=\frac{3}{2}p_1V_1+5p_1V_1=\frac{13}{2}p_1V_1$$

在 $C \to D$ 和 $D \to A$ 两个过程中氦气向低温热源放出热量，放出的总热量为

$$Q_2=|Q_{CD}|+|Q_{DA}|=3p_1V_1+\frac{5}{2}p_1V_1=\frac{11}{2}p_1V_1$$

因此，该循环的效率为

$$\eta=1-\frac{Q_2}{Q_1}=1-\frac{11}{13}=\frac{2}{13}=15.4\%$$

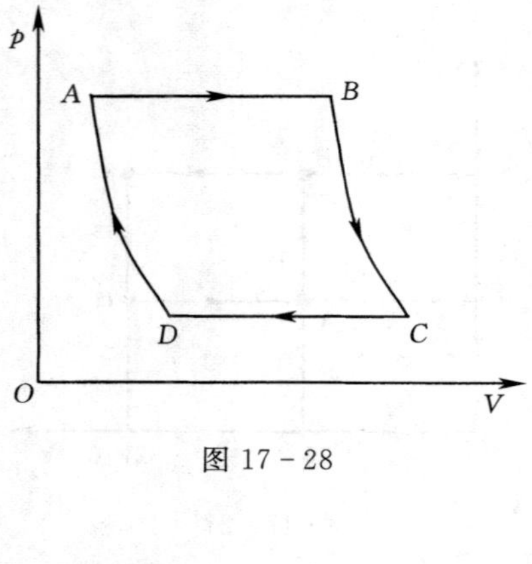

图 17-28

【例 17-6】 一定量的理想气体经历如图 17-28 所示的循环过程，其中 AB 和 CD 是等压过程，BC 和 DA 是绝热过程。已知 B 点和 C 点的温度分别为 T_1 和 T_2，求该循环的效率。

解： 在整个循环过程中，系统在 $A \to B$ 的等压膨胀过程中吸收热量，其值为

$$Q_1=\frac{m}{M}C_p(T_B-T_A)$$

在 $C \to D$ 的等压压缩过程中放出热量，其值为

$$Q_2=\frac{m}{M}C_p(T_C-T_D)$$

所以循环效率为

$$\eta=1-\frac{Q_2}{Q_1}=1-\frac{T_C-T_D}{T_B-T_A}$$

对两个绝热过程应用绝热方程，有

$$p_A^{\gamma-1}T_A^{-\gamma}=p_D^{\gamma-1}T_D^{-\gamma}$$

$$p_B^{\gamma-1}T_B^{-\gamma}=p_C^{\gamma-1}T_C^{-\gamma}$$

由于 $p_A=p_B$、$p_C=p_D$，将以上两式相除，得

$$\frac{T_A}{T_B}=\frac{T_D}{T_C}$$

所以

$$\eta=1-\frac{T_C(1-T_D/T_C)}{T_B(1-T_A/T_B)}=1-\frac{T_C}{T_B}$$

其中，$T_B=T_1$、$T_C=T_2$，因此该循环的效率为

$$\eta=1-\frac{T_2}{T_1}$$

三、卡诺循环

由于热机在循环过程中向低温热源放出热量，因此热能不能全部转变为功，一般蒸汽机的热机效率约为 8%，即使是效率最高的燃气轮机的效率也达不到 50%。那么提高热机效率的方向在哪里呢？1824 年，法国年青的工程师卡诺提出了一个在两个热源之间工作的理想循环，从而找到了在两个给定的恒温热源之间工作的热机的效率的理论极限值。这个循环称为**卡诺循环**（Carnot cycle）。

如图 17-29 所示，卡诺循环由两个等温过程与两个绝热过程构成。理想气体从状态 A 出发等温膨胀至状态 B，再经绝热过程膨胀至状态 C，从状态 C 又经等温压缩和绝热压缩完成一次循环。这种顺时针的卡诺循环称为**卡诺正循环**，按卡诺正循环工作的机械称为**卡诺热机**。

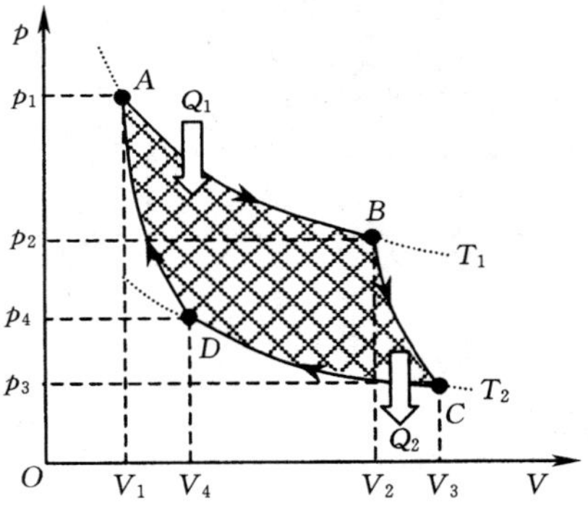

图 17-29

在卡诺正循环中，理想气体等温膨胀时从高温恒温热源（T_1）吸收热量，等温压缩时又向低温恒温热源（T_2）放出余热。气体经历一个循环后回到初始状态，其内能不变，卡诺热机将气体吸收的部分热量转化为对外界做的功。

设卡诺热机以理想气体为工作物质，现在来推导卡诺循环的效率。

在图 17-29 中，由于 $B\to C$ 和 $D\to A$ 是两个绝热过程，系统与外界之间没有热量交换，因此计算系统在循环过程中与外界交换热量问题时，可以暂时不考虑它们。

$A\to B$ 是等温膨胀过程，由式（17-13）得气体从高温热源 T_1 吸收热量 Q_1 为

$$Q_1=\frac{m}{M}RT_1\ln\frac{V_2}{V_1} \qquad (17-45)$$

$C\to D$ 是等温压缩过程，由式（17-13）得气体向低温热源 T_2 释放热量 Q_2 为

$$Q_2=\frac{m}{M}RT_2\ln\frac{V_3}{V_4} \qquad (17-46)$$

将式（17-45）和式（17-46）代入式（17-43）中，得

$$\eta=1-\frac{Q_2}{Q_1}=1-\frac{T_2\ln(V_3/V_4)}{T_1\ln(V_2/V_1)} \tag{17-47}$$

现在来寻找系统在 A、B、C、D 四个状态的体积之间的关系。这时就要用到 $B\rightarrow C$ 和 $D\rightarrow A$ 两个绝热过程了。由理想气体绝热方程可得

$$T_1V_2^{\gamma-1}=T_2V_3^{\gamma-1}$$

$$T_1V_1^{\gamma-1}=T_2V_4^{\gamma-1}$$

将以上两式相除，得

$$\left(\frac{V_2}{V_1}\right)^{\gamma-1}=\left(\frac{V_3}{V_4}\right)^{\gamma-1} \quad 或 \quad \frac{V_2}{V_1}=\frac{V_3}{V_4}$$

将上述关系式代入式（17-47）中，即得卡诺热机的效率为

$$\eta=1-\frac{T_2}{T_1} \tag{17-48}$$

由式（17-48）可知，工作在高温和低温热源之间的卡诺热机，循环效率与工作物质无关，仅仅与两个热源的温度有关，高温热源的温度越高、低温热源的温度越低，卡诺循环的效率越高。

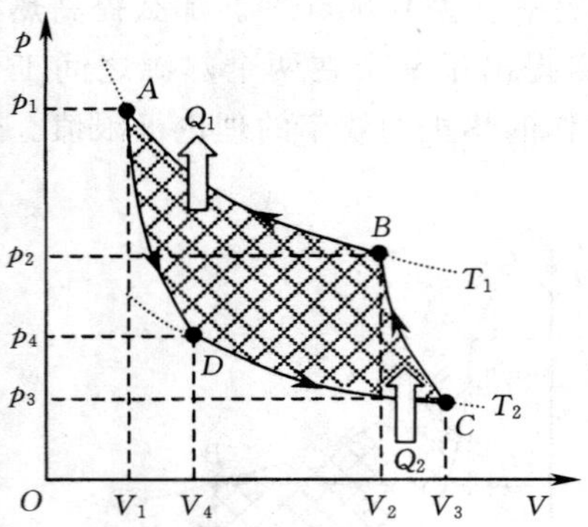

图 17-30

如图 17-30 所示的是沿逆时针方向的卡诺循环，称为**卡诺逆循环**，按卡诺逆循环工作的机械称为**卡诺制冷机**。在卡诺逆循环中，气体等温膨胀时从低温恒温热源（T_2）吸收热量，等温压缩时又向高温恒温热源（T_1）放出热量，通过外界对卡诺制冷机做功，将热能从低恒温热源传到高恒温热源。

在图 17-30 中，$D\rightarrow C$ 是等温膨胀过程，气体从低温热源 T_2 吸收的热量为 Q_2。$B\rightarrow A$ 是等温压缩过程，气体向高温热源 T_1 释放的热量为 Q_1，它们分别为

$$Q_2=\frac{m}{M}RT_2\ln\frac{V_3}{V_4}$$

$$Q_1=\frac{m}{M}RT_1\ln\frac{V_2}{V_1}$$

将以上两式代入制冷系数的定义式（17-44）中，得卡诺制冷机的制冷系数为

$$e=\frac{Q_2}{Q_1-Q_2}=\frac{T_2\ln(V_3/V_4)}{T_1\ln(V_2/V_1)-T_2\ln(V_3/V_4)}$$

由理想气体绝热方程可得 $V_2/V_1=V_3/V_4$，因此

$$\ln\frac{V_2}{V_1}=\ln\frac{V_3}{V_4}$$

故卡诺制冷机的制冷系数为

$$e=\frac{T_2}{T_1-T_2} \tag{17-49}$$

【例 17－7】 有一台电冰箱放在室温为 25℃的房间内，冰箱储物柜内的温度维持在 4℃。如果每天平均有 2.0×10^7J 的热量进入电冰箱内，要使电冰箱内保持 4℃的温度不变，外界每天需要做多少功？其功率是多少？（设这台电冰箱在 4℃和 25℃之间运转的制冷系数为 10）

解： 根据题意，2.0×10^7J 的热量相当于电冰箱从低温热源（储物柜）吸收的热量 Q_2。由制冷系数的定义式

$$e=\frac{Q_2}{Q_1-Q_2}$$

得电冰箱传递给高温热源（大气等）的热量 Q_1 为

$$Q_1=\frac{e+1}{e}Q_2$$

因此，要保持电冰箱内的温度 4℃不变，外界每天需要做的功为

$$W=Q_1-Q_2=\frac{Q_2}{e}=2.0\times10^6(\text{J})$$

相应的功率为

$$P=\frac{W}{t}=\frac{2.0\times10^6}{24\times3.6\times10^3}=23.1(\text{W})$$

思考与讨论

1. 在 $p-V$ 图上，系统的某一个平衡态用什么图形来表示？某一个准静态过程用什么图形来表示？某一个准静态循环过程用什么图形来表示？

2. 一定量的某种理想气体起始温度为 T，体积为 V，该气体在循环过程中经过了如下三个准静态过程：①绝热膨胀到体积为 $2V$；②等体变化使温度恢复为 T；③等温压缩到原来体积 V。试问：在整个循环过程中，气体向外界放热还是从外界吸热？气体对外界做正功还是负功？气体的内能是增加还是减少？

3. 一定量的理想气体经历的循环过程用 $V-T$ 曲线表示，如图 17－31 所示。试问：在此循环过程中，气体从外界吸收热量的是哪些过程？

4. 如果卡诺热机的循环曲线所包围的面积从图 17－32 中的 $ABCDA$ 增大为 $AEFDA$，试问：与循环 $ABCDA$ 相比，循环 $AEFDA$ 所做的净功和热机效率有什么变化？

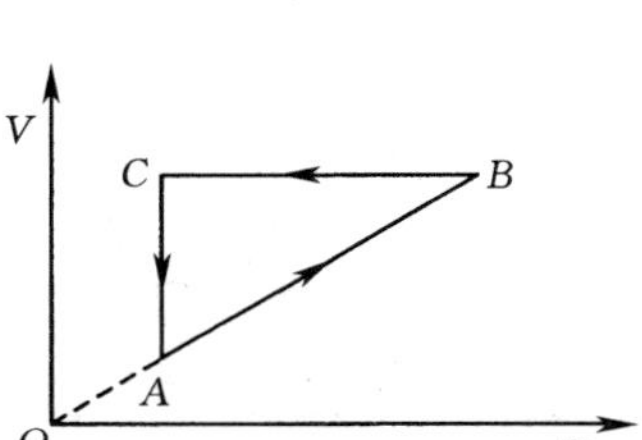

图 17－31

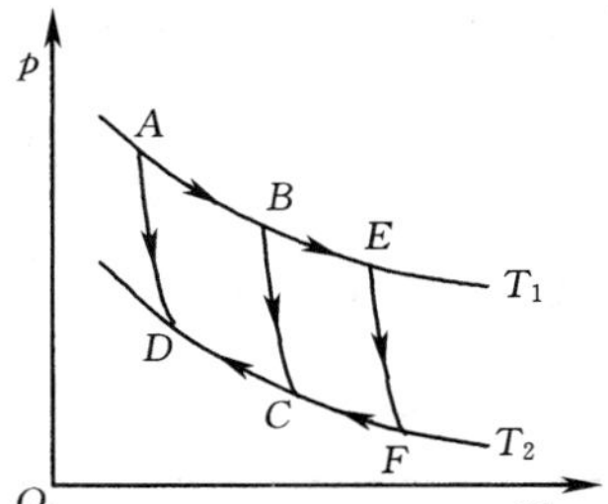

图 17－32

5. 某可逆卡诺热机低温热源的温度为 27℃，热机效率为 40%，试问：高温热源温度为多少开？现在将该热机的效率提高到 50%，如果低温热源保持不变，则高温热源的温度应该增加多少开？

6. 设某卡诺热机高温热源的热力学温度是低温热源的 n 倍，试问：理想气体在一次卡诺循环中，传给低温热源的热量是从高温热源吸取热量的多少倍？

7. 如图 17－33 所示，理想气体卡诺循环过程的两条绝热线下的面积大小分别为 S_1 和 S_2，试问：S_1 和 S_2 哪一个更大一些？

8. 气体经历如图 17－34 所示的循环过程，试问：在这个循环中，外界传给气体的净热量是多少？

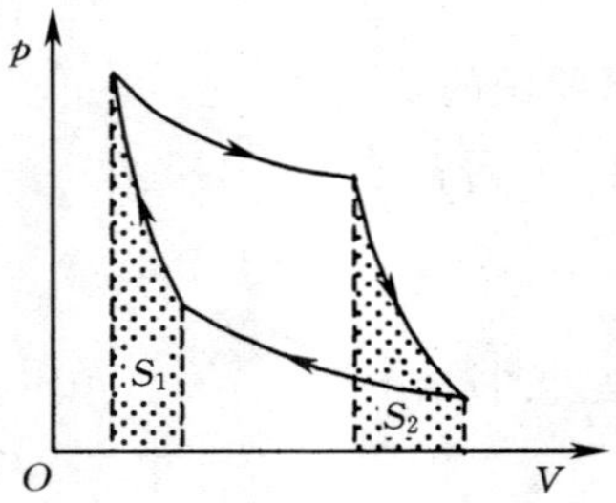

图 17－33

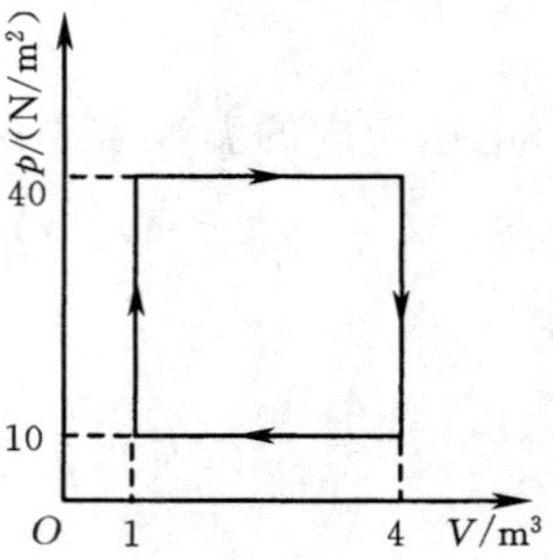

图 17－34

9. 一个作可逆卡诺循环的热机的效率为 η，它逆向运转时便成为一台制冷机，其制冷机的制冷系数为 e，试问：η 与 e 的关系如何？

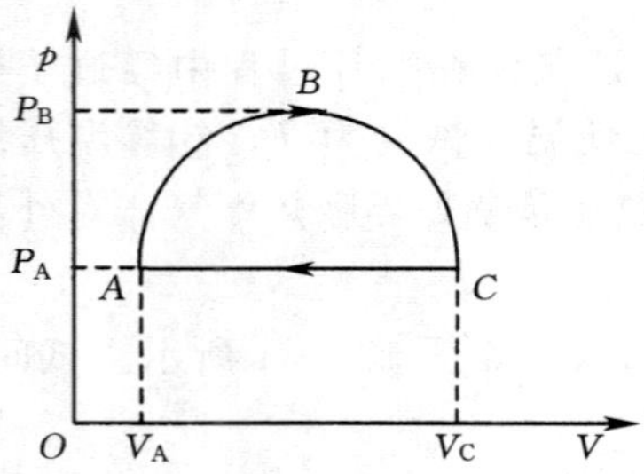

图 17－35

10. 有 V 摩尔的理想气体，作如图 17－35 所示的循环过程 $ABCA$，其中 ABC 为半圆弧，$C\to A$ 为等压线，$p_B=2p_A$。已知气体进行 $A\to C$ 的等压过程时吸收的热量为 Q_{AC}，试问：在此循环过程中气体从外界吸收的净热量 Q 比 Q_{AC} 大还是比 Q_{AC} 小？

11. 图 17－36（a）、（b）、（c）各表示一个循环过程，其中图 17－36（a）是两个半径相等的圆构成的循环过程，图 17－36（b）、（c）为半径不等的两个圆构成的循环过程。试问：在这三个循环过程中，系统对外界做的总净功分别是大于零、小于零还是等于零？

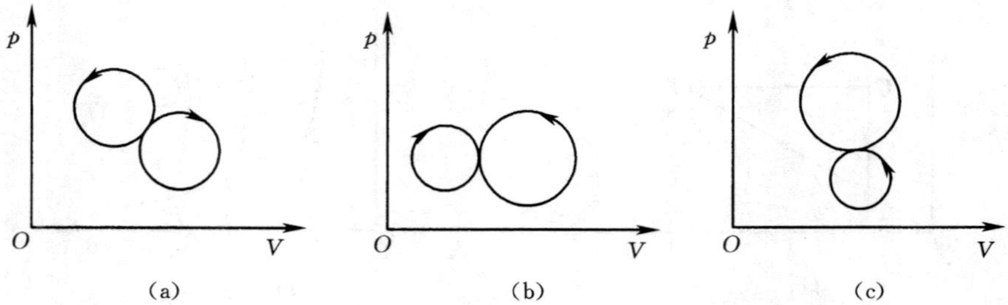

图 17－36

第六节　热力学第二定律

在19世纪初期，蒸汽机在工业、航海等领域已经得到了广泛的使用。随着技术水平的提高，蒸汽机的效率也不断地提高，于是人们自然会想到，蒸汽机的效率是否可以无限地提高？如果能从单一热源吸取热能，并使这些热能全部用来对外做功，热机的效率就可以达到100%，这样的热机能否实现？使热能从低温物体传到高温物体通过外界对系统做功是可以实现的，但这样太浪费能源了，能不能无需外界对系统做功，就使热能从低温物体传到高温物体？上述几个过程并不违背热力学第一定律，但是在自然界中并非只要符合热力学第一定律的过程就能发生，原因在于自然界自动进行的过程是具有方向性的。

自然界中的热力学过程总是向一个方向可以自动进行，而相反的方向却不会自动进行。例如，使两个温度不同的物体相互接触，热量会自动地从高温热源传向低温热源，最终使两个物体的温度相等，这就是人们熟悉的热传导现象。但是人们从来没有看到热量会自动地从低温物体传向高温物体，使两个物体的温差越来越大，即**热传导是有方向性的**。再有功可以自动地转换成热，而热却不能自动地转换成功。用筷子搅动鸡蛋液时，鸡蛋液的温度会自动升高，但是人们从来没有见过鸡蛋液的温度自动降低，而筷子自动地动起来，即**热功转换是有方向性的**。如图17-37所示，一个密闭容器被一块隔板分为A、B两部分，A中充满了气体，而B为真空。将隔板打开，气体分子会自动地向B中移动，最后密闭容器的各处气体密度相同，这就是人们熟悉的扩散现象。但是人们从来没有见过B内的气体分子自动返回A中来，最后所有的气体分子都集中到A中。即**扩散是有方向性的**。这样的例子还可以举出很多。总之，自然界发生的实际热力学过程总是自动地向一个方向进行，而其逆过程不会自动地进行。

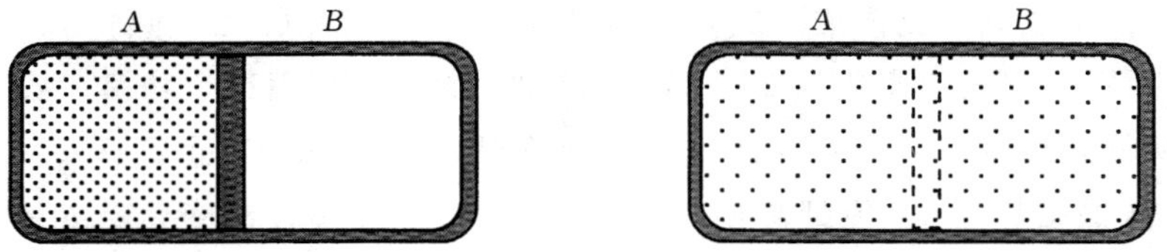

(a)　　(b)

图17-37

热机的效率公式$\eta=1-Q_2/Q_1$表明，当$Q_2=0$时，热机有最大的效率$\eta=100\%$，但是经过许多科学家的努力，最终也没有能制造出效率为100%的热机。

在这个事实的基础上，英国物理学家开尔文总结出一条重要原理：**不可能制造出这样一种循环工作的热机，它只从单一热源吸收热量使之完全变为有用的功，而不使外界发生任何变化**。这就是**热力学第二定律的开尔文说法（简称开氏说法）**。

其中，外界变化是指热源和做功对象以外的物体的变化。效率为100%的热机称为**第二类永动机**，尽管它不违背能量守恒与转化定律，但是热力学第二定律指出，第二类永动机不可能实现。

在热传导具有方向性这个事实的基础上，德国理论物理学家克劳修斯指出：**热量不可**

能自动地从低温物体流向高温物体。这就是**热力学第二定律的克劳修斯说法**（**简称克氏说法**）。

热力学第二定律的开尔文说法与克劳修斯说法尽管表述不同，但是它们却是等效的。其等效性在于，如果认为克氏说法不正确，那么开氏说法也是不正确的。反之，如果认为开氏说法不正确，则克氏说法也不正确。

设克氏说法不成立，开氏说法成立。即热量 Q 可以从低温热源 T_2 传到高温热源 T_1，而不引起其他变化，如图 17－38（a）所示。则可以使卡诺热机工作于 T_1 和 T_2 之间，使它从高温热源 T_1 吸收热量 $Q_1=Q$，其一部分对外做功 W，另一部分传给低温热源 Q_2。其总效果是，从低温热源 T_2 吸收热量 Q_1-Q_2，使它完全变为有用功而没有引起其他变化，如图 17－38（b）所示，这是违反开氏说法的。也就是说，承认了开氏说法成立，就必须承认克氏说法也成立。

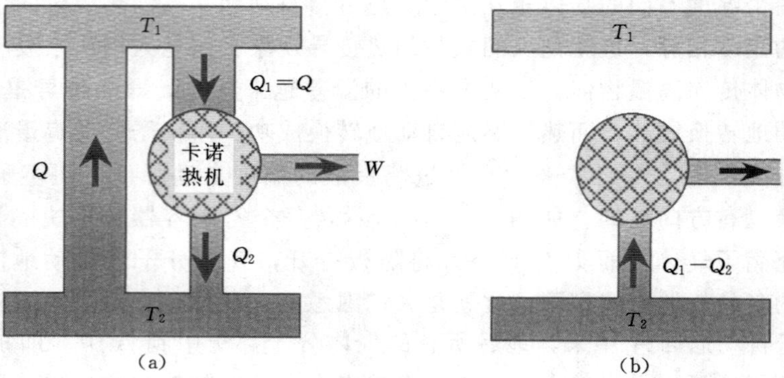

图 17－38

设开氏说法不成立，克氏说法成立。即可以从高温热源 T_1 吸收热量 Q_1，使它完全变为有用功 W 而不引起其他变化，如图 17－39（a）所示。利用这个功 $W=Q_1$ 带动一部制冷机，使它从低温热源 T_2 吸收热量 Q_2，向高温热源 T_1 放出热量 Q_1+Q_2。其总的效果是，热量 Q_2 从低温热源 T_2 传到高温热源 T_1，而没有引起其他变化，如图 17－39（b）所示，这是违反克氏说法的。也就是说，承认了克氏说法成立，就必须承认开氏说法也成立。

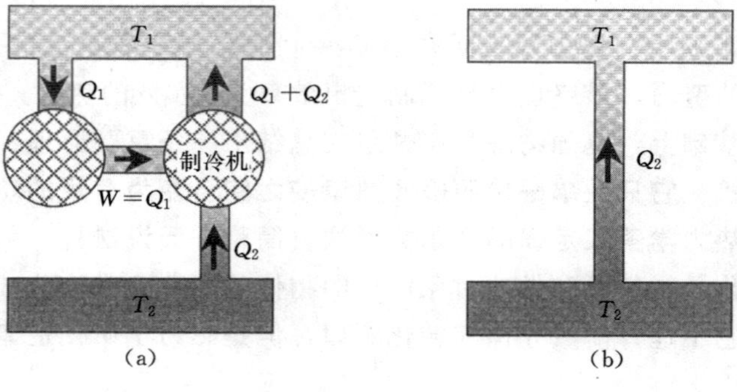

图 17－39

克劳修斯说法指出了热传导是具有方向性的，而开尔文说法指出热功转换是具有方向性的，前面的证明说明两种说法是等效的。

热力学第一定律只要求在过程中能量守恒，对过程进行的方向没有任何限制，而热力学第二定律则指出热力学过程进行的方向。在循环过程中，热力学第一定律指出 $\eta\leqslant 100\%$，而第二定律则指出 $\eta<100\%$。

总之，热力学第二定律是大量实验和经验的客观总结，表明了自然界中过程进行的方向性。该定律本身蕴含了系统内在的微观统计规律。

第七节　卡　诺　定　理

一、可逆过程和不可逆过程

如果一个热力学系统的逆过程能重复正过程的每一个中间状态，并且不引起其他变化，这样的过程称为**可逆过程**（reversible process）。反之，在不引起其他变化的条件下，不能使逆过程重复正过程的每一个中间状态，或者说，**虽然系统逆过程能重复正过程的每一个中间状态，但是引起了其他变化，**这样的过程称为**不可逆过程**（non - reversible process）。

事实上，只有当系统的状态变化过程是非常缓慢进行的准静态过程，并且在过程进行之中没有能量的耗散，才是可逆过程。

当活塞在气缸中非常缓慢地运动时，气缸中的理想气体状态变化过程可以认为是准静态过程。如果气缸与活塞壁之间没有摩擦、气体也不存在黏滞力引起的能量耗散，其逆过程就可以重复正过程的每一个中间状态而不引起其他变化，这时的气体状态变化过程是可逆过程。

实际中，活塞与汽缸之间的摩擦是不可避免的，摩擦力做功的结果是向外界放出热量，从而使外界的状态发生了变化。根据热力学第二定律，这些放出去的热量又无法全部转化为功而对外界不产生任何影响，因此在逆过程中，系统不可能重复正过程的每一个中间状态而不引起其他变化，即实际的气体状态变化过程是不可逆过程。

由于可逆过程是经过一系列的平衡态而达到末态的，所以可逆过程可以用 $p-V$ 图上的一条曲线来表示，曲线上的每一个点均代表一个中间的平衡态。一个不可逆过程从初态变化至末态的中间状态是一系列的非平衡态，因此不可逆过程不能用 $p-V$ 图上的一条曲线表示。

除了热功转换、热传导是不可逆过程以外，物质的扩散、水的汽化、固体的升华、气体在真空中的自由膨胀等都是不可逆过程。可逆过程只是一种理想过程，**热力学第二定律的实质是与热现象有关的一切实际过程都是不可逆过程。**

二、卡诺定理

卡诺在卡诺循环的基础上提出了**卡诺定理**（Carnot theorem），其内容为：

（1）所有工作在相同的高温热源 T_1 和低温热源 T_2 之间的一切可逆热机（其工作循

环为可逆循环），不论用什么工作物质，效率都为

$$\eta=1-\frac{T_2}{T_1}$$

（2）所有工作在相同的高温热源 T_1 和低温热源 T_2 之间的一切不可逆热机（其工作循环为不可逆循环），其效率不可能高于可逆热机（实际上小于）的效率，即

$$\eta=1-\frac{Q_2}{Q_1}<1-\frac{T_2}{T_1}$$

综合以上两式得热机的效率为

$$\eta=1-\frac{Q_2}{Q_1}\leqslant 1-\frac{T_2}{T_1} \tag{17-50}$$

其中，对于可逆热机取“＝”，对于不可逆热机取“＜”。

卡诺定理的意义在于，它指出了热机效率的上限，即任何热机效率都不可能超过 $1-\frac{T_2}{T_1}$。同时它也提出了提高热机效率的有效途径。这就是：尽量提高高温热源的温度 T_1、降低低温热源的温度 T_2；使热机工作物质的循环过程尽量接近可逆循环。

第八节 熵 热力学第二定律的统计意义

一、熵

前面论证了一切与热现象有关的实际宏观过程都是不可逆过程。即当给定的系统处于非平衡态时，总要发生从非平衡态向平衡态的自发性过渡。反之，当给定系统处于平衡态时，却不可能发生从平衡态向非平衡态的自发性过渡。熵就是为了用来解决实际过程进行的方向而引入的一个与系统平衡态有关的状态函数。它是由克劳修斯在 1865 年首先提出的。

根据卡诺循环的效率公式 $\eta=1-\frac{Q_2}{Q_1}=1-\frac{T_2}{T_1}$ 得

$$\frac{Q_1}{T_1}=\frac{Q_2}{T_2}$$

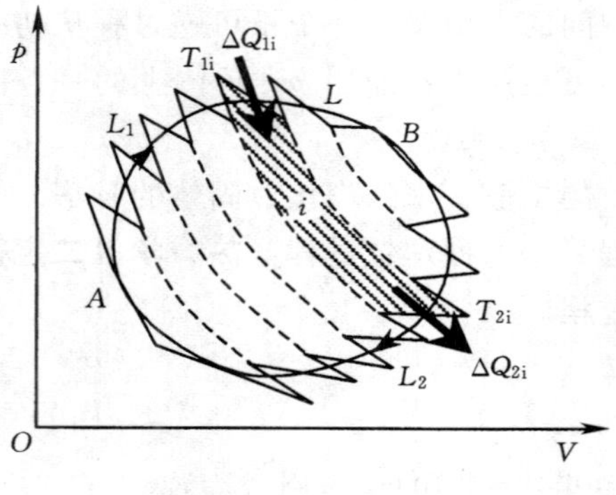

图 17-40

考虑系统放热时，Q_2 应为负值，上式可以改写为

$$\frac{Q_1}{T_1}+\frac{Q_2}{T_2}=0$$

上式表明，在一个卡诺循环中，吸收的热量与相应的温度之比的代数和等于零。

现在考虑一个任意的可逆循环，如图 17-40 所示。可以近似地将任意的可逆循环看作是由 n 个卡诺循环组成。对于每一个小的卡诺循环，有

$$\frac{\Delta Q_{1i}}{T_{1i}}+\frac{Q_{2i}}{T_{2i}}=0$$

对所有的小卡诺循环求和，有

$$\sum_{i=1}^{n} \frac{\Delta Q_{\mathrm{i}}}{T_{\mathrm{i}}} = 0$$

当小卡诺循环数目 n 趋向无穷大时，上式变为

$$\oint_{\mathrm{L}} \frac{\mathrm{d}Q}{T} = 0 \tag{17-51}$$

式中：dQ 为在无限小的等温过程中吸收的热量，积分沿整个循环过程进行。

可以认为整个循环过程 L 由两个过程 L_1 和 L_2 构成，即 $L=L_1+L_2$。式（17－51）可以改写为

$$\oint_{\mathrm{L}} \frac{\mathrm{d}Q}{T} = \int_{\mathrm{L_1}} \frac{\mathrm{d}Q}{T} + \int_{\mathrm{L_2}} \frac{\mathrm{d}Q}{T} = 0$$

或

$$\int_{\mathrm{L_1}} \frac{\mathrm{d}Q}{T} = -\int_{\mathrm{L_2}} \frac{\mathrm{d}Q}{T} = \int_{-\mathrm{L_2}} \frac{\mathrm{d}Q}{T}$$

上式表明系统从 A 状态变化到 B 状态，$\int_{\mathrm{A}}^{\mathrm{B}} \frac{\mathrm{d}Q}{T}$ 的值只依赖于始末状态，而与具体的可逆过程无关。由此可以引入一个状态函数，称为**熵**（entropy），用符合 S 表示，其定义为

$$\Delta S = S_{\mathrm{B}} - S_{\mathrm{A}} = \int_{\mathrm{A}}^{\mathrm{B}} \frac{\mathrm{d}Q}{T} \tag{17-52}$$

上式称为**克劳修斯熵公式**。

在 SI 单位制中，熵的单位为 J/K。

设一定量的理想气体从初态 $A(p_1, V_1, T_1)$ 经历一个可逆过程变化到末态 $B(p_2, V_2, T_2)$，将热力学第一定律应用于一个无限小的可逆过程，有

$$\mathrm{d}Q = \mathrm{d}E + \mathrm{d}W$$

其中

$$\mathrm{d}W = p\mathrm{d}V = \frac{m}{M}RT\,\frac{\mathrm{d}V}{V}$$

$$\mathrm{d}E = \frac{m}{M}C_{\mathrm{V}}\mathrm{d}T$$

因此，无限小的可逆过程中的熵增为

$$\mathrm{d}S = \frac{\mathrm{d}Q}{T} = \frac{\mathrm{d}E}{T} + \frac{\mathrm{d}W}{T} = \frac{m}{M}C_{\mathrm{V}}\,\frac{\mathrm{d}T}{T} + \frac{m}{M}R\,\frac{\mathrm{d}V}{V} \tag{17-53}$$

理想气体在该可逆过程中的熵增为

$$\Delta S = \int_{\mathrm{A}}^{\mathrm{B}} \mathrm{d}S = \int_{\mathrm{A}}^{\mathrm{B}} \frac{\mathrm{d}Q}{T} = \frac{m}{M}C_{\mathrm{V}}\ln\frac{T_2}{T_1} + \frac{m}{M}R\ln\frac{V_2}{V_1} \tag{17-54}$$

如果理想气体经历了可逆等温过程，其熵增为

$$\Delta S = \frac{m}{M}R\ln\frac{V_2}{V_1} \tag{17-55}$$

如果理想气体经历了可逆等体过程，其熵增为

$$\Delta S = \frac{m}{M}C_{\mathrm{V}}\ln\frac{T_2}{T_1} \tag{17-56}$$

如果理想气体经历了可逆等压过程，由于$\frac{V_2}{V_1}=\frac{T_2}{T_1}$，因此其熵增为

$$\Delta S=\frac{m}{M}C_V\ln\frac{T_2}{T_1}+\frac{m}{M}R\ln\frac{T_2}{T_1}=\frac{m}{M}C_p\ln\frac{T_2}{T_1} \tag{17-57}$$

如果理想气体经历了可逆绝热过程，由于 $dQ\equiv 0$，因此其熵增为

$$\Delta S=0 \tag{17-58}$$

由于系统经历可逆绝热过程时熵保持不变，因此可逆的绝热过程又称为**等熵过程**。$p-V$图上的绝热线也称为**等熵线**。

二、熵增原理

一个系统从初平衡态经历一个热力学过程变化到末平衡态，如果过程是可逆过程，则过程中的熵增可以用式（17-52）计算。如果经历的是不可逆过程，可以利用熵函数是系统状态的函数这一性质来计算熵增。可以在两平衡态之间设计一个或几个可逆过程，沿着设计的可逆过程按照式（17-53）计算，得到的结果就是实际不可逆过程中熵的变化。

现在来计算理想气体在自由膨胀过程中的熵增。设气体在膨胀前的体积为 V_1、压强为 p_1、温度为 T，膨胀后的体积为 V_2、压强为 p_2，而温度保持不变。由于自由膨胀是不可逆过程，虽然在过程中 $dQ=0$，但不能使用 $dQ/T=0$ 来计算。为了计算自由膨胀过程中的熵增，在初态（p_1，V_1，T）和末态（p_2，V_2，T）之间设计一个等温膨胀过程。由于这个假设过程与自由膨胀过程的始末状态相同，所以两者的熵增是相同的。而在等温膨胀过程中熵的变化为

$$\Delta S=\frac{m}{M}R\ln\frac{V_2}{V_1}$$

这就是说，气体在自由膨胀这个不可逆过程中，其熵是增加的。

在上述的例子中，系统与外界没有发生任何相互作用，是孤立系统。在不可逆过程中，系统的熵总是增加的。如果在孤立系统中发生的是一个可逆过程，由于系统与外界隔绝，$dQ=0$，系统的熵是不变的。

可见，一个孤立系统在经历了一个热力学过程后，系统的熵不会减少。如果过程是不可逆的，则熵是增加的；如果过程是可逆的，熵保持不变。即

$$\Delta S\geqslant 0 \tag{17-59}$$

这个规律称为**熵增原理**（principle of entropy increase）。

应该指出，熵增原理是对孤立系统而言的，如果系统不是孤立的，则借助外界作用，系统的熵是可以减少的。

【例 17-8】 2mol 氢气经历等压膨胀过程，其温度变为为原来的 2 倍，氢气的熵增是多少？

解： 氢分子的自由度为 5，由式（17-57）得在该过程中氢气的熵增为

$$\Delta S=\frac{m}{M}C_p\ln\frac{T_2}{T_1}=\frac{m}{M}\ \frac{i+2}{2}R\ln\frac{T_2}{T_1}=2\times\frac{7}{2}\times 8.31\times\ln 2=40.32(\text{J/K})$$

【例 17-9】 已知某种固态物质在温度 T 时熔解，熔解热为 L，试计算质量为 m 的该物质熔解过程中熵的变化。

解：设熔解过程发生得很缓慢，可以将其作为可逆过程处理，并把过程中的温度 T 作为常量，在熔解过程中该物质吸收的热量为 $Q=mL$，其熵的变化为

$$\Delta S=\int_{A}^{B}\frac{\mathrm{d}Q}{T}=\frac{1}{T}\int_{A}^{B}\mathrm{d}Q=\frac{Q}{T}=\frac{mL}{T}$$

三、热力学第二定律的统计意义

物质的状态和结构的无序程度（简称无序度）是指其内部微观上的混乱程度，微观上的混乱程度越高，无序度越大。在一个孤立系统内，热功转换、热传导、扩散等自然过程具有方向性，这种自然过程的不可逆性是与系统无序度的增加密切相关。将几滴蓝墨水滴入清水中，开始时蓝墨水只存在于局部空间，蓝墨水在清水中不是均匀分布的，其混乱程度比较低，无序度较小。由于分子无规则的热运动，蓝墨水逐渐扩散到整个清水中，随着时间的推移，蓝墨水在空间的分布逐渐趋于均匀，混乱程度逐渐提高，无序度增大。当蓝墨水在清水中达到均匀分布时，其混乱程度最高，无序度最大。总之，在孤立系统中，当系统处于平衡态时，系统的无序度最大。热功转换、热传导、扩散等自然过程所进行的方向，是使系统从非平衡态过渡到平衡态的方向，也就是系统从比较有序的状态过渡到最无序的状态的方向。

也可以用数量关系来描述系统的无序度，为此首先引入宏观状态的微观状态数的概念，进一步导出微观状态数与无序度的关系。下面从一个特例出发，对这个问题作简略介绍。

如图 17－41 所示，将容器用隔板分为大小相等的 A、B 两个部分。在 A 部分中有四个可以分辨的气体分子 a、b、c、d。当隔板抽去后，在任一瞬时每个分子出现在 A、B 两部分的机会是均等的，它们在两部分的分布情况有 16 种可能，如表 17－2 中Ⅰ所示。这样的每一种可能的分布称为一个**微观状态**（microstate）。如果不考虑具体分子，只考虑出现在 A、B 两部分的分子数目，这样的分布情况有 5 种可能，如表 17－2Ⅱ所示，每一种可能的分布称为**宏观状态**（macrostate），宏观状态就是指微观态数目。

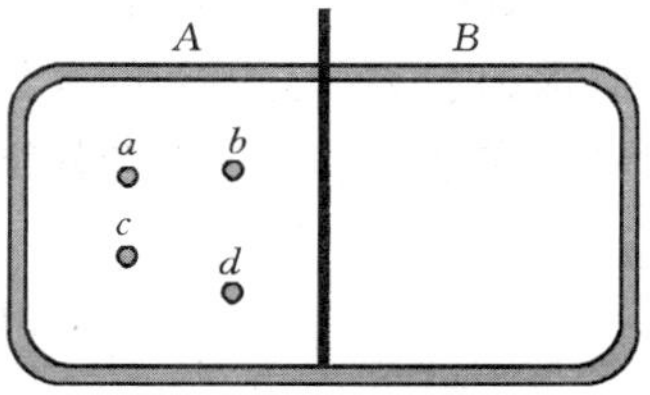

图 17－41

表 17－2　　　　**四个分子在容器中的分布**

Ⅰ	微观状态	A 部分	*abcd*	*abc*	*abd*	*acd*	*bcd*	*ab*	*ac*	*ad*	*cd*	*bd*	*bc*	*a*	*b*	*c*	*d*	
		B 部分		*d*	*c*	*b*	*a*	*cd*	*bd*	*bc*	*ab*	*ac*	*ad*	*bcd*	*acd*	*abd*	*abc*	*abcd*
Ⅱ	宏观状态	A 部分	4	3				2						1				0
		B 部分	0	1				2						3				4
Ⅲ	每一宏观态包含的微观态数		1	4				6						4				1

可见，分子在容器中的分布共有五种可能的宏观状态，它们对应 16 个微观状态。见表 17－2 中Ⅲ，第一、二、三、四、五种宏观状态各有 1、4、6、4、1 个微观状态。在孤

立系统中，由于每一个微观状态出现的概率都是相同的，因此将与某一个宏观状态相对应的微观状态数目称为**热力学概率**（thermodynamic probability），用符号 W 表示。第一、二、三、四、五种宏观状态的热力学概率 W 分别等于 1、4、6、4、1。系统的微观状态数越多，无序度越大，热力学概率越大。

第一、五两种宏观状态的微观状态数均为 1，其热力学概率最小；而第三宏观状态的微观状态数为 6，其热力学概率最大，分子的分布最均匀，无序度最高。孤立系统从非平衡态过渡到平衡态，是从热力学概率较小的状态向热力学概率较大的状态过渡，系统的无序度增大。因此**热力学概率 W 是系统内分子热运动无序度的量度。**

热力学第二定律的统计意义：一个不受外界影响的孤立系统，其内部的自发过程总是由热力学概率小的状态向热力学概率大的状态进行。

对于一个孤立系统的宏观不可逆过程，可以从两个方面来表述。从热力学观点来看，孤立系统的熵增大，从统计观点来看，热力学概率增大。它们之间的关系为

$$S=k\ln W \tag{17-60}$$

式中：k 为玻尔兹曼常数。

式（17-60）称为**玻尔兹曼关系式**。玻尔兹曼关系式的重要意义在于，它将宏观量熵与微观量热力学概率联系起来，并给予了统计解释。

玻尔兹曼关系式不仅对熵作了统计解释，也使人们对熵的微观本质有了进一步的理解。在社会生活、生产和科学实验中存在大量的概率事件以及由概率所描述的不确定性问题，也可以用熵的概念来说明和解释这些问题。可见，熵的应用范围已经远远超出热力学范畴，熵的概念和意义也有了新的发展，涉及到诸如信息论、控制论、宇宙论以及生命科学、人文科学等许多方面，这是克劳修斯在提出熵函数和玻尔兹曼给予统计解释时所不曾预料到的。

思 考 与 讨 论

1. “理想气体与单一热源接触作等温膨胀时，吸收的热量全部用来对外做功。”试问：这种说法是否违反热力学第一定律和热力学第二定律？

2. 有以下五个过程：①两种不同气体在等温下互相混合；②理想气体在等体下降温；③液体在等温下汽化；④理想气体在等温下压缩；⑤理想气体绝热自由膨胀。试问：其中哪些过程是熵增加的过程？

3. 如图 17-42 所示，设某热力学系统经历 $C\to D\to E$ 的过程，其中 AB 是一条绝热曲线，C、E 在这条绝热曲线上。试分析该系统与外界交换热量的情况。

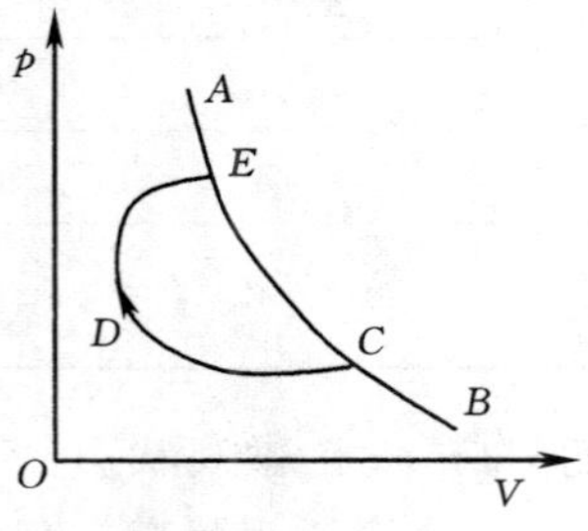

图 17-42

4. 一定量的理想气体向真空作绝热自由膨胀，体积由 V_1 增至 V_2，试问：在此过程中气体的内能和熵如何变化？

5. 由绝热材料包围的容器被隔板隔为两半，左边是理想气体，右边为真空。如果将隔板撤去，气体将进行自由膨胀过程，试问：达到平衡后气体的温度与原来相比较发生怎样的变化？气体的熵增加还是减少了？

习　题

1. 如图 17－43 所示，一个气缸内盛有一定量的刚性双原子分子理想气体，气缸活塞的面积为 0.05m^2，活塞与气缸壁之间不漏气，摩擦可以忽略不计。活塞左侧通大气，大气压强为 $1.0\times10^5\text{Pa}$。劲度系数为 $5\times10^4\text{N/m}$ 的弹簧的两端分别固定于活塞和固定物上。开始时气缸内气体处于压强为 $1.0\times10^5\text{Pa}$、体积为 0.015m^3 的状态。然后缓慢加热气缸，使缸内气体缓慢地膨胀到 0.02m^3，在此过程中气体从外界吸收了多少热量？

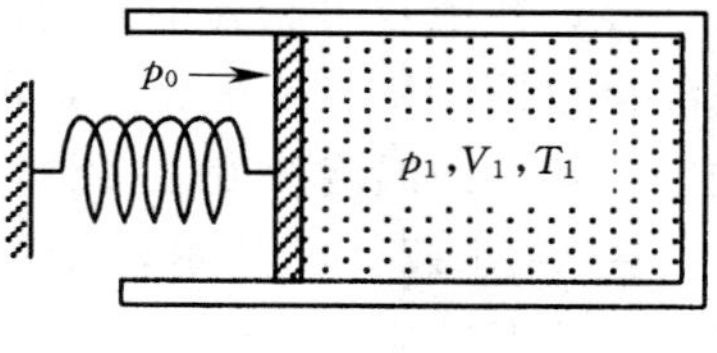

图 17－43

2. 一定量的单原子分子理想气体，从初态 A 出发，沿图 17－44 所示的直线过程变到另一个状态 B，又经过等容和等压过程回到状态 A。

（1）求 $A\rightarrow B$、$B\rightarrow C$、$C\rightarrow A$ 各过程中系统对外所做的功 W、内能的增量 ΔE 和所吸收的热量 Q。

（2）整个循环过程中系统对外所做的总功和从外界吸收的总热量。

3. 一定量的单原子分子理想气体，从 A 态出发经等压过程膨胀到 B 态，又经绝热过程膨胀到 C 态，如图 17－45 所示。试求该过程中气体对外所做的功、内能的增量和吸收的热量。

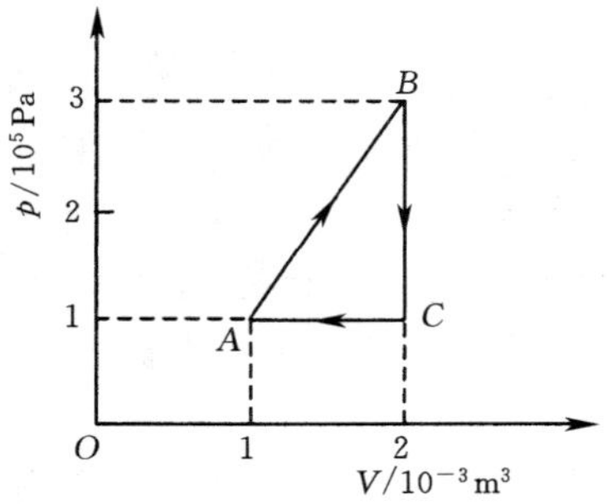

图 17－44

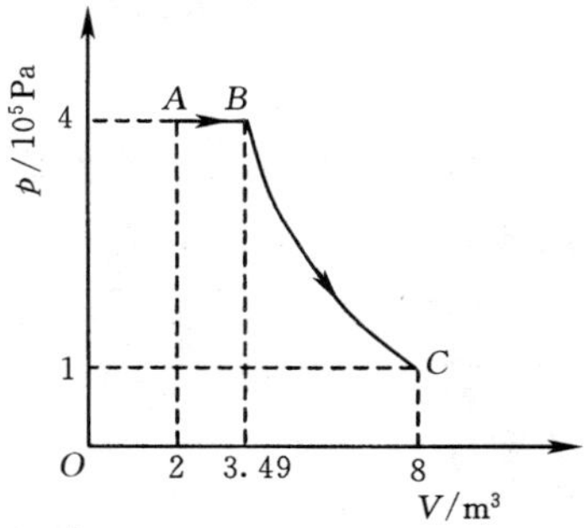

图 17－45

4. 气缸内有 2mol 氦气，初始温度为 27℃、体积为 20L。先将氦气等压膨胀到体积为原来的 2 倍，然后绝热膨胀，直至回复初温为止。将氦气视为理想气体。试在 $p-V$ 图上画出气体的状态变化过程。在这个过程中氦气吸收了多少热量？氦气的内能增加了多少？氦气所做的总功是多少？

5. 某种 1mol 刚性多原子分子理想气体原来的压强为 1.0atm、温度为 27℃，经过一个绝热过程使其压强增加到 16atm。在该过程中，气体内能增量等于多少？气体做了多少功？末态时气体的分子数密度等于多少？

6. 如果一定量的理想气体，其体积和压强按 $V=ap^{-0.5}$ 的规律变化，其中 a 为已知常量。试求：

（1）气体从体积 V_1 膨胀到 V_2 的过程中所做的功。

（2）气体体积为 V_1 时的温度 T_1 与体积为 V_2 时的温度 T_2 之比。

7. 3mol 温度为 273K 的理想气体，先经过等温过程体积膨胀到原来的 5 倍，然后等体加热，使其末态的压强刚好等于初始压强，在整个过程中传给气体的热量为 8×10^4J。试画出此过程的 $p-V$ 图，并求这种气体的比热容比。

8. 如图 17－46 所示，气缸和活塞均用绝热材料制成。气缸的中间被一块隔板等分为两部分，其中右边储有 1mol 标准状态的氦气，氦气可以视为理想气体，左边为真空。先把隔板拉开，待气体平衡后，再缓慢向右推动活塞，将气体压缩到原来的体积。在这个过程中，氦气的温度改变了多少？

9. 如图 17－47 所示，体积为 30L 的圆柱形容器内，有一个能沿竖直方向自由滑动的活塞，活塞的质量和厚度可以忽略。容器内盛有 1mol 温度为 127℃的单原子分子理想气体。如果容器外的大气压强为 1atm（1atm＝101.325kPa），气温为 27℃，求当容器内气体与外界达到平衡时需要向外放出多少热量？

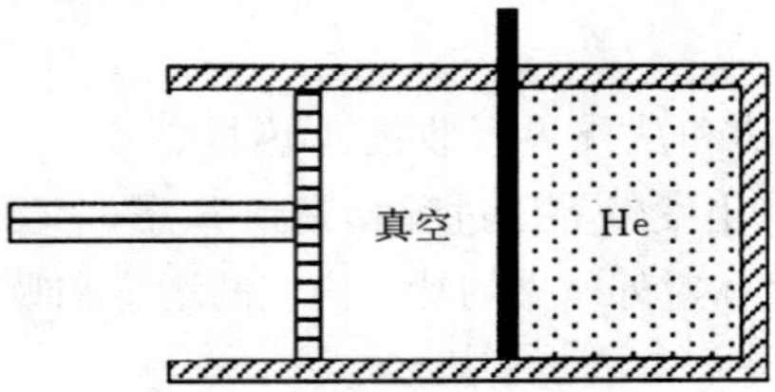

图 17－46

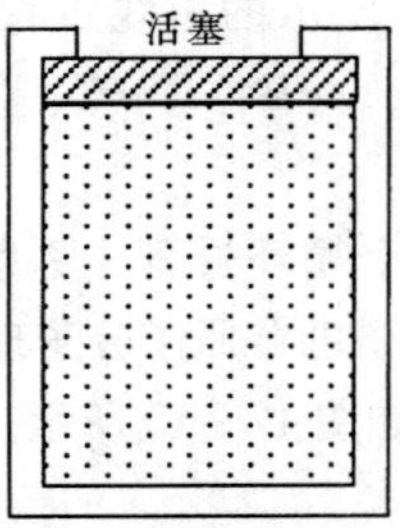

图 17－47

10. 如图 17－48 所示，一个四周用绝热材料制成的气缸，中间有一块用导热材料制成的固定隔板 C，它将气缸分成 A、B 两部分。A 中盛有 1mol 氦气，B 中盛有 1mol 氮气，这两种气体均视为刚性分子的理想气体。D 是一个绝热的活塞。加外力缓慢地移动活塞 D，在压缩 A 部分的气体的过程中，外力对气体做功为 W，试求在此过程中 B 部分气体内能的增量。

11. 某理想气体在 $p-V$ 图上的等温线与绝热线相交于 A 点，如图 17－49 所示。已知 A 点的压强为 2×10^5Pa、体积为 $0.5\times10^{-3}\text{m}^3$，并且 A 点处的等温线斜率与绝热线斜率之比为 0.714。现使气体从 A 点绝热膨胀至 B 点，B 点体积为 $1\times10^{-3}\text{m}^3$，求：

（1）B 点处的压强。

（2）在此过程中气体对外做的功。

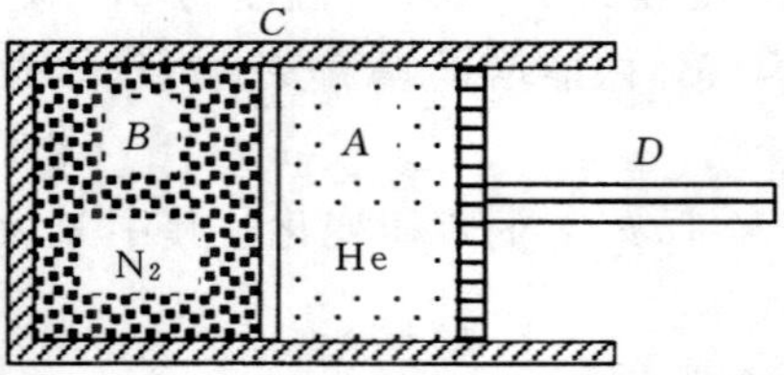

图 17－48

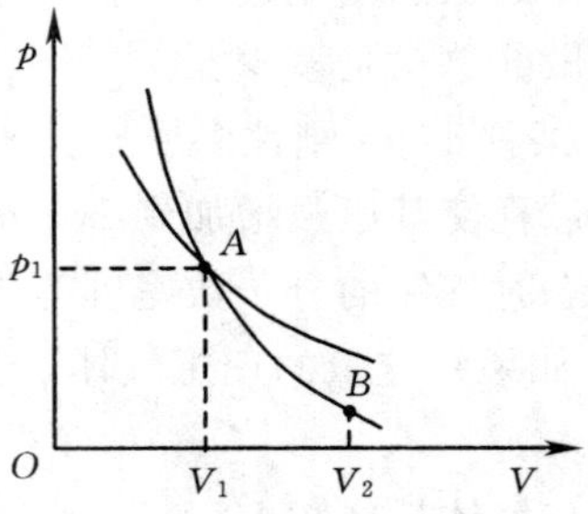

图 17－49

12. 1mol刚性双原子分子的理想气体，开始时处于压强为 1.01×10^5 Pa、体积为 $1\times10^{-3}\,m^3$ 的 A 状态。然后经图 17－50 所示的直线过程变到压强为 4.04×10^5 Pa、体积为 $2\times10^{-3}\,m^3$ 的 B 状态。最后又经方程为 $pV^{1/2}=K$（K 为常量）的过程变到压强等于初态压强的 C 状态。求在 $A\to B$ 过程和整个过程中气体分别吸收的热量。

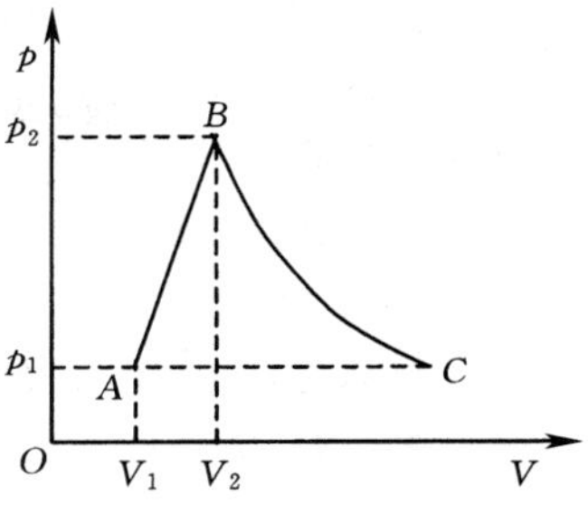

图 17－50

13. 2mol 单原子分子的理想气体，开始时处于压强为 10atm、温度为 400K 的平衡态。然后经过一个绝热过程压强变为 2atm。求在此绝热过程中气体对外做的功。

14. 一定量的某种理想气体，开始时处于压强、体积和温度分别为 1.2×10^6 Pa、$8.31\times10^{-3}\,m^3$ 和 300K 的初态，然后经过一个等体过程温度升高到 450K，再经过一个等温过程压强降回到 1.2×10^6 Pa 。已知该理想气体的等压摩尔热容与等体摩尔热容之比为 5 ∶ 3。求：

（1）该理想气体的等压摩尔热容和等体摩尔热容。

（2）气体从初态到末态的全过程中从外界吸收的热量。

15. 一定量的氦气可以看作是理想气体，原来的压强和温度分别为 1atm、300K，如果经过一个绝热过程，使其压强增加到 32atm。求末态时气体的温度和气体分子数密度。

16. 在如图 17－51 所示的循环中，AB、DE 是绝热过程，ECA 是等温过程，BCD 是任意过程。图中 $DECD$ 所包围的面积为 70J，$ABCA$ 所包围的面积为 30J，在整个循环过程中系统放热 100J，求 BCD 过程中系统吸收的热量。

17. 1mol单原子分子理想气体经历如图 17－52 所示的可逆循环，联结 CA 两点的曲线的方程为

$$p=p_0\left(\frac{V}{V_0}\right)^2$$

已知 A 点的温度为 T_0。

（1）试以 T_0 和普适气体常量 R 表示 $A\to B$、$B\to C$ 和 $C\to A$ 过程中气体吸收的热量。

（2）求此循环的效率。

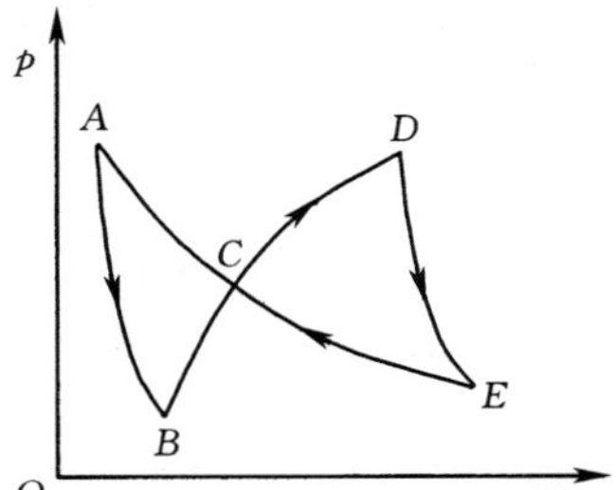

图 17－51

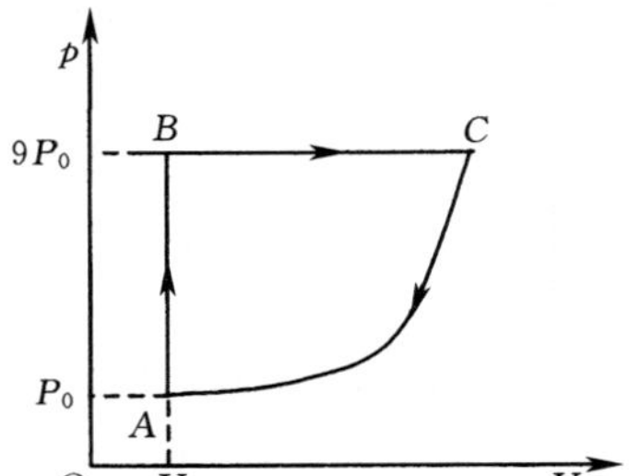

图 17－52

18. 1mol 理想气体在 400K 的高温热源与 300K 的低温热源之间作可逆卡诺循环，在 400K 的等温线上起始体积为 0.001m³，终止体积为 0.005m³，试求此气体在每一循环中从高温热源吸收的热量、气体所做的净功和气体传给低温热源的热量。

19. 一定量的某种理想气体进行如图 17－53 所示的循环过程。已知气体在状态 A 的温度为 300K，求：

(1) 气体在状态 B、C 的温度。

(2) 各过程中气体对外所做的功。

(3) 气体从外界吸收的总热量。

20. 如图 17－54 所示，$ABCDA$ 为 1mol 单原子分子理想气体的循环过程，求：

(1) 气体循环一次在吸热过程中从外界吸收的热量。

(2) 气体循环一次对外做的净功。

(3) 证明气体在 A、B、C 和 D 状态的温度的关系为 $T_A T_C = T_B T_D$。

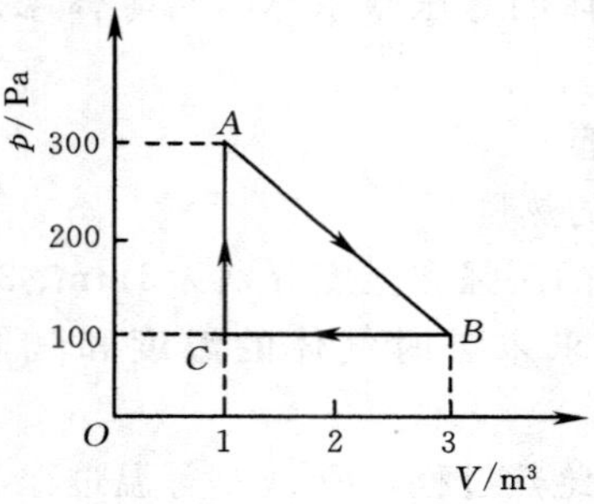

图 17－53

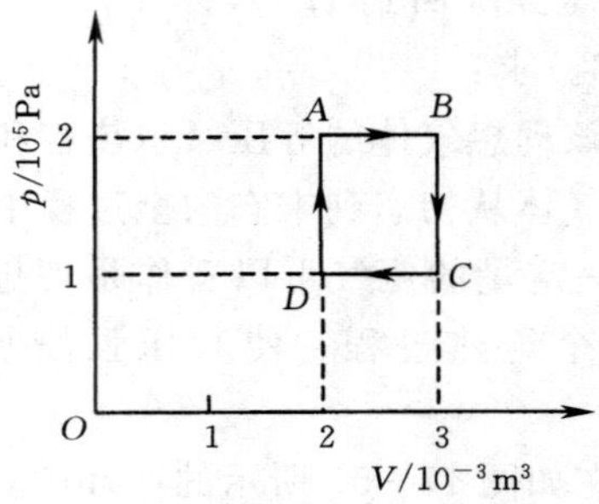

图 17－54

21. 比热容比为 1.40 的理想气体进行如图 17－55 所示的循环。已知状态 A 的温度为 300K。求：

(1) 状态 B、C 的温度。

(2) 每一过程中气体所吸收的净热量。

22. 气缸内贮有 36g 水蒸气，可以视为刚性分子理想气体，经 $ABCDA$ 循环过程，如图 17－56 所示。其中 $A \to B$、$C \to D$ 是等体过程，$B \to C$ 为等温过程，$D \to A$ 为等压过程。试求：

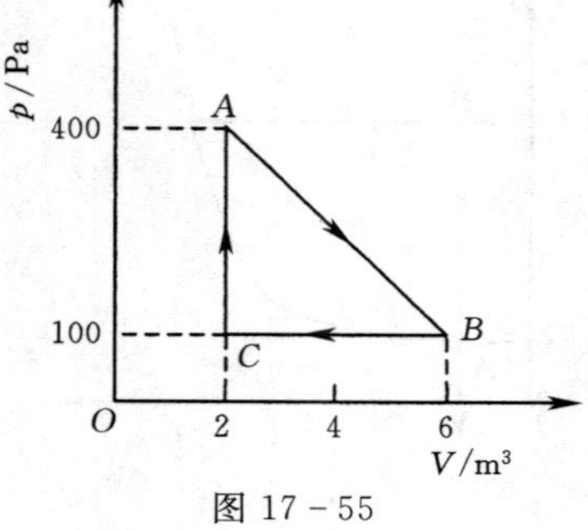

图 17－55

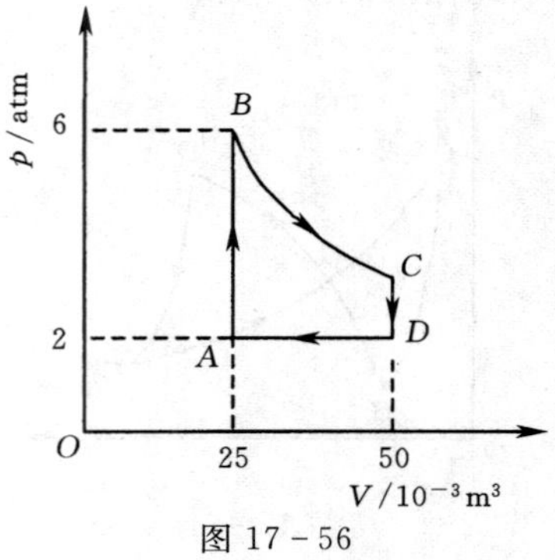

图 17－56

(1) $D \to A$ 过程中水蒸气做的功。

(2) $A \to B$ 过程中水蒸气内能的增量。

(3) 循环过程水蒸气做的净功。

(4) 循环效率。

23. 以氢（可以视为刚性分子的理想气体）为工作物质进行卡诺循环，如果在绝热膨胀时末态的压强 p_2 是初态压强 p_1 的一半，求该循环的效率。

24. 1mol单原子分子理想气体的循环过程如图 17－57 所示，其中 C 点的温度为 600K。试求：

(1) AB、BC 和 CA 过程系统吸收的热量。

(2) 整个循环过程中系统所做的净功。

(3) 循环的效率。

25. 如图 17－58 所示，有一定量的理想气体，从状态 $A(p_1, V_1)$ 开始，经过一个等体过程达到压强为 $0.25p_1$ 的状态 B，再经过一个等压过程达到状态 C，最后经过一个等温过程完成整个循环。求在该循环过程中系统对外做的功 W 和从外界吸收的热量 Q。

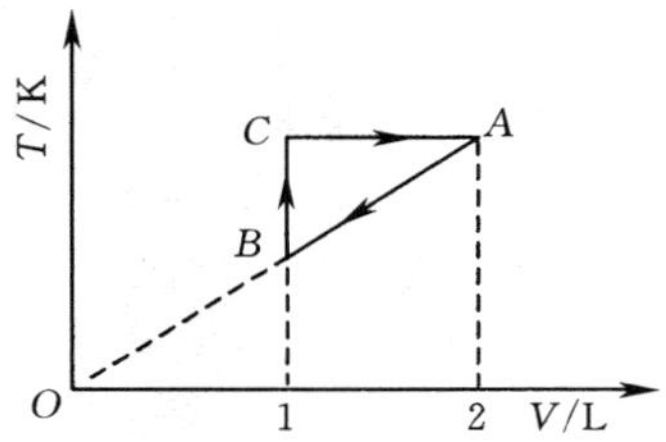

图 17－57

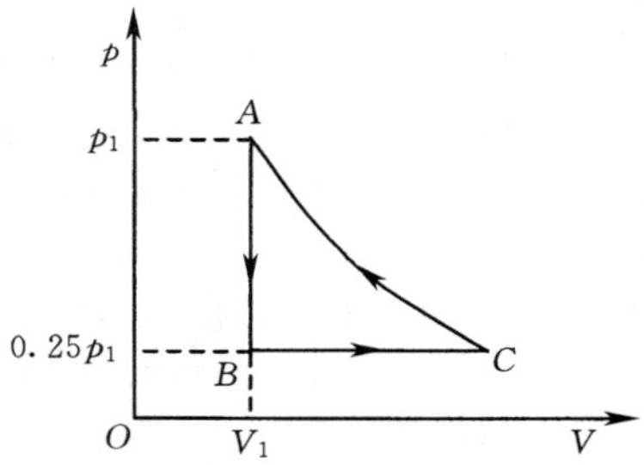

图 17－58

26. 如图 17－59 所示，1mol 刚性双原子分子理想气体被可动活塞封在一个金属圆筒中，圆筒浸在冰水混合物中。迅速推动活塞使气体从标准状态压缩到体积为原来一半的状态，然后维持活塞不动，待气体温度下降至 0℃时再让活塞缓慢上升到原位置，从而完成一次循环。

(1) 试在 $p-V$ 图上画出相应的理想循环曲线。

(2) 如果系统作 100 次循环放出的总热量全部用来溶解冰，则有多少冰被溶化？(已知冰的溶解热 $\lambda = 3.35 \times 10^5$ J/kg)

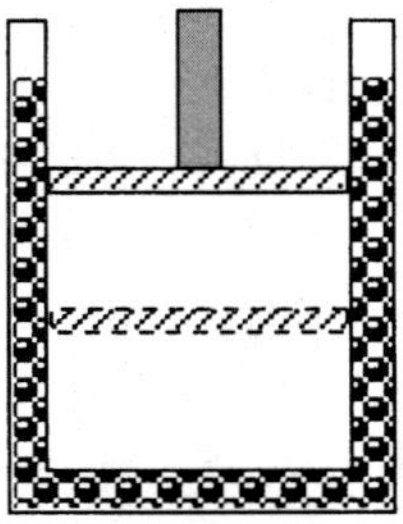

图 17－59

27. 设有一套动力暖气装置，由一台卡诺热机和一台卡诺制冷机组合而成。热机靠燃料燃烧时释放的热量工作并向暖气系统中的水放热，同时热机带动制冷机。制冷机从天然蓄水池中吸热，也向暖气系统放热。测得热机锅炉的温度为 210℃，天然蓄水池中水的温度为 15℃，暖气系统的温度为 60℃，热机从燃烧的燃料获得热量 2.1×10^7 J，计算暖气系统所得热量。

科学家史话 卡诺

萨迪·卡诺（Sadi Carnot，1796—1832），法国军事工程师、物理学家。卡诺热力学的创始人之一，兼有理论科学与实验科学才能，是第一个将热和动力联系起来的人，是热力学真正的理论基础建立者。他创造性地用“理想实验”的思维方法，提出了最简单，但却有重要理论意义的热机循环，即卡诺循环。

卡诺1796年6月1日在巴黎小卢森堡宫降生，当时正是法国资产阶级大革命之后和拿破仑夺取法国政权之前的动乱年月。卡诺的父亲拉扎尔·卡诺在法国大革命和拿破仑第一帝国时代担任要职。当拿破仑帝国在1815年被倾覆后，拉扎尔被流放国外，直至1823年病死于马格德堡。拉扎尔的民主共和的思想给卡诺打上了深刻的烙印。拉扎尔也是一位科学家，在热学及能量守恒与转化定律的发现上均有所贡献。1807年，他辞去战争部长的职务，专事对卡诺和卡诺的弟弟伊波利特·卡诺进行科学教育。

1812年，卡诺考入巴黎理工学院，在读书期间曾先后受教于泊松、盖·吕萨克、安培和阿拉果等一批卓有成就的老师。他主要攻读分析数学、分析力学、画法几何和化学。

1819年，他考上了巴黎总参谋军团。那时该军团正处于初创期，组织十分松散，卡诺借此机会一边进行科学研究，一边在法兰西学院听一些新课程。这时他对工业经济产生了浓厚兴趣，并走访了许多工厂，发现热机效率低是当时工业的一个难题。这个问题导致他走上了热机理论研究的道路。当时的热机工程师只是就事论事，他们曾盲目采用空气、二氧化碳等来代替蒸汽，试图找到一种最佳的工作物质。这种研究只具有针对性，而不具备普遍性。而卡诺则采用了截然不同的途径，他不是研究个别热机，而是要寻求一种一般热机，一种比较标准的理想热机。卡诺在其弟弟的协助下，完成了《关于火的动力》一书的写作工作，并在1824年6月12日发表。卡诺在这部著作中提出了“卡诺热机”和“卡诺循环”的概念，提出了“卡诺原理”。

卡诺辞去部队的职务以后，到巴黎他父亲遗留下来的私寓里长期定居下来。卡诺性格孤僻而清高，他一生只有可数的几位好友。他父亲的革命思想对他的影响很深，使他不满时局，厌世情绪严重。七月革命爆发时，他一度表现积极，但很快又失望了。1832年6月，他患了猩红热，不久后转为脑炎，他的身体受到了致命的打击。后来又染上了流行性霍乱，竟于同年8月24日被疾病夺去了生命。

卡诺去世时年仅36岁，按照当时的防疫条例，霍乱病者的遗物一律焚毁。卡诺生前所写的大量手稿被烧毁，幸亏他的弟弟将一小部分手稿保留了下来。在这些手稿中，有一篇仅有21页纸的题为《关于适合于表示水蒸气的动力的公式的研究》的论文，其余的是卡诺在1824～1826年间写下的23篇论文，它们的论题主要集中在关于绝热过程的研究、关于用摩擦产生热源和关于抛弃“热质”学说等三个方面。卡诺的这些遗作直到1878年才由他的弟弟整理发表出来。

在卡诺去世两年后，《关于火的动力》才有了第一个认真的读者，他就是卡诺的巴黎理工学院师弟克拉珀龙。1834年，克拉珀龙在学院杂志上发表了题为《论热的动力》的论文，用 $p-V$ 曲线解释了卡诺循环，但并没有引起当时学术界的注意。10年以后，英国青年物理学家开尔文在法国学习时，偶尔读到克拉珀龙的文章，才知道有卡诺的热机理论。然而他找遍了各图书馆和书店，都无法找到卡诺1824年的论著。开尔文在1848年发表的《建立在卡诺热动力理论基础上的绝对温标》论文，实际上是参考了克拉珀龙介绍的卡诺理论。直到1849年，开尔文才弄到一本他盼望已久的卡诺著作。10余年后，德国物理学家克劳修斯也遇到了同样的困难，他一直没有弄到卡诺的原著，只是通过克拉珀龙和开尔文的论文熟悉了卡诺理论。

这些事实表明，在1824～1878年间，卡诺的热机理论一直没有得到广泛传播。直到1878年他的《关于火的动力》第二版和他生前遗稿发表后，物理学界才普遍知道了卡诺和他的理论。不过，那时热力学已经有了迅速发展，他的著作就成了历史遗物。卡诺生前的一位好友曾在一篇文章中写道：卡诺孤独地生活、凄凉地死去，他的著作无人阅读，无人承认。

卡诺的理论不仅是热机的理论，它还涉及到热量和功的转化问题，因此也就涉及到热功当量、热力学第一定律及能量守恒与转化等问题。可以设想，如果卡诺的理论在1824年就开始得到公认或推广的话，这些定律的发现可能会提前许多年。这种估计不算过分，根据前面的分析，卡诺最迟在1824～1826年间就计算过热功当量，这比焦耳的工作要早17～19年。虽然他的计算不够精确，但他的理论见解是正确的。我们有理由相信，在他那些被烧毁的手稿中可能还有关于热功当量的更精确的计算。

英国著名物理学家麦克斯韦对卡诺理论作过高度评价。他说：卡诺的理论是“一门具有可靠的基础、清楚的概念和明确的边界的科学”。可是，这个理论的创立者不论在法国学术界还是在法国社会里都未曾获得多数人的支持。

卡诺理论的蒙难历史告诉我们，为了科学技术的迅速发展，我们不仅要加倍注意人才的开发，而且要给予那些还没有确定社会地位的人才以热情的支持和鼓励。社会还要切实注意中青年科学家的身体状况。各学术团体、各位有声望的科学家，要克服门户之见，推荐和提拔卓有贡献的青年科学家，对他们的成果作出及时的鉴定、宣传和推广，以促进科学事业的不断蓬勃发展。

第十八章　狭义相对论基础

19 世纪末，经典力学已经发展成为严密、系统的理论，成功地解释了大量物理现象，解决了许多实际问题。然而随着物理学的不断发展，经典力学与电磁场理论之间出现了尖锐的矛盾，经典理论在解释某些高速领域的物理实验现象时遇到了巨大的困难。当时大多数物理学家深信经典物理理论是绝对真理，他们为无法用这么“完美”的理论解释这些问题感到非常的烦恼。而爱因斯坦（A. Einstein）冲破了传统观念的束缚创立了相对论。相对论圆满地解决了上述矛盾，使物理学发生了一场深刻的革命，成为 20 世纪物理学最伟大的成就之一。相对论分为狭义相对论和广义相对论两部分。**局限于惯性参考系的理论**称为**狭义相对论**（special relativity），它改变了绝对时间和绝对空间的旧观念，提出了时间和空间的相对性，建立了高速物体的动力学规律，揭示了质量与能量之间的内在联系。推广到**一般参考系包括引力场在内的理论**称为**广义相对论**（general theory of relativity），它阐述了引力场的弯曲时空结构。迄今为止，相对论已经被大量的实验所证实，并成为天体物理、高能物理和现代工程技术的理论基础。

本章只对狭义相对论作简单的介绍。本章的重点是狭义相对论的两条基本假设、相对论时空观、洛仑兹变换和相对论动力学等。不过为了更好地理解狭义相对论的基本观念，还是从伽利略相对性原理、经典力学时空观、伽利略变换讲起。

本章学习要点

（1）了解牛顿力学的相对性原理、经典力学时空观和伽利略变换。

（2）充分理解爱因斯坦狭义相对论的两条基本假设；熟练掌握狭义相对论中同时的相对性、时间延缓和长度收缩效应；理解牛顿力学时空观和狭义相对论时空观之间的差异；能处理相关的简单问题。

（3）掌握洛仑兹坐标变换，了解洛仑兹速度变换，能利用它们解决一些简单的实际问题。

（4）掌握狭义相对论中质量和速度、质量和能量的关系，并能用以分析、计算有关的简单问题；了解能量和动量的关系。

第一节　伽利略相对性原理　经典力学时空观

一、伽利略相对性原理

早在 17 世纪的物理学家在建立宇宙无中心论的过程中，逐步形成了相对性原理的基本思想，即由于不存在宇宙的中心，因此在所有参考系中描述的物理定律都是等价的，也就是说没有哪一个参考系是绝对参考系，所有运动都是相对的。

1632 年，伽利略为了驳斥地心说，写了一本著名的著作《关于哥白尼和托勒密两大世界体系的对话》，其中一段论述的意思是说：在一条相对地面做匀速直线运动的大船中观察到的各种力学现象都与大船静止时相同。

将这种思想概括起来就得到**伽利略相对性原理**，即**对于某惯性系做匀速直线运动的其他参考系，其内部所发生的一切物理过程，都不会受到这些参考系匀速直线运动的影响。**或者说，**在一切惯性参考系中物理学规律都是等价的，物理定律都具有相同的形式。**

二、经典时空观

时空观是指人们对时间和空间的物理性质的认识。所有的客观过程总是在一定的时间和空间中进行的，人们从事物发展的持续性、顺序性和阶段性感知到时间的存在，从物质的存在和运动中感知到空间的存在。

物质间的相互作用以及物体的运动总是在一定的时间和空间中发生，那么时间和空间有联系吗？它们与物质运动有关系吗？1687 年，牛顿在他的《自然哲学的数学原理》一书中写道，“绝对空间，就其本性来说，与任何外在的情况无关，始终保持着相似和不变。”“绝对的、纯粹的数学的时间，就其本身和本性来说，均匀地流逝而与任何外在的情况无关。”牛顿的这种观点表明，**时间和空间都是绝对的，与物质的存在和运动无关**，称为**牛顿的绝对时空观**。牛顿的力学体系正是建立在这种绝对时空观的基础上的，并体现在伽利略变换之中。

三、伽利略变换

设地面上一个观测站中的观测员和一架飞机中的驾驶员同时看到一只正飞行到天空中点 P 的鸟，飞机以恒定速度$\vec{u}$相对于地面飞行。将**某一时刻在空间某一点发生的某一现象称为事件**（event）。

在地面和飞机上各建立一个参考系 S 和 S'，如果 S 系是惯性参考系，由于 S'系相对于 S 系做匀速直线运动，因此 S'系也是惯性参考系。假设这两个惯性系的坐标轴 x、y、z 和 x'、y'、z'分别平行，其中 x、x'轴在同一条直线上，并且均指向$\vec{u}$的方向，如图 18－1 所示。S 系的观察者（观测员）和 S'系中的观察者（驾驶员）都备有米尺和时钟，可以用来测量该事件的空时坐标。

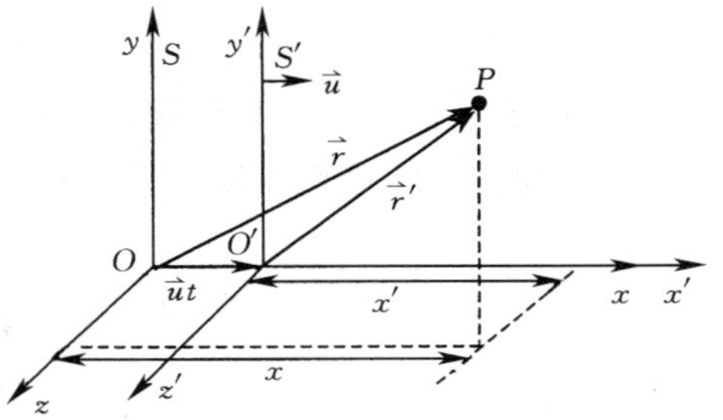

图 18－1

如果 S 系和 S'系的观察者测得这一事件的位置矢量分别为$\vec{r}$和$\vec{r}'$，显然

$$\vec{r}=\vec{u}t+\vec{r}'$$

设两个观察者所用的时钟已经校准过并且快慢相同，他们都从两个参考系的原点 O

及O'重合时开始计时（即$t_0=t_0'=0$），按照牛顿的绝对时空观应该有

$$t=t'$$

因此该事件在S'系的空时坐标（x'，y'，z'，t'）与在S系的空时坐标（x，y，z，t）之间的关系为

$$\left.\begin{aligned}\vec{r}'&=\vec{r}-\vec{u}t\\t'&=t\end{aligned}\right\}\quad\text{或者}\quad\left.\begin{aligned}x'&=x-ut\\y'&=y\\z'&=z\\t'&=t\end{aligned}\right\}\tag{18-1}$$

式（18－1）称为**伽利略坐标变换**。由于S'系的观察者看到S系沿x'轴以$-\vec{u}$的速度运动，因此

$$\left.\begin{aligned}\vec{r}&=\vec{r}'+\vec{u}t'\\t&=t'\end{aligned}\right\}\quad\text{或者}\quad\left.\begin{aligned}x&=x'+ut'\\y&=y'\\z&=z'\\t&=t'\end{aligned}\right\}\tag{18-2}$$

式（18－2）称为**伽利略坐标的逆变换**。

由式（18－1）和式（18－2）很容易得出，对任意两个事件$\Delta t=\Delta t'$、$\Delta x=\Delta x'$总是成立的。因此，伽利略变换体现了牛顿力学绝对时间和绝对空间的观念。

质点往往是运动的，将式（18－1）微分得

$$\mathrm{d}\vec{r}'=\mathrm{d}\vec{r}-\vec{u}\mathrm{d}t$$

$$\mathrm{d}t'=\mathrm{d}t$$

将以上两式相除得

$$\frac{\mathrm{d}\vec{r}'}{\mathrm{d}t'}=\frac{\mathrm{d}\vec{r}}{\mathrm{d}t}-\vec{u}$$

即

$$\vec{v}'=\vec{v}-\vec{u}\tag{18-3}$$

可见，**质点相对于S'系的速度$\vec{v}'$等于质点相对于S系的速度$\vec{v}$减去S'系相对于S系的速度$\vec{u}$**，称为**伽利略速度变换**。其分量式为

$$\left.\begin{aligned}v_x'&=v_x-u\\v_y'&=v_y\\v_z'&=v_z\end{aligned}\right\}\tag{18-4}$$

同理，伽利略速度逆变换及其分量式分别为

$$\vec{v}=\vec{v}'+\vec{u}\tag{18-5}$$

$$\left.\begin{aligned}v_x&=v_x'+u\\v_y&=v_y'\\v_z&=v_z'\end{aligned}\right\}\tag{18-6}$$

事件运动的速度一般也是变化的，将$\vec{v}'=\vec{v}-\vec{u}$和 $t'=t$ 两式微分，注意$\vec{u}$为恒矢量，得

$$\mathrm{d}\vec{v}'=\mathrm{d}\vec{v}$$

$$\mathrm{d}t'=\mathrm{d}t$$

将以上两式相除得

$$\frac{\mathrm{d}\vec{v}'}{\mathrm{d}t'}=\frac{\mathrm{d}\vec{v}}{\mathrm{d}t}$$

即

$$\vec{a}'=\vec{a} \tag{18-7}$$

因此，质点的加速度在伽利略变换下保持不变，称为**伽利略加速度变换**。

设牛顿第二定律在 S'系中成立，即

$$\vec{F}'=m'\vec{a}'$$

式（18－7）表明$\vec{a}'=\vec{a}$。又因为在经典力学中认为物体的质量是常量，与参考系无关，即

$$m'=m$$

实验表明，在不同的惯性参考系中，同一质点受力相同，即

$$\vec{F}'=\vec{F}$$

因此

$$\vec{F}=m\vec{a}$$

可见，牛顿第二定律在所有惯性系中均具有相同的形式，或者说牛顿第二定律在伽利略变换下形式保持不变。

容易证明，牛顿第一定律和牛顿第三定律在伽利略变换下形式也保持不变。既然牛顿定律在伽利略变换下形式不发生变化，由牛顿定律推出的力学定律在伽利略变换下也必然保持不变。因此，在所有惯性系中力学定律具有相同的形式。也就是说，不能在一个惯性系中通过任何力学实验来找出该惯性系相对于其他惯性系的运动情况，也无法测定其速度。可见，由伽利略变换得出的结论与伽利略相对性原理的基本思想是一致的。

第二节　狭义相对论的基本原理及其时空观

一、狭义相对论产生的历史背景

19 世纪，随着科学技术的发展，人们对电磁现象和电磁运动规律的认识有了进一步的发展。1864 年，麦克斯韦总结电磁运动规律，建立了统一的电磁理论，这就是我们熟悉的麦克斯韦方程组。在此基础上，他还预言了电磁波的存在，并指出电磁波在真空中的传播速度为 c，与光在真空中的传播速度相等，得出光也是一种电磁波的结论。1888 年，赫兹通过实验证实了电磁波的存在，并研究它的特性，发现电磁波在传播过程中也存在反射、折射、干涉和衍射等现象，而这些现象已经在光学中进行了相当成功的研究，这就证明了光也是一种电磁波。

现在我们已经知道光或电磁波是一种不需要任何介质就可以传播的物质。但是，当时的科学家却认为电磁波也应该与机械波一样，只有在弹性介质中才能传播。于是，他们就设想了一种奇异的、专门传播电磁波的介质，他们称之为以太，并赋予以太一系列奇怪且不可思议的性质，其中包括以太无处不在，充满整个宇宙并且渗透在任何物体之中；它是绝对静止的，并且具有适合光传播的特性；由于光是横波，因此作为传播光的介质的以太应该具有固体的性质；又因为要求宇宙天体在运动过程中并不明显地受到这种以太的阻力，所以要求它的密度几乎为零；此外还要求以太是完全透明的，与任何物质不发生相互作用等。

与声波在空气中的传播情况相似，光相对于以太的速度是 c，而任何其他以速度（相对于以太运动的观察者将会感受到“以太风”，这如同我们骑摩托车快速行驶时会感受到“空气风”一样。如果相对于以太以速度 v 运动的观察者做测量光速实验，根据伽利略速度变换公式，测量的结果不是 c，而是 $c+v$ 或 $c-v$。即在伽利略变换下，在不同的惯性参考系中测得的光速不同，麦克斯韦方程组中的 c 在不同的惯性参考系中应该具有不同的数值。因此，在不同的惯性参考系中，麦克斯韦方程组是不同的，只有在相对于“以太”静止的那个惯性参考系中的光速才是 c。

那时人们对以太的兴趣在于：如果以太确实是绝对静止的，将相对于以太静止的参考系称为以太系，这种参考系就是“绝对参考系”，任何物体相对于以太的运动就是“绝对运动”了。根据伽利略相对性原理，我们无法在一个惯性系中通过力学实验判断该惯性系本身是静止的还是做匀速直线运动。但是，由于麦克斯韦方程组在不同惯性系中具有不同的形式，因此可以通过测量光速确定一个惯性系相对于以太系的速度，从而判断出该惯性系本身是静止的还是做匀速直线运动。

为了寻找绝对静止的以太参考系，并测量物体相对于以太的速度，历史上有很多物理学家做了大量的实验，但都得到否定的结果。其中比较典型的有迈克尔逊-莫雷实验、菲佐实验和双星实验等。当时的物理学家为了解释这些实验事实，曾经提出许多理论和假设，但是这些理论只能解释某个（或某几个）实验事实，而与另一些实验事实相矛盾，始终不能给出满意的结论。

要想统一解释这些实验事实，我们不得不做出这样的选择：绝对静止的以太参考系是不存在的，对于所有的惯性系来说，光速都是 c。然而做出这样的选择必须要抛弃经典的时空观和伽利略变换，重新建立一种时空观和相应的时空变换。

二、狭义相对论的基本原理

1905 年，爱因斯坦在德国《物理学年鉴上》发表了题为“论动体的电动力学”论文，在该论文中，他抛弃了没有事实根据的以太假说和经典时空观，提出两条基本原理。

(1) **相对性原理**（principle of relativity）：**不存在任何特殊的惯性系，在所有惯性系中，物理定律都具有相同的形式。**

(2) **光速不变原理**（principle of constancy of light velocity）：**在所有惯性系中测量，光在真空中传播的速率都相等，都等于恒定的值 c。**

爱因斯坦狭义相对论的相对性原理与伽利略的相对性原理具有本质的区别。它指出，不能在一个惯性系内部通过任何物理实验（不仅仅是力学的）找出该惯性系与其他惯性系的差别，也就是说，根本不存在一个特殊的、绝对静止惯性系。因此，爱因斯坦的相对性原理完全否定了绝对静止惯性系存在的可能性。

爱因斯坦提出的两条基本原理是狭义相对论的基础，狭义相对论的所有重要结论都是以这两条基本原理为出发点的。

三、狭义相对论时空观

1．“同时”的相对性

所谓“同时”的相对性，是指某一个惯性系中的观察者看到在本惯性系中不同地点同时发生的两个事件，其他惯性系中的观察者却认为这两个事件不是同时发生的。

为了说明“同时”的相对性，爱因斯坦提出了一个理想实验。设有一辆高速列车，相对于站台以速度$\vec{u}$向右做匀速直线运动。在车厢顶部中点悬挂一盏灯 C，如图 18－2 所示。当列车中的灯 C 打开后，列车中的观察者乙知道灯光相对于他以同等的速率 c 传播，并同时到达车的首尾两端 A 和 B。站台上也有一个观察者甲，他也知道光相对于他以同样的速率 c 传播，但是由于车尾 B 端以速率 u 靠近光，而车头 A 端以速率 u 远离光，因此光应该先到达 B 端，后到达 A 端。可见，列车中的观察者乙观测到在不同地点同时发生的两个事件，站台上的观察者甲却观测到它们不是同时发生的。也就是说，**在一个惯性系中在不同地点同时发生的两个事件，在另一个惯性系中并不是同时发生的，即同时性与参考系有关**。

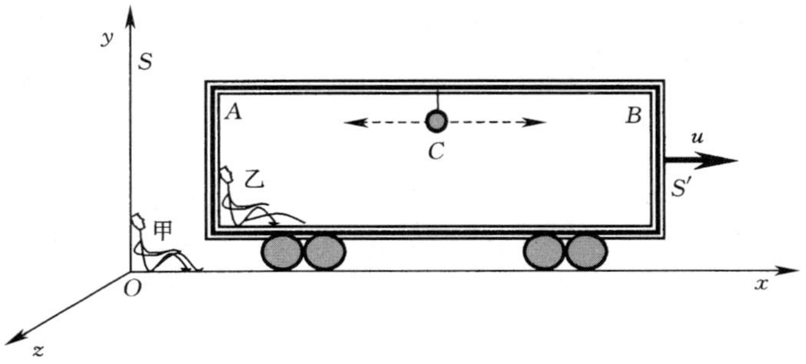

图 18－2

值得注意的是，在一个惯性系中同一地点同时发生的两个事件，在另一个惯性系中观察也是同时发生的，因此在分析同时的相对性问题时，必须注意“不同地点”这个条件。

2．时间间隔的相对性

时间间隔的相对性是指某一个惯性系中的观察者测得在本惯性系中同一地点先后发生的两个事件的时间间隔，而其他惯性系中的观察者测得同样这两个事件发生的时间间隔并不等于这个值。

设高速列车（S'系）相对于站台（S 系）以速度$\vec{u}$沿 x 轴正方向做匀速直线运动。光源 A 安装在车厢地板上，其正上方的车厢顶棚有一面反射镜 M，车厢高度为 d，如图 18－3所示。车厢（S'系）中的观察者测得光脉冲从光源 A 发出经镜面 M 反射再回到光源 A 所需的时间间隔为

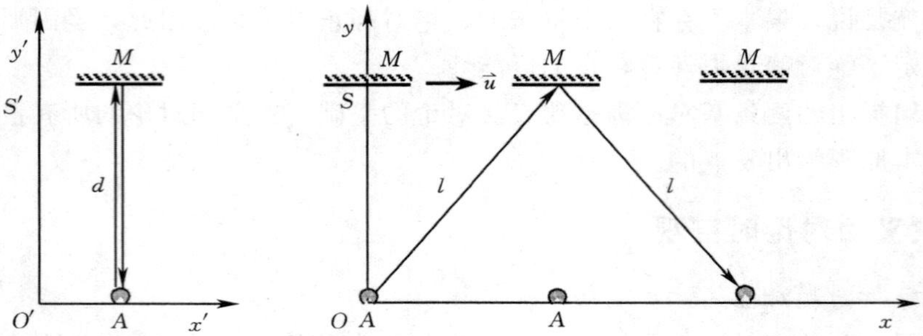

图 18－3

$$\Delta t'=\frac{2d}{c} \quad (18-8)$$

站台（S 系）上的观察者注意到，由于列车以速度$\vec{u}$沿 x 轴正方向做匀速直线运动，从光源 A 发出的光脉冲经镜面 M 反射再回到光源 A 走了 $2l$ 的路程，因此他测得光脉冲从光源 A 发出经镜面 M 反射，再回到光源 A 所需的时间间隔为

$$\Delta t=\frac{2l}{c} \quad (18-9)$$

在 Δt 这段时间里，光源 A 运动的距离为 $u\Delta t$，由几何关系容易得到

$$l=\sqrt{d^2+\left(\frac{1}{2}u\Delta t\right)^2}$$

将上式代入式（18－9）中，得到

$$\Delta t=\frac{2}{c}\sqrt{d^2+\left(\frac{1}{2}u\Delta t\right)^2} \quad (18-10)$$

通过式（18－10）解得

$$\Delta t=\frac{2d}{c}\frac{1}{\sqrt{1-\frac{u^2}{c^2}}}$$

将式（18－7）代入上式中，立即得到

$$\Delta t=\frac{\Delta t'}{\sqrt{1-\frac{u^2}{c^2}}} \quad (18-11)$$

将**在某一参考系中，在同一地点先后发生的两个事件之间的时间间隔称为固有时间或原时**（proper time）。由于$\sqrt{1-u^2/c^2}<1$，因此 $\Delta t>\Delta t'$总是成立的，**即原时最短**。

两个参考系中的观察者是用各自手中的时钟来测量时间间隔的。站台（S 系）上的观察者看到列车（S'系）中的钟在随列车一起运动，上述结果说明运动的钟走得慢了。将**运动的钟相对于静止的钟走得慢的现象称为时间延缓**（time dilation）。

运动是相对的，时间延缓现象当然也是相对的。运动列车中的观察者认为站台上的钟也比自己手中的钟走得慢，这就是时间间隔的相对性。

在上面的讨论中，假定在两个惯性系中车厢的高度是相同，其依据将在后面说明。

【例 18－1】 在相对于 μ 子为静止的惯性参考系中，μ 子的平均寿命为 $\tau=2.2\times10^{-6}$ s。据报道，在一组高能物理实验中，当 μ 子的速率为 $v=0.9966c$ 时，通过的平均距离为 8.0km。试说明这一实验结果。

解： 按经典物理的理论，该 μ 子通过的平均距离应该为

$$S=v\tau=0.9966\times3\times10^{8}\times2.2\times10^{-6}=0.66(\text{km})$$

这个数值与实验结果相差太多了。

而按照相对论的时间间隔相对性公式（18－11），观测者测得高速运动的 μ 子的寿命应该比其固有寿命要长，其值为

$$\Delta t=\frac{\tau}{\sqrt{1-u^2/c^2}}=\frac{2.2\times10^{-6}}{\sqrt{1-0.9966^2}}=26.7\times10^{-6}(\text{s})$$

该 μ 子通过的平均距离为

$$S=v\Delta t=0.9966\times3\times10^{8}\times26.7\times10^{-6}=8.0(\text{km})$$

这个结果与实验结果吻合得相当好，这也间接地证明了相对论的正确性。

3. 空间间隔的相对性

观察者在用尺测量相对于自己静止的物体长度时，什么时候读取物体的两个端点坐标值都可以。但是当物体相对于观察者运动时就不能这样做了，必须同时读取运动物体两端的坐标值才能算出物体的长度。由于同时是相对的，因此长度的测量值（即空间间隔）也应该具有相对性。

如图 18－4 所示，设放置在 S' 系中的长度为 l_0 的棒 AB 与 x' 轴平行，并且随 S' 系相对于 S 系以速度 $\vec{u}$ 沿 x 轴正方向做匀速直线运动。

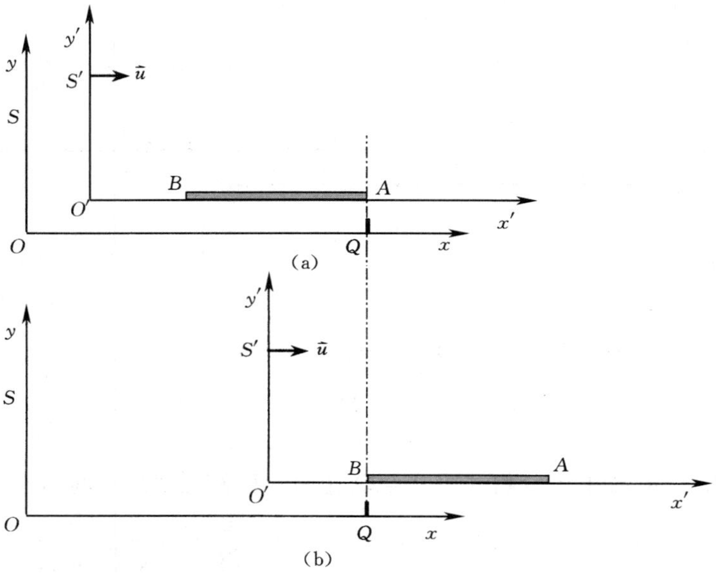

图 18－4

在S系的x轴上找一个固定点Q，S系中的观察者测得棒的A端到达Q点［图18-4(a)］的时刻为t_1，B端到达Q点［图18-4(b)］的时刻为t_2，即棒AB通过Q点的时间间隔$\Delta t=t_2-t_1$。设S系中的观察者测得棒AB的长度为l，由于他测得棒的运动速率为u，因此

$$u=\frac{l}{\Delta t} \tag{18-12}$$

在S'系中的观察者看来，S系中固定点Q以速率u沿x'轴的负方向运动。如图18-5所示。他测得Q点到达棒的A端［图18-5(a)］的时刻为t_1'，到达棒的B端［图18-5(b)］的时刻为t_2'，即棒AB通过Q点的时间间隔$\Delta t'=t_2'-t_1'$。S'系中的观察者测得Q点的运动速率也为u，因此

$$u=\frac{l_0}{\Delta t'} \tag{18-13}$$

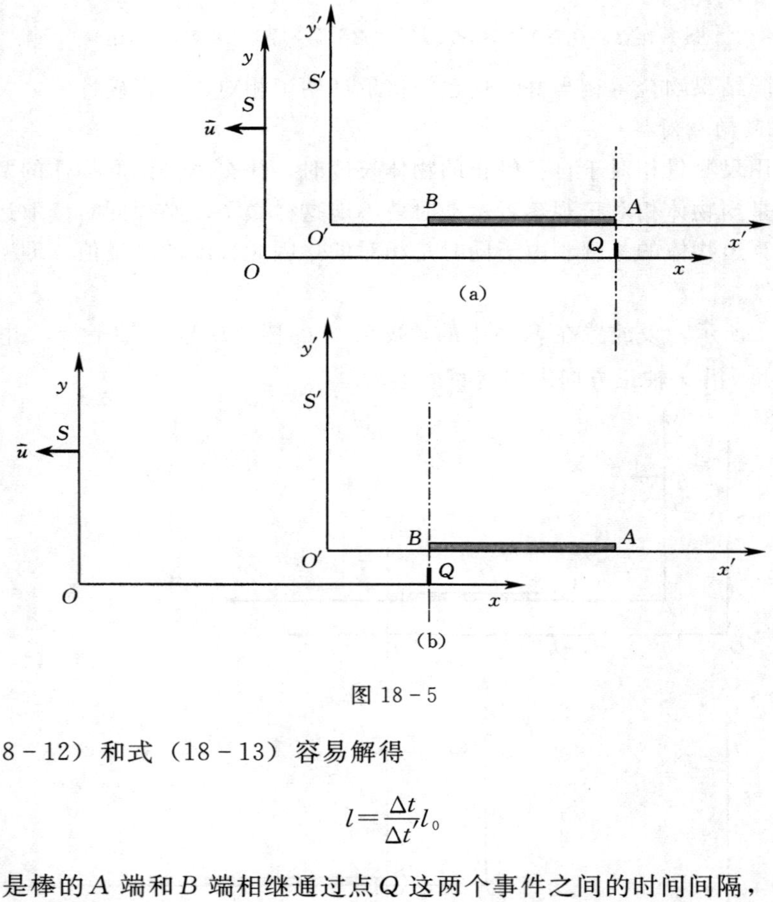

图18-5

由式(18-12)和式(18-13)容易解得

$$l=\frac{\Delta t}{\Delta t'}l_0 \tag{18-14}$$

其中Δt是棒的A端和B端相继通过点Q这两个事件之间的时间间隔，即是这两个事件之间的原时。由时间间隔相对性公式(18-11)得到$\Delta t'=\dfrac{\Delta t}{\sqrt{1-u^2/c^2}}$，所以$S$系中的观察者测量的运动棒的长度为

$$l=l_0\sqrt{1-\frac{u^2}{c^2}} \tag{18-15}$$

将**相对于观察者静止的两点之间的距离**称为**固有长度或原长**（proper length）。由于 $\gamma<1$，因此 $l<l_0$，即**原长最长**。

式（18-15）表明，**被测物体与观察者有相对运动时，物体沿运动方向缩短了**，这种现象称为**长度收缩**（length contraction）。

长度收缩现象也具有相对性。在上述例子中，S'系中的观察者测量相对于 S 系静止的棒的长度也缩短了。

在与物体运动垂直的方向上长度是否会发生变化呢？设有一个山洞和一列火车，它们在相对静止时高度相同。如果认为运动物体的高度变大了，当火车匀速向山洞开去时，地面上的观察者看到火车变高了，但是山洞的高度没有变化，因此火车进不去山洞；而火车中的观察者看到山洞迎面开过来，山洞变高了，但是火车的高度没有改变，因此火车可以进山洞。这两个惯性系中观察者不应该得出相互对立的结论，那么必定是与物体运动垂直方向没有长度伸长效应。同理可以说明，与物体运动垂直方向也没有长度收缩效应。可见，长度收缩现象只发生在运动方向上，**在与运动垂直的方向上并不发生长度收缩**。

【例 18-2】 如图 18-6 所示，一根米尺固定在 S'系的 $O'x'y'$ 平面内，S'系中的观测者测得米尺与 $O'x'$ 轴的夹角为 30°，S 系中的观测者测得该尺与 Ox 轴的夹角为 45°。S 系中的观测者测得尺的长度为多少？S'系相对于 S 系的速度是多少？

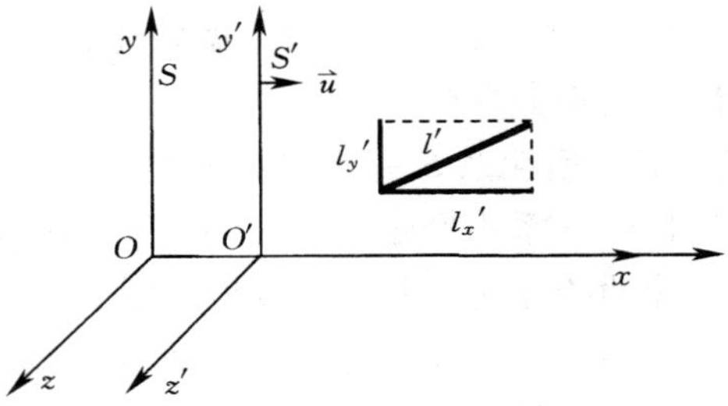

图 18-6

解： 在 S'系中，米尺在 x'、y' 轴方向上的投影长度分别为

$$l'_x=l'\cos30°$$

$$l'_y=l'\sin30°$$

设在 S 系中测得尺的长度为 l，则该尺在 x、y 轴方向上的投影长度分别为

$$l_x=l\cos45°$$

$$l_y=l\sin45°$$

由于尺在 y（或 y'）方向上的投影长度不变，即 $l'_y=l_y$，因此

$$l\sin45°=l'\sin30°$$

由此得 S 系中的观测者测得尺的长度为

$$l=l'\frac{\sin30°}{\sin45°}=0.707(\mathrm{m})$$

由式（18-15）得两个坐标系中的观测者测得尺在运动方向上的投影长度的关系为

$$l_x=l'_x\sqrt{1-\frac{u^2}{c^2}}$$

因此 S'系相对于 S 系的速度大小为

$$u=c\sqrt{1-\frac{l_x^2}{l'^2_x}}=c\sqrt{1-\left(\frac{l\cos45°}{l'\sin45°}\right)^2}=0.817c$$

思考与讨论

1. 宇宙飞船相对于地面以速度 v 作匀速直线飞行，某一时刻飞船头部的宇航员向飞船尾部发出一个光信号，经过 Δt（飞船上的钟）时间后，被尾部的接收器收到，试问：飞船的固有长度等于多少？

2. 一支火箭的固有长度为 l，相对于地面做匀速直线运动的速度为 v_1，火箭上有一个人从火箭的后端向火箭前端上的一个靶子发射一颗相对于火箭的速度为 v_2 的子弹。试问：在火箭上测得子弹从射出到击中靶的时间间隔是多少？

3. 已知惯性系 S'相对于惯性系 S 以 $0.6c$ 的匀速度沿 x 轴的负方向运动，如果从 S'系的坐标原点 O'沿 x 轴正方向发出一列光波，试问：S 系中的观测者测得此光波在真空中的波速为多少？

4. 以速度 v 相对于地球做匀速直线运动的恒星所发射的光子，试问：其相对于地球的速度大小为多少？

5. 当惯性系 S 和 S'的坐标原点 O 和 O'重合时，有一个点光源从坐标原点发出一束光脉冲，在 S 系中经过一段时间 t 后（在 S'系中经过时间 t'），试问：在 S 系和 S'系中测得该光脉冲的球面方程（用直角坐标系）分别为多少？

6. 在狭义相对论中，有下列四种说法：①一切运动物体相对于观察者的速度都不能大于真空中的光速；② 质量、长度和时间的测量结果都是随物体与观察者的相对运动状态而改变的；③在一个惯性系中发生于同一时刻、不同地点的两个事件在其他惯性系中也是同时发生的；④惯性系中的观察者观察一个与他作匀速相对运动的时钟时，会看到这时钟比与他相对静止的相同的时钟走得慢些。试问：其中哪些说法是正确的？

7. 在某地发生了两个件事，位于该地的静止观察者甲测得的时间间隔为 4s，如果相对于甲做匀速直线运动的乙测得的时间间隔为 5s，试问：乙相对于甲的运动速度是真空中光速的多少倍？

8. 一个宇航员要到离地球为 5 光年的星球去旅行。如果宇航员希望把这路程缩短为 3 光年，试问：他所乘的火箭相对于地球的速度应是真空中光速的多少倍？

9. 对某观察者来说，发生在某惯性系中同一地点、同一时刻的两个事件，对于相对该惯性系做匀速直线运动的其他惯性系中的观察者来说，它们是否同时发生？

10. 在某惯性系中发生于同一时刻、不同地点的两个事件，它们在其他惯性系中是否同时发生？

11. 边长为 a 的正方形薄板静止于惯性系 K 的 Oxy 平面内，并且其两边分别与 x、y 轴平行。另一个惯性系 K'以 $0.6c$ 的速度相对于 K 系沿 x 轴做匀速直线运动，试问：K'系中的观察者测得该薄板的面积为多少？

第三节　洛伦兹坐标变换及其速度变换

一、洛伦兹坐标变换

设在图 18－7 中有一个光源固定在 S' 系上，该光源沿着 x' 轴正方向发出一束光，S' 系中的观察者测得这束光的速度为 c，而 S 系中的观察者按照伽利略速度变换得到该光的速度为 $c+u$，显然这是与光速不变原理相矛盾的。必须用新的空时变换关系取代伽利略变换。下面从狭义相对论的时空观出发来导出这种空时变换关系。

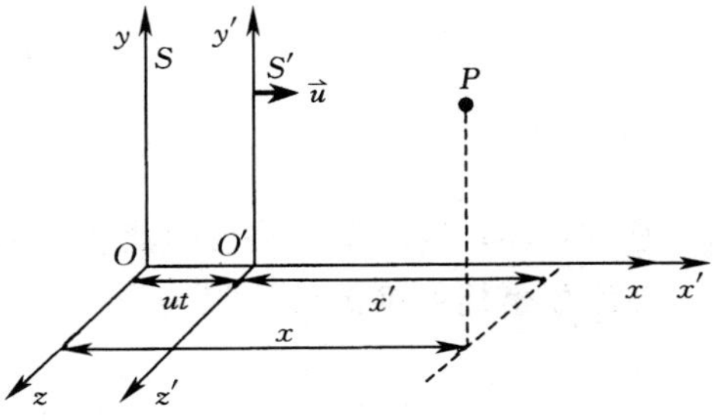

图 18－7

设有两个惯性参考系 S 和 S'，坐标轴 x、y、z 和 x'、y'、z' 分别平行，S' 系相对 S 系以速度 $\vec{u}$ 沿 x 轴正方向运动，如图 18－7 所示。在两个坐标轴中的观察者都备有米尺和时钟，用来测量同一个事件 P 的空时坐标。他们的时钟已经校准过并且快慢相同，从两个参考系的原点 O 及 O' 重合时开始计时（即 $t_0=t_0'=0$）。

设有一事件 P，S 系和 S' 系的观察者测得这一事件的空时坐标分别为（x，y，z，t）、（x'，y'，z'，t'）。由于两个参考系只在 x（或 x'）方向发生相对运动，垂直运动方向的长度不发生变化，因此

$$y'=y,\quad z'=z \tag{18-16}$$

下面来寻找（x，t）与（x'，t'）之间的变换关系。

S 系的观察者测得事件 P 在 x 轴上的投影点与原点 O 之间的距离为 x，在事件发生的时刻 t 运动了 ut 的距离。x' 是 S' 系的观察者测得的 P 在 x' 轴上的投影点与 O' 之间的距离，对 S 系而言 x' 是固有长度，S 系的观察者测得的结果为 $x'\sqrt{1-u^2/c^2}$，因此

$$x=ut+x'\sqrt{1-u^2/c^2}$$

因此可得

$$x'=\frac{x-ut}{\sqrt{1-u^2/c^2}} \tag{18-17}$$

式（18－17）是由 S 系到 S' 系的变换，相对性原理告诉我们，所有惯性系都是等价的，将式（18－17）中的 u 换为 $-u$，带撇的变量与不带撇的变量对调，立即得到 S' 系到 S 系的变换（称为逆变换）为

$$x=\frac{x'+ut'}{\sqrt{1-\frac{u^2}{c^2}}} \tag{18-18}$$

将式（18－17）中的 x' 表达式代入上式容易得到

$$t'=\frac{t-ux/c^2}{\sqrt{1-\frac{u^2}{c^2}}} \tag{18-19}$$

已知 S 系的空时坐标求解 S' 系的空时坐标公式称为洛伦兹坐标变换（Lorentz transformation formula），即

$$\left.\begin{aligned} x'&=\frac{x-ut}{\sqrt{1-\frac{u^2}{c^2}}}\\ y'&=y\\ z'&=z\\ t'&=\frac{t-ux/c^2}{\sqrt{1-\frac{u^2}{c^2}}}\end{aligned}\right\}\tag{18-20}$$

在低速（$u \ll c$）情况下，洛伦兹坐标变换可以化为伽利略坐标变换。

洛伦兹坐标变换的逆变换为

$$\left.\begin{aligned} x&=\frac{x'+ut'}{\sqrt{1-\frac{u^2}{c^2}}}\\ y&=y'\\ z&=z'\\ t&=\frac{t'+ux'/c^2}{\sqrt{1-\frac{u^2}{c^2}}}\end{aligned}\right\}\tag{18-21}$$

在洛伦兹坐标变换及其逆变换式中，应该有

$$\sqrt{1-\frac{u^2}{c^2}}>0$$

因此，$u<c$。也就是说，自然界中任何物体的速度都不能大于 c，**真空中光的传播速度 c 是自然界中物体运动速度的极限**。已有的现代科学实践都证实了这一结论。

【例 18－3】 用洛仑兹变换说明同时的相对性、时间延缓与长度收缩效应。

解：从根本上说，洛仑兹变换来源于狭义相对论的同时的相对性、时间延缓与长度收缩效应，它自然也能反过来将这三个效应表现出来。

在下面的推动过程中，总是假设惯性参考系 S 和 S' 的坐标轴 x、y、z 和 x'、y'、z' 分别平行，S' 系相对 S 系以速度 $\vec{u}$ 沿 x 轴正方向运动。

（1）用洛仑兹变换说明同时的相对性。设在空间某点发生了两个事件 A 和 B，在 S 系中的观察者测量它们的空时坐标分别为（x_1，0，0，t_1）和（x_2，0，0，t_2），在 S' 系中的观察者测量它们的空时坐标分别为（x'_1，0，0，t'_1）和（x'_2，0，0，t'_2）。由洛仑兹变换得到它们之间的关系为

$$t'_1=\frac{t_1-\frac{u}{c^2}x_1}{\sqrt{1-\frac{u^2}{c^2}}},\qquad t'_2=\frac{t_2-\frac{u}{c^2}x_2}{\sqrt{1-\frac{u^2}{c^2}}}$$

将以上两式相减，得

$$t_2'-t_1'=\frac{(t_2-t_1)-\frac{u}{c^2}(x_2-x_1)}{\sqrt{1-\frac{u^2}{c^2}}}$$

如果 $t_1=t_2$，上式变为

$$t_2'-t_1'=\frac{-\frac{u}{c^2}(x_2-x_1)}{\sqrt{1-\frac{u^2}{c^2}}}$$

即在 S 系中观察在不同地点（$x_1\neq x_2$）同时发生（$t_1=t_2$）的两事件，在 S' 系中观察并不是同时发生（$t_1\neq t_2$）的，这就是同时的相对性。

（2）用洛仑兹变换推导时间延缓效应。设在 S' 系的 x' 轴上的某一点先后发生了两个事件 A 和 B，其中的观察者测得它们的时空坐标分别为（x'，0，0，t_1'）和（x'，0，0，t_2'）。在 S 系中的观察者测得它们的空时坐标分别为（x_1，0，0，t_1）和（x_2，0，0，t_2）。由洛仑兹逆变换得到它们之间的关系为

$$t_1=\frac{t_1'+\frac{u}{c^2}x'}{\sqrt{1-\frac{u^2}{c^2}}},\ t_2=\frac{t_2'+\frac{u}{c^2}x'}{\sqrt{1-\frac{u^2}{c^2}}}$$

将以上两式相减，得

$$t_2-t_1=\frac{t_2'-t_1'}{\sqrt{1-\frac{u^2}{c^2}}}$$

或

$$\Delta t=\frac{\Delta t'}{\sqrt{1-\frac{u^2}{c^2}}}$$

即在 S' 系中的观察者测得在同一地点（x' 点）先后发生的两个事件的时间间隔为 $\Delta t'$，而在 S 系中的观察者测得同样两个事件的时间间隔 $\Delta t>\Delta t'$，这就是时间延缓效应。

（3）用洛仑兹变换说明长度收缩效应。设在 S' 系的 x 轴上有 A、B 两点，它们的坐标分别为 x'_1、x'_2，S' 系中的观察者测得它们之间的距离为

$$l_0=x_2'-x_1'$$

在 S 系中的观察者在 t 时刻读取了 A、B 两点的坐标 x_1、x_2，因此 S 系中的观察者测得它们之间的距离为

$$l=x_2-x_1$$

由洛仑兹变换得到它们之间的关系为

$$x_1'=\frac{x_1-ut}{\sqrt{1-\frac{u^2}{c^2}}},\quad x_2'=\frac{x_2-ut}{\sqrt{1-\frac{u^2}{c^2}}}$$

将以上两式相减，得

$$x_2'-x_1'=\frac{x_2-x_1}{\sqrt{1-\frac{u^2}{c^2}}}$$

或

$$l=l_0\sqrt{1-\frac{u^2}{c^2}}$$

即当被测物体与观察者有相对运动时，物体沿着运动方向的长度缩短了，这就是长度收缩效应。

二、洛伦兹速度变换

在图 18-7 中，一般质点 P 会在空间运动，设在 S 系和 S' 系的观察者测得其运动速度分别为$\vec{v}$和$\vec{v}'$，现在来寻求这两个速度的分量之间的关系。

对洛伦兹坐标变换中的 $x'=\frac{x-ut}{\sqrt{1-u^2/c^2}}$和 $t'=\frac{t-ux/c^2}{\sqrt{1-u^2/c^2}}$两边分别微分得

$$\mathrm{d}x'=\frac{\mathrm{d}x-u\mathrm{d}t}{\sqrt{1-\frac{u^2}{c^2}}},\quad \mathrm{d}t'=\frac{\mathrm{d}t-u\mathrm{d}x/c^2}{\sqrt{1-\frac{u^2}{c^2}}}$$

将以上两式相除得

$$v_x'=\frac{\mathrm{d}x'}{\mathrm{d}t'}=\frac{\mathrm{d}x-u\mathrm{d}t}{\mathrm{d}t-\frac{u\mathrm{d}x}{c^2}}=\frac{\frac{\mathrm{d}x}{\mathrm{d}t}-u}{1-\frac{u}{c^2}\frac{\mathrm{d}x}{\mathrm{d}t}}$$

所以

$$v_x'=\frac{v_x-u}{1-\frac{uv_x}{c^2}} \tag{18-22}$$

对 $y'=y$ 两边分别微分得 $\mathrm{d}y'=\mathrm{d}y$，则

$$v_y'=\frac{\mathrm{d}y'}{\mathrm{d}t'}=\frac{\sqrt{1-u^2/c^2}\,\mathrm{d}y}{\mathrm{d}t-\frac{u\mathrm{d}x}{c^2}}=\frac{\sqrt{1-u^2/c^2}\,\frac{\mathrm{d}y}{\mathrm{d}t}}{1-\frac{u}{c^2}\frac{\mathrm{d}x}{\mathrm{d}t}}$$

所以

$$v_y'=\frac{\sqrt{1-u^2/c^2}\,v_y}{1-\frac{uv_x}{c^2}} \tag{18-23}$$

同理

$$v_z'=\frac{\sqrt{1-u^2/c^2}\,v_z}{1-\frac{uv_x}{c^2}} \tag{18-24}$$

因此，**洛伦兹速度变换**为

$$\left.\begin{aligned} v_x' &= \frac{v_x - u}{1 - \dfrac{uv_x}{c^2}} \\ v_y' &= \frac{\sqrt{1-u^2/c^2}\,v_y}{1 - \dfrac{uv_x}{c^2}} \\ v_z' &= \frac{\sqrt{1-u^2/c^2}\,v_z}{1 - \dfrac{uv_x}{c^2}} \end{aligned}\right\} \tag{18-25}$$

在低速（$u \ll c$）情况下，洛伦兹速度变换变化为伽利略速度变换。

式（18－28）表明，尽管垂直于参考系运动方向的长度不随参考系而变化，但是由于在不同参考系中观测到的时间间隔不同，因此在不同参考系中测得的垂直于运动方向的速度也不同。

洛伦兹速度变换的逆变换为

$$\left.\begin{aligned} v_x &= \frac{v_x' + u}{1 + \dfrac{uv_x'}{c^2}} \\ v_y &= \frac{\sqrt{1-u^2/c^2}\,v_y'}{1 + \dfrac{uv_x'}{c^2}} \\ v_z &= \frac{\sqrt{1-u^2/c^2}\,v_z'}{1 + \dfrac{uv_x'}{c^2}} \end{aligned}\right\} \tag{18-26}$$

因为洛伦兹速度变换是在相对论两个基本原理基础上推导出来的，它当然应该与光速不变原理相符合。例如，如果 S 系的观察者测得沿 x 轴方向的光速为 c，即 $v_x = c$，则由洛伦兹速度变换式可得 S'系中的观察者测量的光速为

$$v_x' = \frac{v_x - u}{1 - \dfrac{uv_x}{c^2}} = \frac{c-u}{1-\dfrac{uc}{c^2}} = \frac{c-u}{1-\dfrac{u}{c}} = c$$

【例 18－4】　设火箭 A 和 B 沿着相反方向运动，在地面上测得它们的速度各为 $+0.9c$ 和 $-0.9c$。试求一只火箭相对于另一只火箭的速度。

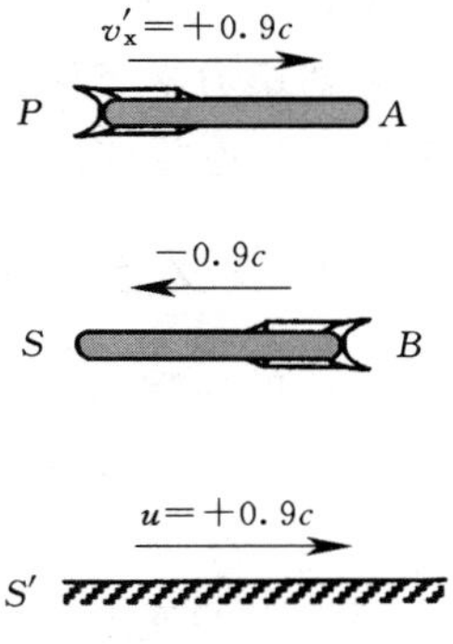

图 18－8

解：如图 18－8 所示，取火箭 B 为 S 参考系，地面为 S'参考系。则 S'参考系沿着 x 轴正方向以速度 $u = +0.9c$ 相对于 S 参考系运动，火箭 A 相对于 S'参考系的速度为 $v'_x = +0.9c$。由式(18－26)得火箭 A 相对于火箭 B 的速度为

$$v_x = \frac{v_x' + u}{1 + \dfrac{uv_x'}{c^2}} = \frac{0.9c + 0.9c}{1 + \dfrac{0.9c \times 0.9c}{c^2}} = 0.994c$$

思考与讨论

1. 一个观察者测得沿米尺长度方向匀速运动着的米尺的长度为 0.5m。试问：该米尺以多大的速度接近观察者？

2. 在 S 系中的 x 轴上有两只同步的钟 A 和 B，它们之间的距离为 Δx，它们读数相同。在 S' 系的 x' 轴上也有一只同样的钟 C，设 S' 系相对于 S 系沿 x 轴方向作速度为 v 的匀速运动。当 C 与 A 相遇时，刚好两钟的读数均为零。试问：当 C 钟与 B 钟相遇时，在 S 系中的 B 钟的读数是多少？此时在 S' 系中 C 钟的读数是多少？

3. 一扇门的宽度为 a。有一根固有长度为 $l_0(l_0>a)$ 的水平细杆，在门外贴近门的平面内沿其长度方向匀速运动。如果站在门外的观察者认为此杆的两端可同时被拉进此门，试问：该杆相对于门的运动速率至少为多少？

4. 一艘宇宙飞船以相对地面 $c/2$ 的速率运动。从飞船中以相对飞船为 $c/2$ 的速率向前方发射一枚火箭，假设发射火箭不影响飞船的原有速率，试问：地面上的观察者测得火箭的速率为多少？

5. 地面上的观察者测得两艘相向飞行的宇宙飞船相对于地面的速率都是 $0.90c$。试问：其中一艘飞船测得另一艘飞船的速度大小等于多少？

第四节　狭义相对论动力学基础

狭义相对论的相对性原理告诉我们，一切物理定律在所有惯性系均具有相同的形式，而洛伦兹变换是在相对性原理基础上得出来的，因此物理定律在洛伦兹变换下应该保持不变。

牛顿第二定律$\vec{F}=m\vec{a}$是经典力学的核心定律。经典力学认为物体的质量是恒定的，如果一个质点受到恒力$\vec{F}$的作用，那么这个质点所获得的加速度也是恒定的。在恒力$\vec{F}$的持续作用下，质点的速度将会不断地增加，经过足够长的时间，完全可以超过真空中的光速。显然这是与相对论光速不变原理相冲突的。因此力学定律要想在洛伦兹变换下保持形式不变，必须要加以改造，这样就产生了相对论力学。

相对论力学必须满足以下两个要求：①服从狭义相对论的相对性原理和光速不变原理，或者说在洛伦兹变换下形式不变；②在低速（$v\ll c$）情况下，能够还原为经典力学定律。

一、狭义相对论的动量和质量

经典的牛顿第二定律违背光速不变原理的原因在于，它认为物体的质量与速度无关。狭义相对论认为物体的质量是其运动速率的函数，即 $m=m(v)$，并且 m 随着速度的增大而增大。一个质点在恒力的作用，由于随着速度的增大质量也在增大，使得加速度越来越小，该质点的速度就不可能一直增加下去。这样就应该存在一个速度的极限。

在相对论中动量仍然定义为

$$\vec{p}=m\vec{v} \tag{18-27}$$

不过要注意，其中的质量是相对论质量，即 $m=m(v)$。

质量守恒定律及动量守恒定律是狭义相对论中的两条基本定律。设在一个孤立的系统内有 N 个质点发生相互作用，第 i 个质点在初末时刻的速度分别为$\vec{v}_{i0}$和$\vec{v}_i$，则质量守恒定律和动量守恒定律分别具有如下形式：

$$\sum_{i=1}^{N} m_i(v_i) = \sum_{i=1}^{N} m_{i0}(v_{i0}) \tag{18-28}$$

$$\sum_{i=1}^{N} m_i(v_i)\vec{v}_i = \sum_{i=1}^{N} m_{i0}(v_{i0})\vec{v}_{i0} \tag{18-29}$$

其中，$\vec{v}_{i0}$和$\vec{v}_i$服从洛伦兹速度变换法则。

为了推导质量与速度的关系式，设有两个完全相同的质点 A 和 B，它们的静止质量均为 m_0。有两个惯性系 S 和 S'，S'系相对于 S 系以速度 u 向右运动。在 S 系中测得质点 B 静止，其质量为 $m_B=m_0$，质点 A 以速度 u 向右运动，质量 $m_A=m$ 是 u 的函数。而在 S'系中测得质点 A 静止，质量为 $m_A=m_0$，质点 B 以速度 $-u$ 向左运动，质量 $m_B=m$ 也是 u 的函数。设质点 A 和 B 发生完全非弹性碰撞黏合成一个整体 C，在 S 系中测得其速度为 v，质量为 M，M 是 v 的函数。黏合体 C 在 S'系中测得速度为 v'，考虑到对称性，应有 $v'=-v$，其质量也为 M，如图 18－9 所示。在 S、S'系中应用质量守恒定律和动量守恒定律得

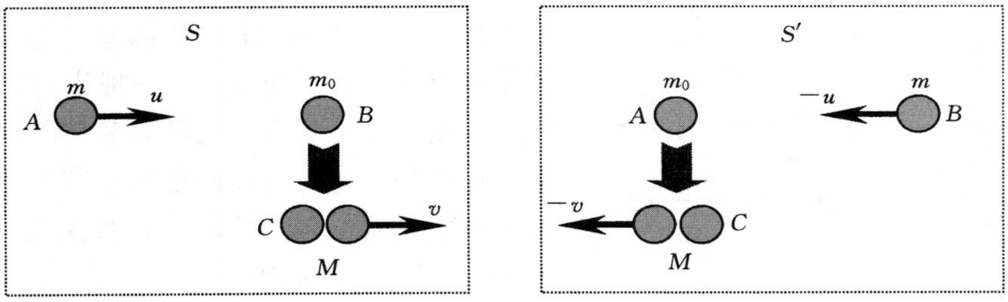

图 18－9

$$m+m_0=M \tag{18-30}$$

$$mu=Mv \tag{18-31}$$

由式（18－30）和式（18－31）解得

$$\frac{M}{m}=\frac{m+m_0}{m}=\frac{u}{v} \tag{18-32}$$

由洛伦兹速度变换式（18－23）和前面的分析可以得到

$$v'=-v=\frac{v-u}{1-\frac{uv}{c^2}}$$

移项得

$$1-\frac{uv}{c^2}=\frac{u}{v}-1$$

上式两边同时乘以 u/v 得到

$$\left(\frac{u}{v}\right)^2-2\frac{u}{v}+\frac{u^2}{c^2}=0$$

上式的解为

$$\frac{u}{v}=1\pm\sqrt{1-\frac{u^2}{c^2}}$$

由式（18－32）可知 $u>v$，因此

$$\frac{u}{v}=1+\sqrt{1-\frac{u^2}{c^2}}$$

将上式代入式（18－32）立即得到

$$m=\frac{m_0}{\sqrt{1-u^2/c^2}} \tag{18-33}$$

式（18－33）称为**相对论质量与速度关系式**。其中，m_0 称为**物体的静止质量**，m 为物体以速度 u 运动时的质量。该关系式尽管是从一个特例推导出来的，但它却是普遍适用的，它揭示了物质与运动的不可分割性。

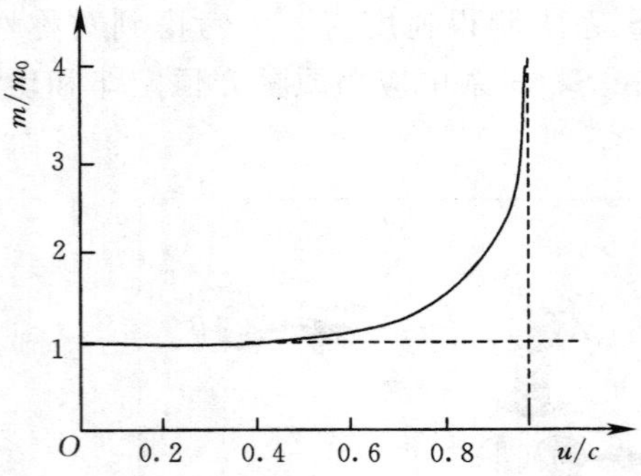

图 18－10

相对论质速关系式告诉我们，物体的速度越大，质量就越大。以 u/c 为横坐标、m/m_0 为纵坐标，绘出的质速关系曲线如图 18－10 所示。由图 18－10 可见，在 $u\ll c$ 时，$m=m_0$（这正是经典力学的概念）；在物体的速度接近光速时，其质量急剧增加。地球上的一般宏观物体的速度 $u\ll c$，质量随速度的变化可以忽略不计；但微观粒子在作高速运动时，质量与速度的关系就会显示出来。例如一个微观粒子的速度 $u=1.5\times10^8$m/s 时，其质量为

$$m=\frac{m_0}{\sqrt{1-0.5^2}}=1.2m_0$$

在电子偏转的实验中以及在高能粒子加速器的实验中，都证实了式（18－33）的正确性。

光子、中微子等的速度等于光速，由式（18－33）可知，它们的静止质量 m_0 必然等于 0，不然它们的质量将是无限大。

二、狭义相对论的动力学方程

将相对论质速关系式（18－33）代入式（18－27），立即得到相对论动量的表达式为

$$\vec{p}=m\vec{v}=\frac{m_0\vec{v}}{\sqrt{1-\frac{v^2}{c^2}}} \tag{18-34}$$

牛顿第二定律的一般形式为

$$\vec{F}=\frac{d\vec{p}}{dt}=\frac{d}{dt}\left(\frac{m_0\vec{v}}{\sqrt{1-v^2/c^2}}\right) \tag{18-35}$$

式（18－35）称为**狭义相对论的动力学方程**。它尽管在形式上与牛顿第二定律相似，但其中的质量 m 却是随物体的速率变化的。

可以证明方程式（18－35）在洛伦兹变换下形式不变。在 $v \ll c$ 时，该方程可以还原为经典的牛顿第二定律，即

$$\vec{F}=\frac{\mathrm{d}(m_0\vec{v})}{\mathrm{d}t}=m_0\frac{\mathrm{d}\vec{v}}{\mathrm{d}t}=m_0\vec{a}$$

三、狭义相对论的能量

在狭义相对论中，动能定理和动量定理仍然成立。

一个物体在某一个惯性参考系中的静止质量为 m_0，该物体在外力 $\vec{F}$ 的作用下发生位移 $\mathrm{d}\vec{r}$，根据动能定理，其动能增量是

$$\mathrm{d}E_\mathrm{k}=\vec{F}\cdot\mathrm{d}\vec{r}=\vec{F}\cdot\vec{v}\mathrm{d}t=(\vec{F}\mathrm{d}t)\cdot\vec{v}$$

其中，$\vec{F}\mathrm{d}t$ 是物体所受到的冲量，根据动量定理得

$$\vec{F}\mathrm{d}t=\mathrm{d}(m\vec{v})$$

因此

$$\mathrm{d}E_\mathrm{k}=(\mathrm{d}m\vec{v})\cdot\vec{v}=\mathrm{d}m\vec{v}\cdot\vec{v}+m\mathrm{d}\vec{v}\cdot\vec{v}$$

因为

$$\mathrm{d}(\vec{v}\cdot\vec{v})=\mathrm{d}\vec{v}\cdot\vec{v}+\vec{v}\cdot\mathrm{d}\vec{v}=2\vec{v}\cdot\mathrm{d}\vec{v}$$

$$\mathrm{d}(\vec{v}\cdot\vec{v})=\mathrm{d}(v^2)=2v\mathrm{d}v$$

所以

$$\vec{v}\cdot\mathrm{d}\vec{v}=v\mathrm{d}v$$

所以

$$\mathrm{d}E_\mathrm{k}=v^2\mathrm{d}m+mv\mathrm{d}v \tag{18-36}$$

此外，将相对论质速关系式 $m=\dfrac{m_0}{\sqrt{1-v^2/c^2}}$ 变为

$$m^2c^2-m^2v^2=m_0^2c^2$$

对上式微分得

$$2mc^2\mathrm{d}m-2mv^2\mathrm{d}m-2m^2v\mathrm{d}v=0$$

即

$$c^2\mathrm{d}m=v^2\mathrm{d}m+mv\mathrm{d}v$$

将上式与式（18－36）比较，立即得到

$$\mathrm{d}E_\mathrm{k}=c^2\mathrm{d}m \tag{18-37}$$

式（18－37）表明，物体动能 E_k 的增量与其质量 m 的增量成正比。

当质点的速率 $v=0$ 时，其质量为 m_0，设质点的速率为 v 时质量为 m，对式（18－37）积分得

$$\int_0^{E_\mathrm{k}}\mathrm{d}E_\mathrm{k}=\int_{m_0}^{m}c^2\mathrm{d}m \tag{18-38}$$

因此，以速率 v 运动的物体的**相对论动能**表达式为

$$E_\mathrm{k}=mc^2-m_0c^2 \tag{18-39}$$

爱因斯坦注意到了相对论动能表达式等于 mc^2 与 m_0c^2 两项之差，因此它们也应该具

有能量的意义。爱因斯坦经过缜密地思考，提出了一个卓越的见解：m_0c^2 是物体静止时的能量，称为**物体的静止能量**，用 E_0 表示；mc^2 是物体运动时的能量，称为物体的**总能量**，用 E 表示，即

$$E_0=m_0c^2 \tag{18-40}$$

$$E=mc^2 \tag{18-41}$$

式（18-41）称为**物体的质能关系式**。

物体的质能关系式揭示了质量和能量之间的深刻联系。经典力学认为一个系统可以质量守恒而能量不守恒。相对论的质能关系式表明，质量与能量是统一的，能量守恒就意味着质量守恒。

物体内部蕴藏着巨大的静止能量。由式（18-40）容易算出，1kg 物体内的静止能量为 9×10^{16}J，这相对于 300 万 t 煤完全燃烧所释放的能量。在核反应中会出现质量亏损（静止质量的减少量），在此过程中有大量的静止能量释放出来，这就是核能。可见，质能关系是核能利用的理论基础。

当物体运动的速率 $v\ll c$ 时，相对论动能表达式（18-39）可以还原为经典力学的动能表达式。将式（18-39）按二项式公式展开，得

$$E_k=(m-m_0)c^2=\left(\frac{1}{\sqrt{1-v^2/c^2}}-1\right)m_0c^2=\left[1+\frac{1}{2}\left(\frac{v}{c}\right)^2+\frac{3}{8}\left(\frac{v}{c}\right)^4+\cdots-1\right]m_0c^2$$

略去四次方以上的高次项，上式化为

$$E_k=\frac{1}{2}m_0v^2$$

四、动量与能量的关系

由质能关系式（18-41）得

$$\left(\frac{E}{m_0c^2}\right)^2=\left(\frac{mc^2}{m_0c^2}\right)^2=\frac{1}{1-\frac{v^2}{c^2}}$$

由动量表达式（18-34）得

$$\left(\frac{p}{m_0c}\right)^2=\left(\frac{mv}{m_0c}\right)^2=\frac{\frac{v^2}{c^2}}{1-\frac{v^2}{c^2}}$$

将以上两式相减并整理后得

$$E^2=m_0^2c^4+c^2p^2 \tag{18-42}$$

式（18-42）称为相对论**动量与能量关系式**。

光子的静止质量 $m_0=0$，因此光子的能量为

$$E=cp$$

若光子的能量已知，光子的动量和质量分别为

$$p=\frac{E}{c}$$

$$m=\frac{E}{c^2}$$

光子没有静止质量和静止能量，但光子却有运动质量、能量和动量，这是光子物质性的具体表现。

狭义相对论带来了时空观念的一次深刻变革，揭示了时间和空间的统一性、物质与运动的统一性。从狭义相对论角度来考察经典的引力理论，导致广义相对论的诞生，从而推动了天体物理、粒子物理研究的发展。相对论的思想已经渗透到近代物理的各个部分，它是物理学的一件稀有的珍品。

思考与讨论

1. 设某微观粒子的总能量是其静止能量的 N 倍，试问：该粒子的运动速度的大小是真空中光速 c 的多少倍？

2. 某核电站年发电量为 100 亿 kW·h，它等于 3.6×10^{16}J 的能量。如果这是由核材料的全部静止能量转化产生的，试问：需要消耗的核材料的质量为多少 kg？

3. 将静止质量为 m_e 的电子从静止加速到速率为 $0.6c$ 需要做多少功？

4. 当粒子的速度等于多少时，其动量等于非相对论动量的两倍？在这种情况下，粒子的动能是其静止能量的多少倍？

5. 观察者甲以 $0.8c$ 的速度相对于静止的观察者乙运动，如果甲携带一根长度为 l、截面积为 S、质量为 m 的棒，棒沿着长度方向运动，甲、乙测得该棒的密度分别为多少？如果棒的质量 $m=0.5$kg，甲、乙测得该棒的总能量分别为多少？

6. 匀质细棒静止时的质量为 m_0、长度为 l_0，当它沿棒长方向作高速的匀速直线运动时，测得它的长度为 l，试问：该棒的运动速度等于多少？该棒的动能等于多少？

7. 在惯性系 S 中，一个粒子具有动量 $(p_x, p_y, p_z)=(\sqrt{2}, 3, 5)$ MeV/c，及总能量 $E=10$MeV，其中 c 表示真空中的光速，试问：在 S 系中测得粒子的速度等于多少？

8. 在惯性参考系 S 中，有两个静止质量都是 m_0 的粒子 A 和 B，分别以速度 v 沿同一直线相向运动，相碰后合在一起成为一个粒子，试问：合成粒子静止质量 M_0 的值等于多少？

习　题

1. 观察者甲测得与他相对静止的 Oxy 平面上一个圆的面积是 12cm²，另一观察者乙相对于甲以 $0.6c$ 平行于 Oxy 平面做匀速直线运动，乙观察到的图形为椭圆，其面积是多少？

2. 一个体积为 V_0、质量为 m_0 的立方体沿其一条棱的方向相对于观察者以速度 v 运动。求观察者测得该立方体的密度。

3. 一艘宇宙飞船的船身固有长度为 70m，相对于地面以 $0.6c$ 的速度在地面观测站的上空匀速飞过。

(1) 观测站测得飞船的船身通过观测站的时间间隔是多少？

(2) 宇航员测得船身通过观测站的时间间隔是多少？

4. 在惯性系 S 中，有两事件发生于同一地点，且第二事件比第一事件晚发生 2s；而在另一个惯性系 S' 中，观测到第二事件比第一事件晚发生 3s。那么在 S' 系中测得发生两事件的地点之间的距离是多少？

5. 地球的半径约为 6376km，它绕太阳的速率约为 30km/s，在太阳参考系中测量地球的半径在哪个方向上缩短得最多？假设地球相对于太阳系来说近似于惯性系，地球的半径缩短了多少？

6. 假定在实验室中测得静止在实验室中的不稳定的 μ^+ 子的平均寿命为 2.2×10^{-6} s，而当它相对于实验室运动时，实验室中测得它的寿命为 1.63×10^{-5} s。这两个测量结果符合相对论的什么结论？μ^+ 子相对于实验室的速度是真空中光速 c 的多少倍？

7. 宇宙飞船 A 和 B 的固有长度均为 80m，沿同一方向匀速飞行，在飞船 B 上观测到飞船 A 的船头、船尾经过飞船 B 船头的时间间隔为 $\Delta t=1.4\times10^{-7}$ s，求飞船 B 相对于飞船 A 的速度大小。

8. 某发射台向东西两侧距离均为 l 的两个接收站 E、W 发射信号。一架飞机以匀速度 v 沿发射台与两接收站的连线由西向东飞行，在飞机上测得两个接收站接收到发射台的同一信号的时间间隔是多少？

9. 在惯性系 K 中观测到在相距 9×10^8 m 的两地点相隔 5s 先后发生了两个事件，而在相对于 K 系沿 x 方向匀速运动的 K' 系中发现这两个事件恰好发生在同一地点。试求在 K' 系中这两个事件发生的时间间隔。

10. 在惯性系 K 中，相距 5×10^6 m 的两个地点先后发生了两个事件，时间间隔为 10^{-2} s，而在相对于 K 系沿 x 正方向匀速运动的 K' 系中观测到这两事件却是同时发生的。试计算在 K' 系中发生这两事件的地点间的距离。

11. 高速战斗机相对于地面以 $0.6c$ 的速度匀速飞离地球。战斗机驾驶员 10s 后向地面发射一枚导弹，导弹相对于地面的速度为 $0.3c$。则地面上的观察者发现战斗机起飞后经过多长时间导弹到达地球？

12. 观测者甲和乙分别静止于惯性参照系 K 和 K' 中，甲测得在同一地点发生的两个事件的时间间隔为 4s，而乙测得这两个事件的时间间隔为 5s，求：

(1) 参照系 K' 相对于 K 的运动速度大小。

(2) 乙测得这两个事件发生地点的距离。

13. 在惯性系 S 中，有两个事件同时发生在 x 轴上相距 1000m 的两点，而在沿 x 轴方向相对于 S 系运动在另一惯性系 S' 中测得这两个事件发生的地点相距 2000m。在 S' 系中测得这两个事件发生的时间间隔等于多少？

14. 两只火箭相向运动，它们相对于静止观察者的速率都是 $0.75c$，试求火箭甲相对火箭乙的速率。

15. 两只飞船相向运动，它们相对地面的速率都是 v。在甲船中有一根顺着飞船运动方向放置的米尺。乙船中的观察者测得这把米尺的长度等于多少？

16. 一个光源在 K' 系的原点 O' 发出一束光线，此光线在 $x'y'$ 平面内与 x' 轴的夹角为

α。设 K' 系与 K 系相应的坐标轴互相平行，K' 系相对 K 系以速度 u 沿 x 轴正向运动。该光线在 K 系中的传播方向如何？

17. 已知 μ 子的静止能量为 105.7MeV，平均寿命为 2.2×10^{-8} s。试求动能为 150MeV 的 μ 子的速度和平均寿命。

18. 已知电子的静止质量为 9.11×10^{-31} kg，要使电子的速度从 1.0×10^{8} m/s 增加到 2.0×10^{8} m/s，必须对它做多少功？

19. 在实验室中测得电子的速度为 2.4×10^{8} m/s，静止质量为 9.11×10^{-31} kg。如果观察者相对实验室以 1.8×10^{8} m/s 的速率运动，其方向与电子运动方向相同，则该观察者测出的电子的动能和动量分别等于多少？

20. 两个质点 A 和 B 的静止质量均为 m_0。质点 A 静止，质点 B 的动能为 $6m_0c^2$。设 A、B 两质点相撞并结合成为一个复合质点。求复合质点的静止质量。

21. 设有一个静止质量为 m_0 的质点，以接近光速的速率 v 与一个质量为 M_0 的静止质点发生碰撞结合成一个复合质点。求复合质点的速率。

科学家史话　爱因斯坦

阿尔伯特·爱因斯坦（Albert Einstein，1879—1955），德裔美国物理学家、思想家及哲学家，现代物理学的开创者和奠基人，相对论的提出者，“决定论量子力学诠释”的捍卫者。

爱因斯坦 1900 年毕业于苏黎世联邦理工学院，1905 年获苏黎世大学哲学博士学位。曾在伯尔尼专利局任职、在苏黎世工业大学担任大学教授。1913 年返回德国，任柏林威廉皇帝物理研究所所长和柏林洪堡大学教授，并当选为普鲁士科学院院士。1933 年，因受纳粹政权迫害而迁居美国，任普林斯顿高级研究所教授，从事理论物理研究，1940 年加入美国国籍。爱因斯坦的相对论不是哲学的“任何事物都是相对的”的简单重复，而是一种精确的数学表述方法。此方法表明，科学的度量是相对的，对于时间和空间的主观感受依赖于观测者本身。

在爱因斯坦小的时候，有一天，德国皇家军队通过慕尼黑市街，好奇的人们都涌向窗前喝彩助兴，但爱因斯坦却恐惧得躲了起来，他既瞧不起又害怕这些“打仗的妖怪”，并要求他的母亲把他带到自己永远也不会变成这种妖怪的国土去。中学时，爱因斯坦放弃了德国国籍，可他并不申请加入其他国籍，他要做一个不要任何依附的世界公民。爱因斯坦试图在现实的基础上建立他的世界和平的梦想，并且在“敌国”里作了一连串“和平”演说。他的思想和行动，使他险遭杀身之祸。为了使自己与这个世界保持“和谐”，爱因斯坦不得不从意大利迁到荷兰，又从荷兰迁居美国。

有一次，一位美国记者问爱因斯坦关于他成功的秘诀。他回答道：“早在 1901 年，我还是 22 岁的青年时，我已经发现了成功的公式。我可以把这公式的秘密告诉你，那就是 A＝X＋Y＋Z！A 就是成功，X 就是努力工作，Y 是懂得休息，Z 是少说废话！这公式对我有用，我想对许多人也一样有用。”

1948 年 5 月 14 日，以色列国诞生，已经定居在美国 10 多年的爱因斯坦立即向媒体宣称：“现在，以色列人再不能后退了，我们应该战斗。犹太人只有依靠自己，才能在一个对他们存有敌对情绪的世界上生存下去。”1952 年 11 月，以色列总理提请爱因斯坦为以色列共和国总统候选人。爱因斯坦被同胞们的好意感动了，但还是在报上发表声明，正式谢绝出任以色列总统。在声明中，爱因斯坦引用了一段他自己的话：“方程对我更重要些，因为政治是为当前，而方程却是一种永恒的东西。”

19 世纪末期是物理学的大变革时期，爱因斯坦从实验事实出发，重新考查了物理学的基本概念，在理论上作出了根本性的突破。他的一些成就大大推动了天文学的发展。他的广义相对论对天体物理学、特别是理论天体物理学有很大的影响。爱因斯坦的狭义相对论成功地揭示了能量与质量之间的关系，坚守着“上帝不掷骰子”的量子论诠释的决定论阵地，解决了长期存在的恒星能源来源的难题。近年来发现的诸多高能物理现象，狭义相对论已成为解释这些现象的最基本理论工具。其广义相对论也解决了一个天文学上多年的不解之谜——水星近日点的进动，并推断出后来被验证了的光线弯曲现象。2009 年 10 月 4 日，诺贝尔基金会评选“1921 年物理学奖得主爱因斯坦”为诺贝尔奖百余年历史上最受尊崇的三位获奖者之一。

第十九章　量子物理基础

19 世纪末、20 世纪初是物理学发生重大变革的时期，就在爱因斯坦提出相对论的同时，人类对自然界的认识进入了微观领域。1900 年，普朗克为了解释黑体的辐射规律，提出了能量子的概念，为量子理论的形成开辟了道路。1905 年，爱因斯坦提出了光量子假设，成功地解释了光电效应的实验规律，为量子理论的进一步发展打开了局面。1911 年，卢瑟福为了解释 α 粒子散射的实验规律，提出了原子的有核模型。在这个模型的基础上，1913 年，玻尔提出三条量子假设，成功地解释了氢原子光谱的规律性，从而形成了早期量子论的雏形。受到光的波粒二象性的启发，1924 年，德布罗意提出微观粒子也具有波粒二象性的假设。为了定量地描述德布罗意波，1925 年，海森伯、玻恩和约旦建立了矩阵力学，1926 年，薛定谔建立了波动力学，后来薛定谔将它们统一为量子力学。随之一些悬而未决的问题很快得到了解决。

本章主要介绍普朗克的黑体辐射理论、爱因斯坦的光量子假设、玻尔的氢原子理论、德布罗意的物质波概念、量子力学的基本知识及其对原子壳层结构的应用。

本章学习要点

(1) 了解热辐射现象，了解普朗克能量子假设及其对黑体辐射的解释。

(2) 掌握爱因斯坦的光子理论以及对光电效应实验规律的解释，理解康普顿效应及其相对论和光子理论解释，充分理解光的波粒二象性。

(3) 了解氢原子光谱的实验规律，理解玻尔的氢原子理论及其对氢原子光谱实验规律的解释，理解氢原子轨道半径和能量的量子化现象。

(4) 了解德布罗意的物质波假设，充分理解实物粒子的波粒二象性，掌握描述粒子波动性的物理量（波长、频率）与描述粒子性的物理量（动量、能量）之间的关系。

(5) 理解测不准关系的意义，理解波函数及其统计解释。

(6) 掌握一维定态的薛定谔方程，通过一维无限深势阱的例子了解如何用波动观点说明量子化现象。

(7) 了解描述原子中电子运动状态的四个量子数，了解原子的电子壳层结构。

第一节　热辐射　普朗克量子假设

一、热辐射

在 19 世纪，由于冶金、高温测量技术等领域的发展，人们开始了对热辐射的研究。

物体中的分子、原子受到热激发而发射电磁波的现象称为**热辐射**（heat radiation）。由于分子热运动是一种永不停息的运动，因此任何物体在任何温度下都能产生热辐射。给一根电炉丝通电，我们发现电炉丝会慢慢变红，随着温度的升高，逐渐由红变黄，当温度高到一定程度时，电炉丝会变成青白色，同时我们也能感觉到电炉丝很热。这个例子告诉我们，随着温度的升高，物体辐射的电磁波中短波成分逐渐增多。**物体在单位时间内辐射的电磁波能量**称为**辐射功率**（radiation power）。物体的温度越高，其辐射功率越大。

为了定量地描述热辐射的规律，引入一个称为**单色辐射度**（monochromatic radiant exitance）的物理量。其定义为：**在一定温度下，物体单位面积发射的、波长在 λ 附近单位波长间隔内的辐射功率。**单色辐射度与电磁波的波长 λ 和物体的温度 T 有关。如果用 $M(\lambda, T)$ 表示辐射功率，$e(\lambda, T)$ 表示单色辐射度，则单色辐射度的定义式可以表示为

$$e(\lambda,T)=\frac{\mathrm{d}M(\lambda,T)}{\mathrm{d}\lambda} \tag{19-1}$$

$e(\lambda, T)$ 的单位为 $\mathrm{W/m^3}$。

物体总是同时辐射各种波长的电磁波。**在一定温度下，物体单位面积发射的辐射功率，**称为**物体的辐射度**（radiant exitance），用 $E(T)$ 表示。辐射度是描述物体辐射电磁波本领的物理量。辐射度与单色辐射度的关系为

$$E(T)=\int_0^{\infty} e(\lambda,T)\mathrm{d}\lambda \tag{19-2}$$

$E(T)$ 的单位为 $\mathrm{W/m^2}$。

二、黑体辐射

物体在不断发射辐射能的同时，也不断吸收来自其他物体的辐射能。**被物体吸收的辐射能与入射辐射能的比值**称为**物体的吸收率**（absorptivity），它是描述物体吸收辐射能本领的物理量。不同物体吸收辐射能的本领不同，一般深色物体吸收率较大，浅色物体吸收率较小。实验表明，物体的吸收率还与物体的温度 T 和入射电磁波的波长 λ 有关。**物体对某种波长的电磁波的吸收率**称为**单色吸收率**（monochromatic absorptivity），用 $a(\lambda, T)$ 表示。

在任何温度下对任何波长的入射辐射能都能全部吸收而不反射的物体称为**黑体**（black body），黑体的单色吸收率用 $a_0(\lambda, T)$ 表示，显然 $a_0(\lambda, T)\equiv 1$。自然界中并不存在吸收率总是等于 1 的物体，因此黑体是一种理想物理模型。

一个物体在发射辐射能的同时也在吸收辐射能，因此它的单色辐射度 $e(\lambda, T)$ 与单色吸收率 $a(\lambda, T)$ 之间应该存在某种关系。1859 年，德国物理学家基尔霍夫对这个问题作了深入的研究，得出这样的结论：**在相同温度下，所有物体的 $e(\lambda, T)$ 与 $a(\lambda, T)$ 的比值都相同。**即

$$\frac{e_1(\lambda,T)}{a_1(\lambda,T)}=\frac{e_2(\lambda,T)}{a_2(\lambda,T)}=\frac{e_3(\lambda,T)}{a_3(\lambda,T)}=\cdots=e_0(\lambda,T) \tag{19-3}$$

其中 $e_0(\lambda, T)$ 是黑体的单色辐射度。

物体的单色吸收率比较容易测量，由式（19－3）可以看出，如果知道黑体的单色辐射度表达式，则任何物体的单色辐射度也就知道了。因此，对黑体的单色辐射度的研究就

成为研究热辐射的核心问题。为此，人们设计了如图 19－1 所示的黑体模型。用不透明的材料制成一个开有小孔 S 的空腔容器，当空腔容器外的电磁波通过 S 进入空腔后，经过空腔容器内壁的多次反射和吸收，射入 S 的电磁波就很难再从小孔射出来。这个空腔容器上的小孔 S 就是一个黑体模型。给空腔容器加热，再用分光技术测出由小孔发出的电磁波能量按波长的分布，就可以研究黑体的辐射规律了。图 19－2 是采用这种方法测定的黑体在不同温度下的单色辐射度 $e_0(\lambda, T)$ 与波长 λ 的关系曲线。

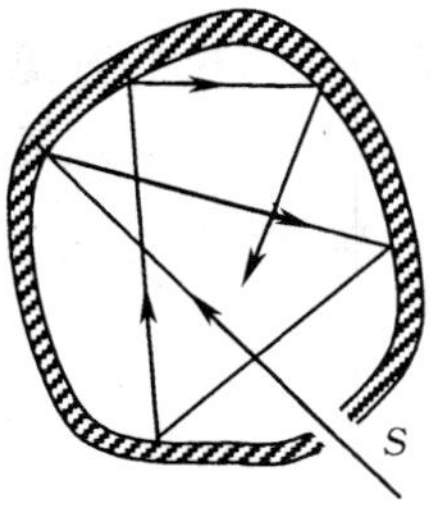

图 19－1

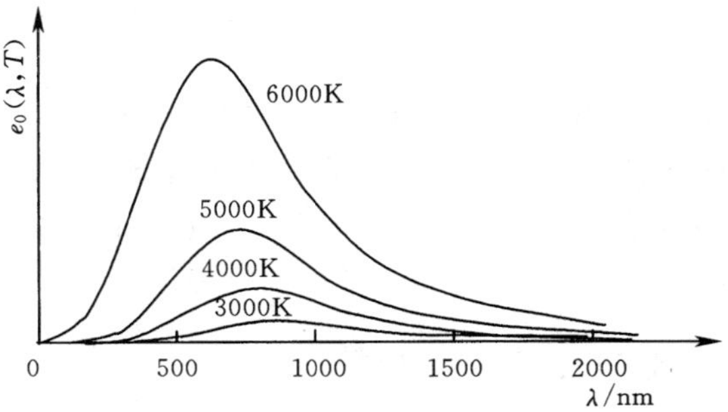

图 19－2

三、普朗克量子假设

图 19－2 中的曲线反映了黑体单色辐射度与温度和辐射电磁波波长的关系，但这些曲线只是实验的结果。为了从理论上找出黑体单色辐射度 $e_0(\lambda, T)$ 的公式，在 19 世纪末，许多物理学家试图利用经典物理学理论解释黑体的辐射规律，但始终没有取得成功。其中最典型的是维恩公式和瑞利—金斯公式。维恩公式在短波区域与实验符合得很好，但在长波区域却与实验完全不符合，而瑞利—金斯公式恰好相反，它在长波区域与实验符合得很好，但在短波区域与实验不符合。在物理学史中把这种现象称为“紫外灾难”。

在 1900 年，普朗克发表了他导出的黑体辐射公式

$$e_0(\lambda,T)=\frac{2\pi hc^2}{\lambda^5}\frac{1}{e^{\frac{hc}{\lambda kT}}-1} \tag{19-4}$$

式中：c 为光在真空中的传播速度；k 为玻尔兹曼常量；h 为普朗克常数（Planck's constant），其值为 $h=6.626\times10^{-34}\,\mathrm{J\cdot s}$。

式（19－4）称为普朗克公式（Planck equation）。该公式与实验结果完全符合。

由于普朗克公式与实验结果惊人地吻合，而公式本身又十分的简明，使普朗克决心“不惜一切代价找到一个理论的解释”。1900 年 12 月 14 日，在德国物理学会上普朗克提出了**能量子假说：黑体是由许多谐振子组成的，这些谐振子的能量只能取分立的、不连续的值，它们是最小能量 ε 的整数倍**。这个最小能量 $\varepsilon=h\nu$ 称为**能量子**（energy quantum），其中 ν 为谐振子的频率。谐振子的允许能量为

$$E_n=nh\nu,\quad n=1,2,3,\cdots \tag{19-5}$$

普朗克量子假设与经典物理学有根本性的矛盾。经典物理学认为物体的能量是连续的，谐振子的能量是不应该受到任何限制的，能量被吸收或发射也是连续进行的。而普朗

克假设认为谐振子的能量是量子化的，即它们的能量只能是 $h\nu$ 的整数倍，谐振子在辐射或吸收能量时，只能跳跃式地辐射或吸收能量，即发射与吸收的能量也是量子化的。尽管普朗克假设与经典理论并不相容，但是它能够很好地解释黑体辐射实验规律，而经典理论对此却无能为力，这恰好说明经典理论不适用于微观领域。现代量子理论正是以普朗克假设作为开端的。

第二节　光电效应　爱因斯坦方程

赫兹在 1887 年发现了**光电效应**（photoelectric effect），**即波长较短的可见光或紫外线照射某些金属表面时，金属表面有电子逸出的现象**。18 年以后，爱因斯坦受普朗克能量子假说的启发，提出了光量子的概念，从理论上成功地解释了光电效应的实验规律，爱因斯坦也因此获得了 1912 年的诺贝尔物理学奖。

一、光电效应的实验规律

图 19－3 是研究光电效应的实验装置。S 是抽成真空的光电管，W 是石英窗。单色光通过石英窗照射到阴极金属板 K 上时，就有电子［称为**光电子**（photoelectron）］从金属板释放出来。在阳极 A 和阴极 K 之间加电压 $U(=V_A-V_K)$ ［称为**管电压**（tube voltage)］，光电子在两极之间的电场作用下从阴极 K 飞向阳极 A，形成电流［称为**光电流**(photocurrent)］I。电压表Ⓥ用来测量管电压 U，电流计Ⓖ用来测量光电流 I。

1．光电效应的实验规律

（1）当用一定光强的单色光照射阴极 K 时，光电流 I 随管电压 U 的增大而增强。当管电压 U 增大到一定值时，光电流达到饱和值 I_S，如图 19－4 所示。这时从阴极 K 释放出来的电子全部飞到了阳极 A，如果继续增大管电压，光电流也不会再增强。但如果增大入射光的强度，相应的饱和光电流值也增强。实验表明，饱和光电流 I_S 与入射光的强度 S 正比。设 N 为单位时间内从阴极 K 释放的光电子数，e 为电子电量，则有 $I_S=Ne$。因此得到**光电效应的第一条实验规律：单位时间内从金属板逸出的光电子数 N 与入射光强度 S 成正比。**

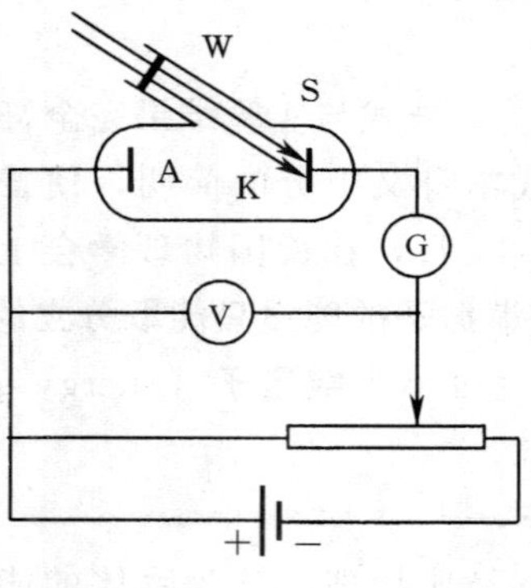

图 19－3

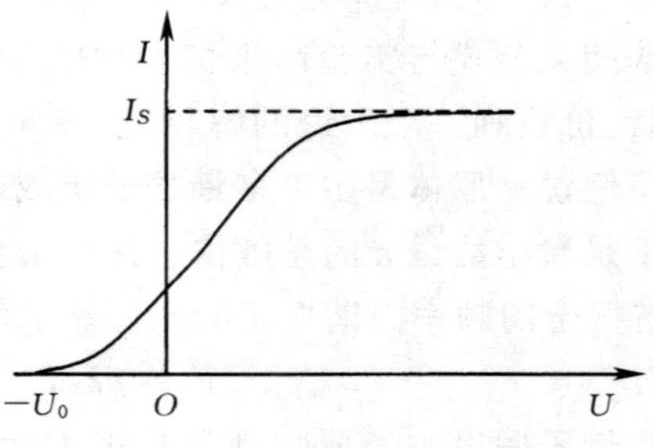

图 19－4

（2）由图 19－4 的曲线可以看出，即使在在阳极 A 和阴极 K 之间不加电压，也存在一定的光电流，这时因为从阴极 K 逸出的电子具有初动能，其中一部分电子能够运动到阳极 A 形成光电流。当加反向电压时，光电流逐渐减弱，当反向电压达到 $-U_0$ 时，光电流才降为零。这时电子的初动能全部用于克服电场力做功，由动能定理得

$$eU_0=\frac{1}{2}mv_m^2 \tag{19-6}$$

其中 U_0 称为**遏止电压**（retarding potential），能够从阴极 K 飞到阳极 A 的电子是初速度最大的电子，因此上式中的 $\frac{1}{2}mv_m^2$ 是电子的最大初动能。

实验表明，如果入射光的频率 ν 增大，遏止电压 U_0 也增大，它们之间存在线性关系，如图 19－5 所示。它们的关系可以表示为

$$U_0=k(\nu-\nu_0) \tag{19-7}$$

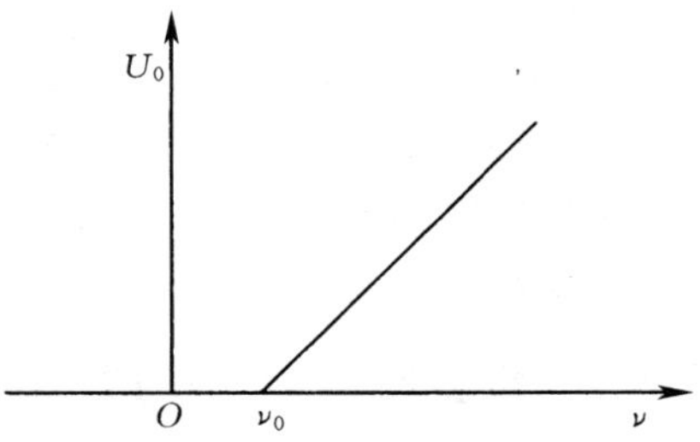

图 19－5

式中：ν_0 为直线在横轴上的截距；k 为直线的斜率。

将式（19－7）代入式（19－6）中得

$$\frac{1}{2}mv_m^2=ek(\nu-\nu_0) \tag{19-8}$$

因此，得到**光电效应的第二条实验规律：光电子的最大初动能随入射光的频率 ν 的增加而线性地增加，而与入射光的强度无关。**

（3）由于光电子的最大初动能不可能小于零，在式（19－8）中令 $ek(\nu-\nu_0)\geqslant 0$，得到

$$\nu\geqslant\nu_0 \tag{19-9}$$

即只有当入射光的频率大于或等于 ν_0 时才能产生光电效应，ν_0 称为光电效应的**红限**。不同的金属材料红限值不同。因此得到**光电效应的第三条实验规律：当光照射到某金属时，如果光的频率小于金属的红限 ν_0，则不论照射光的强度多么大，都不会产生光电效应。**几种金属材料的红限值以及对应的波长见表 19－1。

表 19－1　　几种金属的红限及其对应的波长

金属	Cs	Na	Zn	Mo	Pt	W
$\nu_0/10^4$ Hz	4.62	5.66	8.07	10.0	11.5	10.8
λ_0/nm	650	530	372	300	260	278

（4）**光电效应的第四条实验规律：不论入射光的强弱如何，从光线开始照射到电子从金属逸出不需要经历一段显著的时间。**实验测得该时间 $t\leqslant 10^{-9}$ s。

2. 光电效应的实验结果与光的经典波动理论的矛盾

光电效应的实验结果与光的经典波动理论之间存在着尖锐的矛盾。光的经典波动理论除了可以勉强解释光电效应的第一条实验规律外，在解释光电效应其他三条实验规律时遇到了无法克服的困难。

（1）按照光的经典波动理论，金属在光的照射下，其中的电子会受到入射光的电场强

度矢量（即光矢量）作用作受迫振动，电子通过这种受迫振动从入射光中吸收从金属表面逸出所需要的能量，光电子的初动能应该决定于光振动的振幅，即光电子的初动能取决于光强，光强越大，光电子的初动能越大，因此光电子的初动能应该与光强成正比。但是光电效应的第二条实验规律告诉我们，光电子的初动能只与入射光的频率有关，而与光强毫无关系。

(2) 按照光的经典波动理论，无论何种频率的光照射在金属上，只要电子获得足够多的能量，就可以从金属表面逸出来，而与入射光的频率无关。但是光电效应的第三条实验规律告诉我们，只有当入射光的频率大于或等于红限时才能发生光电效应。

(3) 按照光的经典波动理论，光电子逸出金属表面所需要的能量是直接吸收照射到金属表面上光的能量。当入射光的强度很弱时，电子需要有一定时间来积累能量，才能从金属表面逸出来。但是光电效应的第四条实验规律告诉我们，电子一被光照射就立即从金属表面逸出来。

二、爱因斯坦的光子假设

为解决光电效应的实验规律与经典物理理论的矛盾，1905 年，爱因斯坦在普朗克量子理论的基础上对光的本性提出了新的理论，称为**爱因斯坦光子假设**。他认为，**光是由一个个的、以光速运动的粒子组成的粒子流**，这种粒子称为**光子**（photon），频率为 ν 的光子能量为

$$\varepsilon = h\nu$$

式中：h 为普朗克常量。

设单位时间内入射到金属板单位面积上的光子数为 n，则**入射光强度**为

$$S = nh\nu$$

即入射光强度与单位时间内入射到金属板单位面积上的光子数成正比。

爱因斯坦认为，当频率为 ν 的光束照射在金属板表面上时，光子的能量会被单个电子所吸收，使电子获得能量 $h\nu$，当入射光的频率 ν 足够高时，使电子获得的能量足够从金属表面逸出，逸出时一部分能量用来克服金属表面的束缚做功，称为**逸出功**（work function），用 W 表示；另一部分转变为电子的初动能 $\frac{1}{2}mv_{\mathrm{m}}^2$，由能量守恒定律得

$$h\nu = \frac{1}{2}mv_{\mathrm{m}}^2 + W \tag{19-10}$$

这个方程称为**爱因斯坦光电效应方程**（Einstein photoelectric equation）。其中 $\frac{1}{2}mv_{\mathrm{m}}^2$ 是电子的最大初动能。因为有一些电子在逸出之前可能与其他电子发生碰撞而损失一部分能量，当它们从金属表面逸出时初动能要小一些。

爱因斯坦的光子假设对光电效应的实验规律可以作出很好的解释。

(1) 按照爱因斯坦的光子假设，在入射光的频率（大于红限）一定时，光的强度越大，单位时间内入射到金属板上的光子数就越多，吸收了光子能量而转变为光电子的电子数目也越多，即单位时间内从金属板逸出的光电子数与入射光强度成正比。这就是光电效应的第一条实验规律。

（2）由爱因斯坦的光电效应方程可以直接看出，光电子的最大初动能随入射光的频率 ν 的增加而线性地增加。这就是光电效应的第二条实验规律。

（3）按照爱因斯坦的光子假设，如果入射光的频率比较小，金属表面的电子吸收的光子能量不足以克服逸出功，电子不能转变为光电子。当入射光的频率增大到某一个值时，金属表面的电子吸收的光子能量恰好克服逸出功，变成初动能 $\frac{1}{2}mv_m^2=0$ 的光电子。这时的入射光频率就是红限 ν_0。由爱因斯坦光电效应方程容易得到

$$\nu_0=\frac{W}{h} \tag{19-11}$$

总之，只有当光照射的频率 $\nu \geqslant \nu_0$ 时才能产生光电效应。这就是光电效应的第三条实验规律。

金属的红限 ν_0 可以通过实验测定，用式（19－11）就可以计算出金属的逸出功。表 19－2 列出了几种金属的逸出功的计算值和实验值。

表 19－2　　几种金属的逸出功的计算值和实验值

金属	Cs	Na	Zn	Mo	Pt	W
$W_{计算}$/eV	1.9	2.3	3.3	4.1	4.5	4.5
$W_{实验}$/eV	1.8	2.1	3.7	4.5	5.3	5.2

【例 19－1】 钾被波长为 250nm、强度为 $2W/m^2$ 的紫外光照射，实验测得钾的逸出功为 2.21eV，求：

（1）从钾发射的光电子的最大动能。

（2）每秒从钾表面单位面积发射的最大电子数。

解：（1）由爱因斯坦光电效应方程得从钾发射的光电子的最大动能为

$$\frac{1}{2}mv_m^2=h\frac{c}{\lambda}-W=\frac{6.63\times10^{-34}\times3\times10^8}{250\times10^{-9}\times1.6\times10^{-19}}-2.21=2.76(\text{eV})$$

（2）每个光子具有的能量为

$$hv=h\frac{c}{\lambda}=4.97\text{eV}=4.97\times1.6\times10^{-19}=7.95\times10^{-19}(\text{J})$$

每秒射到钾表面单位面积的光子数为

$$n=\frac{2}{7.95\times10^{-19}}=2.52\times10^{18}(1/\text{m}^2\cdot\text{s})$$

因为一个光子只能释放一个电子，所以每秒从钾表面单位面积所能发射的最大电子数为 2.52×10^{18} 个。

三、光的波粒二象性

根据爱因斯坦的光子假设，得光子的能量 E 与其频率 ν 的关系为

$$E=h\nu \tag{19-12}$$

在第十八章中，得到光子的动量能量 p 与能量 E 的关系为 $E=cp$，将式（19-12）代入得

$$p=\frac{E}{c}=\frac{h\nu}{c}$$

由于 $c/\nu=\lambda$，因此光子的动量与其波长的关系为

$$p=\frac{h}{\lambda} \tag{19-13}$$

在式（19-12）和式（19-13）中，等式左边是描述粒子性的能量和动量，等式右边是描述波动性的频率和波长，它们通过普朗克常数联系起来。所以人们通常把 h 称为**作用量子**（quantum of action）。

光电效应实验表明光具有粒子性，而光的干涉、衍射和偏振现象又表明光具有波动性，所以光既具有波动性，又具有粒子性，即光具有波粒二象性。一般而言，光在传播过程中，波动性表现比较显著，当光和物质发生相互作用时，粒子性表现比较显著。

【例 19-2】 分别计算波长为 600nm 的红光和波长为 0.1nm 的 X 射线光子的能量、质量和动量。

解：在光的波长已知的条件下，光子的能量、质量和动量分别由下列各式计算：

$$E=h\nu=\frac{hc}{\lambda}$$

$$m=\frac{E}{c^2}=\frac{h\nu}{c^2}=\frac{h}{c\lambda}$$

$$p=\frac{h}{\lambda}$$

将红光的波长 600nm 代入上述各式，得红光的光子能量、质量和动量分别为 3.31×10^{-19}J、3.68×10^{-36}kg 和 1.10×10^{-27}kg·m/s。

将 X 射线的波长 0.1nm 代入上述各式，得 X 射线的光子能量、质量和动量分别为 1.99×10^{-15}J、2.21×10^{-32}kg 和 1.10×10^{-24}kg·m/s。

四、光电效应的应用

利用光电管制成的光控制电器可以用于自动控制，如自动计数、自动报警、自动跟踪等。图 19-6 是光控继电器的示意图，其工作原理是：当入射光照在光电管上时，光电管电路中产生光电流，经过放大器放大，使电磁铁 M 磁化，而把衔铁 N 吸住，衔铁将控制机构的电路接通。如果光电管上的光照射停止，光电管电路中没有了电流，衔铁 N 在弹簧的弹力作用下复位，控制机构的电路断开，从而实现了自动控制的目的。利用光电效应也可以测量一

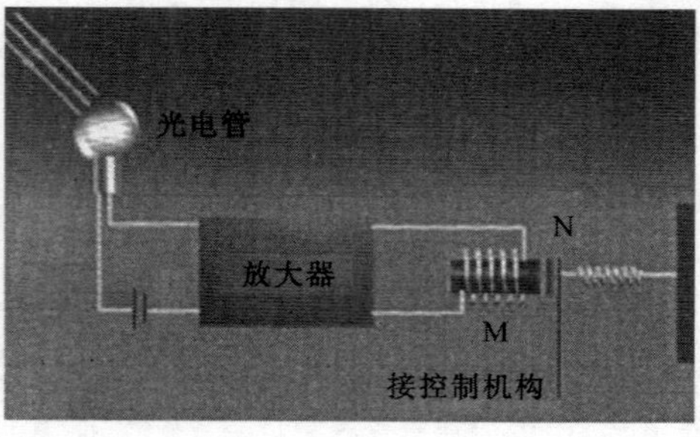

图 19-6

些转动物体的转速。

光电光度计也是利用光电管制成的，它是利用光电流与入射光强度成正比的原理，通过测量光电流来测定入射光强度的仪器。某些曝光表就是一种光电光度计。除光电管外，利用光电效应还可以制造多种光电器件，如光电倍增管、电视摄像管等，这里介绍一下光电倍增管，这种管子可以测量非常微弱的光。图 19－7 是光电倍增管的基本结构，它的管内除有一个阴极 K 和一个阳极 A 外，还有若干个倍增电极 K_1、K_2、K_3、K_4、K_5 等。使用时不但要在阴极和阳极之间加上电压，各倍增电极也要加上电压，使阴极电势最低，各个倍增电极的电势依次升高，阳极电势最高，从而保证相邻两个电极之间都有加速电场。当阴极受到光的照射时，就发射光电子，并在加速电场的作用下，以较大的动能撞击到第一个倍增电极上，光电子能从这个倍增电极上激发出较多的电子，这些电子在电场的作用下，又撞击到第二个倍增电极上，从而激发出更多的电子，这样，激发出的电子数不断增加，最后阳极 A 收集到的电子数将比最初从阴极发射的电子数增加 $10^5 \sim 10^8$ 倍。因此这种管子只要受到很微弱的光照，就能产生很大的电流，它在工程、天文、军事及科研等方面都有重要的作用。

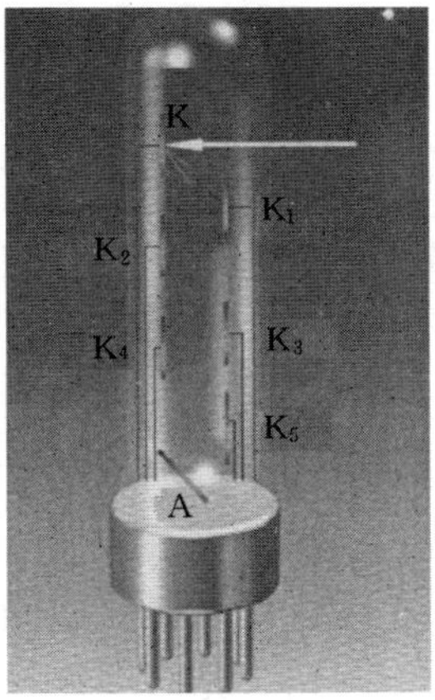

图 19－7

思考与讨论

1. 用频率为 ν_1 的单色光照射某一种金属时，测得光电子的最大动能为 E_{K1}；用频率为 ν_2 的单色光照射另一种金属时，测得光电子的最大动能为 E_{K2}。如果 $E_{K1} > E_{K2}$，试问：ν_1 与 ν_2 的关系如何？

2. 已知某单色光照射在钠表面上，测得光电子的最大动能是 1.2eV，而钠的红限波长是 540nm，试问：入射光的波长是多少？

3. 在均匀磁场 B 内放置一张很薄的金属片，其红限波长为 λ_0。用某种单色光照射，发现有电子放出，有一些光电子在垂直于磁场的平面内作半径为 R 的圆周运动。已知电子的质量为 m，其电荷的绝对值为 e。试问：照射光光子的能量是多少？

4. 用频率为 ν 的单色光照射某种金属时，逸出光电子的最大动能为 E_K；如果改用频率为 2ν 的单色光照射这种金属时，试问：逸出光电子的最大动能变为多少？

5. 用频率为 ν_1 和 ν_2 的两种单色光，先后照射同一种金属时均能产生光电效应。已知这种金属的红限为 ν_0，测得两次照射时的遏止电压 $|U_{02}| = 2|U_{01}|$，试问：这两种单色光的频率关系如何？

6. 在光电效应中发射的光电子最大初动能 $\frac{1}{2}mv_m^2$ 随入射光频率 ν 的变化关系如图 19－8所示。试问：由这个曲线怎样求出普朗克常数？

7. 在光电效应实验中，测得某金属的遏止电压 $|U_0|$ 与入射光频率 ν 的关系曲线如

图 19-9 所示，试问：该金属的红限和逸出功分别等于多少？

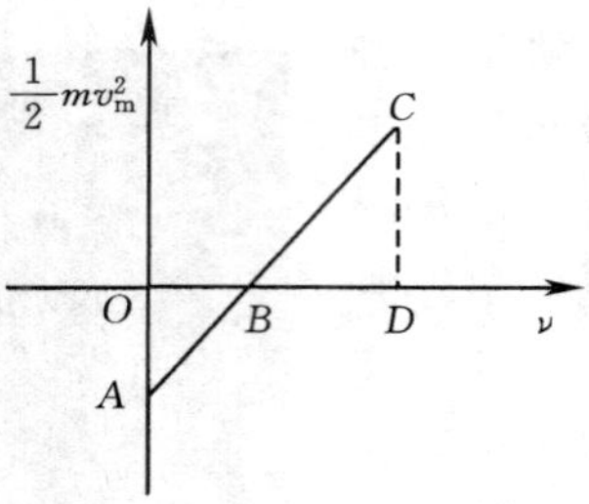

图 19-8

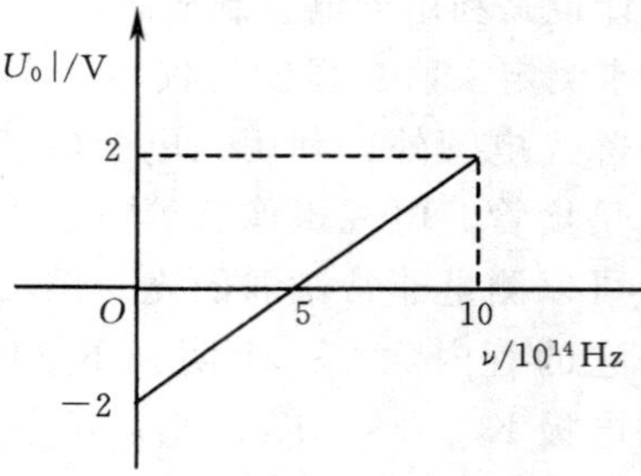

图 19-9

8. 保持光电管上的电压不变，如果入射单色光的光强增大，试问：从阴极逸出的光电子的最大初动能 E_0 和飞到阳极的电子的最大动能 E_K 如何变化？

9. 以下是一些材料的逸出功：铍 3.9eV、钯 5.0eV、铯 1.9eV、钨 4.5eV。如果要制造能在可见光下工作的光电管，试问：应该选择这些材料中的哪一种？

10. 某种金属产生光电效应的红限波长为 λ_0，以波长为 $\lambda(\lambda<\lambda_0)$ 的单色光照射该金属，试问：金属释放出的电子的动量大小为多少？

11. 已知钾的逸出功为 2.0eV，如果用波长为 360nm 的光照射在钾上，试问：光电效应的遏止电压的大小等于多少？从钾表面发射出的电子的最大速度等于多少？

12. 一台无线电接收机接收到频率为 10^8Hz 的电磁波的功率为 1μW，试问：每秒接收到的光子数等于多少？

第三节 康普顿效应

康普顿效应也是光子与电子发生作用的一种形式。1922 年，美国著名物理学家康普顿在研究 X 射线通过金属、石墨等物质的散射现象时，发现在散射 X 射线中，除有与入射波长相同的射线外，还有波长比入射波长更长的射线，这种现象称为**康普顿效应**（Compton effect）。

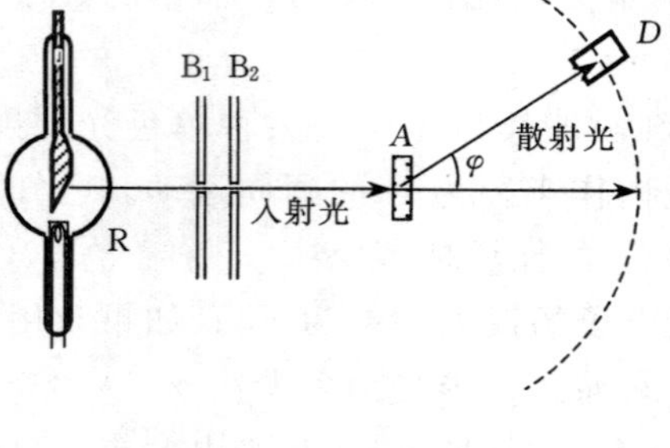

图 19-10

图 19-10 是康普顿效应实验装置的示意图，由射线管 R 发出波长为 λ_0 的单色 X 射线，通过光阑系统 B_1、B_2 后成为一束很窄的 X 射线，并被投射到散射物质 A（如金属、石墨等）上，用摄谱仪 D 探测不同方向（散射角 φ 不同）的散射 X 射线的强度 I。

康普顿采用上述实验装置得到如图 19-11 所示的结果。在 $\varphi=0$ 的方向上，散射 X 射线的波长与入射 X 射线的波长 λ_0 相同，没有其他波长的 X 射线。而在 $\varphi\neq0$ 的方向上，散射 X 射线中含有两种波长的 X 射线，一种散射 X 射线的波长仍然与入射 X 射线的波长 λ_0 相同，另一种散射 X 射线的波长 $\lambda>\lambda_0$。并且当散射角 φ 增大时，λ 也变大，波长的增

量 $\lambda-\lambda_0$ 与散射物质无关。康普顿发现 $\lambda-\lambda_0$ 与散射角 φ 之间符合如下关系

$$\lambda-\lambda_0=2\lambda_c\sin^2\frac{\varphi}{2} \tag{19-14}$$

其中 $\lambda_c=2.426\times10^{-12}$ m 称为**康普顿波长**（Compton wavelength）。

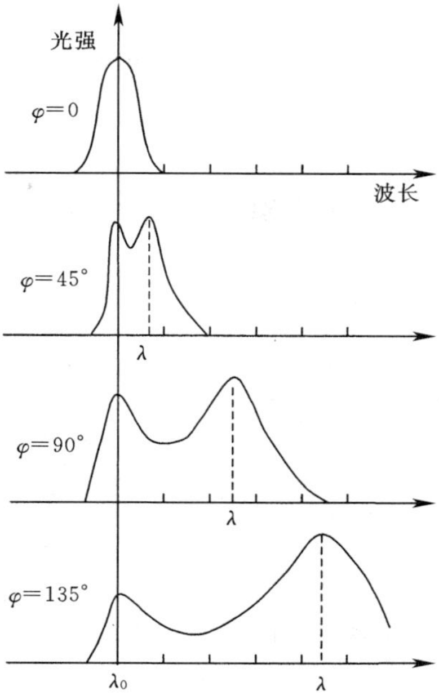

图 19－11

按照经典的电磁理论，当频率为 ν_0 的单色电磁波作用在散射物体的自由电子上时，带电粒子将以入射电磁波相同的频率作电磁振动，单色电磁波将使自由电子做同频率 ν_0 的受迫振动，并向各方向辐射出同一频率 ν_0 的电磁辐射。然而，在康普顿 X 射线的散射实验中却出现了散射光的波长变长的现象，这表明经典理论不能解释康普顿效应。

1922 年，康普顿用光子理论解释了康普顿效应，他认为康普顿效应是 X 射线光子与电子碰撞的结果。在碰撞过程中自由电子得到光子的部分能量而成为反冲电子，散射光子由于能量减少，使得频率降低，波长变长。此外，如果光子与原子中的束缚电子发生碰撞，这时可以认为是光子与整个原子发生了碰撞。由于原子的质量远远大于光子的质量，因此在碰撞过程中光子的能量几乎没有损失，散射光的频率和波长不变。如果散射物的原子序数较大，原子中就有更多的电子受到原子核的束缚，导致波长为 λ_0 的散射光强度增强，而波长为 λ 的散射光强度相应地减弱。

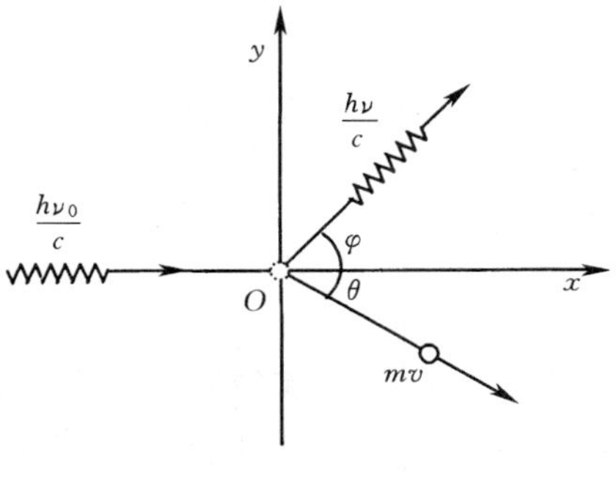

图 19－12

下面来定量分析光子和自由电子的碰撞。由于自由电子的速度远远小于光子的速度，因此可认为在碰撞前是静止的。如图 19－12 所示，设碰撞前光子沿 x 轴正方向运动，其能量为 $h\nu_0$、动量为 $\frac{h\nu_0}{c}$，电子的能量为 m_0c^2、动量为 0；碰撞以后光子沿着与 x 轴正方向成 φ 角的方向运动，其能量为 $h\nu$、动量为 $\frac{h\nu}{c}$，电子沿着与 x 轴正方向成 θ 角的方向运动，其能量为 mc^2、动量为 mv^2。由能量守恒定律得

$$h\nu_0+m_0c^2=h\nu+mc^2 \tag{19-15}$$

由动量守恒定律得碰撞系统分别在 x 方向和 y 方向的动量守恒方程为

$$\frac{h\nu_0}{c}=\frac{h\nu}{c}\cos\varphi+mv\cos\theta \tag{19-16}$$

$$0=\frac{h\nu}{c}\sin\varphi-mv\sin\theta \tag{19-17}$$

将式（19-16）和式（19-17）分别移项得

$$\frac{h\nu_0}{c}-\frac{h\nu}{c}\cos\varphi=mv\cos\theta$$

$$\frac{h\nu}{c}\sin\varphi=mv\sin\theta$$

将以上两式分别平方后再相加，得

$$m^2v^2c^2=h^2\nu^2+h^2\nu_0^2-2h^2\nu\nu_0\cos\varphi \tag{19-18}$$

将式（19-15）改写为

$$mc^2=h(\nu_0-\nu)+m_0c^2$$

上式两边平方得

$$m^2c^4=h^2\nu_0^2+h^2\nu^2-2h^2\nu_0\nu+m_0^2c^4+2hm_0c^2(\nu_0-\nu) \tag{19-19}$$

由式（19-19）减去式（19-18）得

$$m^2c^4\left(1-\frac{v^2}{c^2}\right)=m_0^2c^4-2h^2\nu\nu_0(1-\cos\varphi)+2hm_0c^2(\nu_0-\nu) \tag{19-20}$$

由狭义相对论的质速关系式 $m=\dfrac{m_0}{\sqrt{1-v^2/c^2}}$得

$$m\left(1-\frac{v^2}{c^2}\right)=m_0$$

将上式代入式（19-20）中，整理后得

$$m_0c^2(\nu_0-\nu)=h\nu\nu_0(1-\cos\varphi)$$

上式两边除以 $m_0c\nu\nu_0$ 得

$$\frac{c}{\nu}-\frac{c}{\nu_0}=\frac{h}{m_0c}(1-\cos\varphi)$$

其中$\dfrac{c}{\nu}=\lambda$、$\dfrac{c}{\nu_0}=\lambda_0$、$1-\cos\varphi=2\sin^2\dfrac{\varphi}{2}$，即得波长的改变量为

$$\Delta\lambda=\lambda-\lambda_0=\frac{2h}{m_0c}\sin^2\frac{\varphi}{2} \tag{19-21}$$

将式（19-21）与式（19-14）比较可以看出，康普顿波长为

$$\lambda_c=\frac{h}{m_0c} \tag{19-22}$$

将 h、m_0、c 代入式（19-22），计算结果为 $\lambda_c=2.426\times10^{-12}\text{m}$，与实验值完全符合。

在式（19-21）中，当 $\varphi=0$ 时，光子与电子没有发生碰撞，因此波长不变。而当 $\varphi\neq0$ 时，光子与电子发生了碰撞，因此 $\lambda>\lambda_0$，当 φ 增大时，$\lambda-\lambda_0$ 也随之增大。应注意到，散射光的波长改变量 $\Delta\lambda$ 的数量级为 10^{-12}m。对于波长较长的光波（如可见光波）来说，康普顿效应是难以观察到的，只有波长较短的光波（如 X、γ 射线等）才能观察到康普顿效应。

康普顿效应的理论分析和实验结果的高度一致性，不仅有力地证实了光子学说的正确性，同时也证实了在微观粒子的相互作用过程中，同样严格地遵守着能量守恒定律和动量守恒定律。

由于经典物理观念根深蒂固，康普顿效应一经提出，就遭到很多人的怀疑和非难。他们

认为这个实验证据不充分，期望提出新的实验结果向康普顿的结论挑战。为了取得更全面的实验证据，康普顿所在的芝加哥大学物理实验室开展了深入的研究，其中来自中国的研究生吴有训工作最有成效。他以高超的实验技术为康普顿效应的确认做出了重大贡献。

吴有训是1921年底赴美，1922年1月进入芝加哥大学的。这时康普顿正以访问学者的身份在芝加哥大学从事研究和教学，1923年正式成为芝加哥大学教授。所以几乎从一开始，吴有训就和康普顿一起进行X射线的散射实验。康普顿最初发表的论文只涉及石墨一种散射物质，尽管已经获得了明确的资料，但终究还只限于某一特殊条件，难以令人信服。为了证明这一效应的普遍性，吴有训在康普顿的指导下，做了七种物质的X射线散射曲线，并于1925年发表论文，有力地证明了康普顿效应的客观存在。有一段时期，苏联学者鉴于吴有训的工作对肯定康普顿效应的功绩，将康普顿效应改称为康普顿-吴有训效应，吴有训却公开表示反对，表现了一位科学家求实的态度和谦虚的美德。

【例 19－3】 设有波长 $\lambda_0=0.1\text{nm}$ 的X射线光子与静止的自由电子作完全弹性碰撞，散射X射线的散射角等于90°。问：

（1）求这个方向散射X射线的波长改变量 $\Delta\lambda$ 等于多少？

（2）反冲电子获得多少动能？

（3）在碰撞过程中，光子损失了多少能量？

解：（1）由康普顿散射公式得

$$\Delta\lambda=2\lambda_c\sin^2\frac{\varphi}{2}=2.426\times10^{-12}(\text{m})=2.426\times10^{-3}(\text{nm})$$

（2）由于X射线光子与静止的自由电子作完全弹性碰撞，因此在碰撞过程中能量守恒，即

$$\frac{hc}{\lambda_0}+m_0c^2=\frac{hc}{\lambda}+mc^2$$

其中 $\lambda=\lambda_0+\Delta\lambda$，因此反冲电子获得的能量（等于电子获得的动能）为

$$E_k=mc^2-m_0c^2=\frac{hc}{\lambda_0}-\frac{hc}{\lambda_0+\Delta\lambda}=295(\text{eV})$$

（3）因为在碰撞过程中能量守恒，所以反冲电子获得的能量就是X射线光子损失的能量，即在碰撞过程中，光子损失的能量为295eV。

【例 19－4】 在康普顿散射中，入射光子的波长 $\lambda_0=3.00\times10^{-3}\text{nm}$，反冲电子的速度为 $0.6c$，c 为真空中的光速。求散射光子的波长及散射角。

解：在碰撞过程中能量守恒，即

$$\frac{hc}{\lambda_0}+m_0c^2=\frac{hc}{\lambda}+mc^2$$

反冲电子的质量为

$$m=\frac{m_0}{\sqrt{1-v^2/c^2}}$$

以上两式联立解得

$$\frac{1}{\lambda}=\frac{1}{\lambda_0}-\frac{m_0c}{h}\left(\frac{1}{\sqrt{1-v^2/c^2}}-1\right)=\frac{1}{\lambda_0}-\frac{1}{\lambda_c}\left(\frac{1}{\sqrt{1-v^2/c^2}}-1\right)$$

将各个已知量代入上式，即得散射光子的波长为

$$\lambda=4.34\times10^{-3}\text{nm}$$

由于散射光子的波长改变量为

$$\Delta\lambda=\lambda-\lambda_0=1.34\times10^{-3}(\text{nm})$$

因此由康普顿散射公式 $\Delta\lambda=2\lambda_c\sin^2\dfrac{\varphi}{2}$ 解得散射光子的散射角为

$$\varphi=62.3°$$

思 考 与 讨 论

1. 在康普顿散射中，反冲电子的速度为光速的 0.6 倍，试问：因散射使电子获得的能量是其静止能量的多少倍？

2. 在康普顿效应实验中，散射光波长是入射光波长的 1.2 倍，试问：散射光子的能量与反冲电子的动能之比为多少？

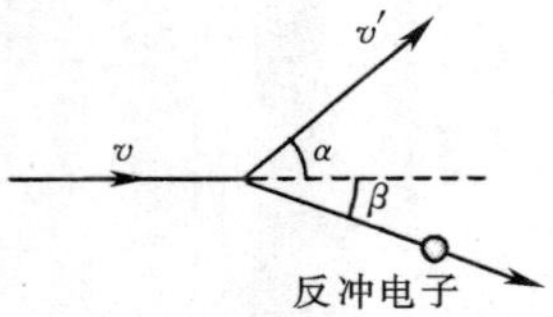

图 19－13

3. 光子能量为 0.5MeV 的 X 射线入射到某种物质上发生康普顿散射。测得反冲电子的动能为 0.1MeV，试问：散射光波长的改变量与入射光波长的比值等于多少？

4. 在康普顿散射中，入射光子与散射光子的波长分别为 λ 和 λ'，试问：反冲电子获得的动能等于多少？

5. 如图 19－13 所示，频率为 ν 的入射光子与静止的自由电子发生碰撞，设散射光子的频率为 ν'，反冲电子的动量为 p，写出在与入射光子平行的方向上的动量守恒定律的分量形式。

第四节　氢原子光谱　玻尔的氢原子理论

在 19 世纪 80 年代，人们将看似毫无规律的氢原子的线光谱归结成有规律的公式，这使人们有理由认为，光谱规律的实质应该是原子内在的结构特点所致，线光谱传递着原子内部的信息。1897 年，汤姆逊发现了电子，这进一步促使人们去探索原子的结构。应该说量子假设、光谱学和电子的发现这三大线索，为运用量子理论研究原子结构提供了坚实的理论和实验基础。

一、原子光谱的规律性

原子发光是重要的原子现象之一。19 世纪中叶，科学家们测量了许多元素的线光谱的波长，在所有的原子中，氢原子及其光谱规律是最简单的，其可见光谱如图 19－14 所示。从长波向短波方向数的前 4 条谱线分别称为 H_α、H_β、H_γ 和 H_δ，实验测得它们的波长分别为 $\lambda_\alpha=656.3\text{nm}$、$\lambda_\beta=486.1\text{nm}$、$\lambda_\gamma=434.0\text{nm}$、$\lambda_\delta=410.2\text{nm}$。

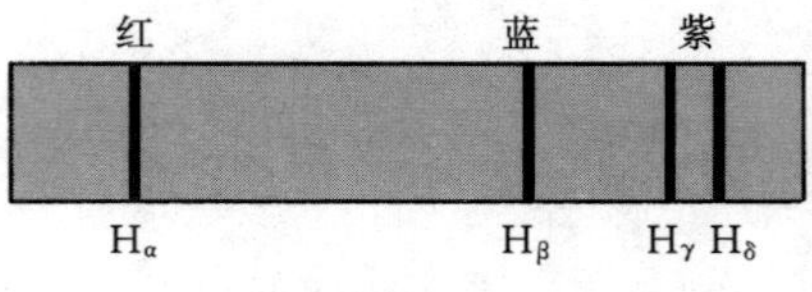

图 19－14

1885年，瑞士数学家巴耳末发现，氢原子的线光谱在可见光部分的谱线可以归纳为如下公式

$$\frac{1}{\lambda}=R\left(\frac{1}{2^2}-\frac{1}{n^2}\right),\quad n=3,4,5,6 \tag{19-23}$$

式中，$R=1.097\times10^7\mathrm{m}^{-1}$称为**里德伯常数**（rydberg constant）。将可见光区域的所有谱线的总体称为**巴耳末系**（Balmer series）。巴耳末是人类历史上第一个发现原子光谱可以组成线系的科学家。

在氢原子光谱中，除了可见光部分的巴耳末谱线系以外，还有此后陆续被发现的紫外线和红外线部分的谱线系。

（1）在紫外线部分有：1906年，T. Lyman 发现的莱曼系$\frac{1}{\lambda}=R\left(\frac{1}{1^2}-\frac{1}{n^2}\right)$，$n=2$，3，4，…

（2）在红外光部分有：

1）1908年，F. Paschen 发现的帕邢系$\frac{1}{\lambda}=R\left(\frac{1}{3^2}-\frac{1}{n^2}\right)$，$n=4$，5，6，…

2）1922年，F. Brackett 发现的布拉开系$\frac{1}{\lambda}=R\left(\frac{1}{4^2}-\frac{1}{n^2}\right)$，$n=5$，6，7，…

3）1924年，H. A. Pfund 发现的普丰德系$\frac{1}{\lambda}=R\left(\frac{1}{5^2}-\frac{1}{n^2}\right)$，$n=6$，7，8，…

以上各谱线系的光谱线规律，可以概括为

$$\frac{1}{\lambda}=R\left(\frac{1}{n_f^2}-\frac{1}{n_i^2}\right) \tag{19-24}$$

在上式中，对于给定的n_f（=1，2，3，4，5），n_i的取值为n_f+1，n_f+2，n_f+3，…。

在氢原子光谱的谱线规律发现以后，里德伯和里兹等人又于1908年发现碱金属的线光谱也有类似于氢原子线光谱的规律性，这无疑在暗示着人们，原子的内部存在着固有的规律性。

二、卢瑟福的原子有核模型

汤姆逊发现了电子以后，人们就知道了这样一些事实，即原子中除了有带负电的电子以外，还存在带正电的部分，并且原子内部正、负电荷相等。但是在原子内部，电子和正电荷是如何分布的问题却困扰着当时的物理学家们。

1903年，汤姆逊曾提出这样一种原子结构模型，带正电的物质均匀地分布在球内，而带负电的电子则一粒一粒地分布在这个球内的不同位置上，且可以在球内作谐振动。人们曾把这种原子模型比喻为“葡萄干蛋糕模型”。由于该模型无法解释α粒子散射的实验结果，因此很快被否定了。

1909年，在英国物理学家、汤姆逊的研究生卢瑟福的建议下，盖革和马斯登进行了如图19-15所示的α粒子散射实验。从放射源镭中放射出α粒子，α粒子穿过小孔射在金属箔上被散射后，朝各个方向运动。实验发现，多数α粒子的散射角φ很小，但也存在大散射角的α粒子，有的大于90°，甚至接近于180°。

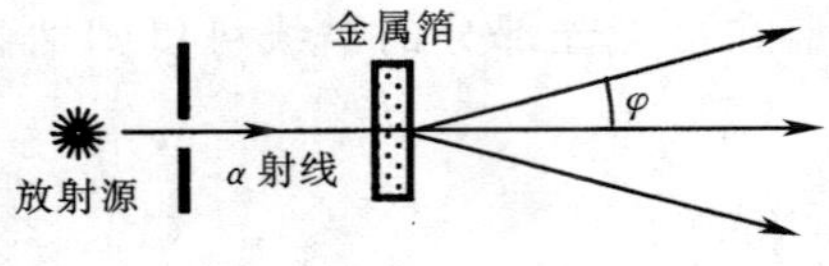

图 19-15

α 粒子散射实验似乎表明原子的质量集中于中心，且带正电荷。于是，卢瑟福于 1911 年提出了原子的有核模型：**带正电的物质（原子核）集中在一个很小的体积内，电子则围绕原子核转动。原子序数为 Z 的元素，它的原子内的原子核的电荷数为 $+Ze$，核外有 Z 个电子围绕原子核转动，原子半径的数量级约为 10^{-10} m，核半径数量级约为 10^{-14} ～ 10^{-15} m。**由于原子的有核模型能很好地解释 α 粒子散射实验，因此很快得到公认。

卢瑟福的原子核型结构与经典的电磁理论有着深刻的矛盾，经典的电磁理论不能解释如下两个问题：

（1）原子的稳定性问题。按照经典电磁理论，作加速运动的电荷会发射电磁波，电子绕原子核运动时存在加速度，原子就应该不断地发射电磁波，它的能量随之不断地减少，电子将作螺旋线运动而逐渐趋于原子核，最终会落在原子核上。如果是这样的话，原子就应该是不稳定的，但实际上原子是稳定的。

（2）原子光谱的分立性问题。按照经典的电磁理论，加速电子发射的电磁波频率等于电子绕原子核转动的频率，由于电子作螺旋线运动，它转动的频率连续地变化，发射电磁波的频率也应该是连续变化的，而实验事实指出，原子的光谱是线状的，即具有分立的频率值，而不是连续变化的。

三、玻尔的氢原子理论

玻尔根据卢瑟福原子核模型和原子的稳定性出发，应用普朗克的量子概念，于 1913 年提出了关于氢原子内部运动的理论，成功地解释了氢原子光谱的规律性。

1. 三个基本假设

（1）定态假设。原子系统具有一系列不连续的运动状态，在这些状态中，电子虽然作加速运动，但并不发射电磁波，因此具有恒定的能量，这些状态称为原子系统的稳定状态（简称定态）。

（2）量子化条件。在电子绕原子核作圆周运动中，其稳定状态必须满足电子的角动量 L 等于 $\frac{h}{2\pi}$ 的整数倍的条件，即

$$L=n\frac{h}{2\pi},\ n=1,2,3,\cdots \tag{19-25}$$

式中，正整数 n 称为**量子数**（quantum number）。式（19-25）称为**量子化条件**（quantization condition）。

设电子以速度 v 在半径为 r 的圆周上绕原子核运动，则电子的角动量 $L=mvr$，其中 m 为电子的质量，式（19-25）也可以写为

$$mvr=n\frac{h}{2\pi},\ n=1,2,3,\cdots$$

（3）频率条件。当原子从能量较高的稳定状态跃迁到能量较低的稳定状态，亦即电子从高能量 E_i 的轨道跃迁到低能量 E_f 的轨道上时，所发射的单色光频率 ν 满足

$$h\nu = E_i - E_f \tag{19-26}$$

式（19－26）称为**频率条件**（frequency condition）。

在这三条假设中，第一条虽然是经验性的，但它是玻尔对原子结构理论的重大贡献，因为它对经典概念作了巨大的修改，从而解决了原子稳定性的问题。第二条所表述的角动量量子化则是人为设定的，后来发现它可以从德布罗意假设自然得出。第三条是从普朗克量子假设引申来的，用它可以解释线光谱的起源。

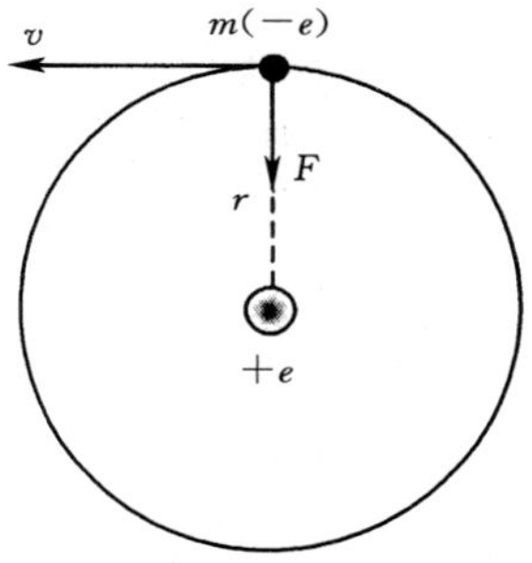

图 19－16

2. 氢原子的轨道半径和能量

如图 19－16 所示，设在氢原子中，电子的质量为 m，绕核做圆周运动的半径为 r，则由库仑定律和牛顿运动定律得

$$\frac{e^2}{4\pi\varepsilon_0 r^2} = m\frac{v^2}{r} \quad 或 \quad mv^2 = \frac{e^2}{4\pi\varepsilon_0 r} \tag{19-27}$$

由量子化条件 $mvr = n\dfrac{h}{2\pi}$ 得

$$v = \frac{nh}{2\pi mr}$$

以上两式联立解得电子绕核的圆周运动半径为

$$r_n = \frac{\varepsilon_0 h^2}{\pi me^2}n^2 = r_1 n^2,\ n=1,2,3,\cdots \tag{19-28}$$

其中 $r_1 = \dfrac{\varepsilon_0 h^2}{\pi me^2}$，将 ε_0、h、m 和 e 的值代入得 $r_1 = 0.53\times10^{-10}\text{m}$。$r_1$ 是电子第一轨道（即 $n=1$）的半径，是最靠近核的轨道的半径，称为**玻尔半径**（bohr radius）。

由式（19－28）可以看出，电子的稳定轨道半径只能取分立的、不连续的值，这种现象称为**轨道半径的量子化。**

氢原子的能量等于电子的动能与势能之和，当电子在半径为 r_n 的轨道上以速度 v_n 绕核做圆周运动时，电子的动能为$\dfrac{1}{2}mv_n^2$，势能为$-\dfrac{e^2}{4\pi\varepsilon_0 r_n}$，因此氢原子的能量为

$$E_n = \frac{1}{2}mv_n^2 - \frac{e^2}{4\pi\varepsilon_0 r_n} \tag{19-29}$$

将式（19－27）代入式（19－29）得

$$E_n = -\frac{e^2}{8\pi\varepsilon_0 r_n} \tag{19-30}$$

再将式（19－28）代入式（19－30）即得氢原子的能量为

$$E_n = -\frac{me^4}{8\varepsilon_0^2 h^2}\frac{1}{n^2} = \frac{E_1}{n^2},\ n=1,2,3,\cdots \tag{19-31}$$

其中 $E_1 = -\dfrac{me^4}{8\varepsilon_0^2 h^2} = -13.6\text{eV}$，$-E_1$ 就是将电子从氢原子的第一玻尔轨道上移到无限远处所需的能量值，即**电离能**（ionizing energy）。氢的电离能的实验值为 13.599eV，它与理论值吻合得非常好。

由式（19－31）可以看出，氢原子的能量只能取分立的、不连续的值，即氢原子的能

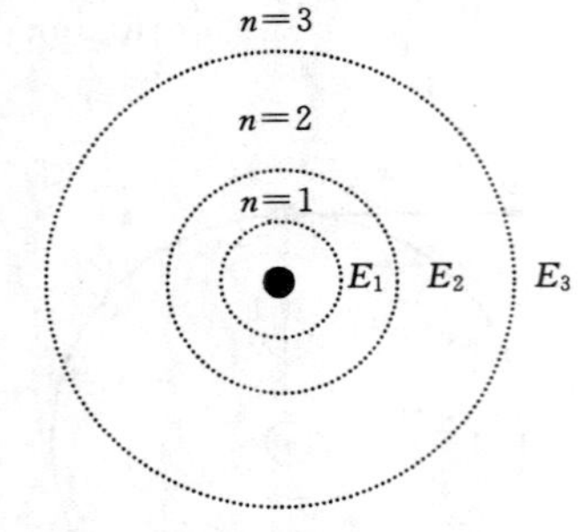

图 19-17

量也是量子化的。氢原子不连续的能量称为**能级**（energy level）。式（19-31）就是**玻尔的氢原子能级公式。**其中能量 E_1 最低，即当电子在最靠近核的轨道上运动时能量最低，这时原子最稳定，在正常状态下电子总是在 r_1 轨道上运动，这个状态称为**基态**（ground state）。能量 E_2、E_3、E_4、…都比 E_1 高，离核越远，能量越大，$n>1$ 的定态称为**激发态**（excited state），如图 19-17 所示。

3. 玻尔的氢原子理论对氢原子光谱规律性的解释

当电子从较高能级 E_i 跃迁到较低能级 E_f 时，由频率条件式（19-26）得原子辐射的光子能量为

$$h\nu=E_i-E_f$$

其中 ν 是辐射光子的频率，把式（19-31）代入上式，得

$$\nu=\frac{me^4}{8\varepsilon_0 h^3}\left(\frac{1}{n_f^2}-\frac{1}{n_i^2}\right)$$

设 λ 为辐射光子的波长，由于 $\lambda=c/\nu$，可得

$$\frac{1}{\lambda}=\frac{me^4}{8\varepsilon_0 h^3 c}\left(\frac{1}{n_f^2}-\frac{1}{n_i^2}\right) \quad 或 \quad \frac{1}{\lambda}=R\left(\frac{1}{n_f^2}-\frac{1}{n_i^2}\right) \tag{19-32}$$

其中 $R=\frac{me^4}{8\varepsilon_0 h^3 c}=1.097\times10^7\,\text{m}^{-1}$，这个数值与里德伯常量 R 的实验值完全符合。可见，由玻尔的氢原子理论很好地解释了氢原子光谱的规律性。

图 19-18 是氢原子能级跃迁与光谱系之间的关系，图 19-18 中将能级按大小的顺序排列起来，称为**能级图**（energy level diagram）。波长为 λ 的光谱线是氢原子从高能级 E_i（对应的量子数为 n_i）跃迁到低能级 E_f（对应的量子数为 n_f，并且 $n_i>n_f$）时产生的，图中每两个能级之间的有箭头的线段表示氢原子在两个能级之间跃迁时产生的谱线。在同一谱线系中 n_f 相同 n_i 不同，因此**同一谱线系中各条谱线是原子从许多高能级跃迁到同一个低能级时产生的。**例如巴耳末系是原子从 $n_i=3，4，5，\cdots$的能级跃迁到 $n_f=2$ 的能级时产生的。

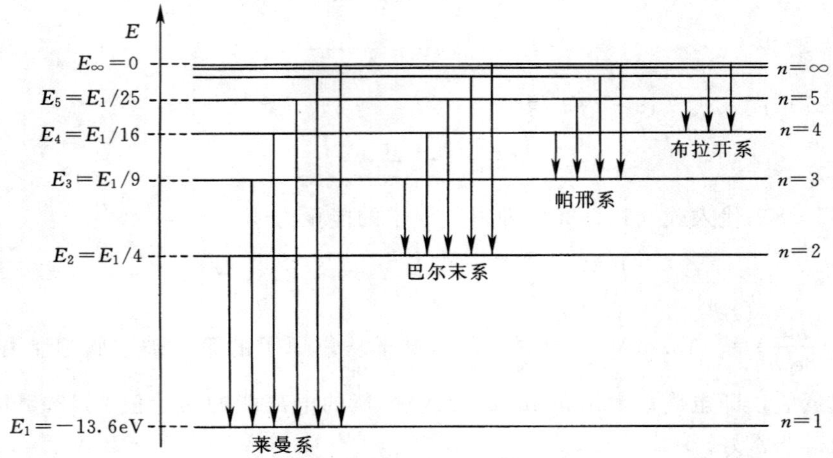

图 19-18

在前面的讨论中已知，氢原子的玻尔理论圆满地解释了氢原子光谱的规律性，从理论上导出了里德伯常量，并能对只有一个价电子的原子或离子（称为类氢原子）光谱给予说明，他提出的能级概念不久就被弗兰克—赫兹实验证实了。尽管如此，玻尔的氢原子理论仍然存在一些缺陷，首先，玻尔理论只能说明氢原子及类氢原子的光谱规律，而在解释多电子原子的光谱规律时却遇到了巨大困难；第二，玻尔理论无法处理谱线的强度、偏振以及谱线宽度等问题；第三，玻尔理论不能说明原子是如何组成分子的。其实，玻尔理论只是经典理论与量子化条件的拼凑产物，对量子化条件的引入也缺乏理论解释，因此它并不是一个完善的量子理论。即便如此，玻尔理论对量子力学的建立和发展有着重大的先导作用和影响，并且由于它所采用的电子轨道、能级等纯粒子性的语言比较形象，至今仍被人们沿用。

【例 19－5】 动能为 $E_k=12.5\text{eV}$ 的电子通过碰撞的方法使氢原子激发，最高可以使氢原子激发到哪一个能级？当回到基态时，能产生哪些谱线？其波长分别等于多少？

解：设基态的氢原子吸收能量 ΔE 被激发到量子数为 n 的能级，由玻尔的氢原子能级公式（19－31）得

$$\Delta E=E_n-E_1=\frac{E_1}{n^2}-E_1$$

由于 $\Delta E\leqslant E_k$，因此

$$n\leqslant\sqrt{\frac{E_1}{E_k+E_1}}=\sqrt{\frac{-13.6}{12.5-13.6}}=3.5$$

由于 n 只能取整数，所以氢原子最高可以被激发到 $n=3$ 的能级。

氢原子从 $n=3$ 的激发态回到基态时，可以产生 3 条谱线。它们分别对应 $n=3\to n=2$、$n=3\to n=1$、$n=2\to n=1$ 的跃迁。当 $n=3\to n=2$ 跃迁时

$$h\nu=\frac{hc}{\lambda}=E_3-E_2$$

其中 $E_3=\frac{E_1}{3^2}=\frac{E_1}{9}$、$E_2=\frac{E_1}{2^2}=\frac{E_1}{4}$，因此

$$\lambda_1=-\frac{36hc}{5E_1}=-\frac{36\times6.63\times10^{-34}\times3\times10^{10}}{5\times(-13.6)\times1.6\times10^{-19}}\times10^9=656.3(\text{nm})$$

即当氢原子发生 $n=3\to n=2$ 的跃迁时，产生的谱线的波长为 656.3nm。同理，当氢原子发生 $n=3\to n=1$、$n=2\to n=1$ 的跃迁时，产生的谱线的波长分别为 102.6nm、121.6nm。

思考与讨论

1. 要使处于基态的氢原子受激发后能发射赖曼系的最长波长的谱线，试问：至少应向基态氢原子提供多少 eV 的能量？

2. 根据玻尔理论，试问：氢原子在 $n=5$ 轨道上的动量矩与在第一激发态的轨道动量矩之比等于多少？

3. 根据玻尔理论，试问：氢原子中的电子在 $n=4$ 的轨道上运动的动能与在基态的轨道上运动的动能之比等于多少？

4. 已知氢原子从基态激发到某一定态所需的能量为 10.19eV，试问：当氢原子从能量为−0.85eV 的状态跃迁到这个定态时，所发射的光子的能量为多少？

5. 氢原子基态的电离能是多少 eV？电离能为+0.544eV 的激发态氢原子，其电子所处的轨道为多少？

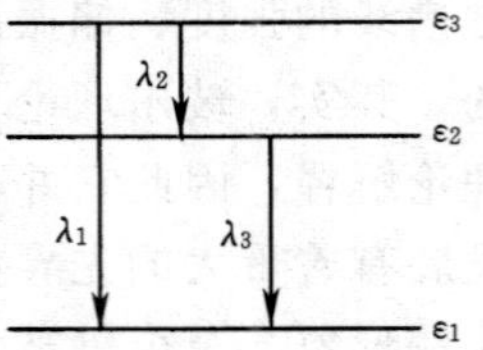

图 19-19

6. 设大量氢原子处于 $n=4$ 的激发态，它们跃迁时发射出一簇光谱线。试问：这簇光谱线最多可能有几条？其中最短的波长是多少？

7. 如图 19-19 所示，被激发的氢原子跃迁到低能级时（图 19-19中的 ε_1 不是基态能级），可发出波长为 λ_1、λ_2 和 λ_3 的辐射，试问：这三个波长满足什么关系式？对应频率 ν_1、ν_2 和 ν_3 满足什么关系式？

第五节　实物粒子的波动性

光的干涉、衍射等现象说明光具有波动性，光电效应和康普顿效应说明光具有粒子性，即光具有波粒二象性。1924 年，法国物理学家、年轻的博士研究生路易·德布罗意受到光的波粒二象性的启发，提出与此完全对称的设想，即实物粒子（如电子、中子、质子等）也具有波粒二象性。他说："在整个世纪（指 19 世纪）以来，在光学的研究中，比起波动研究方法来，过于忽视了粒子的研究方法。那么在物质理论上，是否发生了相反的错误？是不是把关于粒子的图像想得太多，而过分地忽略了波的图像？"

德布罗意将光的波粒二象性公式 $E=h\nu$ 和 $p=h/\lambda$ 推广应用于实物粒子，并作了如下假设：每一个运动的实物粒子都有一个波与之相联系，该波的波长 λ 与粒子的动量 p 之间的关系为

$$\lambda=\frac{h}{p} \tag{19-33}$$

上式称为**德布罗意公式。**其中 $p=mv$，质量 m 由相对论质量与速度关系式（18-33）确定，当 $v\ll c$ 时，$m=m_0$。**与实物粒子相联系的波称为德布罗意波**（de Broglie wave）或**物质波**（material wave）。值得注意的是，物质波的频率 ν、波长 λ 与粒子运动速度 v 之间并不满足关系式 $v=\lambda\nu$。

【例 19-6】 电子经 200V 的电压加速后，其德布罗意波长等于多少？

解：由于电子获得的动能值不大，其速度远远小于光速 c，因此不必采用相对论来处理问题。

由动能定理得

$$\frac{p^2}{2m_0}=eU$$

因此电子的动量为

$$p=\sqrt{2em_0U}$$

由式（19-33）得电子的德布罗意波长为

$$\lambda=\frac{h}{p}=\frac{h}{\sqrt{2em_0U}} \tag{19-34}$$

将电子的静质量 $m_0=9.1\times10^{-31}$kg、电量 $e=1.6\times10^{-19}$C、普朗克常数 $h=6.626\times10^{-34}$ J·s 代入式（19－34），波长采用 nm 作单位，得

$$\lambda=\frac{1.22}{\sqrt{U}}(\mathrm{nm})$$

将 $U=200$V 的代入上式，即得德布罗意波长为

$$\lambda=8.63\times10^{-2}(\mathrm{nm})$$

这个波长的数量级与 X 射线的波长数量级相同。

1924 年，德布罗意提出物质波时只是一个假设，直到 1927 年，戴维逊和革末才通过实验证实了物质波的存在，实验装置如图 19－20 所示。K 是炽热的灯丝，电子从灯丝射出后经电压为 U 的加速电场加速，通过狭缝 D 后成为很窄的平行电子束，这束电子以角度 φ 投射在单晶体（例如镍）M 上，沿 φ 方向反射的电子束进入电子探测器 B 中，反射电子流的强度 I 由电流计Ⓖ测出。实验时保持 φ 角不变，测量在不同加速电压 U 下反射电子流的强度 I。实验结果如图 19－21 所示。图 19－21 中，曲线的横坐标为加速电压 U 的正平方根值，纵坐标为对应的电子流强度 I。从图中可以看出，当 $\sqrt{U}$ 单调地增加时，电子流强度 I 有一系列的极大值，说明电子探测器中的电流 I 具有明显的选择性，即只有在加速电压等于某些特定值时，才发生遵守反射定律的电子反射。由于电子的速度 v 与加速电压 U 的关系式为 $v=\sqrt{\frac{2eU}{m_0}}$，因此得到如下实验结论：当电子以一定的方向投射到晶体表面上时，只有速度等于某些特定量值（对应于图中 I 为极大时的各个电压值）的电子，才能准确地遵照反射定律在晶体表面上反射。要解释这样的实验结果，就必须承认电子具有波动性。

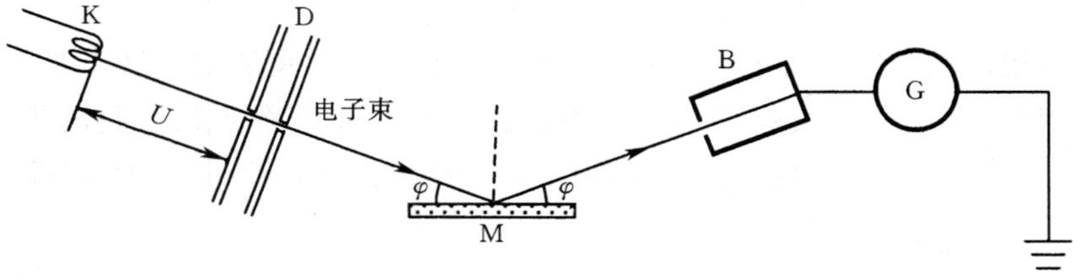

图 19－20

在第十四章第五节中讨论晶体对 X 射线的衍射时，得到的结论是，当 X 射线以一定角度 φ 入射到晶体表面上时，只有的波长 λ 满足布拉格公式 $2d\sin\varphi=k\lambda$ 的那些 X 射线才会发生反射。布拉格式中 d 为晶体常数，k 为整数。

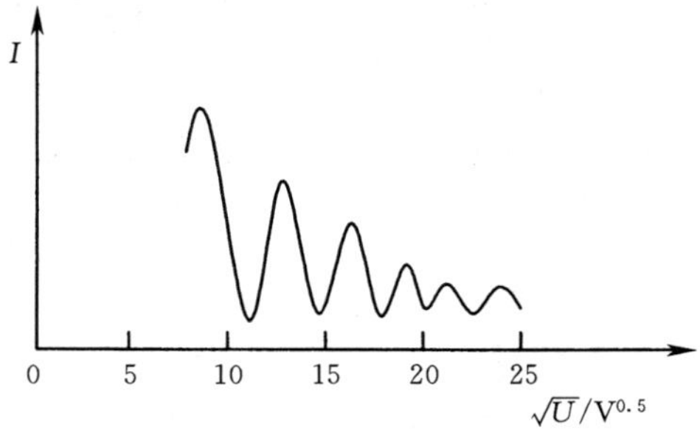

图 19－21

将戴维逊和革末的实验结果与晶体对 X 射线的衍射情况对比，我们发现它们极为相似。因此必须假设电子也具有波动性质，反射时也服从布拉格公式。将式（19－34）代入布拉格公式得

$$2d\sin\varphi=kh\sqrt{\frac{1}{2em_0}}\frac{1}{\sqrt{U}},\ k=1,2,3,\cdots$$

式中，m_0、e、h 均为常数，对于确定的晶体，d 为恒量，在角度 φ 一定的情况下，当 k 取一系列正整数时，会得到一系列的 U 值。即只有当加速电压 U 等于这些值时，上式才成立，才会出现电子流强度 I 的极大值。由于计算的数值与实验值相符合，因此证实了德布罗意假设的正确性。

在戴维逊和革末利用电子在晶面上的散射证实了电子的波动性的同一年，英国物理学家汤姆逊观察到电子透过多晶薄片时的衍射现象，这种现象也同样证实德布罗意假设的正确性。

既然电子具有波动性，自然会联想到原子、分子、中子等微观粒子是否也具有波动性的问题。用各种气体分子所作的类似实验证实了分子具有波动性，后来也观察到了中子的衍射现象。因此可以说，**所有微观粒子都具有波动性，波粒二象性是一切微观粒子的共同属性。**德布罗意公式已成为表示所有微观粒子的波动性与粒子性之间关系的基本公式。

微观粒子的波动性在现代科学技术中已经得到了广泛的应用。比较典型的例子是电子显微镜。在第十四章中曾讨论过，光学仪器的分辨率与波长成反比，波长越短，分辨率越高。由于可见光的波长较长，因此普通光学显微镜的分辨率不高。而电子的德布罗意波长比可见光短得多，因此用电子射线工作的电子显微镜分辨率非常高。1932 年，德国人鲁斯卡研究成功了世界上第一台电子显微镜，其原理是电子束通过磁透镜聚焦以后，照射在样品表面上形成衍射图像。目前电子显微镜的分辨率可达 0.2nm，电子显微镜在研究物质结构、观察微小物体方面非常有效，是现代科学研究的重要工具之一，在医学、工业、生物等领域也有广泛的应用。

【例 19－7】 试从德布罗意波导出玻尔理论的量子化条件式（19－25）。

解： 在一根两端固定的弦上引起波动，如果弦长等于波长的整数倍，即 $L=n\lambda$，在弦上就可以形成稳定的驻波。如果将此弦弯曲成为半径为 r 的圆，则弦上的稳定驻波仍然存在，这时圆的周长等于波长的整数倍，即

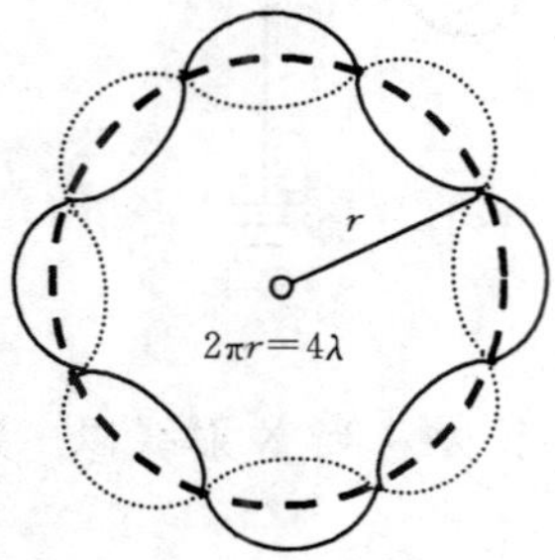

图 19－22

$$2\pi r=n\lambda,\quad n=1,2,3,\cdots$$

德布罗意认为，电子绕原子核作半径为 r 的稳定圆周运动时，就相当于电子波在此圆周上形成了稳定的驻波，即电子的绕核运动只有在电子的物质波绕核形成驻波的情况下，才具有稳定的状态，如图 19－22 所示。这时上式仍然成立，不过 λ 为电子的德布罗意波长。将德布罗意波长 $\lambda=\frac{h}{mv}$ 代入上式，得

$$2\pi r=n\frac{h}{mv}$$

由此得

$$L=mvr=n\frac{h}{2\pi},\quad n=1,2,3,\cdots$$

这就是玻尔氢原子理论假设的量子化条件。

上述推导虽然形象，但并不严格，它在保留轨道概念的同时，又用了德布罗意波的图像，是经典理论和量子论的混合产物。对这个问题更为完善的讨论，需要采用量子力学方法。

【例 19－8】 试计算温度为 300K 时慢中子的德布罗意波长。

解： 慢中子的平均动能为

$$\bar{\varepsilon}=\frac{3}{2}kT$$

慢中子的动量为

$$p=\sqrt{2m_n\bar{\varepsilon}}=\sqrt{3m_nkT}$$

由式（19－33）得慢中子的德布罗意波长为

$$\lambda=\frac{h}{p}=\frac{h}{\sqrt{3m_nkT}}$$

将普朗克常数 $h=6.626\times10^{-34}$ J·s、中子的静质量 $m_n=1.67\times10^{-27}$ kg、玻尔兹曼常量 $k=1.38\times10^{-23}$ J/K 和温度 $T=300$K 代入上式，得

$$\lambda=0.145(\text{nm})$$

NaCl 晶体的晶格常数为 0.281nm，从本题的计算结果可以看出，常温下的慢中子射线的德布罗意波长与 NaCl 晶体的晶格常数具有相同的数量级，因此慢中子射线在穿过薄 NaCl 晶片时，很容易发生衍射现象。

思考与讨论

1. 静止质量为 m_0 的微观粒子作高速运动时，试问：粒子物质波的波长 λ 与速度 v 的关系如何？

2. α 粒子在磁感应强度为 B 的均匀磁场中沿半径 R 作圆形轨道运动，试问：该 α 粒子的德布罗意波长等于多少？

3. 电子显微镜中的电子从静止开始通过电势差为 U 的静电场加速后，其德布罗意波长为 0.04nm，试问：U 等于多少？

4. 如果中子的德布罗意波长为 0.2nm，试问：它的动能为多少？已知中子的质量 $m_n=1.67\times10^{-27}$ kg。

5. 低速运动的质子和 α 粒子的德布罗意波长相同，试问：它们的动量之比和动能之比分别等于多少？

6. 如图 19－23 所示，一束动量为 p 的电子，通过缝宽为 a 的狭缝，在距离狭缝为 L 处放置一个荧光屏，试问：屏上衍射图样中央最大的宽度 d 等于多少？

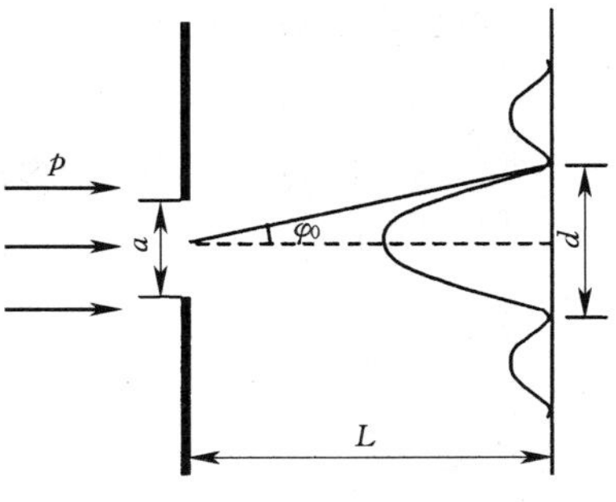

图 19－23

第六节 不确定关系

在经典力学中，粒子的运动状态用坐标和动量描述，并且这两个物理量可以同时准确地确定，不受任何限制。但是对于微观粒子来说，它除了具有粒子性外，还具有波动性，是否也能用确定的坐标和确定的动量来描述它的运动状态？现在以电子的单缝衍射为例来讨论这个问题。

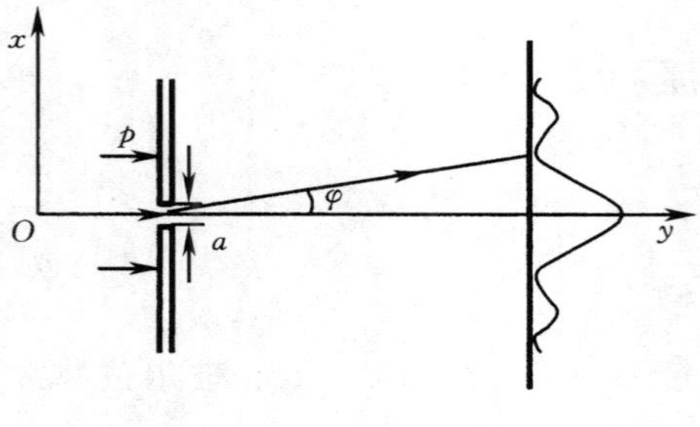

图 19-24

设平行电子束沿 y 轴垂直投射在单缝上，缝的宽度为 a，电子在通过狭缝前的动量为 p，通过狭缝后产生如图 19-24 所示的衍射图样。衍射图样关于 y 轴对称，在 y 轴与光屏相交处出现主极大，两侧还有次极大。由图可以看出，电子通过狭缝后尽管向各个方向运动，但由于绝大多数电子落在主极大范围内，为了分析问题方便，暂时不考虑次极大范围内的电子。

仍用坐标 x 和动量 p 描述电子的运动状态。某一个打在光屏上的电子一定是通过狭缝了的，那么它是从缝上哪一点通过的？这个问题很难回答，因为该电子究竟在缝上哪一点通过的是无法确定的。不过该电子确实是通过了狭缝，如果设狭缝的下端坐标为 x_1，上端坐标为 x_2，则电子是在 $x_1 \leqslant x \leqslant x_2$ 这个区间内通过狭缝的，将 $x_2 - x_1$ 称为坐标 x 的不确定量，用 Δx 表示。显然

$$\Delta x = a \tag{19-35}$$

即某一个电子通过狭缝的坐标 x 的不确定量等于狭缝宽度 a。通过狭缝后的电子的动量大小并没有变化，但是由于衍射的缘故，动量的方向可能会发生改变。现在来考察一下动量 p 在 x 轴方向上的分量 p_x。根据前面的假设，通过狭缝后的电子肯定落在主极大范围内了，就某一个电子而言，它到底落在这个范围的哪一点上是无法确定的，即 p_x 的准确值是无法确定的。如果它刚好落在 y 轴与光屏相交处，p_x 最小，等于 0，即 $p_{xmin}=0$；如果它落在单缝衍射一级极小处，p_x 最大，等于 $p\sin\varphi$，即 $p_{xmax}=p\sin\varphi$。将 $p_{xmax}-p_{xmin}$ 称为动量 p_x 的不确定量，用 Δp_x 表示。由上述分析得

$$\Delta p_x = p\sin\varphi \tag{19-36}$$

电子的单缝衍射公式为

$$a\sin\varphi = \lambda$$

由式（19-36）得 $\sin\varphi = \dfrac{\Delta p_x}{p}$，将该式和式（19-35）代入上式，得

$$\Delta x \frac{\Delta p_x}{p} = \lambda$$

或

$$\Delta x \Delta p_x = p\lambda$$

由德布罗意公式 $p = \dfrac{h}{\lambda}$ 得 $p\lambda = h$，因此上式可以改写为

$$\Delta x \Delta p_x = h \tag{19-37}$$

考虑到电子也可以出现在次级极大范围，上式改写为

$$\Delta x \Delta p_x \geqslant h \tag{19-38}$$

式中：Δx 为 x 轴上电子坐标的不确定量；Δp_x 为沿 x 轴方向电子动量分量的不确定量。

式（19－38）表明，如果 Δp_x 越小，Δx 就越大，即电子的动量确定的越准确，位置的不确定性就越大，反之亦然。将这个结论推广到三维情况，有

$$\begin{cases} \Delta x \Delta p_x \geqslant h \\ \Delta y \Delta p_y \geqslant h \\ \Delta z \Delta p_z \geqslant h \end{cases} \tag{19-39}$$

不等式（19－39）是德国物理学家海森伯在1927年提出来的，因此称为海森伯**不确定关系**（uncertainty relation）。不确定关系不仅适用于电子，也适用于其他微观粒子。不确定关系指出，**对微观粒子来说，企图同时确定其位置和动量是没有意义的，或者说对于微观粒子不能同时用确定的位置和确定的动量来描述**。之所以如此，是由于微观粒子波粒二象性的缘故。

值得注意的是，由于作用量子 h 非常小，其数量级仅为 10^{-34}，Δx 与 Δp_x 的乘积也是这个数量级，因此不确定关系只对微观粒子起作用。

【例 19－9】 玻尔氢原子第一轨道半径 $r_1 = 0.053\text{nm}$，设电子可以在 r_1 的范围内运动，即电子位置的不确定量为 r_1，求电子速度的不确定量。

解： 由于电子动量 p_x 的不确定量 $\Delta p_x = m_e \Delta v_x$，由式（19－37）即得

$$\Delta v_x = \frac{h}{m_e \Delta x} = \frac{6.6 \times 10^{-34}}{9.1 \times 10^{-31} \times 0.5 \times 10^{-10}} = 1.5 \times 10^7 (\text{m/s})$$

这么大的速度不确定量是不可能的，因此这时不能再认为原子中的电子有确定的速度了，即原子中电子的运动不能用经典力学处理，必须采用量子力学理论处理。

【例 19－10】 一颗质量为10g的子弹具有200m/s的速率，如果其动量的不确定量为动量的0.01%，则该子弹位置的不确定量为多少？

解： 子弹的动量为 $p_x = m v_x$，由题意得动量的不确定量为

$$\Delta p_x = 0.01\% p_x = 0.01\% m v_x$$

由不确定关系式（19－37）即子弹位置的不确定量得

$$\Delta x = \frac{h}{\Delta p_x} = \frac{h}{0.01\% m v_x} = \frac{6.6 \times 10^{-34}}{10^{-4} \times 10^{-2} \times 2 \times 10^2} = 3.3 \times 10^{-30} (\text{m})$$

原子核的数量级为 10^{-15}m，子弹位置的不确定量比这个数量级小得多，因此子弹的动量和位置都能精确地确定，不确定关系对宏观物体来说没有实际意义。

第七节　波函数　薛定谔方程

在经典力学中，用位置坐标和动量描述宏观粒子在某一时刻的运动状态。海森伯的不确定关系告诉我们，在微观领域，由于受波粒二象性的限制，微观粒子不能同时有确定的位置坐标和动量，即在微观领域不能用这两个物理量描述粒子的运动状态。那么应该怎样

描述微观粒子的运动状态呢？德布罗意、薛定谔、海森伯和玻恩等人在一系列实验的基础上，建立了反映微观粒子属性和规律的量子力学，并引入描述微观粒子运动状态的物理量，它就是**波函数**（wave function）。

一、波函数及其统计解释

薛定谔注意到，在波动学中是用波函数描述声波、光波等的波动性的，因此他认为也可以用波函数描述电子等微观粒子的波动性质。在波函数中有频率、波长等反映波动性质的物理量，既然微观粒子也具有粒子性，它们就应该遵从德布罗意提出的物质波关系。下面从机械波的波函数出发，得出描述微观粒子运动状态的波函数。

频率为 ν、波长为 λ、沿着 x 方向传播的平面波的波函数的一般形式为

$$\psi = A\mathrm{e}^{-\mathrm{i}2\pi\left(\nu t-\frac{x}{\lambda}\right)} \tag{19-40}$$

上式是复数，其实部为

$$\psi = A\cos 2\pi\left(\nu t-\frac{x}{\lambda}\right)$$

这就是我们熟悉的平面机械波的波动方程，只不过为了使本节中讨论的问题不至于与机械波混淆，才将 y 用 ψ 代替了。

对于动量为 p、能量为 E 的粒子，它的波长 λ 和频率 ν 分别为

$$\lambda = \frac{h}{p}$$

$$\nu = \frac{E}{h}$$

不受外力场作用的粒子称为**自由粒子**（free particle），其能量和动量为常量，相应的德布罗意波长和频率也是常量。将以上两式代入式（19-40），即得沿 x 方向运动的自由粒子的波函数为

$$\psi = A\mathrm{e}^{-\mathrm{i}\frac{2\pi}{h}(Et-px)} \tag{19-41}$$

光也是具有波粒二象性的，因此可以通过对光的衍射现象的分析，来理解实物粒子的波动性。光发生衍射时，从光的波动性理解，衍射图样亮处光波的强度大，暗处强度小，光波的强度与其振幅的平方成正比；从光的粒子性理解，衍射图样某处亮，表示单位时间内到达该处的光子数多，暗则表示单位时间内到达该处的光子数少。而从统计的观点来看，光子到达亮处的概率大于光子到达暗处的概率。如果将两种观点结合起来理解，则可以说粒子出现在某处附近的概率是与该处波的强度成正比的，即与该处光波的波幅的平方成正比。

电子也可以发生衍射，从波动的观点理解，电子密集处表示波的强度大，电子稀疏处表示波的强度小；而从粒子的观点来看，衍射图样的出现，是由于电子射到各处的概率不同造成的，电子密集处概率大，电子稀疏处概率小。所以，电子出现在某处附近的概率与该处德布罗意波的强度成正比。对于其他的微观粒子也有同样的结论，即在某处微观粒子波的强度与粒子在该处附近出现的概率成正比。

应该怎样表达微观粒子波的强度呢？既然光波的强度与其振幅的平方成正比，那么微

观粒子波的强度一定与波函数的平方成正比。前面的结论就应该这样叙述：**在某一时刻，粒子在某处附近出现的概率与此刻、此处的波函数的平方成正比。**这就是德国物理学家玻恩在 1926 年提出的波函数的统计解释。因此德布罗意波既不是机械波，也不是电磁波，而是**概率波**（probability wave），也正因为如此，讨论微观粒子的运动轨道是没有任何意义的。

在某一时刻，粒子在某处附近出现的概率大小不但与该处的波函数成正比，而且与这点的体积元大小成正比。设在 t 时刻，在空间某点（x，y，z）处粒子的波函数为 Ψ，则粒子出现在该点处的体元 $dV=dxdydz$ 中的概率为

$$|\Psi|^2 dV=\Psi\Psi^* dV \tag{19-42}$$

式中 Ψ 是 Ψ^* 的共轭复数。

一般情况下，粒子在不同点出现的概率不同，但它一定出现在整个空间 V 内。即

$$\int_V \Psi\Psi^* dV = 1 \tag{19-43}$$

式（19－43）称为波函数的**归一化条件**（normalizing condition）。如果波函数 Ψ 满足归一化条件，则 $\Psi\Psi^*$ 表示**粒子在点（x，y，z）附近单位体积内出现的概率**，称为**概率密度**（probability density）。

正是由于归一化条件的限制，波函数 Ψ 在空间任何一点都不会无限大，即波函数 Ψ 应该是有限的函数。其次，在某一时刻，在空间某点的概率密度 $\Psi\Psi^*$ 应该是确定的，不可能既是这个值又是那个值，即波函数 Ψ 应该是单值的函数。最后，在某一时刻，在空间各点的概率密度 $\Psi\Psi^*$ 不相同，但其随坐标的变化应该是渐进的，不应该出现突然变大或突然变小的现象，即波函数 Ψ 应该是连续函数。总之，在量子力学中，用来描述微观粒子的波函数 Ψ 既是时间的函数，也是空间坐标的函数，在粒子必然出现的空间内，函数 Ψ 必须是单值、连续、有限的函数。

二、薛定谔方程

在经典力学中，在已知质点的受力情况和在初始时刻质点的坐标和速度的情况下，就可以通过求解牛顿运动方程得到质点在任意时刻的运动状态。在量子力学中，微观粒子的运动状态是用波函数描述的，如果已知波函数遵循的运动方程，结合初始条件就可以求解出粒子的波函数，微观粒子在任意时刻的运动状态也就确定了。微观粒子波函数所遵循的运动方程是奥地利理论物理学家薛定谔在 1926 年提出来的。

式（19－41）是在 x 方向运动的自由粒子的波函数，可以将它改写为

$$\Psi=\varphi e^{-i\frac{2\pi}{h}Et} \tag{19-44}$$

其中

$$\varphi=Ae^{i\frac{2\pi}{h}px} \tag{19-45}$$

φ 是一个只与坐标 x 有关，而与时间 t 无关的函数。从式（19－44）可以看出，自由粒子的波函数 Ψ 可以写成坐标函数 φ 和时间函数 $e^{-i\frac{2\pi}{h}Et}$ 的乘积。坐标函数 φ 通常称为**振幅函数**。如果已知了函数 φ，由式（19－44）即可以得到波函数 Ψ，因此也将 φ 称为**波函数**。

将 φ 对 x 求导得

$$\frac{\partial^2 \varphi}{\partial x^2}=-\frac{4\pi^2}{h^2}p^2\varphi=-\frac{4\pi^2}{h^2}(mv)^2\varphi$$

由 $E_k=\frac{1}{2}mv^2$ 得 $(mv)^2=2mE_k$，将该式代入上式，整理得

$$\frac{\partial^2 \varphi}{\partial x^2}+\frac{8\pi^2 m}{h^2}E_k\varphi=0 \tag{19-46}$$

式（19-46）称为**自由粒子的一维薛定谔方程。**

如果粒子处于势能为 E_p 的有势力场中，用 E 表示粒子的总能量，则粒子的动能为

$$E_k=E-E_p$$

将上式代入式（19-46）中，得

$$\frac{\partial^2 \varphi}{\partial x^2}+\frac{8\pi^2 m}{h^2}(E-E_p)\varphi=0 \tag{19-47}$$

上式为**非自由粒子的一维薛定谔方程。**

如果粒子在三维势场中运动，则可将式（19-47）推广为

$$\frac{\partial^2 \varphi}{\partial x^2}+\frac{\partial^2 \varphi}{\partial y^2}+\frac{\partial^2 \varphi}{\partial z^2}+\frac{8\pi^2 m}{h^2}(E-E_p)\varphi=0 \tag{19-48}$$

式（19-48）为**非自由粒子的三维薛定谔方程。**如果上式采用拉普拉斯算符（laplace′s operator）$\nabla^2=\frac{\partial^2}{\partial x^2}+\frac{\partial^2}{\partial y^2}+\frac{\partial^2}{\partial z^2}$表达，则为

$$\nabla^2\varphi+\frac{8\pi^2 m}{h^2}(E-E_p)\varphi=0 \tag{19-49}$$

拉普拉斯算符在不同的坐标系（球坐标系、柱坐标系等）中的形式也不同，因此上式在任何坐标系下都是成立的，称为**薛定谔方程**（Schrodinger equation）。而式（19-48）只是非自由粒子的三维薛定谔方程在直角坐标系中的表达式。

在式（19-48）中，函数 φ 只是坐标的函数，与时间无关。此外粒子在有势场中的势能 E_p、总能量 E 和概率密度 $\Psi\Psi^*$ 也都只与坐标有关，与时间无关，将系统的这种状态称为**定态**（stationary state）。所以式（19-48）称为**定态薛定谔方程**（stationary Schrodinger equation）。

值得说明的是，式（19-48）不是从数学上推导出来的，薛定谔方程是量子力学的基本方程，与物理学中的其他基本方程（如牛顿力学方程、麦克斯韦电磁场方程等）一样，是不能由任何原理推导出来的，其正确性只能通过实验验证。在后面三节中，将利用薛定谔方程解决一些具体问题，由于得出的结论与实验结果相符合，因此薛定谔方程确实是反映微观粒子运动规律的基本方程。

由定态薛定谔方程可以解出在给定势场中运动粒子的波函数，从而得出粒子处于空间某一体积内的波函数，再由波函数求出概率和系统的能量。在求解波函数 Ψ 时，要用到波函数所满足的三个基本条件是，即①波函数 Ψ 是单值函数；②波函数 Ψ 以及其各种偏导数是连续的；③波函数 Ψ 是归一化的，或者说波函数 Ψ 是有限函数。

应该指出，尽管由薛定谔方程推导出的结果在很广泛的范围内与实验结果相符合，但

此方程仍然具有一定的局限性。首先，该方程没有反映微观粒子的自旋，它不能解释与自旋有关的一些现象；其次，该方程不满足相对论要求，即该方程仅在微观粒子的运动速度远远小于光速的情况下适用，在处理微观粒子作高速运动的问题时，要用到相对论量子力学；最后，该方程没有考虑粒子的产生和湮灭问题，处理这类问题应该用量子场论。

第八节　一维定态问题

一、一维无限深势阱

金属中的电子要逸出金属必须克服正电荷的吸引，因此电子在金属外的电势能高于金属内的电势能。设电子在金属内的电势能为零，在金属外的电势能为 A，当电子作一维运动时，其势能曲线如图 19－25 所示。曲线的形状就像一口阱，称为**势阱**（potential pit）。

如图 19－26 所示，处在势能为 E_p 的力场中的粒子沿 x 轴作一维运动。粒子的势能分布为

$$E_p(x)=\begin{cases}0, & 0<x<a\\ \infty, & x\leqslant 0, x\geqslant a\end{cases}$$

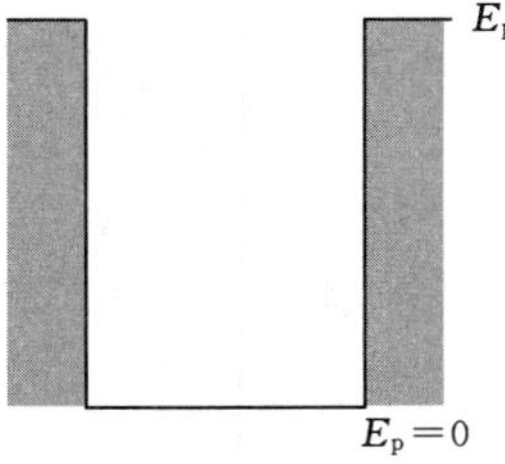

图 19－25

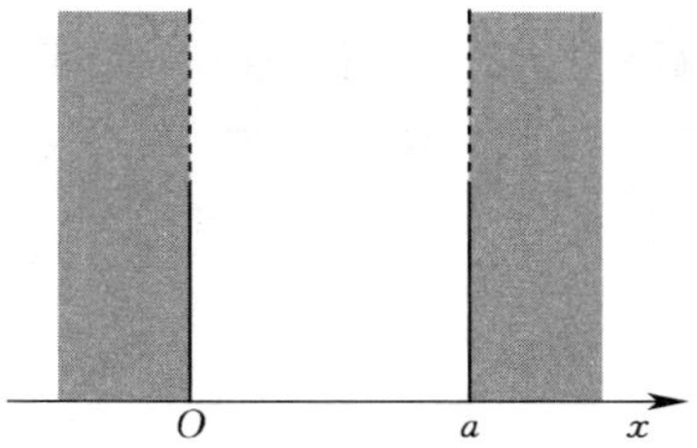

图 19－26

即粒子只能在宽度为 a 的两个无限高的势壁之间运动，这种理想化的势能场称为**一维无限深势阱**。由于粒子具有的能量是有限的，它要从阱中越出，就得做无限大的功，这是不可能的，即粒子只能在阱内运动。

在势阱内（$0<x<a$），$E_p=0$，由式（19－47）得粒子在一维无限深势阱中的薛定谔方程为

$$\frac{d^2\varphi}{dx^2}+\frac{8\pi^2 m}{h}E\varphi=0 \tag{19-50}$$

式中：m 为粒子的质量；E 为粒子的总能量。

由于 $E_p=0$，因此 $E=E_k$。令

$$\frac{8\pi^2 m}{h}E=k^2 \tag{19-51}$$

则式（19－50）改写为

$$\frac{d^2\varphi}{dx^2}+k^2\varphi=0 \tag{19-52}$$

此微分方程的通解为

$$\varphi = A\sin kx + B\cos kx$$

其中 A、B 为积分常数。由于粒子出现在势阱外的概率为 0，因此势阱外的波函数 $\varphi=0$。由波函数的连续性可知，在势阱壁处也应该有 $\varphi=0$，即

$$\varphi(0)=0$$

$$\varphi(a)=0$$

为了满足 $\varphi(0)=0$，必有 $B=0$，因此

$$\varphi = A\sin kx \tag{19-53}$$

为了满足 $\varphi(a)=0$，必有 $A\sin ka=0$，但是 $A\neq 0$，只能 $\sin ka=0$，由此得 $ka=n\pi$，即

$$k=\frac{n\pi}{a},\ n=1,2,3,\cdots \tag{19-54}$$

将式（19-54）代入式（19-53）中，得

$$\varphi_n = A\sin\frac{n\pi}{a}x \tag{19-55}$$

在式（19-55）中，$n\neq 0$，否则，$\varphi=0$，粒子出现在各处的概率为零，这是不符合实际的。由于 $\pm n$ 对应同一个波函数 φ，即对应同一个状态，因此 n 只取正值就可以了。n 称为**量子数**（quantum number），每一个量子数 n 对应一个波函数，用 φ_n 表示，即对应粒子的一个可能状态。

现在再来确定常数 A。由于粒子被限制在 $0\leqslant x\leqslant a$ 的势阱中，因此粒子出现在此区间内的概率等于 1，由归一化条件式（19-43）得

$$\int_0^a \varphi_n\varphi_n^*\,\mathrm{d}x = \int_0^a A^2\sin^2\frac{n\pi}{a}x\,\mathrm{d}x = \frac{a}{2}A^2 = 1$$

所以

$$A=\sqrt{\frac{2}{a}}$$

将上式代入式（19-55）中，即得粒子在势阱内的波函数为

$$\varphi_n=\sqrt{\frac{2}{a}}\sin\frac{n\pi}{a}x \tag{19-56}$$

由式（19-56）得在坐标 x 处找到粒子的概率密度为

$$\varphi_n\varphi_n^* = |\varphi_n|^2 = \frac{2}{a}\sin^2\frac{n\pi}{a}x \tag{19-57}$$

将式（19-54）中的 k 表达式代入式（19-51）中，即得粒子的能级为

$$E_n=\frac{h^2}{8ma^2}n^2,\ n=1,2,3,\cdots \tag{19-58}$$

式（19-58）表明，粒子的能量只能取离散的值，即当 $n=1$ 时，势阱中粒子的能量为 $E_1=\frac{h^2}{8ma^2}$，当 $n=2$，3，4，…时，粒子的能量分别为 $4E_1$，$9E_1$，$16E_1$，…，即一维无限深势阱中粒子的能量是量子化的。可见，能量量子化是粒子具有波粒二象性的必然结果，而不需要人为的假定。相邻的能级间隔为

$$\Delta E_n = E_{n+1} - E_n = \frac{h^2}{8ma^2}(2n+1) \tag{19-59}$$

将无限深一维势阱中的粒子的前四个能级值、对应的波函数和概率密度画在图19－27中，从图中容易看出，粒子出现在势阱中各处的概率并不相同，而是随着量子数的改变而变化。例如，当量子数 $n=1$ 时，粒子出现在势阱中部的概率最大；而当 $n=2$ 时，粒子出现在这个位置的概率却为零。这一点与经典力学的观点完全不同。经典力学认为，由于粒子在势阱内各处的运动不受限制，因此粒子在势阱内各处出现的概率相等。不过还应注意到，随着量子数 n 的增大，概率密度分布曲线的峰值的个数也增多。可以理解，当 n 非常大时，这些峰值将变得非常密集，这时可以认为在势阱中各处发现粒子的概率相同。由此可见，经典力学的结论只是量子力学结论的极限情况。

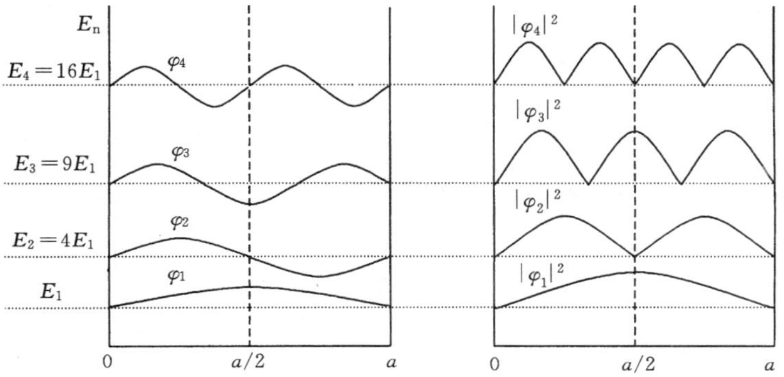

图 19－27

二、一维势垒　隧道效应

如图 19－28 所示的势能分布为

$$E_p(x) = \begin{cases} U_0, 0<x<a \\ 0, x\leqslant 0, x\geqslant a \end{cases}$$

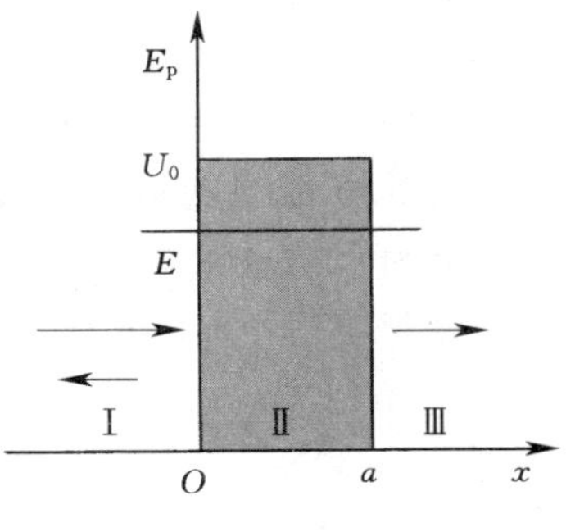

图 19－28

这种势能分布称为**一维方势垒**（Barrier）。假设能量为 E 的粒子在Ⅰ区沿 x 方向射向这个方势垒，按照经典物理的观点，当入射粒子的能量 E 小于势垒高度 U_0 时，是无法越过此势垒进入Ⅲ区的，只能被反射回Ⅰ区；入射粒子要想越过此势垒，其能量 E 必须大于势垒高度 U_0。但是量子力学认为，由于粒子具有波动性，粒子是被反射还是透射都是有可能的，即无论粒子的能量 E 是大于 U_0 还是小于 U_0，都有一定的概率穿过势垒进入Ⅲ区，当然也有一定的概率被反射回Ⅰ区。下面分三个区域讨论当 $E<U_0$ 时薛定谔方程的解。

在势垒外的Ⅰ区（$x<0$）和Ⅲ区（$x>a$），在一维薛定谔方程

$$\frac{d^2\varphi}{dx^2} + \frac{8\pi^2 m}{h}E\varphi = 0$$

中，令$\frac{8\pi^2 m}{h}E=k_1^2$，则

$$\frac{d^2\varphi}{dx^2}+k_1^2\varphi=0$$

由此得粒子在Ⅰ区（$x<0$）和Ⅲ区（$x>a$）薛定谔方程的解为

$$\varphi_1=A_1 e^{ik_1x}+B_1 e^{-ik_1x} \tag{19-60}$$

$$\varphi_3=A_3 e^{ik_1x}+B_3 e^{-ik_1x} \tag{19-61}$$

其中A_1、B_1和A_3、B_3均为积分常数。在式（19-60）和式（19-61）中，$A_1 e^{ik_1x}$和$A_3 e^{ik_1x}$表示沿x轴正方向传播的波，而$B_1 e^{-ik_1x}$和$B_3 e^{-ik_1x}$表示沿x轴负方向传播的波。因为粒子在Ⅰ区沿x轴正方向入射、沿x轴负方向反射，所以A_1和B_1的都不等于零，为说明问题方便，设$A_1=1$。粒子在Ⅲ区（$x>a$）只有沿x轴正方向的透射波，因此$B_3=0$。这样，式（19-60）和式（19-61）可以写为

$$\varphi_1=e^{ik_1x}+B_1 e^{-ik_1x}$$

$$\varphi_3=A_3 e^{ik_1x}$$

在势垒内的Ⅱ区（$0\leqslant x\leqslant a$），在一维薛定谔方程

$$\frac{\partial^2\varphi}{\partial x^2}-\frac{8\pi^2 m}{h^2}(U_0-E)\varphi=0$$

中，令$\frac{8\pi^2 m}{h}(U_0-E)=k_2^2$，则

$$\frac{d^2\varphi}{dx^2}-k_2^2\varphi=0$$

在势垒的高度不太低的情况下，薛定谔方程的近似解为

$$\varphi_2\approx A_2 e^{-ik_2x} \tag{19-62}$$

其中A_2为积分常数。

积分常数B_1、A_3和A_2可以通过波函数在$x=0$和$x=a$两处的连续性条件和归一化条件解出。

在入射粒子的能量E小于势垒高度U_0的情况下，粒子有一定的概率穿透势垒。粒子能够穿透比其能量更高的势垒的现象称为**隧道效应**（tunnel effect）。通常用**透射系数**（transmission coefficient）表示粒子贯穿势垒的概率，用T表示。透射系数等于在$x=a$处透射波强度与入射波强度之比。理论计算得

$$T=\frac{|\varphi_3(a)|^2}{A_1^2}\approx e^{-\frac{2\pi}{h}\sqrt{2m(U_0-E)}} \tag{19-63}$$

由式（19-63）可以看出，粒子的透射系数T与势垒的宽度a和高度U_0有关。当势垒的宽度a和高度U_0变大时，透射系数T变小，当这两个值非常大时，透射系数几乎为零，即粒子不能穿过势垒。图19-29为隧道效应的示意图。

许多实验都证实了量子力学的隧道效应的存在。1982年，宾尼（G. Binning）和罗雷尔（H. Rohrer）利用电子的隧道效应制成的扫描隧道显微镜（STM）就是一个很有说服力的例子。利用STM能给出晶体表面的三维图像，可以观察到单个原子在物质表面的排列及行为，也可以在STM下移动原子，这对表面科学、材料科学以及生命科学等的研究

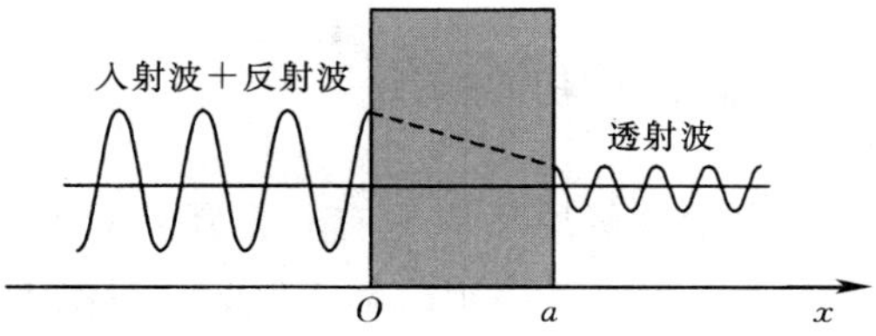

图 19－29

具有重大的意义。毫无疑问，扫描隧道显微镜就是在量子理论的启发下获得的产物。因此，先进的科学技术离不开先进的科学理论的指导，两者相辅相承、互不可分。

【例 19－11】 已知粒子在一维无限深势阱中运动，其波函数为

$$\varphi_n=\sqrt{\frac{2}{a}}\sin\frac{n\pi}{a}x \quad (0\leqslant x\leqslant a)$$

求发现粒子概率最大的位置。

解： 在一维无限深势阱中发现粒子的概率密度为

$$|\varphi_n(x)|^2=\frac{2}{a}\sin^2\frac{n\pi}{a}x,\ n=1,2,3,\cdots$$

将上式对 x 求一阶导，并令其等于零，有

$$\frac{d|\varphi_n(x)|^2}{dx}=\frac{4n\pi}{a^2}\sin\frac{n\pi}{a}x\cos\frac{n\pi}{a}x=0$$

由于在势阱内的波函数 $\varphi_n=\sqrt{\frac{2}{a}}\sin\frac{n\pi}{a}x\neq0$，即 $\sin\frac{n\pi}{a}x\neq0$，因此只能

$$\cos\frac{n\pi}{a}x=0 \text{ 或 } \frac{n\pi}{a}x=(2k-1)\frac{\pi}{2}$$

由上式解得在一维无限深势阱中发现粒子概率最大的位置坐标为

$$x=(2k-1)\frac{a}{2n}$$

由于 $0\leqslant x\leqslant a$，因此 k 的取值为

$$k=1,2,3,\cdots,n$$

可见，发现粒子概率最大的位置坐标数目等于量子数 n。

思考与讨论

1. 如果电子被限制在边界 x 与 $x+\Delta x$ 之间，其中 $\Delta x=0.05\text{nm}$，试问：电子动量的 x 分量的不确定量等于多少？

2. 在电子单缝衍射实验中，单缝的宽度为 0.1nm，电子束垂直射在单缝面上，试问：衍射的电子横向动量的最小不确定量等于多少？

3. 已知粒子在一维矩形无限深势阱中运动，其波函数为

$$\varphi(x)=\frac{1}{\sqrt{a}}\cos\frac{3\pi x}{2a} \quad (-a\leqslant x\leqslant a)$$

试问：粒子在 $x=5a/6$ 处出现的概率密度为多少？

4. 将波函数在空间各点的振幅同时增大 K 倍时，试问：粒子在空间的分布概率将怎样变化？

第九节 氢原子的量子力学处理介绍

在微观粒子波粒二象性基础上建立起来的量子力学对氢原子问题有非常圆满的论述。限于本课程的性质，在此只简要介绍量子力学处理氢原子定态问题的基本方法，对电子自旋问题只作定性的描述，而将侧重点放在对一些重要结论的讨论方面。

一、氢原子

氢原子由一个质子和一个电子组成，下面讨论时认为质子固定不动，电子在原子核的电场中运动。设电子的质量为m，电荷为$-e$，与原子核的距离为r，则电子在氢原子中的势能为

$$E_p=-\frac{e^2}{4\pi\varepsilon_0 r}$$

氢原子的薛定谔方程为

$$\nabla^2\varphi+\frac{8\pi^2 m}{h^2}\left(E+\frac{e^2}{4\pi\varepsilon_0 r}\right)\varphi=0$$

在研究电子在原子核的电场中运动问题时，采用球坐标系更加方便。下面以原子核为球坐标系的坐标原点，空间任一点的坐标为（r，θ，β），则氢原子的薛定谔方程在球坐标系下的形式为

$$\frac{1}{r^2}\frac{\partial}{\partial r}\left(r^2\frac{\partial\varphi}{\partial r}\right)+\frac{1}{r^2\sin\theta}\frac{\partial}{\partial\theta}\left(\sin\theta\frac{\partial\varphi}{\partial\theta}\right)+\frac{1}{r^2\sin^2\theta}\frac{\partial^2\varphi}{\partial\beta^2}+\frac{8\pi^2 m}{h^2}\left(E+\frac{e^2}{4\pi\varepsilon_0 r}\right)\varphi=0 \quad (19-64)$$

求解式（19－64），得到的波函数可以简单地表达为

$$\varphi_{nlm_l}=\varphi(r,\theta,\beta) \quad (19-65)$$

波函数式（19－65）必须满足单值、有限和连续三个条件，与此相关的三个整数为n、l和m_l，它们分别称为**主量子数**（principal quantum number）、**角量子数**（angular quantum number）和**磁量子数**（magnetic quantum number）。

每一组量子数（n，l，m_l）决定一个波函数，即决定电子在原子中的一个稳定状态，也称为**一个量子态**（quantum state）。当电子处在由量子数（n，l，m_l）决定的状态时，其能量为

$$E_n=-\frac{me^4}{8\varepsilon_0^2 h^2}\frac{1}{n^2},\ n=1,2,3,\cdots \quad (19-66)$$

可见，由量子力学的薛定谔方程解得的能量值与玻尔理论的结果相同。主量子数$n=1$时，氢原子处于基态，$n=2$，3，4，…时，处于激发态。

氢原子中电子的角动量为

$$L=\sqrt{l(l+1)}\frac{h}{2\pi},\ l=0,1,2,\cdots,(n-1) \quad (19-67)$$

可见，氢原子中电子的角动量不能取任意值，即角动量是量子化的。对于确定的主量子数n，角量子数l只有n个可能值。玻尔氢原子理论也曾指出电子绕核运动的轨道角动量是量子化的，而其值却是$L=nh/2\pi$。

上式只给出角动量的大小，而角动量是一个矢量，要完全确定电子的角动量，还需要知道它在空间的取向。角动量 L 在空间某给定方向（如 z 轴方向）上的分量 L_z 为

$$L_z=m_l\frac{h}{2\pi},\ m_l=0,\pm1,\pm2,\cdots,\pm l \tag{19-68}$$

可见，角动量在空间的取向是量子化的。对于确定的角量子数 l，磁量子数 m_l 有 $(2l+1)$ 个可能值。例如，当 $l=2$ 时，角动量 L 的大小为 $L=\sqrt{2(2+1)}\frac{h}{2\pi}=\sqrt{6}\frac{h}{2\pi}$，磁量子数 m_l 的可能值为 $m_l=0$，±1，±2，角动量 L 在空间给定方向上的分量 L_z 的五种可能值分别为

$$L_z=-2\frac{h}{2\pi},-1\frac{h}{2\pi},0,+1\frac{h}{2\pi},+2\frac{h}{2\pi}$$

图 19－30 给出了这五种可能取向的示意图。

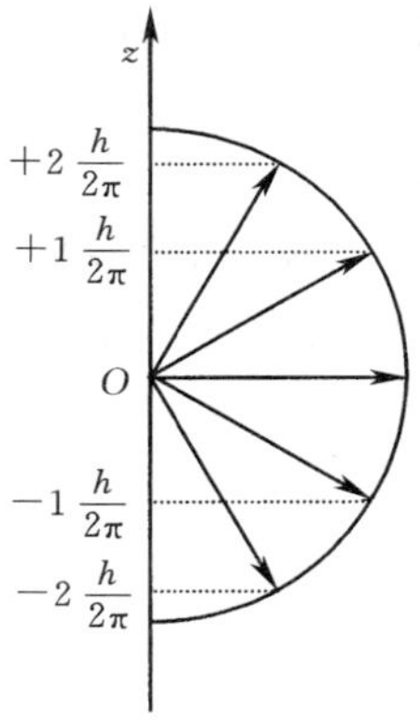

图 19－30

由式（19－66）可以看出，如果主量子数 n 确定了，电子的能级 E_n 也就唯一地确定了。但式（19－65）说明，波函数除了与主量子数 n 有关外，还与角量子数 l 和磁量子数 m_l 关。当 n 确定后，l 有 0，1，2，…，$(n-1)$ 等 n 个可能值；当 l 确定后，m_l 有 0，±1，±2，…，$\pm l$ 等 $(2l+1)$ 个可能值。因此，对应一个确定的能级 E_n，有 $\sum_{l=0}^{n-1}(2l+1)=n^2$ 个波函数与之对应，或者说，一个能级 E_n 对应 n^2 个量子态。

二、电子的自旋

美国实验物理学家施特恩和德国实验物理学家盖拉赫于 1921 年首先通过实验发现类氢元素中的电子存在自旋，图 19－31 是实验装置示意图，其中 K 为银原子源、B 为狭缝、N 和 S 是产生不均匀磁场的磁铁的两个磁极，P 为照相版。实验发现，银原子射线在磁场作用下分裂为上、下对称的两条，这说明在外磁场作用下，银原子中电子的自旋有两个取向，一个平行于磁场，另一个与磁场相反。此外还发现锂、铜原子也有相同结果。

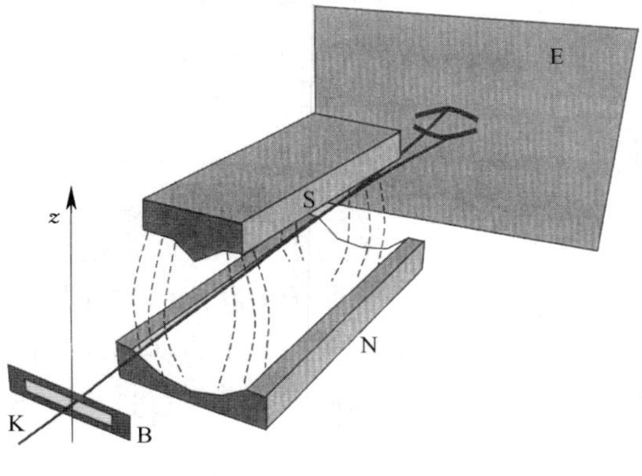

图 19－31

电子在自旋过程中也存在**自旋角动量**（spin angular momentum），正如轨道磁矩与轨道角动量方向相反一样，自旋磁矩 $\vec{\mu}$ 与自旋角动量 $\vec{S}$ 的方向也相反，如图 19－32 所示。由于自旋磁矩 $\vec{\mu}$ 相对于外磁场方向只有两个可能的取向，因此自旋角动量 $\vec{S}$ 相对于外磁场方向也只有两个可能的取向，即自旋角动量 $\vec{S}$ 在外磁场方向的分量只有两个可能值。

由量子力学得到自旋角动量的数值为

$$S=\sqrt{s(s+1)}\frac{h}{2\pi} \tag{19-69}$$

其中 s 为**自旋量子数**（spin quantum number），由量子力学得知 $s=1/2$。

自旋角动量在外磁场方向的分量也是量子化的，如图 19-33 所示。自旋角动量在外磁场方向的分量为

$$S_z=m_s\frac{h}{2\pi} \tag{19-70}$$

式中：m_s 为**自旋磁量子数**（magnetic spin quantum number），其可能值为 $m_s=\pm 1/2$。即自旋角动量在外磁场方向的分量只有两种可能值。

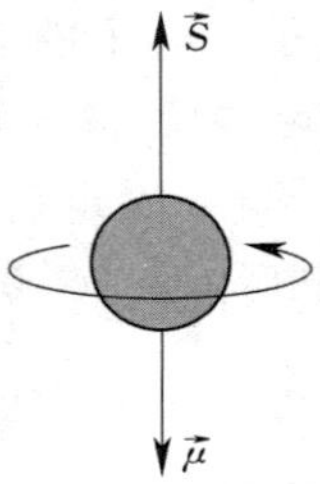

图 19-32

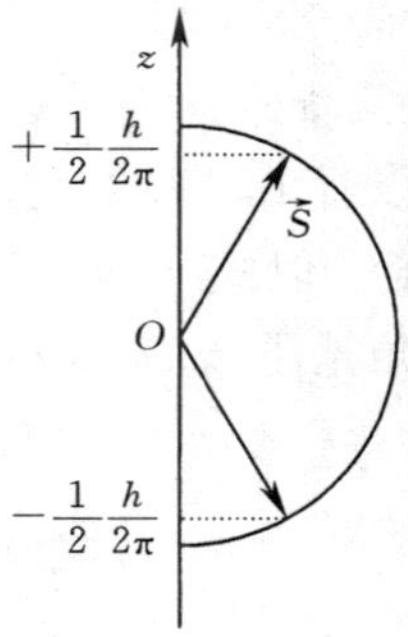

图 19-33

考虑了电子的自旋以后，原子中电子的运动状态就应该由 n、l、m_l 和 m_s 四个量子数确定，主量子数 n 决定电子的能量；角量子数 l 决定电子在核外运动的轨道角动量；磁量子数 m_l 决定轨道角动量在外磁场方向的分量；自旋磁量子数 m_s 决定自旋角动量在外磁场方向的分量。所以，氢原子的电子的量子态要用 n、l、m_l 和 m_s 这四个量子数来描述。

第十节　多电子原子　原子的壳层结构

除了氢原子以外，其他原子都有两个以上的电子，它们是多电子原子。在多电子原子中，电子之间的相互作用也要影响电子的运动状态。求解多电子原子的薛定谔方程是非常复杂的数学问题，一般认为每一个电子是在原子核和其他电子的平均场中运动，并且这个平均场是有心力场。这样多电子原子中的每一个电子的量子态与氢原子类似，仍然由四个量子数描述，它们是：

（1）主量子数 n：$n=1, 2, 3, \cdots$。

（2）角量子数 l：当 n 确定后，l 有 n 个可能值，即 $l=0, 1, 2, \cdots, n-1$。

（3）磁量子数 m_l：当 l 确定后，m_l 有（$2l+1$）个可能值，即 $m_l=0, \pm 1, \pm 2, \cdots, \pm l$。

（4）自旋磁量子数 m_s：m_s 有两个可能值，即 $m_s=\pm 1/2$。

多电子原子中的每一个电子的能级除了与主量子数 n 有关以外，还与角量子数 l 有

关，因此，可以将一个原子中的所有电子分为若干个壳层和支壳层。主量子数 n 相同的电子属于同一个壳层，$n=1$ 的壳层称为 K 壳层，$n=2$ 的壳层称为 L 壳层，依次称为 M 壳层、N 壳层等，在每一壳层中角量子数 l 相同的电子构成支壳层，$l=0$，1，2，3，…的支壳层称为 s，p，d，f，…等支壳层。原子中的电子在各壳层中的分布遵从以下两个原理。

泡利不相容原理（pauli exclusion principle）：**不可能有两个或两个以上的电子具有完全相同的量子态，即任何两个电子不可能有完全相同的一组量子数（n，l，m_l，m_s）。**

根据泡利不相容原理可以算出每一壳层最多能容纳的电子数。当 n 给定时，l 的可能值为 $l=0$，1，2，…，$n-1$，共有 n 个值；当 l 给定时，m_l 的可能值为 0，±1，±2，…，$\pm l$，共有 $2l+1$ 个可能值；当 n，l，m_l 都给定时，m_s 取 $+1/2$ 和 $-1/2$，有两个可能值，因此量子数为 n 的壳层最多能容纳的电子数为

$$Z_n = \sum_{l=0}^{n-1} 2(2l+1) = 2n^2 \tag{19-71}$$

由式（19－71）可知，K($n=1$) 壳层最多能容纳 2 个电子，以 $1s^2$ 表示。L($n=2$) 壳层最多能容纳 8 个电子，其中 s($l=0$) 支壳层最多能容纳 2 个电子，以 $2s^2$ 表示，p($l=1$)支壳层最多能容纳 6 个电子，以 $2p^6$ 表示。将多电子原子中各个壳层所能容纳的电子数列在表 19－3 中。

表 19－3　　原子中壳层和支壳层所能容纳的电子数

n \ l	0(s)	1(p)	2(d)	3(f)	4(g)	5(h)	6(i)	Z_n
1(K)	$1s^2$							2
2(L)	$2s^2$	$2p^6$						8
3(M)	$3s^2$	$3p^6$	$3d^{10}$					18
4(N)	$4s^2$	$4p^6$	$4d^{10}$	$4f^{14}$				32
5(O)	$5s^2$	$5p^6$	$5d^{10}$	$5f^{14}$	$5g^{18}$			50
6(P)	$6s^2$	$6p^6$	$6d^{10}$	$6f^{14}$	$6g^{18}$	$6h^{22}$		72
7(Q)	$7s^2$	$7p^6$	$7d^{10}$	$7f^{14}$	$7g^{18}$	$7h^{22}$	$7i^{26}$	98

能量最小原理（least－energy principle）：**在原子系统内，每一个电子都尽量占有最低的能级，这时整个原子的能量最低，原子最稳定。**

电子的能级主要决定于主量子数 n，一般情况下，n 越小能级越低，因此电子总是由 K 壳层填起，一个壳层填满后再填下一个壳层。如图 19－34 所示，H 原子核外的一个电子填在 K 壳层。He 原子核外的两个电子也填在 K 壳层。Li 原子核外有两个电子将 K 壳层填满，另外一个电子填在 L 壳层。Be、B 等原子从第三个电子开始都是填在 L 壳层，直到 Ne 将 L 壳层填满为止。原子的最外层电子称为价电子，如 Li 原子有 1 个价电子，Be 原子有两个价电子，Na 原子有一个价电子。

原子能级除了与主量子数 n 有关以外，还与量子数 l 有关，所以按能量最小原理排列时，电子并不是完全按照 K，L，M，…等主壳层次序来排列的。图 19－35 是 K 原子核外

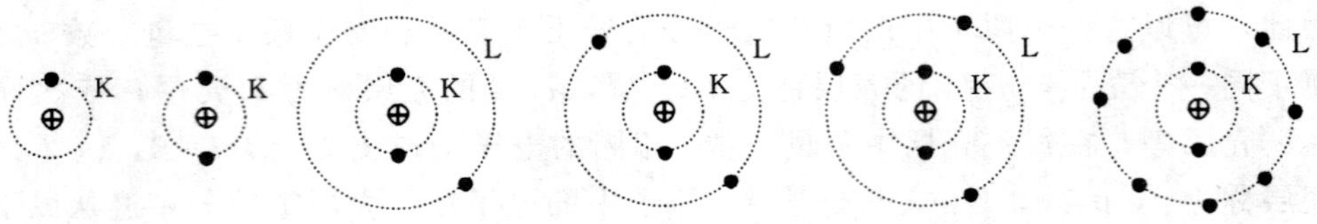

图 19-34

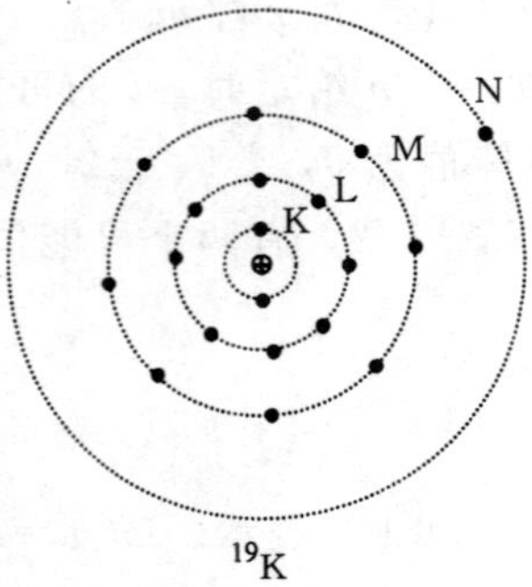

图 19-35

的电子填充示意图。K 原子核外有 19 个电子，有 2 个电子将 K 壳层填满，8 个电子将 L 壳层填满，M 壳层的 3s 能级填 2 个电子、3p 能级填 8 个电子以后，最后 1 个电子填在 4s 能级了，其原因是 4s 能级比 3d 能级低。

原子中的电子的各能级由小到大的排列次序为：1s、2s、2p、3s、3p、4s、3d、4p、5s、4d、5p、6s、4f、5d、6p、7s、6d、…。

电子在泡利不相容原理和能量最小原理的限制下，按照以上次序填充，在附录中给出了 103 种元素的电子在各壳层和支壳层中的排布情况。

思考与讨论

1. 根据量子理论，氢原子中核外电子的状态可由四个量子数确定，试问：主量子数 n 可取的值为多少？它决定了原子系统的什么物理量？

2. 原子内电子的量子态由 n、l、m_l 及 m_s 四个量子数表征。试问：当 n、l、m_l 一定时，不同的量子态数目等于多少？当 n、l 一定时，不同的量子态数目等于多少？当 n 一定时，不同的量子态数目等于多少？

3. 电子的自旋磁量子数 m_s 只能取哪些值？

4. 根据量子力学理论，氢原子中电子的动量矩在外磁场方向上的分量为 $L_z = m_l \dfrac{h}{2\pi}$，试问：当角量子数 $l=2$ 时，L_z 的可能取值有哪些？

5. 根据量子力学理论，氢原子中电子的动量矩为

$$L=\sqrt{l(l+1)}\frac{h}{2\pi}$$

试问：当主量子数 $n=4$ 时，电子动量矩的可能取值有哪些？

6. 原子中电子的主量子数 $n=3$，试问：它可能具有的状态数最多有多少个？

7. 在主量子数 $n=3$ 的量子态中，试问：角量子数 l 可能取哪些值？磁量子数 m_l 可能取哪些值？

习　题

1. 频率为 ν 的一束光以入射角 i 照射在平面镜上并完全反射，设光束单位体积中的光

子数为 n，试求：

（1）每一个光子的能量、动量和质量。

（2）光束对平面镜的光压。

2. 图 19－36 所示为在一次光电效应实验中得出的曲线。

（1）证明对不同材料的金属，直线 AB 的斜率相同。

（2）由图中的数据求出普朗克恒量。

3. 如图 19－37 所示，波长为 λ 的单色光照射在某金属 Σ 表面上时发生光电效应，发射的光电子经狭缝 S 后垂直进入磁感应强度为 $\vec{B}$ 的均匀磁场，测得电子在该磁场中作圆周运动的最大半径为 R。已知电子电荷的绝对值为 e，质量为 m，试求金属材料的逸出功和遏止电压。

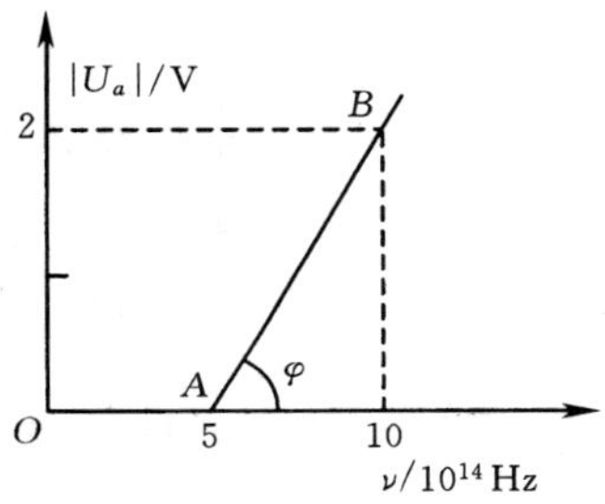

图 19－36

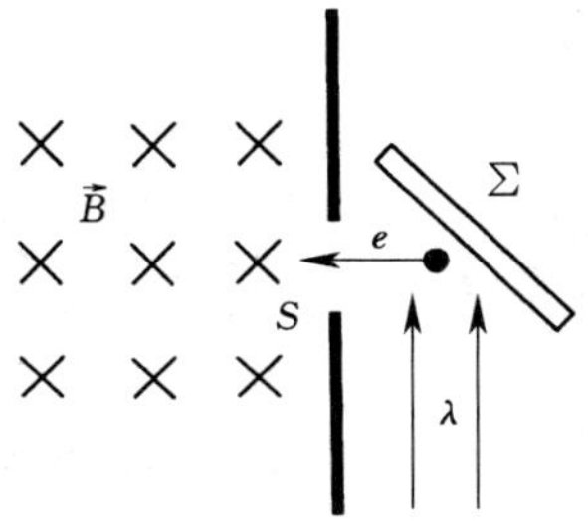

图 19－37

4. 功率为 P 的点光源，发出波长为 λ 的单色光，在距光源为 d 处，每秒钟落在垂直于光线的单位面积上的光子数为多少？如果波长 $\lambda=663\text{nm}$，试求光子的质量。

5. 已知 X 射线光子的能量为 0.60MeV，测得在康普顿散射中散射光子的波长为入射光子的 1.2 倍，试求反冲电子的动能。

6. 用波长为 0.1nm 的光子做康普顿实验。试求：

（1）散射角等于 90°的康普顿散射波长是多少？

（2）反冲电子获得的动能多大？

7. 如图 19－38 所示，某金属 Σ 的红限波长为 260nm，当用单色紫外线照射该金属时，发现有光电子逸出，其中速度最大的光电子可以匀速地沿直线方向穿过互相垂直的均匀电场和均匀磁场区域，已知电场场强为 $5\times10^3\text{V/m}$，磁感应强度为 0.005T。试求：

（1）光电子的最大速度的大小。

（2）单色紫外线的波长。

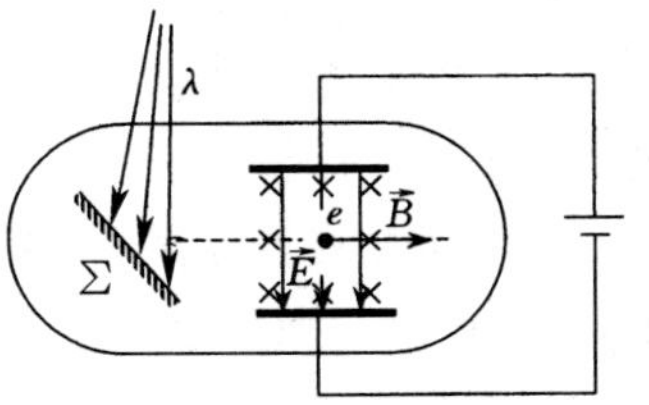

图 19－38

8. 以波长为 0.20μm 的单色光照射一个铜球，铜球可以放出电子。如果将此铜球充电，试求铜球的电势达到多高时不再放出电子？（已知铜的逸出功为 4.10eV）

9. 设康普顿效应中入射 X 射线的波长为 0.07nm，散射的 X 射线与入射的 X 射线垂直，试求：

（1）反冲电子的动能。

(2) 反冲电子的运动方向与入射 X 射线之间的夹角。

10. 组成某种双原子气体分子的两个原子的质量均为 m，间隔等于固定值 d，并绕通过 d 的中点而垂直于 d 的轴旋转，假设角动量是量子化的，并符合玻尔的量子化条件。试求该气体分子角速度的可能值和转动动能的可能值。

11. 已知氢光谱的某一线系的极限波长为 364.7nm，其中有一条谱线的波长为 656.5nm。试由玻尔的氢原子理论求与该波长相应的初态和末态能级的能量。

12. 氢原子激发态的平均寿命约为 10^{-8}s，假设氢原子处于激发态时，电子作圆轨道运动，处于量子数 $n=5$ 的激发态的电子，在它跃迁到基态之前绕核转了多少圈？

13. 激发能是指原子从基态到激发态所需要的能量。当氢原子从某初始状态跃迁到激发能为 10.19eV 的状态时，发射出的光子波长为 486nm，试求该初始状态的能量和主量子数。

14. α 粒子在磁感应强度为 0.025T 的均匀磁场中沿半径为 0.83cm 的圆形轨道运动。该 α 粒子的德布罗意波长为多少？如果质量为 0.1g 的小球与该 α 粒子的运动速率相同，小球的德布罗意波长为多少？(已知 α 粒子的质量为 6.64×10^{-27}kg)

15. 当电子的德布罗意波长与波长为 550nm 的可见光的波长相同时，电子动能是多少电子伏？

16. 设 E_K 为粒子的动能，m_0 为这个粒子的静止质量。考虑到相对论效应，试求实物粒子的德布罗意波长的表达式。

17. 已知第一玻尔轨道半径为 a，试计算当氢原子中电子沿第 n 玻尔轨道运动时，其相应的德布罗意波长。

18. 电子被电势差为 100kV 的电场加速，如果考虑相对论效应，其德布罗意波的波长为多少？如果不用相对论计算，由此产生的相对误差是多少？

19. 能量为 15eV 的光子被处于基态的氢原子吸收，使氢原子电离发射一个光电子，这个光电子的德布罗意波长等于多少？

20. 一个电子以 6.0×10^{6} m/s 的初速度逆着场强方向飞入电场强度为 500V/m 的均匀电场中，如果认为电子在飞行过程中质量保持不变，该电子在电场中要飞行多长距离，才能使其德布罗意波长达到 0.1nm？

21. 如果光子的波长与电子的德布罗意波长 λ 相等，试求光子的质量与电子的质量之比。

22. 同时测量能量为 1keV 作一维运动的电子的位置与动量时，如果位置的不确定值在 0.1nm 内，则动量的不确定值的百分比 $\Delta p/p$ 至少为何值？

23. 光子的波长为 $\lambda=3000\text{Å}$，如果确定此波长的精确度 $\Delta\lambda/\lambda=10^{-6}$，试求此光子位置的不确定量。

24. 已知粒子在无限深势阱中运动，其波函数为

$$\varphi(x)=\sqrt{\frac{2}{a}}\sin\frac{\pi x}{a}\quad(0\leqslant x\leqslant a)$$

求发现粒子概率最大的位置。

25. 粒子在一维矩形无限深势阱中运动，其波函数为

$$\varphi_n(x)=\sqrt{\frac{2}{a}}\sin\frac{n\pi x}{a}\quad(0<x<a)$$

如果粒子处于 $n=1$ 的状态，试求它出现在 $0\sim a/4$ 区间内的概率。

科学家史话　薛定谔、海森伯

薛定谔（Erwin Schrodinger，1887—1961），奥地利理论物理学家，概率波动力学的创始人。在德布罗意物质波思想的基础上，于 1926 年提出氢原子中电子所遵循的波动方程（即薛定谔方程），为表彰他为量子力学的建立做出的开创性贡献，与狄拉克共同获得了 1933 年的诺贝尔物理学奖。薛定谔还是现代分子生物学的奠基人，在 1944 年出版了名为《什么是生命——活细胞的物理面貌》的著作，从能量、遗传和信息方面探讨了生命的奥秘。

薛定谔 1887 年 8 月 12 日出生于奥地利的维也纳，1906 年入维也纳大学物理系学习。1910 年取得博士学位。毕业后在维也纳大学第二物理研究所工作。1913 年与科尔劳施合写了关于大气中镭含量测定的实验物理论文，为此获得了奥地利帝国科学院的海廷格奖金。第一次世界大战期间，他服役于一个偏僻的炮兵要塞，利用闲暇时间研究理论物理学。战后他回到第二物理研究所。1920 年移居德国耶拿，担任维恩物理实验室的助手。

1921—1927 年，在瑞士苏黎世大学任数学物理学教授。最初几年他主要研究有关热学的统计理论问题，在此期间还研究过色觉理论，他对有关红-绿色盲和蓝-黄色盲与频率之间的关系的解释被生理学家们所接受。1925 年底到 1926 年初，薛定谔在爱因斯坦关于单原子理想气体的量子理论和德布罗意物质波假说的启发下，将经典力学与几何光学作了类比，提出了对应于波动光学的波动力学方程，奠定了波动力学的基础。他最初试图建立一个相对论性理论，得出了后来称之为克莱因-戈登方程的波动方程，但由于当时还不知道电子存在自旋，所以在关于氢原子光谱的精细结构的理论上与实验数据不符。以后他又改用非相对论性波动方程（即薛定谔方程）来处理电子，得出与实验数据相符的结果。1926 年 1—6 月，他一连发表了四篇论文，题目都是《量子化就是本征值问题》，系统地阐明了波动力学理论。在此之前，德国物理学家海森伯、玻尔和约旦于 1925 年 7—9 月建立了矩阵力学。1926 年 3 月，薛定谔发现波动力学和矩阵力学在数学上是等价的，是量子力学的两种形式，可以通过数学变换从一个理论转到另一个理论。

薛定谔在 1927—1933 年接替普朗克到柏林大学担任理论物理学教授，并成为普鲁士科学院院士。1933 年，由于纳粹迫害犹太人，离开德国移居英国牛津，在马格达伦学院任访问教授。同年与狄拉克共同获得诺贝尔物理学奖。在 1935 年发表一篇题为《量子力学的现状》的论文，论文中提到了著名的薛定谔猫猜想，为量子力学的发展作出了贡献。1939 年转到爱尔兰，在都柏林高级研究所工作了 17 年。

薛定谔在 1944 年出版的《什么是生命——活细胞的物理面貌》中，试图用热力学、量子力学和化学理论来解释生命的本性。这本书使许多青年物理学家开始注意生命科学中提出的问题，引导人们用物理学、化学方法去研究生命的本性，薛定谔成为蓬勃发展的分子生物学的先驱。薛定谔在后期主要研究有关波动力学的应用及统计诠释、新统计力学的数学特征以及它与通常的统计力学的关系等问题。他还探讨了有关广义相对论的问题，并对波场作了相对论性的处理。此外他还写了一些有关宇宙学问题的论著。与爱因斯坦一样，薛定谔在晚年特别热衷于将引力理论推广为统一场论，但也没有取得成功。

薛定谔对哲学也有浓厚的兴趣。早在第一次世界大战期间，他就深入研究过斯宾诺莎、叔本华、马赫、西蒙、阿芬那留斯等人的哲学著作。晚年他还致力于物理学基础和有关哲学问题的研究，写了《科学和人文主义——当代的物理学》等哲学性著作。

1956 年，薛定谔回到维也纳大学物理研究所，任维也纳大学荣誉教授。1961 年 1 月 4 日卒于奥地利的阿尔卑巴赫山村，享年 75 岁。

海森伯（W. K. Heisenberg，1901—1976），德国理论物理学家，在 1925 年为量子力学的创立作出了开创性的贡献。他在 26 岁时提出的不确定关系则与玻恩提出的物质波的概率解释一起，奠定了量子力学的基础，为此他于 1932 年获得诺贝尔物理学奖。

海森伯 1901 年 12 月 5 日出生于德国巴伐利亚州小城乌尔兹伯。1910 年海森伯一家迁居巴伐利亚州首府慕尼黑市。他的父亲 A. 海森伯在慕尼黑大学担任中世纪及现代希腊语言学终身教授。1911 年，海森伯进入久负盛名的慕尼黑马克希米廉斯中学，并获得巴伐利亚州马克希米廉斯基金会颁发的奖学金，读书期间，他的老师曾评价说：他能看到事物的本质，而不仅仅拘泥于表象和细节。海森伯的中学时代恰逢第一次世界大战。1917—1919 年间，他作为志愿者从事救助工作。1920 年，海森伯以优异成绩完成了中学学业，转入慕尼黑大学开始学习物理、数学、化学和天文学。

1922 年，海森伯的博士生导师索末菲为他选定的博士学位研究课题是湍流这样一个经典难题。经过深入研究，海森伯提出一种巧妙独到的解决湍流问题的方案。索末菲对海森伯的才能青睐有加，曾写信给海森伯的父亲，称赞道，“你的家庭出了一位物理学与数学奇才”。尽管受到实验物理学家韦恩的刁难，海森伯还是在 1923 年通过了博士论文答辩。

1924 年，海森伯来到哥本哈根，在玻尔的指导下研究原子的行星模型。1925 年解决了非谐振子的定态能量问题，提出量子力学基本概念的新解释。矩阵力学就是玻恩、约旦和海森伯在此基础上发展而成的。当时，这位 23 岁的年轻科学家正患枯草热，医生建议他到赫尔戈兰岛休息两周，他就是利用这段时间完成了自己的事业。他说自己那时根本不想睡觉，每天用三分之一的时间计算量子力学。他当时的想法就是要让旧理论完全让位于新理论。当时量子力学有五种不同的数学体系：①矩阵力学；②Q-代数，由狄拉克在剑桥建立；③积分方程理论，由兰酋斯在法兰克福建立；④算符力学，由玻恩和维也纳合作完成；⑤波动力学，由苏黎世大学的薛定谔建立。在这五种不同表述中，薛定谔的波动力学最为实用，因为它的数学形式直观简洁，可以计算当时所有的原子问题。

海森伯的理论公布时正是第二次世界大战期间，他的理论曾遭到纳粹的猛烈批判。当时的德国正在大批迫害犹太科学家，致使德国的科学和文化从一流下降到五流水平。“很遗憾，当时正是物理将要取得重大突破的大好时机，可惜被政治断送了”。海森伯对此感到痛心。海森伯曾与核裂变发现者之一哈恩一起，为纳粹发展核反应堆。他虽然不公开反对纳粹统治，但却阻止原子武器的发展。战后，在格丁根他与其他 18 位科学家共同发表公告，反对德意志联邦共和国政府发展核武器，受到了德国人民的爱戴。

海森伯于 1927 年提出“不确定性”，阐明了量子力学诠释的理论局限性。1929 年，他同泡利一起首先提出基本粒子中同位旋的概念，为量子场论的建立打下基础。之后，他开始访问美国，首先到达波士顿的麻省理工学院和纽约的哥伦比亚大学，接着来到芝加哥大学并做了题为“量子理论的物理原理”的系列讲座。后来他经由夏威夷访问了日本，向汤川秀树等日本同行介绍了他们各自在量子力学方面的最新研究工作。最后，海森伯取道中国和印度返回了莱比锡。

1932年，海森伯获诺贝尔物理学奖，肯定了他对量子力学理论及其应用的创造性贡献。同时诺贝尔奖评委会还宣布，将1933年度的物理学奖颁发给狄拉克和薛定谔，以表彰他们对新的原子理论的杰出贡献。

海森伯不仅对量子力学感兴趣，对艺术和音乐也十分在行。他的研究风格与达·芬奇非常相似，力求达到客观与主观的协调一致。海森伯对音乐的解释是，音乐如同语言，极具个性化。而物理研究也如同作曲，古典物理犹如巴赫的交响曲。海森伯将物理当成了作曲，不同的是作曲家使用的是音符，海森伯则使用数学符号。他了解的是物理的自然法则，在其理论的声音里没有游离“音”，在他的证明空间里发出的“音调”是原子法则，其目的是为了完善原子理论。

海森伯晚年致力于建立一个描述基本粒子及其相互作用的统一量子场论。海森伯的有关研究结果虽然在1959年后陆续发表，却没有被物理学界广泛接受。尽管如此，海森伯的所谓非线性旋量场理论包含了许多具有创新意义的物理思想，启发后人最终成功地建立了电磁和弱相互作用的统一量子理论。

1976年2月1日，一代物理学宗师海森伯在慕尼黑逝世，享年75岁。

附录　原子中电子按壳层排布表

周期	原子序数和元素符号	化学符号	各电子壳层上的电子数						
			K	L	M	N	O	P	Q
			1s	2s 2p	3s 3p 3d	4s 4p 4d 4f	5s 5p 5d 5f	6s 6p 6d	7s
Ⅰ	1 氢（qīng）	H	1						
	2 氦（hài）	He	2						
Ⅱ	3 锂（lǐ）	Li	2	1					
	4 铍（pí）	Be	2	2					
	5 硼（péng）	B	2	2 1					
	6 碳（tàn）	C	2	2 2					
	7 氮（dàn）	N	2	2 3					
	8 氧（yǎng）	O	2	2 4					
	9 氟（fú）	F	2	2 5					
	10 氖（nǎi）	Ne	2	2 6					
Ⅲ	11 钠（nà）	Na	2	2 6	1				
	12 镁（měi）	Mg	2	2 6	2				
	13 铝（lǚ）	Al	2	2 6	2 1				
	14 硅（guī）	Si	2	2 6	2 2				
	15 磷（lín）	P	2	2 6	2 3				
	16 硫（liú）	S	2	2 6	2 4				
	17 氯（lǜ）	Cl	2	2 6	2 5				
	18 氩（yà）	Ar	2	2 6	2 6				
Ⅳ	19 钾（jiǎ）	K	2	2 6	2 6	1			
	20 钙（gài）	Ca	2	2 6	2 6	2			
	21 钪（kàng）	Sc	2	2 6	2 6 1	2			
	22 钛（tài）	Ti	2	2 6	2 6 2	2			
	23 钒（fán）	V	2	2 6	2 6 3	2			
	24 铬（gè）	Cr	2	2 6	2 6 5	1			
	25 锰（měng）	Mn	2	2 6	2 6 5	2			
	26 铁（tiě）	Fe	2	2 6	2 6 6	2			
	27 钴（gǔ）	Co	2	2 6	2 6 7	2			
	28 镍（niè）	Ni	2	2 6	2 6 8	2			
	29 铜（tóng）	Cu	2	2 6	2 6 10	1			
	30 锌（xīn）	Zn	2	2 6	2 6 10	2			
	31 镓（jiā）	Ga	2	2 6	2 6 10	2 1			
	32 锗（zhě）	Ge	2	2 6	2 6 10	2 2			
	33 砷（shēn）	As	2	2 6	2 6 10	2 3			
	34 硒（xī）	Se	2	2 6	2 6 10	2 4			
	35 溴（xiù）	Br	2	2 6	2 6 10	2 5			
	36 氪（kè）	Kr	2	2 6	2 6 10	2 6			

续表

周期	原子序数和元素符号	化学符号	各电子壳层上的电子数 K 1s	L 2s 2p	M 3s 3p 3d	N 4s 4p 4d 4f	O 5s 5p 5d 5f	P 6s 6p 6d	Q 7s
V	37 铷（rú）	Rb	2	2 6	2 6 10	2 6	1		
	38 锶（sī）	Sr	2	2 6	2 6 10	2 6	2		
	39 钇（yǐ）	Y	2	2 6	2 6 10	2 6 1	2		
	40 锆（gào）	Zr	2	2 6	2 6 10	2 6 2	2		
	41 铌（ní）	Nb	2	2 6	2 6 10	2 6 4	1		
	42 钼（mù）	Mo	2	2 6	2 6 10	2 6 5	1		
	43 锝（dé）	Tc	2	2 6	2 6 10	2 6 5	2		
	44 钌（liǎo）	Ru	2	2 6	2 6 10	2 6 7	1		
	45 铑（lǎo）	Rh	2	2 6	2 6 10	2 6 8	1		
	46 钯（bǎ）	Pd	2	2 6	2 6 10	2 6 10			
	47 银（yín）	Ag	2	2 6	2 6 10	2 6 10	1		
	48 镉（gé）	Cd	2	2 6	2 6 10	2 6 10	2		
	49 铟（yīn）	In	2	2 6	2 6 10	2 6 10	2 1		
	50 锡（xī）	Sn	2	2 6	2 6 10	2 6 10	2 2		
	51 锑（tī）	Sb	2	2 6	2 6 10	2 6 10	2 3		
	52 碲（dì）	Te	2	2 6	2 6 10	2 6 10	2 4		
	53 碘（diǎn）	I	2	2 6	2 6 10	2 6 10	2 5		
	54 氙（xiān）	Xe	2	2 6	2 6 10	2 6 10	2 6		
Ⅵ	55 铯（sè）	Cs	2	2 6	2 6 10	2 6 10	2 6	1	
	56 钡（bèi）	Ba	2	2 6	2 6 10	2 6 10	2 6	2	
	57 镧（lán）	La	2	2 6	2 6 10	2 6 10	2 6 1	2	
	58 铈（shì）	Ce	2	2 6	2 6 10	2 6 10 2	2 6	2	
	59 镨（pǔ）	Pr	2	2 6	2 6 10	2 6 10 3	2 6	2	
	60 钕（nǚ）	Nd	2	2 6	2 6 10	2 6 10 4	2 6	2	
	61 钷（pǒ）	Pm	2	2 6	2 6 10	2 6 10 5	2 6	2	
	62 钐（shān）	Sm	2	2 6	2 6 10	2 6 10 6	2 6	2	
	63 铕（yǒu）	Eu	2	2 6	2 6 10	2 6 10 7	2 6	2	
	64 钆（gá）	Gd	2	2 6	2 6 10	2 6 10 7	2 6 1	2	
	65 铽（tè）	Tb	2	2 6	2 6 10	2 6 10 9	2 6	2	
	66 镝（dī）	Dy	2	2 6	2 6 10	2 6 10 10	2 6	2	
	67 钬（huǒ）	Ho	2	2 6	2 6 10	2 6 10 11	2 6	2	
	68 铒（ěr）	Er	2	2 6	2 6 10	2 6 10 12	2 6	2	
	69 铥（diū）	Tm	2	2 6	2 6 10	2 6 10 13	2 6	2	
	70 镱（yì）	Yb	2	2 6	2 6 10	2 6 10 14	2 6	2	
	71 镥（lǔ）	Lu	2	2 6	2 6 10	2 6 10 14	2 6 1	2	
	72 铪（hā）	Hf	2	2 6	2 6 10	2 6 10 14	2 6 2	2	
	73 钽（tǎn）	Ta	2	2 6	2 6 10	2 6 10 14	2 6 3	2	
	74 钨（wū）	W	2	2 6	2 6 10	2 6 10 14	2 6 4	2	
	75 铼（lái）	Re	2	2 6	2 6 10	2 6 10 14	2 6 5	2	
	76 锇（é）	Os	2	2 6	2 6 10	2 6 10 14	2 6 6	2	
	77 铱（yī）	Ir	2	2 6	2 6 10	2 6 10 14	2 6 7	2	
	78 铂（bó）	Pt	2	2 6	2 6 10	2 6 10 14	2 6 9	1	
	79 金（jīn）	Au	2	2 6	2 6 10	2 6 10 14	2 6 10	1	
	80 汞（gǒng）	Hg	2	2 6	2 6 10	2 6 10 14	2 6 10	2	

续表

周期	原子序数和元素符号	化学符号	各电子壳层上的电子数																	
			K	L		M			N				O				P			Q
			1s	2s	2p	3s	3p	3d	4s	4p	4d	4f	5s	5p	5d	5f	6s	6p	6d	7s
Ⅵ	81 铊（tā）	Tl	2	2	6	2	6	10	2	6	10	14	2	6	10		2	1		
	82 铅（qiān）	Pb	2	2	6	2	6	10	2	6	10	14	2	6	10		2	2		
	83 铋（bì）	Bi	2	2	6	2	6	10	2	6	10	14	2	6	10		2	3		
	84 钋（pō）	Po	2	2	6	2	6	10	2	6	10	14	2	6	10		2	4		
	85 砹（ài）	At	2	2	6	2	6	10	2	6	10	14	2	6	10		2	5		
	86 氡（dōng）	Rn	2	2	6	2	6	10	2	6	10	14	2	6	10		2	6		
Ⅶ	87 钫（fāng）	Fr	2	2	6	2	6	10	2	6	10	14	2	6	10		2	6		1
	88 镭（léi）	Ra	2	2	6	2	6	10	2	6	10	14	2	6	10		2	6		2
	89 锕（ā）	Ac	2	2	6	2	6	10	2	6	10	14	2	6	10		2	6	1	2
	90 钍（tǔ）	Th	2	2	6	2	6	10	2	6	10	14	2	6	10		2	6	2	2
	91 镤（pú）	Pa	2	2	6	2	6	10	2	6	10	14	2	6	10	2	2	6	1	2
	92 铀（yóu）	U	2	2	6	2	6	10	2	6	10	14	2	6	10	3	2	6	1	2
	93 镎（ná）	Np	2	2	6	2	6	10	2	6	10	14	2	6	10	4	2	6	1	2
	94 钚（bù）	Pu	2	2	6	2	6	10	2	6	10	14	2	6	10	5	2	6	1	2
	95 镅（méi）	Am	2	2	6	2	6	10	2	6	10	14	2	6	10	6	2	6	1	2
	96 锔（jú）	Cm	2	2	6	2	6	10	2	6	10	14	2	6	10	7	2	6	1	2
	97 锫（péi）	Bk	2	2	6	2	6	10	2	6	10	14	2	6	10	8	2	6	1	2
	98 锎（kāi）	Cf	2	2	6	2	6	10	2	6	10	14	2	6	10	10	2	6		2
	99 锿（āi）	Es	2	2	6	2	6	10	2	6	10	14	2	6	10	11	2	6		2
	100 镄（fèi）	Fm	2	2	6	2	6	10	2	6	10	14	2	6	10	12	2	6		2
	101 钔（mén）	Md	2	2	6	2	6	10	2	6	10	14	2	6	10	13	2	6		2
	102 锘（nuò）	No	2	2	6	2	6	10	2	6	10	14	2	6	10	14	2	6		2
	103 铹（láo）	Lr	2	2	6	2	6	10	2	6	10	14	2	6	10	14	2	6	1	2

参 考 文 献

［1］ 吴泽华．大学物理［M］．杭州：浙江大学出版社，2006.

［2］ 张达宋．物理学基本教程［M］．北京：高等教育出版社，2008.

［3］ 马文蔚．物理学教程［M］．北京：高等教育出版社，2001.

［4］ 程守洙．普通物理学［M］．北京：高等教育出版社，2006.

［5］ 李元杰．大学物理学［M］．北京：高等教育出版社，2003.

［6］ 赵凯华．新概念物理学教程［M］．北京：高等教育出版社，2003.

［7］ 姚建明．大学物理［M］．北京：北京理工大学出版社，2007.

［8］ 毛骏健．大学物理学［M］．北京：高等教育出版社，2006.

［9］ 王秀敏．大学物理［M］．北京：北京邮电大学出版社，2008.

［10］ 张三慧．大学物理［M］．北京：清华大学出版社，2003.